T0178917

La solución
de los telómeros

Elizabeth Blackburn y Elissa Epel

La solución
de los telómeros

Traducción de
Darío Giménez Irimizaldu

Penguin
Random House
Grupo Editorial

Título original: *The Telomere Effect. A Revolutionary*
Aproach to Living Younger, Healthier, Longer.

Primera edición: septiembre de 2017
Tercera reimpresión: mayo de 2023

© 2017, Elizabeth Blackburn y Elissa Epel
© 2017, Penguin Random House Grupo Editorial, S.A.U.
Travessera de Gràcia, 47-49. 08021 Barcelona
© 2017, por la traducción, Darío Giménez Irimizaldu

Edición original publicada en inglés por Grand Central Publishing, Nueva York, 2017
Ilustraciones: Colleen Patterson de Colleen Patterson Design

Printed in Spain - Impreso en España

ISBN: 978-84-03-50114-0
Depósito legal: B-12.027-2017

Impreso en Romanyà Valls, S.A.
Capellades (Barcelona)

AG 0 1 1 4 B

Este libro está dedicado a John y Ben, luces de mi vida,
que hacen que sencillamente todo merezca la pena.

Elizabeth Blackburn

Dedico este libro a mis padres, David y Lois,
que son una inspiración por su manera plena y brillante
de vivir casi en la novena década de su vida, y a Jack
y Danny, que hacen que mis células estén felices.

Elissa Epel

Índice

Nota de las autoras: por qué hemos escrito este libro

Jeanne Calment, que vivió hasta los 122 años, fue una de las mujeres más longevas de las que se tiene registro. A los 85 empezó a practicar esgrima. Cuando ya sumaba tres dígitos, seguía montando en bici.[1] Al cumplir los 100 se dedicó a pasear por su ciudad natal de Arles, en Francia, dándoles las gracias a todos aquellos que le felicitaban el cumpleaños.[2] Esa alegría de vivir de Calment representa lo que todos deseamos: una vida sana hasta su mismísimo final. Envejecer y morir son hechos inmutables de la vida, pero no lo es cómo vivimos hasta nuestro último día. Eso depende de nosotros. Podemos vivir mejor y de forma más plena ahora mismo y durante los últimos años de nuestra vida.

El estudio científico de los telómeros, que es relativamente reciente, nos aporta datos trascendentes que pueden ayudarnos a alcanzar ese objetivo. Su aplicación puede contribuir a reducir las enfermedades crónicas y a mejorar el bienestar, llegando hasta el nivel celular y abarcando toda nuestra vida. Hemos escrito este libro para poner esta importante información en manos del lector.

Aquí presentamos una nueva manera de considerar el envejecimiento humano. Una visión científica del envejecimiento que predomina en la actualidad es que el ADN de nuestras células se va deteriorando paulatinamente, lo que ocasiona que las células envejezcan de manera irreversible y se vuelvan disfuncionales. Pero ¿qué ADN es el que se deteriora? ¿Y por qué se deteriora? Todavía se desconoce la respuesta completa, pero las pistas apuntan ahora a los telómeros como los principales causantes. Las enfermedades pueden parecer distintas porque implican a diversos órganos y partes del cuerpo. Pero los recientes hallazgos científicos y clínicos han dado pie a un nuevo concepto: los telómeros de todo el cuerpo se acortan a medida que envejecemos, y este mecanismo subyacente contribuye a la aparición de la mayoría de las enfermedades relacionadas con la edad. Los telómeros explican cómo nos quedamos sin la capacidad de regenerar tejidos (lo que se denomina «senescencia replicativa»). Hay otras formas de que las células se vuelvan disfuncionales o mueran prematuramente, y también otros factores que contribuyen al envejecimiento humano, pero la erosión de los telómeros es un factor que contribuye temprano al proceso de envejecimiento y —un descubrimiento que resulta de lo más emocionante— se puede ralentizar e incluso invertir esa erosión.

Hemos pretendido darles forma de historia completa, tal como se está desarrollando hoy, a los descubrimientos fruto de la investigación sobre los telómeros, y lo hemos hecho en un lenguaje apto para el lector general. Hasta ahora, esos conocimientos estaban disponibles solo en artículos de publicaciones científicas, desperdigados aquí y allá. Simplificar ese cúmulo de conocimiento científico para el público ha supuesto un desafío y una responsabilidad enormes. No podíamos describir todas y cada una de las teorías y las vías de envejecimiento ni exponer con todo detalle científico todos los temas. Esos asuntos figuran bien detallados en las revistas científicas en las que se publicaron los artículos originales, y animamos al lector interesado a que se adentre en ese fascinante conjunto de trabajos, gran parte de los cuales aparecen citados en este libro. También hemos escrito un artículo que recoge las últimas investigaciones sobre la biología de los telómeros, publicado en la revista científica *Science* y evaluado por revisores externos, donde el lector encontrará muchas indicaciones sobre cómo funcionan estos mecanismos a nivel molecular.[3]

La ciencia es un deporte de equipo. Hemos tenido el verdadero privilegio de participar en investigaciones con un variado elenco de colaboradores científicos de diversas disciplinas. También hemos aprendido cosas de equipos de investigadores de todo el mundo. El envejecimiento humano es un rompecabezas formado por muchas piezas. A lo largo de varias décadas, cada nueva pieza de información ha ido añadiendo una parte crucial al conjunto. El conocimiento de los telómeros nos ha ayudado a ver cómo encajan esas piezas, cómo las células envejecidas pueden causar el ingente surtido de enfermedades relacionadas con la edad. Y por fin ha aparecido una imagen que resulta tan convincente y útil que nos ha parecido que merecía ser ampliamente compartida. Ahora disponemos de un exhaustivo conocimiento del mantenimiento de los telómeros, que va desde la misma célula hasta la sociedad, y de lo que puede significar para las vidas y las comunidades humanas. Reunir esas piezas, con la iluminación que supone saber qué afecta a los telómeros, nos ha llevado a ver el mundo de un modo más interconectado, como explicaremos en la última parte de este libro.

Otro de los motivos por los que hemos decidido escribir este libro es ayudar al lector a evitar posibles riesgos. El interés por los telómeros y el envejecimiento es cada vez mayor y, si bien hay determinada información veraz de dominio público, parte de ella resulta engañosa. Por ejemplo, hay quien afirma que ciertas cremas y suplementos pueden alargar tus telómeros e incrementar tu longevidad. Esos tratamientos, si de verdad actúan sobre el cuerpo, podrían incrementar el riesgo de que sufras un cáncer o causarte otros efectos dañinos. Hace falta emprender estudios de mayor alcance y duración para evaluar esos daños potencialmente peligrosos. Hay otras maneras conocidas y carentes de riesgos de mejorar la longevidad de las células y hemos intentado incluir aquí las mejores. El lector no hallará en estas páginas curaciones instantáneas, pero sí una serie de ideas concretas y basadas en investigaciones que pueden ayudar a que el resto de nuestra vida sea saludable, duradera y plena. Quizá algunas de esas ideas no nos resulten del todo nuevas, pero obtener un conocimiento profundo de las razones en las que se fundamentan puede cambiar nuestra manera de ver y de vivir la vida.

Por último, queremos dejar claro que ninguna de nosotras tiene interés económico alguno en las empresas que venden productos relacionados con los telómeros o que ofrecen pruebas de telómeros. Nuestro único deseo es sintetizar lo mejor de nuestros conocimientos —los que tenemos hasta la fecha— y ponerlos a disposición de cualquiera que pudiera encontrarlos útiles. Estas investigaciones suponen un verdadero avance en lo que se refiere a nuestra comprensión sobre envejecer y vivir más joven y queremos dar las gracias a todos aquellos que han contribuido a la investigación que aquí presentamos.

Con la salvedad de la «historia didáctica» que figura en la primera página de la introducción, todas las historias que aparecen en este libro proceden de personas y experiencias reales. Estamos sumamente agradecidas a toda la gente que ha compartido sus historias con nosotras. Con el fin de proteger su intimidad hemos cambiado algunos nombres y detalles identificativos.

Esperamos que este libro le resulte útil al lector, a su familia y a todos aquellos que puedan beneficiarse de estos fascinantes descubrimientos.

Introducción

Historia de dos telómeros

Hace una mañana gélida de sábado en San Francisco. Dos mujeres se sientan en una terraza, y beben un café caliente. Para esas dos amigas es un momento para disfrutar de su tiempo libre, lejos de su casa, su familia, el trabajo y las listas de quehaceres pendientes que nunca parecen acabarse.

Kara está hablando de lo cansada que se encuentra. De lo cansada que está siempre. No ayuda que pille todos los catarros que circulan por la oficina ni que esos catarros se acaben convirtiendo inevitablemente en desagradables sinusitis. Ni que su exmarido «se olvide» de ir a recoger a los niños cada vez que le toca. Ni que su malhumorado jefe en la empresa de inversiones la reprenda delante de su equipo. Y a veces, cuando se acuesta por la noche, el corazón de Kara se pone a galopar con desenfreno. Esa sensación solo dura unos segundos, pero Kara no consigue conciliar el sueño hasta pasado un buen rato, preocupada. «A lo mejor se trata solo de estrés —se plantea—. Soy demasiado joven para tener problemas cardiacos, ¿no?».

«No es justo —le dice a Lisa, con un suspiro—. Tenemos la misma edad, pero yo parezco más vieja».

Tiene razón. A la luz de la mañana, a Kara se la ve demacrada. Cuando alarga el brazo para coger la taza de café, se mueve con cautela, como si le doliesen el cuello y los hombros.

En cambio, Lisa está radiante. Le brillan los ojos y la piel. Es una mujer con energía más que suficiente para afrontar las actividades del día. Además se encuentra estupendamente. De hecho, Lisa no suele pensar demasiado en su edad, salvo para dar gracias por ser cada vez más sabia acerca de la vida.

Viendo juntas a Kara y a Lisa, uno podría pensar que Lisa es de verdad más joven que su amiga. Si pudiésemos observar bajo su piel, veríamos que, en cierta medida, esa diferencia es todavía más acusada de lo que parece a simple vista. Ambas mujeres tienen la misma edad cronológica, pero biológicamente Kara tiene varias décadas más.

¿Cuál es el secreto de Lisa? ¿Costosas cremas faciales? ¿Tratamientos dermatológicos con láser? ¿Buena genética? ¿Una vida carente de esas dificultades que su amiga parece haber tenido que soportar año tras año?

Nada de eso. Lisa acumula estrés en cantidad más que suficiente. Perdió a su marido hace dos años en un accidente de coche; ahora, como Kara, es madre soltera. Va justa de dinero y la empresa tecnológica en la que trabaja siempre parece que está a un trimestre de la quiebra financiera.

¿Qué pasa entonces? ¿Por qué envejecen estas dos mujeres de manera tan distinta?

La respuesta es sencilla. Y tiene que ver con la actividad que se produce en las células de ambas. Las de Kara envejecen de manera prematura. Parece mayor de lo que es y una candidata perfecta para sufrir enfermedades y trastornos relacionados con la edad. Las células de Lisa se renuevan. Vive una vida más joven.

¿Por qué la gente envejece a diferente ritmo? ¿Por qué hay personas que se mantienen lúcidas y enérgicas en la vejez mientras que otras, mucho más jóvenes, están enfermas, agotadas y con los sentidos abotargados? Aquí podemos ver representada gráficamente esa diferencia:

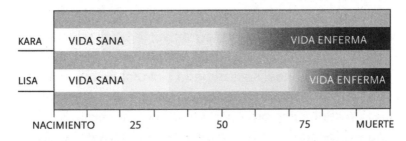

Figura 1: Periodo de vida sana frente a periodo de vida enferma. El periodo de vida sana es el número de años que vivimos libres de enfermedades. El periodo de vida enferma lo constituyen los años que vivimos padeciendo enfermedades notorias que interfieren en nuestra calidad de vida. Puede que Lisa y Kara vivan hasta los 100 años, pero las dos tendrán una calidad de vida radicalmente distinta a lo largo de la segunda mitad de su vida.

Fijémonos en la primera barra blanca de la figura 1. Nos muestra el periodo de vida sana de Kara, los años en los que goza de buena salud y carece de enfermedades. Pero cuando alcanza la cincuentena ese blanco se torna en gris y, a los 70 años, en negro. Ha entrado en una fase distinta: el periodo de vida enferma.

Esos son años marcados por las dolencias relacionadas con el envejecimiento: enfermedades cardiovasculares, artritis, sistema inmunitario debilitado, diabetes, cáncer, enfermedades pulmonares y demás. La piel y el cabello también muestran un aspecto de envejecidos. Y, lo que es peor, la cosa no se reduce a sufrir una enfermedad relacionada con el envejecimiento y ya está. Es un fenómeno que lleva el sombrío nombre de multimorbilidad: estas dolencias suelen llegar agrupadas. Así que Kara no solo tiene un sistema inmunitario deteriorado, sino que sufre también de dolor articular y presenta síntomas iniciales de cardiopatía. En el caso de determinadas personas, las enfermedades del envejecimiento se aceleran en el tramo final de su vida. En otros casos, la vida sigue, pero se trata de una vida con menos chispa, con menos energía. Los años se ven lastrados cada vez más por la enfermedad, la fatiga y la incomodidad.

A los 50 años, Kara debería disfrutar de buena salud. Pero el gráfico muestra que a esa edad, todavía joven, empieza a adentrarse en el periodo de vida enferma. Kara podría expresarlo de manera más tajante: se está haciendo vieja.

El caso de Lisa es otro cantar.

Lisa, a sus 50 años, sigue gozando de una salud excelente. Envejece a medida que pasan los años, pero disfrutará de su periodo de vida sana durante un tiempo muy prolongado. Hasta bien entrada su octava década de vida —aproximadamente la edad que los gerontólogos denominan «tercera vejez»— no se le empezará a hacer notoriamente más difícil mantener el ritmo de vida que siempre ha llevado. Lisa presenta un periodo de vida enferma, pero este está comprimido en unos pocos años al final de una vida larga y productiva. Lisa y Kara no son personas reales —las hemos inventado para presentar una idea—, pero sus respectivas historias ponen de manifiesto cuestiones que sí son verídicas.

¿Cómo hay personas que disfrutan al sol de la buena salud mientras otras sufren a la sombra de una vida azotada por la enfermedad? ¿Es posible escoger qué experiencia se desea vivir?

Los términos «periodo de vida sana» y «periodo de vida enferma» son nuevos, pero la cuestión fundamental no. ¿Por qué envejece la gente de manera distinta? Llevamos milenios planteándonos esta pregunta, seguramente desde que fuimos capaces por primera vez de contar los años y compararnos con nuestro prójimo.

Por una parte nos encontramos con gente que cree que el proceso de envejecimiento viene determinado por la naturaleza. Que escapa a nuestro control. Los griegos de la Antigüedad expresaron esta idea a través del mito de las Moiras, tres ancianas que se cernían sobre los bebés en sus primeros días de vida. La primera Moira hilaba una hebra, la segunda medía un trozo de esa hebra y la tercera la cortaba. La duración de la vida correspondía con la longitud de ese hilo. Las Moiras hacían su trabajo y con eso quedaba sellado tu destino.

Es una idea que pervive hoy, aunque dotada de mayor autoridad científica. En la versión más reciente del argumento «natural», la salud la controlan principalmente los genes. Puede que ya no se echen las Moiras sobre la cuna del bebé, pero el código genético determina nuestro riesgo de sufrir cardiopatías y cáncer y afecta a nuestra longevidad en general incluso antes de haber nacido.

Tal vez incluso sin darse cuenta, alguna gente ha llegado a pensar que la naturaleza es lo único que determina el envejecimiento. Si la obligasen a explicar por qué Kara está envejeciendo mucho más deprisa que su amiga, dirían cosas como estas:

«Seguramente sus padres también tienen problemas cardiacos y malas articulaciones».

«Está todo en su ADN».

«Ha tenido mala suerte con los genes».

La creencia de que «los genes son nuestro destino» no es, por supuesto, la única postura existente. Muchos se han dado cuenta de que la calidad de nuestra salud viene determinada por nuestro modo de vida. Es algo que consideramos un punto de vista actual, pero hace mucho, mucho tiempo que circula. Una antigua leyenda china nos cuenta que hubo un cacique guerrero de cabello azabache que tuvo que emprender un peligroso viaje y cruzar los confines de su tierra natal. Tan aterrorizado estaba de que lo capturasen en la frontera y lo matasen, que el angustiado cacique se levantó una mañana y se encontró con que su hermoso cabello negro se había vuelto blanco. Había envejecido prematuramente, y le había ocurrido de la noche a la mañana. Hace la friolera de dos mil quinientos años, aquella cultura ya advirtió que el envejecimiento prematuro puede ser desencadenado por el estrés. (La historia tiene final feliz: nadie reconoció al cacique con su nueva melena blanca y pudo cruzar la frontera sin problema; hacerse viejo tiene sus ventajas).

Hay quienes creen que lo adquirido es más relevante que lo heredado, que tu dotación genética no es lo que más cuenta, sino tus hábitos de salud. Estas personas argumentarían:

«Come demasiados carbohidratos».

«Al envejecer, todo el mundo tiene la cara que merece».

«Tiene que hacer más ejercicio».

«Seguramente tiene problemas psicológicos profundos y sin resolver».

Repasemos cómo explican ambas facciones el envejecimiento acelerado de Kara. Los partidarios de la teoría natural suenan a fatalismo: para bien o para mal, hemos nacido con el futuro ya codificado en nuestros cromosomas. Los que abogan por el modo de vida como causa suenan más esperanzados en su creencia de que el envejecimiento prematuro puede evitarse. Pero estos partidarios de la teoría de lo adquirido también suelen tener un punto moralizante. Si Kara envejece con tanta rapidez, sugieren, es por su culpa.

¿Quién tiene razón? ¿Es culpa de la naturaleza o del modo de vida? ¿De los genes o del entorno? En realidad, ambos factores son cruciales, y lo verdaderamente relevante es la interacción entre ambos. Las auténticas diferencias entre la velocidad a la que envejecen Lisa y Kara radican en las complejas interacciones existentes entre los genes, las relaciones sociales y los entornos, los hábitos de vida, los giros del destino y, en especial, cómo responde cada una a esos giros. Nacemos con una serie determinada de genes, pero nuestra manera de vivir puede condicionar cómo se expresan esos genes. En algunos casos, los factores del modo de vida pueden activar a los genes o desactivarlos. Como ha señalado George Bray, investigador sobre la obesidad, «los genes cargan el arma y el entorno aprieta el gatillo».[1] Este símil no solo es aplicable al aumento de peso, sino a la mayoría de los aspectos relacionados con nuestra salud.

Te mostraremos una manera completamente distinta de pensar en tu salud. Vamos a sumergirnos en tu salud hasta el nivel celular, para enseñarte cómo es el envejecimiento celular prematuro y qué clase de estragos puede causar en tu cuerpo; también te enseñaremos no solo cómo evitarlo, sino cómo revertirlo. Nos adentraremos hasta lo más hondo del corazón genético de la célula, hasta los cromosomas. Allí es donde se encuentran los telómeros, segmentos repetitivos de ADN no codificante que residen en los extremos de los cromosomas. Los telómeros, que se van acortando con cada división celular, contribuyen a determinar a qué velocidad envejecen tus células y cuándo mueren, factores que dependen de la rapidez con la que se desgastan. El extraordinario descubrimiento de nuestros laboratorios, y de otros investigadores de todo el mundo, es que los extremos de nuestros cromosomas en realidad pueden alargarse: en consecuencia, que el envejecimiento es un proceso dinámico que puede acelerarse o ralentizarse, y en ciertos aspectos incluso es posible revertirlo. Envejecer ya no tiene que ser, como se creyó durante tanto tiempo, una resbaladiza pendiente unidireccional hacia la enfermedad y la decrepitud. Todos envejeceremos, pero cómo lo hagamos depende en gran medida de nuestra salud celular.

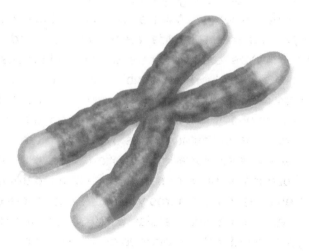

Figura 2: Los telómeros están en los extremos de los cromosomas. El ADN de cada cromosoma presenta unas regiones finales consistentes en porciones de ADN recubiertas de una funda protectora a base de proteínas. En esta ilustración figuran en forma de zonas más claras en los extremos del cromosoma. Aquí no se han representado a escala, ya que suponen menos de una diezmilésima parte del ADN total de nuestras células. Componen una fracción pequeña pero de vital importancia del cromosoma.

Somos una bióloga molecular (Liz) y una psicóloga de la salud (Elissa). Liz ha dedicado su vida profesional a investigar sobre los telómeros, y sus fundamentales estudios han cimentado un campo completamente nuevo del conocimiento científico. Elissa lleva toda la vida trabajando en el estrés psicológico. Ha estudiado sus efectos perjudiciales en el comportamiento, la fisiología y la salud, y ha estudiado también cómo revertir esos efectos. Unimos nuestras fuerzas hace quince años y los estudios que hemos desarrollado juntas en este tiempo han puesto en marcha una nueva manera de examinar la relación entre la mente y el cuerpo humanos. Los telómeros, hallazgo que ha llegado a sorprendernos a nosotras mismas y al resto de la comunidad científica, no se limitan a cumplir las órdenes emitidas por nuestro código genético. Resulta que nuestros telómeros nos escuchan. Asimilan las instrucciones que les damos. Nuestro modo de vida, efectivamente, puede indicarles a nuestros telómeros que aceleren el proceso de envejecimiento celular. Pero también puede hacer lo contrario. Factores como los alimentos que comemos, nuestra reacción a los desafíos emocionales, la cantidad de ejercicio que hacemos, si nos hemos visto expuestos a estrés en la infancia e incluso el grado de confianza y seguridad del que disfrutamos en nuestro barrio, entre otros, parece que influyen en nuestros telómeros y pueden evitar el envejecimiento prematuro a nivel celular. En resumen: una de las claves para disfrutar de un periodo de vida sana prolongado consiste en hacer lo posible por fomentar una renovación celular saludable.

En 1961, el biólogo Leonard Hayflick descubrió que las células humanas corrientes son capaces de dividirse un número finito de veces antes de morir. Las células se reproducen fabricando copias de ellas mismas (proceso denominado mitosis), y las células humanas depositadas en delgadas capas en las placas de vidrio que llenaban el laboratorio de Hayflick se copiaban al principio con gran rapidez. A medida que se multiplicaban, Hayflick fue necesitando cada vez más y más placas para contener aquellos florecientes cultivos celulares. En aquella fase inicial, las células se reproducían a tal velocidad que resultaba imposible conservar todos los cultivos, ya que, de haberlo hecho, según recuerda Hayflick, él y su ayudante habrían sido «expulsados del laboratorio y del propio edificio por las placas de cultivo». Hayflick calificó aquella fase juvenil de la división celular de «crecimiento exuberante». Al cabo de un tiempo, sin embargo, las células del laboratorio de Hayflick dejaron de reproducirse, como si estuvieran cansadas. La células más longevas lograron efectuar alrededor de cincuenta divisiones celulares, aunque la mayoría se dividió muchas menos veces. Aquellas células fatigadas acababan alcanzando un estado que denominó senescencia: seguían estando vivas pero habían dejado definitivamente de dividirse. Esto se denomina «límite de Hayflick», el límite natural que alcanzan las células humanas al dividirse, y es debido al acortamiento de los telómeros.

¿Están todas las células humanas sujetas a este límite de Hayflick? No. Por todo el cuerpo encontramos células que se renuevan, entre ellas las células inmunitarias, de los huesos, del intestino, del pulmón y del hígado, las células de la piel y del cabello, las células del páncreas y las células que recubren nuestro aparato cardiovascular. Tienen que dividirse sin cesar para mantener sano nuestro organismo. Entre las células que se renuevan hay algunos tipos de células normales capaces de dividirse, como los inmunocitos; las células progenitoras, que se pueden dividir durante más tiempo todavía; y esas cruciales células que hay en nuestro cuerpo denominadas células madre, capaces de dividirse de manera indefinida siempre y cuando estén sanas. Y, a diferencia de aquellas células de las placas del laboratorio de Hayflick, las células no siempre presentan un límite de Hayflick, porque —como veremos en el capítulo 1— cuentan con la telomerasa. Las células madre, si se mantienen sanas, disponen de suficiente telomerasa para seguir dividiéndose a lo largo de toda nuestra vida. Ese reabastecimiento de células, ese «crecimiento exuberante», es uno de los motivos por los que Lisa luce una piel tan juvenil, sus articulaciones funcionan bien y es capaz de aspirar con fuerza el aire fresco que sopla en la bahía. Las nuevas células están constantemente renovando tejidos y órganos esenciales de su cuerpo. La regeneración celular la ayuda a sentirse joven.

Desde una perspectiva lingüística, el término *senescente* comparte historia con la palabra *senil*. En cierto modo, eso es lo que estas células son: seniles. Si siguieran replicándose, podrían generar un cáncer. Pero estas células seniles no son inofensivas: están desorientadas y exhaustas. Reciben las señales de manera confusa y no envían los mensajes correctamente a las demás células. No son capaces de desempeñar su función tan bien como antes. Enferman. El tiempo del crecimiento exuberante ha llegado a su fin, al menos para ellas. Y esto tiene consecuencias de gran trascendencia para la salud. Cuando tenemos demasiadas células senescentes, el tejido de nuestro cuerpo empieza a envejecer. Por ejemplo, si hay excesivas células senescentes en las paredes de los vasos sanguíneos, las arterias se endurecen y tenemos más probabilidades de sufrir un ataque cardiaco. Cuando los inmunocitos (las células que combaten la infección) de nuestro torrente circulatorio no son capaces de detectar la presencia de un virus porque son senescentes, somos más susceptibles de contraer la gripe o una neumonía. Las células senescentes pueden perder sustancias proinflamatorias que nos hacen vulnerables a sufrir mayor dolor y más enfermedades crónicas. A la larga, muchas células senescentes sufrirán una muerte programada de antemano.

Empieza entonces el periodo de vida enferma.

Muchas células humanas sanas pueden dividirse repetidamente, siempre que sus telómeros (y otros componentes fundamentales como las proteínas) sigan siendo funcionales. En caso contrario, las células se vuelven senescentes. Con el tiempo, la senescencia puede darse incluso en nuestras increíbles células madre. Este límite en la división de las células es uno de los motivos por los que parece que nuestro periodo de vida sana entra en una espiral descendente al alcanzar los 70 u 80 años, aunque también es cierto que mucha gente vive sana muchos años más. Está a nuestro alcance llegar a un buen periodo de vida sana y a una longevidad de hasta 80 o 100 años en el caso de algunos de nosotros y de muchos de nuestros hijos.[2] Hay alrededor de 300.000 personas centenarias en todo el mundo, y su número no deja de crecer. Y más se incrementa todavía la cantidad de gente que alcanza los 90 años. Según indica la tendencia, se cree que más de un tercio de los niños nacidos hoy en el Reino Unido vivirá hasta los 100 años.[3] ¿Cuántos de esos años se verán mermados por la enfermedad relacionada con el envejecimiento? Con una mejor comprensión de los factores que impulsan una buena regeneración celular podremos disfrutar de unas articulaciones que se muevan con fluidez, de unos pulmones que respiren con facilidad, de unos inmunocitos que combatan

con fiereza las infecciones, de un corazón que siga bombean-
do sangre a través de sus cuatro cavidades y de un cerebro
que permanezca lúcido a lo largo de los años de nuestra
vejez.

Pero a veces las células no logran efectuar todas las
divisiones como deberían. En ocasiones dejan de dividirse
de forma prematura y caen en un estado de vejez, de senescencia, antes de tiempo. Cuando sucede esto, no llegamos a cumplir esas ocho o nueve décadas estupendas, sino
que sufriremos un envejecimiento celular prematuro. Esto
es lo que les ocurre a personas como Kara, cuyo gráfico del
periodo de vida sana se vuelve gris a edad temprana.

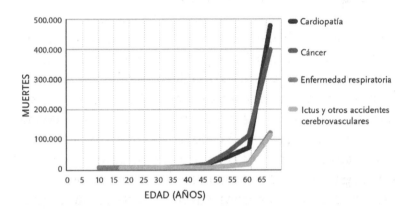

Figura 3: Envejecimiento y enfermedad. La edad es, con diferencia, el
principal determinante de las enfermedades crónicas. Este gráfico muestra la frecuencia de muerte por edades, hasta los 65 años o más, de las
principales causas de fallecimiento por enfermedad (cardiopatías, cáncer,
enfermedades respiratorias, ictus y otros accidentes cerebrovasculares).
La tasa de defunción por enfermedades crónicas empieza a incrementarse pasados los 40 años y asciende de manera radical al llegar a los
60. Adaptado de «Ten Leading Causes of Death and Injury», http://www.
cdc.gov/injury/wisqars/leadingCauses.html, Departamento de Salud y Servicios Humanos de EE. UU., Centros para el Control y la Prevención de
Enfermedades (CDC).

La edad cronológica es la que determina principalmente cuándo contraemos enfermedades, y eso refleja nuestro envejecimiento biológico interior.

Al principio de este capítulo preguntamos: ¿por qué la gente envejece de manera diferente? Uno de los motivos es el envejecimiento celular. Ahora la cuestión es: ¿qué provoca que las células envejezcan antes de tiempo?

Para responder a esta pregunta, pensemos en los cordones de los zapatos.

POR QUÉ LOS TELÓMEROS PUEDEN HACER QUE TE SIENTAS VIEJO
O CONTRIBUIR A QUE TE MANTENGAS JOVEN Y SANO

¿Conoces esas protecciones de plástico que llevan los cordones de los zapatos en sus extremos? Se llaman herretes y se colocan para evitar que los cordones se deshilachen. Ahora imagina que los cordones son tus cromosomas, las estructuras que están dentro de las células y que contienen tu información genética. Los telómeros, que se pueden medir en unidades de ADN conocidas como pares de bases, son como los herretes: forman unos pequeños terminales en los extremos de los cromosomas y evitan que el material genético se deshilache. Son los herretes del envejecimiento. Pero los telómeros tienden a acortarse con el tiempo.

Esta es la trayectoria típica de la vida de un telómero humano:

Edad	Longitud del telómero (en pares de bases)
Recién nacido	10.000 pares de bases
35 años	7.500 pares de bases
65 años	4.800 pares de bases

Cuando las puntas de tus cordones se desgastan en exceso, estos se vuelven inservibles. Están para tirar. Algo parecido les ocurre a las células. Cuando los telómeros se acortan demasiado, la célula deja de dividirse. Los telómeros no son el único motivo por el que una célula envejece. Hay otros factores de estrés de las células normales que todavía no conocemos demasiado bien. Pero unos telómeros cortos son una de las principales razones que hacen que envejezcan las células, y constituyen el único mecanismo que controla el límite de Hayflick.

Nuestros genes influyen en los telómeros, tanto en la longitud que tienen cuando nacemos como en la rapidez con la que se acortan. Pero la buena noticia es que nuestras investigaciones, junto con otras de todo el planeta, han demostrado que podemos dar un paso adelante y controlar en cierta medida lo cortos o largos —lo robustos— que son nuestros telómeros.

Por ejemplo:

- Algunos reaccionamos ante las situaciones difíciles sintiéndonos muy amenazados, y esta respuesta está relacionada con unos telómeros más cortos. Podemos remodelar nuestros esquemas para afrontar las situaciones de un modo más positivo.
- Diversas técnicas de índole psicosomática, como la meditación y el *chi kung,* han demostrado reducir el estrés e incrementar la concentración de telomerasa, la enzima que repone los telómeros.
- El ejercicio físico que fomenta la buena forma cardiovascular es buenísimo para los telómeros. Aquí proponemos dos sencillos programas de ejercicio que han demostrado mejorar el mantenimiento de los telómeros y que pueden adaptarse a cualquier estado de forma física.

- Los telómeros aborrecen los alimentos procesados como las salchichas de Frankfurt, pero les sienta bien la comida fresca y natural.
- Los barrios que carecen de cohesión social —es decir, cuyos vecinos no se conocen ni se fían unos de otros— son malos para los telómeros. Esto se produce independientemente de cuál sea el nivel adquisitivo.
- Los niños expuestos a numerosos acontecimientos adversos durante la infancia presentan telómeros más cortos. Apartar a los niños de entornos y situaciones de desatención (como el caso de los infames orfanatos rumanos, entre otros) puede revertir en parte los daños.
- Los telómeros de los cromosomas contenidos en el óvulo y los espermatozoides de los padres se transmiten directamente al feto en desarrollo. Esto es relevante, ya que supone que si tus padres han tenido una vida dura que ha acortado sus telómeros, podrían pasarte esos telómeros cortos. Si crees que ese es tu el caso, no te asustes. Los telómeros pueden alargarse, no solo acortarse. Puedes tomar medidas para mantener estables tus telómeros. Y esto significa también que los hábitos de vida que decides adoptar redundarán en un legado celular positivo para la siguiente generación.

LA CONEXIÓN TELÓMERO

Cuando te planteas vivir de un modo más saludable, puede que pienses, con un gemido, en una larga lista de cosas que deberías estar haciendo. Sin embargo, hay gente que tras haber visto y comprendido cuál es la conexión entre sus actos y sus telómeros es capaz de emprender cambios duraderos en su vida. Cuando Liz va de camino a la oficina, a veces la gente la para y le dice: «Mira, ahora voy al trabajo en bici: ¡estoy manteniendo largos mis telómeros!», o: «He dejado de beber refrescos azucarados. Me preocupaba lo que le estaban haciendo a mis telómeros».

QUÉ VIENE DESPUÉS

¿Demuestran nuestras investigaciones que por mantener tus telómeros vas a vivir hasta pasados los 100 años, que vas a correr maratones a los 94 o que no te van a salir arrugas? No. A todos nos envejecen las células y todos moriremos. Pero imagínate que estás conduciendo por una autopista: hay carriles rápidos, carriles lentos y otros carriles entre ambos. Puedes circular por el carril rápido e ir disparado a toda velocidad hacia el periodo de vida enferma. O puedes conducir por un carril más lento y dedicar más tiempo a disfrutar del día que hace, de la música y de la compañía de tus pasajeros. Y, por supuesto, de tu buena salud.

Aunque estés actualmente pisando a fondo por el carril rápido, siempre puedes cambiar de carril. A lo largo de las páginas siguientes verás cómo hacerlo. En la primera parte del libro te explicaremos más cosas sobre los peligros del envejecimiento celular prematuro y sobre cómo usar unos telómeros sanos como arma secreta contra este enemigo. También hablaremos sobre el descubrimiento de la telomerasa, una enzima de las células que ayuda a mantener en buen estado las fundas protectoras que hay en los extremos de nuestros cromosomas.

El resto del libro te muestra cómo sacar partido de los conocimientos científicos relativos a los telómeros para ayudar a tus células. Empezaremos con aquellas cosas que puedes cambiar de tus hábitos mentales y luego de tu cuerpo, con el tipo de rutinas de ejercicio, alimentación y sueño que son beneficiosas para tus telómeros. Después nos fijaremos más en el exterior para determinar si tus entornos social y físico son beneficiosos para la salud de tus telómeros. A lo largo de todo el libro hay unos apartados llamados «Laboratorios de renovación» con sugerencias que pueden ayudarte a evitar el envejecimiento celular prematuro, acompañados de una explicación del fundamento científico de cada sugerencia.

Atender a tus telómeros te permitirá optimizar tus posibilidades de gozar de una vida no solo más larga, sino mejor. De hecho, ese es el motivo que nos ha llevado a escribir este libro. En el transcurso de nuestros trabajos hemos visto a demasiadas Karas, a demasiados hombres y mujeres cuyos telómeros se están desgastando demasiado rápido y que entran en el periodo de vida enferma cuando todavía deberían gozar de energía y plenitud. Existen abundantes investigaciones de gran calidad, publicadas en prestigiosas revistas científicas y respaldadas por los mejores laboratorios y universidades, que podrán servirte de guía para evitar ese destino. Podríamos haber esperado a que esos estudios se filtraran a través de los medios y se abriesen camino hasta llegar a la prensa y a las webs sobre temas de salud, pero ese proceso podría durar años y la información acabaría fragmentada y, por desgracia, muchas veces tergiversada por el camino. Deseamos compartir ahora lo que ya sabemos. Y no queremos que más personas o sus familiares sufran las consecuencias de un innecesario envejecimiento celular prematuro.

¿EL SANTO GRIAL?

Los telómeros constituyen un índice integrador de muchas influencias de la vida, tanto de las buenas y revigorizantes, como una buena forma física o el sueño, como de las malignas, como el estrés tóxico, una mala nutrición o las adversidades. Las aves, los peces y los ratones también presentan esa relación entre estrés y telómeros. Ello ha llevado a que se sugiera que la longitud de los telómeros podría ser el «santo grial del bienestar acumulativo»,[4] que podría usarse como medida sumatoria de las experiencias vitales de los animales. En los humanos, como en los animales, pese a que no existe un solo indicador biológico de la experiencia vital acumulada, los telómeros constituyen uno de los indicadores más útiles que conocemos en la actualidad.

Cuando perdemos a una persona por problemas de salud, perdemos un recurso precioso. La mala salud muchas veces socava nuestra capacidad mental y física para vivir como queremos. Cuando la gente de 30, 40, 50, 60 años o más está sana, disfruta más y comparte sus dones. Se pueden permitir con más facilidad emplear su tiempo de un modo significativo: criar y educar a la siguiente generación, ayudar a otras personas, resolver problemas sociales, desarrollar sus dotes artísticas, hacer descubrimientos científicos o tecnológicos, viajar y compartir sus experiencias, montar negocios o actuar como líderes sabios. A medida que avances en este libro, irás aprendiendo mucho más sobre cómo mantener sanas tus células. Esperamos que disfrutes de enterarte de lo fácil que es alargar tu vida. Y esperamos también que disfrutes de plantearte la pregunta: *¿Cómo voy a aprovechar todos esos maravillosos años de buena salud?* Por poco que sigas los consejos de este libro, es más que probable que dispongas de tiempo, energía y vitalidad de sobra para que se te ocurra la respuesta.

LA RENOVACIÓN EMPIEZA AHORA

Puedes empezar a renovar tus telómeros y tus células ahora mismo. Un estudio ha demostrado que las personas que tienden a centrar más su mente en lo que están haciendo disponen de telómeros más largos que aquellas cuya mente es más propensa a dispersarse.[5] En otros estudios se ha visto que seguir un curso de formación en *mindfulness* o meditación está relacionado con un mejor mantenimiento de los telómeros.[6]

La concentración mental es una habilidad que se puede cultivar. Solo se necesita práctica. A lo largo de todo este libro aparece el dibujo de un cordón de zapato. Cuando lo veas —o cuando repares en tus zapatos, lleven o no cordones—, puedes usarlo como señal para hacer una pausa y preguntarte en qué estás pensando. ¿Dónde tienes puestos tus pensamientos ahora mismo? Si algo te tiene preocupado o estás rumiando sobre viejos problemas, haz el favor de recordarte que debes centrarte en lo que estás haciendo ahora. Y si no estás «haciendo» nada en absoluto, puedes limitarte a centrarte en «estar».

Lo único que tienes que hacer es concentrarte en la respiración y dedicar toda tu consciencia a este sencillo acto de inspirar y espirar. Es igual de reconstituyente centrar tu mente en el interior (percibir sensaciones, tu respiración rítmica) que en el exterior (advertir aquello que ves y oyes a tu alrededor). Esta facultad de centrarte en la respiración o en tu experiencia presente resulta ser muy buena para las células de tu cuerpo.

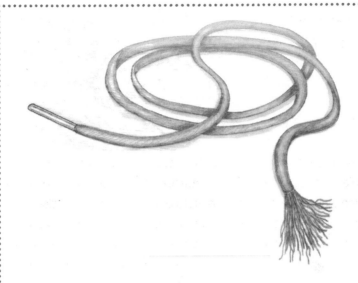

Figura 4: Piensa en los cordones de tus zapatos. Las puntas de los cordones de los zapatos son una metáfora de los telómeros. Cuanto más largos son los herretes que protegen los extremos de los cordones, menos probabilidades hay de que el cordón se deshilache. En lo que respecta a los cromosomas, cuanto más largos son los telómeros, menos probabilidades habrá de que salten las alarmas en las células o de que se fusionen los cromosomas. Esas fusiones desencadenan la inestabilidad cromosómica y la rotura del ADN, que son circunstancias catastróficas para la célula.

A lo largo de este libro verás que aparece un cordón de zapato con herretes largos. Úsalo como una oportunidad para recentrar tu mente en el presente, haz una inspiración profunda y piensa que tus telómeros se ven fortalecidos por la vitalidad de tu respiración.

PRIMERA PARTE

Los telómeros: una senda para llevar una vida más joven

Capítulo 1

Por qué las células prematuramente envejecidas hacen que parezcas, te sientas y actúes como un viejo

Hazte estas preguntas:

1. ¿Qué edad aparento?

- Parezco más joven que la edad que tengo.
- Represento más o menos mi edad.
- Parezco mayor que la edad que tengo.

2. ¿Cómo valoro mi estado de salud?

- Gozo de mejor salud que la mayoría de la gente de mi edad.
- Gozo de una salud más o menos igual que la mayoría de la gente de mi edad.
- Gozo de peor salud que la mayoría de la gente de mi edad.

3. ¿Cómo me siento respecto a mi edad?
- Me siento más joven que la edad que tengo.
- Me siento más o menos de la edad que tengo.
- Me siento más viejo que la edad que tengo.

Se trata de preguntas sencillas, pero tus respuestas pueden desvelar tendencias relevantes en tu salud y en tu envejecimiento. Las personas que parecen mayores de la edad que tienen quizá estén experimentando el encanecimiento prematuro del cabello o el deterioro de la piel que se asocian con unos telómeros cortos. Una mala salud pueden ocasionarla multitud de factores, pero entrar antes de tiempo en el periodo de vida enferma suele ser indicio de que tus células están envejeciendo. Algunos estudios demuestran que las personas que se sienten más viejas que la edad biológica que tienen también tienden a enfermar antes que aquellas que se sienten más jóvenes.

Cuando la gente dice que tiene miedo de envejecer, suelen referirse a que temen entrar en un largo y dilatado periodo de vida enferma. Tienen miedo de que les cueste subir las escaleras, de tardar en recuperarse de una operación a corazón abierto, de tener que llevar una bombona de oxígeno; le temen al deterioro óseo, a la espalda encorvada, a la pavorosa pérdida de la memoria y a la demencia. Y les dan miedo las consecuencias de todo ello: la pérdida de oportunidades de mantener relaciones sociales sanas y la necesidad de sustituirlas por la dependencia de otras personas. Pero, en realidad, la vejez no tiene por qué ser tan traumática.

Si tus respuestas a nuestras tres preguntas sugieren que pareces y te sientes más viejo que tu edad cronológica, a lo mejor se debe a que tus telómeros se están desgastando con más rapidez de la que debieran. Esos telómeros podrían estar enviándoles señales a tus células de que ha llegado la hora de avanzar en el proceso de envejecimiento. Es un panorama alarmante, pero no te desanimes. Se pueden hacer muchas cosas para combatir el envejecimiento prematuro allí donde más le duele: al nivel celular.

No obstante, no puedes combatir de manera eficaz a tu enemigo hasta que no lo conoces de verdad.

En este apartado te proporcionaremos los conocimientos que necesitas para entablar esa batalla. En este primer capítulo analizaremos lo que ocurre durante el envejecimiento celular prematuro. Veremos de cerca cómo son las células que envejecen y de qué manera perjudican a tu cuerpo y tu cerebro. También descubrirás por qué muchas de las enfermedades más terroríficas y debilitantes están relacionadas con tener los telómeros cortos y, por tanto, con el envejecimiento celular. Más adelante, en los capítulos 2 y 3, veremos cómo pueden los telómeros y esa fascinante enzima que es la telomerasa propiciar el paso precoz a un periodo de vida enferma o contribuir a que tus células se mantengan sanas.

¿En qué se diferencian las células que envejecen de manera prematura de las células sanas?

Imagínate que el cuerpo humano es una cesta llena de manzanas. Una célula humana sana es como una de esas relucientes y frescas manzanas. Pero ¿qué pasa si hay una manzana podrida en la cesta? No solo no te la puedes comer, sino que, lo que es peor, empezará a hacer que se pudran las demás manzanas también. Esa manzana podrida es como una célula envejecida, senescente, dentro de tu cuerpo.

Antes de que pasemos a explicar el porqué, queremos insistir en que tu cuerpo está lleno de células que necesitan renovarse constantemente para mantenerse sanas. Estas células que se renuevan, denominadas células proliferativas, residen en sitios como:

- el sistema inmunitario
- el intestino
- los huesos
- los pulmones
- el hígado
- la piel
- los folículos pilosos
- el páncreas
- el aparato circulatorio
- las células musculares lisas del corazón
- el cerebro; entre otras partes, en el hipocampo (un centro de aprendizaje y de la memoria del cerebro).

Para que estos cruciales tejidos corporales se mantengan sanos, sus células deben renovarse sin cesar. Tu cuerpo dispone de unos sistemas delicadamente calibrados que valoran cuándo es necesario renovar una célula; aunque un tejido corporal pueda parecer que se mantiene igual durante años, sus células son sustituidas constantemente en la cantidad precisa y con la regularidad adecuada. Pero recordemos que algunas células tienen un límite en la cantidad de veces que pueden dividirse. Cuando las células ya no son capaces de renovarse, los tejidos corporales a los que abastecen empiezan a envejecer y a funcionar de manera deficiente.

Las células de nuestros tejidos se originan a partir de las células madre, que tienen la sorprendente facultad de convertirse en muchos tipos de células especializadas. Residen en nichos, una especie de salas VIP en las que las células madre están protegidas y permanecen latentes hasta que se las necesita. Los nichos suelen estar dentro de los tejidos que las células madre regeneran o cerca de estos. Las células madre de la piel se encuentran bajo los folículos pilosos, algunas células madre del corazón residen en la pared ventricular derecha y las células madre de los músculos se alojan en lo más profundo de la fibra muscular. Si todo va bien, las células madre permanecen en su nicho. Pero cuando hace falta regenerar tejidos, la célula madre entra en acción. Se divide y genera células proliferativas —a veces llamadas células progenitoras—, y parte de su progenie se transforma en las células especializadas que hagan falta. Si enfermas y necesitas más células inmunitarias (inmunocitos), entrarán en tu torrente circulatorio células sanguíneas recién divididas que se hallaban alojadas en la médula ósea. La mucosa intestinal se ve continuamente desgastada por los habituales procesos digestivos y la piel se exfolia constantemente, así que las células madre están regenerando todo el tiempo esos tejidos. Si sales a correr y sufres un desgarro de los músculos de la pantorrilla, se dividirán algunas de tus células madre musculares, cada una de las cuales generará dos nuevas células. Una de las dos sustituye a la célula madre original y permanece cómodamente en su nicho; la otra puede convertirse en una célula muscular y contribuir a regenerar el tejido dañado. Disponer de una buena provisión de células madre capaces de autorregenerarse es crucial para mantenerse sano y para recuperarse de enfermedades y lesiones.

Pero cuando los telómeros de una célula se acortan demasiado, emiten señales que detienen el ciclo de división y copia de la célula. Una célula en ese estado se detiene y ya no es capaz de renovarse. Se vuelve vieja; se convierte en senescente. Si se trata de una célula madre, pasa al retiro permanente y ya no abandonará su confortable nicho cuando se la necesite. Otras células que se vuelven senescentes se quedan quietas, incapaces de cumplir las funciones que se supone que deberían realizar. Su sala de máquinas interna, la mitocondria, no funciona correctamente, lo que causa una especie de crisis energética.

El ADN de una célula vieja no logra comunicarse bien con las demás partes de la célula, así que la célula no es capaz de mantener su casa en orden. Dentro de la célula vieja se van apelotonando, entre otras cosas, proteínas disfuncionales y grumos marrones de una «basura» conocida como lipofuscina, que puede ocasionar degeneración macular en los ojos y determinados trastornos neurológicos. Y, lo que es peor, y por eso son como manzanas podridas en una cesta, las células senescentes emiten falsas alarmas en forma de sustancias proinflamatorias que llegan también a otras partes del cuerpo.

Ese mismo proceso básico de envejecimiento se produce en los diversos tipos de células que contienen nuestros cuerpos, ya sean células hepáticas, cutáneas, de los folículos pilosos o de las paredes de los vasos sanguíneos. Pero determinados giros del proceso dependen del tipo de célula de que se trate y de su ubicación en el cuerpo. Las células senescentes de la médula ósea evitan que las células madre de la sangre y del sistema inmunitario se dividan como es debido o las obligan a generar células sanguíneas en cantidades desequilibradas. Las células senescentes del páncreas pueden no «oír» correctamente las señales que regulan su producción de insulina. Las células senescentes del cerebro pueden segregar sustancias que causen la muerte de las neuronas. Si bien el proceso esencial del envejecimiento es parecido en la mayoría de las células que se han estudiado, la manera en que la célula expresa ese proceso de envejecimiento puede ocasionar lesiones diferentes en el cuerpo.

El envejecimiento se define como el «deterioro funcional progresivo de la célula y la merma de su capacidad para responder adecuadamente a los estímulos externos y las lesiones». Las células envejecidas ya no son capaces de reaccionar con normalidad ante los esfuerzos y las tensiones, ya sean físicos o psicológicos.[1] Este es un proceso continuado que muchas veces deriva, lenta y silenciosamente, en las enfermedades relacionadas con el envejecimiento, dolencias cuyo origen puede buscarse, en parte, en los telómeros cortos y en las células envejecidas. Para comprender un poco mejor el envejecimiento y los telómeros, volvamos a las tres preguntas que hemos formulado al principio de este capítulo:

¿Qué edad aparentas?

¿Cómo valoras tu estado de salud?

¿Cómo te sientes respecto a tu edad?

FUERA LO VIEJO, VENGA LO NUEVO: EXTRAER LAS CÉLULAS SENESCENTES DE RATONES REVIERTE EL ENVEJECIMIENTO PREMATURO

En una prueba analítica se siguió a unos ratones modificados genéticamente para que muchas de sus células se volviesen senescentes antes de lo normal. Los ratones empezaron a envejecer de forma prematura: perdieron depósitos de grasas (lo que hizo que les aparecieran arrugas) y masa muscular, se les debilitó el corazón y les salieron cataratas. Unos cuantos murieron antes de tiempo por fallos cardiacos. Entonces, mediante un truco experimental que no es posible reproducir con humanos, los investigadores extrajeron las células senescentes de los ratones. Eliminar las células senescentes hizo que se anulasen muchos de los síntomas del envejecimiento prematuro: les desaparecieron las cataratas y recuperaron sus músculos atrofiados, conservaron sus depósitos de grasas (lo que redujo sus arrugas) y todo ello propició un periodo de vida sana más prolongado.[2] **¡Las células senescentes controlan el proceso de envejecimiento!**

CÉLULAS PREMATURAMENTE ENVEJECIDAS: ¿QUÉ EDAD APARENTAS?

Manchas y pecas en la piel. Canas en el pelo. La postura encogida o encorvada que deriva de la pérdida de masa ósea. Estos cambios nos sobrevienen a todos, pero si has estado hace poco en una reunión de antiguos alumnos del instituto, habrás visto pruebas de que no nos pasan al mismo tiempo ni de la misma manera.

Cuando entras por la puerta de tu décima reunión de exalumnos del instituto, cuando todo el mundo sigue en la veintena, verás compañeros de clase que visten ropa cara y otros cuyos trajes de fiesta se ven ya un poco ajados. Algunos de tus colegas alardean de sus éxitos profesionales, de sus empresas emergentes o de su productividad procreativa, y otros le dan tragos al whisky mientras se lamentan de sus últimos fracasos amorosos. Puede que no parezca justo. Casi todo el mundo que hay en esa sala —no importa si es rico, pobre, exitoso, si sufre aprietos, es feliz o está triste— aparenta tener veintitantos años. Tienen el cabello sano y la piel tersa, y unos cuantos de tus compañeros de clase son unos centímetros más altos que cuando os graduasteis diez años atrás. Están en el resplandeciente apogeo de la juventud.

Pero si apareces en una de esas reuniones cinco o diez años más tarde, observarás un panorama diferente. Adviertes que unos cuantos de tus viejos compañeros empiezan a parecer de verdad compañeros viejos. Lucen algunas canas junto a las orejas o entradas más pronunciadas. La piel se les ve más manchada y menos brillante y unas patas de gallo profundas les enmarcan los ojos. Les empieza a abultar la tripa y tal vez estén algo más encorvados. Esta gente está evidenciando un rápido inicio de envejecimiento físico.

Sin embargo, otros de tus excompañeros experimentan una trayectoria de envejecimiento más ralentizada. Con el paso de los años, a medida que van pasando la vigésima, trigésima, cuadragésima, quincuagésima y sexagésima reunión de exalumnos, queda patente que el rostro, el pelo y el cuerpo de esos afortunados excompañeros están cambiando, aunque esos cambios se producen lentamente, de manera gradual, con elegancia. Los telómeros, como veremos, desempeñan un papel de cierta importancia en la rapidez con la que uno desarrolla una apariencia de envejecimiento, así como en si uno se convierte en alguien que «envejece bien».

Envejecimiento de la piel

La capa exterior de la piel, la epidermis, está compuesta por células proliferativas que se regeneran constantemente. Algunas de estas células (los queratinocitos) fabrican telomerasa, por lo que no se deterioran ni se vuelven senescentes, pero la mayoría acaban sufriendo una ralentización de su capacidad de regenerarse.[3] Bajo esta capa visible de la piel se halla la dermis, un estrato de células cutáneas (los fibroblastos) que constituyen los cimientos de una epidermis sana y mullida debido a su producción de colágeno, elastina y otras sustancias que propician el crecimiento, por ejemplo.

Con la edad, estos fibroblastos segregan menos colágeno y elastina, lo que ocasiona que la capa externa y visible de la piel adquiera aspecto de ajada y laxa. Este efecto se transmite a través de las capas de la piel y se manifiesta en una apariencia externa más avejentada. La piel envejecida se vuelve más fina debido a la pérdida de masa adiposa y ácido hialurónico (que actúa a modo de hidratante natural de la piel y las articulaciones). Se hace más permeable ante los elementos.[4] Los melanocitos envejecidos dan lugar a manchas cutáneas de la edad en la piel, pero también provocan palidez. En resumidas cuentas, la piel avejentada adquiere este aspecto manchado, pálido, flácido y arrugado tan familiar, sobre todo debido a que los fibroblastos envejecidos ya no son capaces de sustentar a las células de las capas exteriores.

En la gente mayor, las células cutáneas a menudo pierden su capacidad de dividirse. Pero algunos ancianos sí cuentan con células cutáneas que pueden seguir dividiéndose. Cuando los investigadores las observan, constatan que las células tienen mayor capacidad de evitar la agresión oxidativa y sus telómeros son más largos.[5] Pese a que los telómeros acortados no causan necesariamente el envejecimiento de la piel, sí desempeñan cierto papel en ella, sobre todo en lo que respecta al envejecimiento por exposición al sol (llamado también fotoenvejecimiento). Los rayos ultravioletas de la luz solar pueden dañar los telómeros.[6] Petra Boukamp, investigadora sobre los telómeros del Centro Alemán de Investigación Oncológica de Heidelberg, y sus colegas han comparado la piel de una zona expuesta al sol, el cuello, con la de otra parte protegida, las nalgas. Las células externas del cuello mostraban algo más de erosión telomérica por el sol, mientras que las células protegidas de las nalgas apenas mostraban reducción de los telómeros con la edad. Las células de la piel, si están protegidas del sol, pueden resistir el envejecimiento durante mucho tiempo.

Pérdida de masa ósea

El tejido óseo se va remodelando a lo largo de toda la vida, y se logra un buen nivel de densidad ósea cuando se alcanza un equilibrio entre las células que construyen el hueso (osteoblastos) y las que lo eliminan (osteoclastos). Los osteoblastos necesitan tener telómeros largos para poder seguir dividiéndose y regenerarse; y cuando tus telómeros son cortos, los osteoblastos envejecen y no son capaces de seguirles el ritmo a los osteoclastos. La balanza se inclina hacia los osteoclastos y estos te van consumiendo los huesos.[7] Tampoco ayuda que, después de que los telómeros de una persona se hayan desgastado, las células óseas envejecidas se tornen inflamatorias. En ratones de laboratorio criados para que presenten telómeros supercortos se ha observado que sufren pérdida temprana de masa ósea y osteoporosis;[8] y lo mismo les ocurre a quienes han nacido con un trastorno genético que provoca que sus telómeros sean extraordinariamente cortos.

Cabello encanecido

En cierto sentido, todos nacemos con un cabello que ha sido coloreado. Cada pelo nace de su correspondiente folículo piloso y está compuesto por queratina, que genera un pelo blanco, una cana. Pero en el folículo hay una serie de células especiales —los melanocitos, el mismo tipo de células responsables de la coloración de la piel— que confieren pigmento al cabello. Sin estas células de tinte natural, el cabello pierde su color. Las células madre del folículo producen los melanocitos. Cuando los telómeros de estas células madre se desgastan, las células no logran regenerarse con la rapidez suficiente para seguir el ritmo de crecimiento del cabello, lo que deriva en la aparición de canas. Al cabo de un tiempo, cuando todos los melanocitos han muerto, el cabello se vuelve completamente blanco. Los melanocitos también son sensibles a factores químicos y a la radiación ultravioleta, y según un estudio publicado en la revista *Cell*, tras someter a ratones a rayos X, estos acabaron presentando melanocitos dañados y pelaje gris.[9] Los ratones afectados por una mutación genética que provoca que tengan unos telómeros extremadamente cortos también presentan un encanecimiento prematuro del pelaje; restituir su telomerasa hace que su pelaje gris vuelva a oscurecerse.[10]

¿Qué es el encanecimiento normal? Las canas se dan menos en los afroamericanos y los asiáticos y más en los rubios.[11] En al menos la mitad de la gente el encanecimiento empieza a producirse a finales de la cuarentena y en alrededor del 90 por ciento a principios de la sesentena. La mayoría de los casos de encanecimiento prematuro son bastante normales; solo en las escasísimas personas a las que se les pone el pelo canoso o blanco durante la treintena puede darse el caso de que presenten una mutación genética que provoque unos telómeros cortos.

¿Qué dice tu apariencia física sobre tu salud?

A lo mejor estás pensando: «Vale, no me importa tener unas cuantas canas. Y tampoco son para tanto ese par de manchas de vejez que me han salido alrededor de los ojos. ¿Me pides que me fije en cosas de poca importancia, que le dé valor a una apariencia juvenil en lugar de a mi estado de salud?». Esas son buenas preguntas. Esto no es una competición: lo importante es la salud. Pero ¿hasta qué punto refleja un aspecto avejentado la salud interior? En un estudio se pidió a unos «evaluadores» especialmente formados que valorasen la edad de una persona solo con mirar una foto.[12] Resultó que, de media, las personas que parecen más viejas tienen los telómeros más cortos. Esto no es de extrañar, dado el papel que se cree que desempeñan los telómeros en el envejecimiento de la piel y la aparición de canas. Parecer más viejo se asocia en cierta medida, pequeña pero preocupante, con indicios de mala salud. La gente que aparenta más edad de la que tiene suele estar más débil, dar peores resultados en un examen mental para poner a prueba su memoria, tener niveles más altos de glucemia en ayunas y de cortisol, y mostrar indicios tempranos de enfermedades cardiovasculares.[13] La buena noticia es que estos son efectos muy pequeños. Lo que más importa es el interior de tu cuerpo, pero parecer mayor de la edad biológica —estar demacrado— es una señal a la que merece la pena prestar atención. Puede indicar que tus telómeros necesitan más protección.

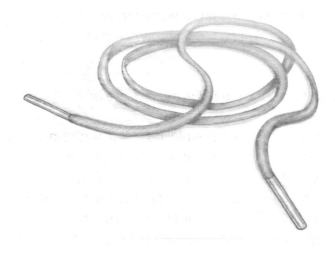

¿Recuerdas lo que tienes que hacer cuando ves esta imagen? Mira en la página 39.

Entenderás la verdadera capacidad que tienen unos telómeros cortos de dañar tus células y perjudicar tu salud
cuando te plantees la siguiente pregunta: ¿*Cómo valorarías
tu estado de salud?*

Vuelve a pensar en las reuniones de exalumnos del
instituto. Cuando llegas a tu vigésima o trigésima reunión,
te das cuenta de que muchos de tus antiguos compañeros
empiezan a padecer las enfermedades que suelen relacionarse con el envejecimiento. Sin embargo, solo rondan los
40 o 50 años. No son cronológicamente viejos todavía. ¿Por
qué entonces sus cuerpos actúan como si lo fueran?
¿Por qué están entrando en el periodo de vida enferma
a esa edad?

Inflammaging

¿No resultaría interesante poder observar el interior de las
células de todos los asistentes a la reunión y medir la longitud
de sus telómeros? Si pudieras hacerlo, verías que los que
tienen telómeros más cortos son, por término medio, quienes
están más enfermos, más débiles o cuyas caras muestran
los estragos de tener que bregar con problemas de salud
como diabetes, enfermedades cardiovasculares, un sistema
inmunitario deprimido y enfermedades pulmonares. Probablemente descubrirías también que los que tienen los telómeros cortos sufren de inflamación crónica. La observación
de que la inflamación se incrementa con la edad y es una de
las causas de las enfermedades relacionadas con el envejecimiento reviste tal importancia que los científicos le han
puesto nombre: *inflammaging*, combinación de los vocablos
ingleses *inflammation*, inflamación, y *aging*, envejecimiento.

Se trata de una inflamación persistente y leve que suele acumularse con la edad. Son muchos los factores que la provocan, como un deterioro de las proteínas, por ejemplo. Otra de las causas habituales de esta *inflammaging* está relacionada con el desgaste de los telómeros.

Cuando los genes de una célula sufren daños o sus telómeros son demasiado cortos, esa célula sabe que su precioso ADN está en peligro. La célula se reprograma para emitir unas moléculas capaces de desplazarse hasta otras células y pedir ayuda. Esas moléculas, que en su conjunto se denominan fenotipo secretor asociado a la senescencia (SASP, por sus siglas en inglés), pueden ser muy útiles. Si una célula se ha vuelto senescente porque ha sufrido algún daño, puede mandarles señales a los inmunocitos cercanos y a otras células con funciones de reparación, avisar a los escuadrones encargados de poner en marcha el proceso curativo.

Y ahí es donde las cosas se ponen feas de verdad. Los telómeros responden de manera anómala a los daños en el ADN. El telómero está tan centrado en su propia protección que, aunque la célula haya pedido auxilio, impide el paso a cualquier ayuda. Es como esa gente que se emperra en rechazar cualquier ayuda cuando se enfrenta a una adversidad porque teme bajar la guardia. Un telómero acortado puede pasarse meses dentro de una célula envejecida, emitiendo señales de auxilio una tras otra pero sin dejar a la célula que emprenda acciones para resolver los daños. Estas alarmas incesantes pero inútiles pueden tener terribles repercusiones. Porque, ahora que esa célula se convierte en la manzana podrida de la cesta, afectarán a todos los tejidos que la circundan. En el proceso SASP intervienen sustancias químicas como las citocinas proinflamatorias que, con el tiempo, circulan por el cuerpo y derivan en inflamación crónica por todo el organismo. Judith Campisi, del Buck Institute of

Aging, fue la descubridora del SASP y ha demostrado que estas células allanan el camino para la aparición del cáncer.

A lo largo de la pasada década, los científicos han acabado por reconocer que la inflamación crónica (derivada del SASP o de otras causas) es un factor decisivo a la hora de provocar muchas enfermedades. La inflamación aguda a corto plazo contribuye a la curación de las células dañadas, pero la inflamación a largo plazo interfiere en el normal funcionamiento de los tejidos del cuerpo. Por ejemplo, la inflamación crónica puede provocar que las células pancreáticas funcionen de manera deficiente y que no regulen correctamente la producción de insulina, lo que desencadenará una diabetes; ocasionar la aparición de placas ateromatosas en las paredes arteriales, o provocar que la respuesta inmunitaria del cuerpo se vuelva contra este y que ataque a sus propios tejidos.

Figura 5: Una manzana podrida en la cesta. Imagínate que tienes una cesta llena de manzanas. La salud de la cesta entera depende de cada una de las manzanas. Una manzana podrida emite gases que pudren las demás. Una célula senescente envía señales a las células que la rodean, lo que provoca inflamación y otros factores que fomentan lo que podríamos llamar «podredumbre celular».

Estos son algunos de los ejemplos más terribles del poder destructor de la inflamación, pero la lista está muy lejos de acabarse ahí. La inflamación crónica es también un factor importante en las cardiopatías, las encefalopatías, las enfermedades gingivales, la enfermedad de Crohn, la celiaquía, la artritis reumatoide, el asma, la hepatitis, el cáncer y otras. Por eso los científicos establecen esa estrecha relación entre inflamación y envejecimiento. Es un peligro real.

Si quieres detener esa *inflammaging*, si quieres prolongar al máximo tu periodo de vida sana, tienes que prevenir la inflamación crónica. Y, en gran medida, controlar la

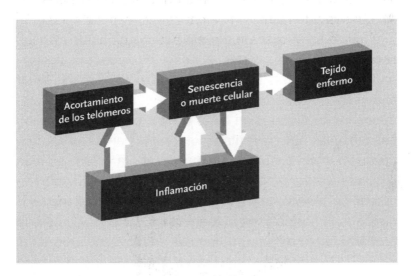

Figura 6: El paso de los telómeros cortos a la enfermedad. Una vía temprana a la enfermedad es el acortamiento de los telómeros. Los telómeros acortados derivan en células senescentes que permanecen en su sitio o, con suerte, son borradas del mapa antes de tiempo. Si bien son muchos los factores que pueden causar senescencia, el daño en los telómeros es muy común en los humanos. Cuando las células senescentes se van acumulando durante décadas en gran cantidad, se convierten en la base del tejido enfermo. La inflamación es causante tanto del acortamiento de los telómeros como de la senescencia celular, y estas células senescentes, a su vez, generan más inflamación.

inflamación significa proteger tus telómeros. Puesto que las células con telómeros muy cortos no dejan de emitir señales inflamatorias, lo que hay que hacer es mantener los telómeros sanos y largos.

Cardiopatías y telómeros cortos

Todas nuestras arterias, desde la más pequeña a la más grande, están recubiertas de una capa de células llamada endotelio. Si queremos tener un sistema cardiovascular sano, las células del endotelio tienen que regenerarse, proteger ese revestimiento y evitar que los inmunocitos atraviesen las paredes arteriales.

Pero en el caso de aquellos cuyos glóbulos blancos tienen los telómeros cortos, el riesgo de padecer enfermedades cardiovasculares se incrementa (por lo general, tener telómeros cortos en la sangre indica la presencia de telómeros también cortos en otros tejidos, como el endotelio). Las personas que presentan mutaciones genéticas corrientes que derivan en telómeros más cortos también son más proclives a sufrir problemas cardiovasculares.[14] El solo hecho de pertenecer al tercio de la población que tiene telómeros más cortos implica tener un 40 por ciento más de probabilidades de sufrir dolencias cardiovasculares en el futuro.[15] ¿Por qué? No conocemos todos los factores, pero la senescencia vascular es uno de ellos: cuando unos telómeros cortos le indican a la célula que envejezca de manera prematura, el endotelio no es capaz de regenerarse para crear un revestimiento liso y resistente de los vasos sanguíneos. Se debilita y se vuelve más vulnerable a las enfermedades. Cuando se examina el tejido vascular que presenta placas de ateroma, siempre se descubren telómeros cortos.

Además, tener telómeros cortos en las células sanguíneas también puede desencadenar inflamación, lo que allana el camino a las enfermedades cardiovasculares. Las células inflamatorias se adhieren a las paredes arteriales y atrapan el colesterol para formar placas, o hacen que las placas existentes se vuelvan inestables. Si se rompe una placa, se puede formar un coágulo sanguíneo sobre esta y bloquear la arteria. Y si se trata de una arteria coronaria, puede obstruir el paso de sangre al corazón y causar un infarto de miocardio.

Neumopatías y telómeros cortos

La gente que padece asma, enfermedad pulmonar obstructiva crónica (EPOC) y fibrosis pulmonar (una enfermedad muy grave e irreversible en la que el tejido pulmonar cicatrizado ocasiona dificultades respiratorias) presenta telómeros más cortos en sus inmunocitos y en las células pulmonares que las personas sanas. La fibrosis pulmonar, en particular, deriva claramente de un mantenimiento deficiente de los telómeros. Prueba de ello es que se detecta fibrosis pulmonar en aquellas infortunadas personas que heredan raras mutaciones genéticas de mantenimiento de los telómeros. Además de este dato revelador, existen otras pruebas claramente incriminatorias. Todas apuntan a un mantenimiento inadecuado de los telómeros como problema común de base que contribuye a la EPOC, el asma, las infecciones pulmonares y un mal funcionamiento pulmonar. Y esto ocurre en todos los casos, no solo en la gente que presenta una mutación rara del gen responsable del mantenimiento de los telómeros. A falta de un buen mantenimiento de los telómeros, las células madre y los vasos sanguíneos de los pulmones se vuelven senescentes. No son capaces de mantener la regeneración de los tejidos pulmonares ni de abastecer sus necesidades. La senescencia de los inmunocitos da pie a un entorno proinflamatorio que merma todavía más los pulmones, por lo que estos funcionan cada vez peor.

ENVEJECIMIENTO CELULAR PREMATURO: ¿CÓMO TE SIENTES RESPECTO A TU EDAD?

Volvamos a la reunión del instituto. Esta vez asistimos a tu cuadragésima reunión, cuando tus excompañeros rondan los 60 años. Ahora es cuando los primeros exalumnos de tu quinta empiezan a presentar indicios de deterioro cognitivo. Puede que te resulte difícil señalar con exactitud qué es lo que hace diferente a esa gente, pero adviertes que están algo confusos, un poco idos, ligeramente menos concentrados y más discordantes con las pautas sociales habituales. Les cuesta unos cuantos segundos de más recordar cómo te llamas. Esta merma mental, más que cualquier otra cosa, es lo que hace que nos sintamos verdaderamente viejos.

Deterioro cognitivo y enfermedad de Alzheimer

No te sorprenderá saber que la gente que padece problemas cognitivos tempranos también suele presentar telómeros cortos. Este efecto puede persistir a medida que esas personas envejecen. En un estudio con septuagenarios sanos, los telómeros cortos predijeron un deterioro cognitivo general en años posteriores.[16] En el caso de adultos jóvenes no se detectó relación entre los telómeros y el funcionamiento cognitivo, pero un acortamiento más acentuado de los teló-

La solución de los telómeros

meros en aproximadamente diez años predijo un funcionamiento cognitivo disminuido.[17] A los investigadores les fascina la posible relación existente entre la longitud de nuestros telómeros y la agudeza mental. ¿Podrían predecir unos telómeros cortos enfermedades como la demencia o el alzhéimer?

En Texas se realizó un impresionante estudio para intentar responder a esta pregunta.[18] Los investigadores escanearon el cerebro de casi 2.000 adultos del condado de Dallas. El estudio tuvo en cuenta la edad, además de otros factores que afectan al cerebro, como el tabaquismo, el sexo y el estado de un gen, el APOE-epsilon4 (comúnmente conocido como APOE). Una variante normal del APOE incrementa el riesgo de sufrir alzhéimer. Como era de esperar, el cerebro de casi todos los sujetos mostró algún indicio de encogimiento con la edad. Pero los investigadores examinaron también aquellas partes del cerebro implicadas específicamente en las emociones y la memoria. El hipocampo, por ejemplo, es una zona del cerebro que ayuda a formar, organizar y almacenar recuerdos; también ayuda a vincular esos recuerdos con las emociones y los sentidos. El hipocampo es lo que hace que el olor de una caja de lápices nuevos nos lleve a nuestro primer día de colegio; es, en definitiva, lo que hace que nos acordemos del colegio. Sorprendentemente, los investigadores de Texas descubrieron que cuando la persona presentaba telómeros cortos en sus glóbulos blancos (que pueden considerarse una muestra de la longitud de los telómeros de todo el cuerpo), su hipocampo era más pequeño que el de las personas con telómeros más largos. El hipocampo está compuesto por células que tienen que regenerarse, y si queremos conservar un buen funcionamiento de la memoria, es esencial que nuestro cuerpo sea capaz de regenerar las células del hipocampo.

No solo el hipocampo es más pequeño en las personas que tienen telómeros cortos. También lo son otras zonas del sistema límbico del cerebro, como el núcleo amigdalino y los lóbulos temporal y parietal. Esas zonas, junto con el hipocampo, ayudan a regular la memoria, las emociones y las tensiones; y esas son justamente las áreas que se atrofian en la enfermedad de Alzheimer. El estudio de Dallas sugiere que «los telómeros cortos en la sangre indican a grandes rasgos un cerebro envejecido». Es posible que el envejecimiento celular, tal vez solo en el hipocampo o tal vez por todo el cuerpo, sea un fundamento importante para la demencia. Mantener unos telómeros sanos puede resultar especialmente crucial en el caso de quienes presentan la variante del gen APOE, que los somete a mayor riesgo de contraer alzhéimer a edad temprana. En un estudio se descubrió que si presentas esta variante del gen y además tienes telómeros cortos, el riesgo de que mueras prematuramente es diez veces mayor que si tienes esa misma variante pero tus telómeros son largos.[19]

Unos telómeros cortos pueden contribuir directamente a causar alzhéimer. Hay algunas variantes genéticas normales (en genes llamados TERT y OBFC1) que pueden derivar en telómeros cortos. Cabe señalar que quienes presentan solo un gen que presenta estas variantes comunes tienen estadísticamente más probabilidades de contraer alzhéimer.[20] No es un efecto muy considerable, pero demuestra que existe una relación causal: los telómeros no son solo un indicador de otra cosa, ni un epifenómeno, sino los causantes de parte del envejecimiento cerebral; incrementan el riesgo de que suframos procesos neurodegenerativos. Sabemos a ciencia cierta que el TERT y el OBFC1 funcionan directamente para mantener los telómeros. Y cada vez tenemos más pruebas de ello. Si quieres mantener un cerebro lúcido, piensa en tus telómeros. Consulta las notas que figuran al final del libro si te interesa participar en una investigación sobre el envejecimiento cerebral.[21]

Una «edad percibida» sana

Si acudieses a tu cuadragésima reunión, subieras al escenario y pidieras a ese grupo de sexagenarios que levantasen la mano si se sentían como sexagenarios, obtendrías un resultado interesante. La mayoría de la gente —el 75 por ciento— diría que se siente más joven que la edad que tiene. Aun con el paso de los años, y por mucho que la edad que consta en nuestro carnet de identidad diga que nos hacemos viejos, muchos de nosotros seguimos sintiéndonos jóvenes.[22] Esta reacción ante el envejecimiento es sumamente adaptativa. Tener una «edad percibida» joven se asocia con una vida más satisfactoria, con un mayor desarrollo personal y con mejores relaciones sociales.[23]

Sentirse joven no es lo mismo que desear ser más joven. La gente que anhela ser cronológicamente más joven (pongamos por caso, un hombre de 50 que desearía volver a tener 30) suele ser más infeliz y estar menos satisfecha con su vida. Ansiar y pretender la juventud es en realidad lo contrario a la principal tarea que desarrollamos con la edad, que es aceptarnos tal como somos, aunque sin dejar de esforzarnos por conservar nuestra buena forma física y mental.

SI QUIERES UNA VEJEZ MÁS SANA, CAMBIA TU MANERA DE PENSAR EN ELLA

A la hora de pensar en los ancianos conviene ser cautos. La gente que interioriza y acepta estereotipos negativos sobre la edad puede transformarse en esos mismos estereotipos... y llegar a sufrir más trastornos de salud. Este fenómeno, llamado «estereotipos corporizados», fue identificado por Becca Levy, psicóloga social de la Universidad de Yale. Aun teniendo en cuenta su actual estado de salud, las personas que tienen opiniones negativas sobre el envejecimiento actúan de manera distinta de quienes tienen una visión más optimista del hecho de envejecer.[24] Creen tener menos control sobre si contraen enfermedades y no se esfuerzan tanto en mantener conductas saludables, como tomarse las medicinas que les han recetado. Las probabilidades de morir de infarto se duplican y, con el paso de las décadas, su memoria experimenta un deterioro más pronunciado. Cuando se lesionan o enferman, tardan más en recuperarse.[25] En otro estudio, los ancianos a quienes sencillamente se les recordaron estereotipos sobre el envejecimiento obtuvieron resultados tan malos en una prueba que su puntuación fue igual de baja que si sufriesen demencia.[26]

Si tienes una visión negativa del envejecimiento, puedes hacer un esfuerzo consciente por contrarrestarla. He aquí una lista de estereotipos que hemos adaptado de la escala de percepción del envejecimiento de Levy.[27] Puedes visualizarte en la tercera edad encarnando algunos de esos rasgos positivos. Cuando te des cuenta de que estás pensando sobre la vejez en términos negativos, recuérdate que en el envejecimiento hay un lado positivo:

¿Qué percepción tienes del envejecimiento?	
gruñón	optimista
dependiente	capaz
lento	lleno de vitalidad
frágil	confiado
solitario	intenso afán de vivir
confundido	sabio
nostálgico	emocionalmente complejo
desconfiado	relaciones estrechas
amargado	afectuoso

¿Cuál es el perfil de nuestra vida emocional cuando envejecemos? Pese a la imagen de los ancianos como picajosos y resentidos con los jóvenes, Laura Carstensen, investigadora del envejecimiento en la Universidad de Stanford, demuestra que nuestra experiencia emocional cotidiana en realidad mejora con la edad. Normalmente, la gente mayor experimenta más emociones positivas que negativas en su día a día. Esa experiencia no es puramente «alegría», sino que nuestras emociones se vuelven más ricas y complejas con el paso del tiempo. Experimentamos una mayor concurrencia de emociones negativas y positivas, como esas situaciones conmovedoras en las que te asoma una lágrima a la vez que sientes alegría, o cuando te sientes orgulloso y a la vez enfadado.[28] Es una facultad que denominamos «complejidad emocional». Estos estados emocionales mezclados nos ayudan a evitar los acusados altibajos que sufren los más jóvenes y también contribuyen a que ejerzamos más control sobre lo que sentimos. Las emociones mezcladas son más fáciles de gestionar que las puramente positivas o negativas. Por consiguiente, en términos emocionales, la vida mejora. Un mayor control de las emociones y un incremento de la complejidad significan experiencias diarias más ricas. Las personas con mayor complejidad emocional también disfrutan de un periodo de vida sana más prolongado.[29]

Los investigadores sobre gerontología saben también que conservamos el interés por la intimidad y el sexo cuando envejecemos. Nuestros círculos sociales se reducen, pero eso ocurre principalmente por elección propia. Con el tiempo remodelamos nuestros círculos sociales para que incluyan aquellas relaciones más relevantes y dejamos de lado las que son más problemáticas. Eso da lugar a que nuestros días estén cargados de más sentimientos positivos y menos tensiones. Priorizamos mejor y dedicamos nuestro tiempo a las cosas que más nos importan. Tal vez esa sea una buena manera de definir la sabiduría que conlleva la edad.

Esforzarte por imaginar una vejez mejor, más sana y vital tiene sus recompensas. Levy recordó a los ancianos las ventajas de envejecer —como tener mayor claridad de ideas y disfrutar de la sensación de logros cumplidos— y les proporcionó tareas que resultaban estresantes. Descubrió que respondían al estrés con menor reactividad (frecuencia cardiaca y presión sanguínea más bajas) que el grupo de control.[30] Como reza el dicho: «Envejecer es una cuestión de la mente sobre la materia. Si no pones tu mente en ello, no se materializa».

Dos vías

Haz una pausa de un momento. Imagina qué pinta tendrías si tus telómeros se acortasen demasiado deprisa y tus células empezasen a envejecer prematuramente. Este ejercicio mental tiene el propósito de hacer que el envejecimiento celular prematuro te parezca algo real y visible. Piensa en qué clase de envejecimiento no quieres experimentar cuando llegues a los 40, los 50, los 60 y los 70. ¿Temes encontrarte panoramas como estos?

- «He perdido agudeza. Cuando hablo, mis colegas más jóvenes me miran con asombro porque divago y me desconcentro».
- «Siempre estoy en cama con alguna infección respiratoria; me da la impresión de que pillo todas las enfermedades».
- «Me cuesta respirar».
- «Se me entumecen las piernas».
- «Tengo la impresión de que me flojean los pies. Tengo miedo de caerme».
- «Estoy demasiado cansado para hacer otra cosa que no sea sentarme en el sofá a ver la tele todo el día».
- «Oigo a mis hijos decir: "¿A quién le toca ahora cuidar de mamá?"».
- «Ya no puedo viajar como hacía antes, porque debo estar cerca de mis médicos».

Estas afirmaciones nos desvelan aspectos habituales de un periodo de vida enferma precoz; esa es la vida que nos interesa evitar. Es posible que tus padres o tus abuelos creyesen el viejo mito de que todo el mundo vive unas cuantas décadas buenas y luego toca ponerse enfermo y rendirse. Todos conocemos a gente que ha llegado a los 60 o a los 70 y luego, sin más, han decretado que su vida ha terminado. Esa es la gente que se enfunda el chándal, se apoltrona en la butaca reclinable y se queda viendo la televisión a esperar que aparezca la enfermedad.

Ahora imagínate un futuro distinto. Un futuro con telómeros largos y sanos y con células que se renuevan. ¿Qué te parecen esas décadas de buena salud? ¿Se te ocurre alguien que pueda servirte de modelo de esa vida?

Envejecer se suele retratar de un modo tan negativo que la mayoría intentamos no pensar en ello. Si tus padres o abuelos enfermaron sin ser demasiado mayores, o simplemente se rindieron llegada cierta edad, puede que te cueste imaginarte que es posible ser viejo, estar sano y lleno de energía y afán de vivir. Pero si logras formarte una imagen clara y positiva de cómo te gustaría envejecer, ya tienes una meta que cumplir a medida que envejeces, además de un motivo convincente para mantener sanos tus telómeros y tus células. Si piensas con positividad en el envejecimiento, lo más probable es que vivas siete años y medio más que los que no piensan así, por lo menos eso se desprende de un estudio.[31]

Uno de los ejemplos que más nos gusta de alguien que siempre está renovando su espíritu es una amiga de Liz: Marie-Jeanne, una encantadora bióloga molecular que vive en París. Marie-Jeanne tiene unos 80 años, el cabello blanco, arrugas y la espalda algo encorvada, pero su rostro desprende vida e inteligencia. Marie-Jeanne y Liz se vieron una tarde hace poco. Quedaron para comer. Fueron al museo de arte del Petit Palais, subieron y bajaron escaleras y visitaron casi todas las exposiciones. Deambularon por el Barrio Latino y entraron en varias librerías. Al cabo de seis horas, Marie-Jeanne estaba fresca como una rosa y no mostraba indicios de cansancio. Liz estaba a punto de desplomarse de agotamiento. Le propuso regresar («para que Marie-Jeanne pudiera descansar»). Cuando Marie-Jeanne le sugirió que fuesen a ver no sé qué más, Liz, avergonzada por admitir lo desesperada que estaba por poner las piernas en alto, puso la excusa de que había quedado con alguien para así poder ir a casa y descansar.

Marie-Jeanne cumple muchos de los requisitos que definen un envejecimiento sano:

- Sigue interesándole su trabajo después de muchísimos años. Aunque oficialmente ha superado con creces su edad de jubilación, acude cada día a su despacho del organismo investigador donde trabaja.
- Socializa con gente de todo tipo. Organiza cenas-coloquio mensuales (debates que se celebran en muchos idiomas) para sus colegas más jóvenes.
- Vive en un quinto piso sin ascensor. A veces, sus amigos más jóvenes no asisten a alguna cena o fiesta porque están demasiado agarrotados o cansados para subir todos esos tramos de escalera, pero Marie-Jeanne los recorre con la misma agilidad con la que lo ha hecho durante muchos años.

Puede que tengas tus modelos propios o tus metas a la hora de envejecer. Estos son unos cuantos más que nos han contado:

- «Cuando me haga mayor, quiero ser como la actriz Judi Dench, sobre todo como en su papel de M en las películas de James Bond: con el pelo blanco pero sin dejar de estar al mando, y siempre siendo la persona más inteligente del lugar».
- «Me inspira la idea de vivir el "tercer acto" de la vida. El primer acto de mi vida estuvo dedicado enteramente a formarme, el segundo se centró en crearme una carrera en la docencia y para el tercero tengo pensado trabajar en organizaciones benéficas

y ayudar a padres adolescentes a que no abandonen su educación y terminen sus estudios».

- «Mi abuelo, cuando ya pasaba de los 70 años, nos llevó a hacer esquí de travesía y nos enseñó a hacer una hoguera en la nieve. Quiero hacer lo mismo con mis nietos».
- «Cuando me veo envejeciendo, me imagino que los niños han crecido y se han marchado de casa. Los echo de menos, pero tengo más tiempo. Por fin puedo aceptar la oferta de ser jefa de mi departamento».
- «Si sigo sintiendo curiosidad intelectual y trabajando en proyectos de escritura o filantrópicos, seré feliz. Quiero devolver cosas a la sociedad de varias maneras, valorar nuestro precioso planeta y todo lo bueno que tienen que ofrecer los demás, incluyéndome a mí mismo».

Nuestras células van a envejecer. Pero no tienen por qué hacerlo antes de tiempo. Lo que de verdad queremos casi todos es vivir una vida larga y satisfactoria en la que el envejecimiento celular avanzado se produzca lo más tarde posible.

El capítulo que acabas de leer te ha enseñado de qué modo te pueden perjudicar unas células que envejecen de manera prematura. A continuación te mostraremos qué son exactamente los telómeros y cómo pueden convertirse en tu mejor opción para vivir una vida larga y saludable.

Capítulo 2

El poder de unos telómeros largos

Es 1987. Robin Huiras tiene 12 años y está en el patio del colegio esperando para empezar una carrera cronometrada de una milla. Hace un tiempo excelente para correr —es una gélida mañana de Minnesota— y Robin está en forma y delgada. Aunque no le apasiona que su profesor de gimnasia la ponga a prueba, espera hacerlo bien.

No es así. El profesor de gimnasia da el pistoletazo de salida y casi de inmediato todas las demás chicas de la clase se ponen por delante de Robin. Trata de alcanzarlas, pero el grupo se va alejando por la pista de atletismo de tierra roja. Robin no es ninguna holgazana: da todo lo que tiene, pero a medida que discurre la carrera se va quedando cada vez más rezagada. Su crono es uno de los más bajos de la clase, casi como si se hubiese parado a mitad de carrera y hubiese emprendido un trote relajado hasta la línea de meta; pero mucho rato después de acabada la carrera Robin sigue doblada por el esfuerzo, jadeando y dando bocanadas de aire.

Al año siguiente, cuando Robin ha cumplido los 13, encuentra una cana abriéndose camino entre su cabello castaño. Luego aparece otra cana, y después otra, hasta que su pelo adquiere el color de sal y pimienta típico de las mujeres de 40 o 50 años. También le cambia la piel: hay días en que las actividades normales le dejan moratones oscuros en brazos y piernas. Robin es solo una adolescente, pero se nota falta de energía, se le está poniendo gris el cabello y tiene la piel delicada. Es como si estuviera envejeciendo antes de tiempo.

Eso es, exactamente y de manera real, lo que le está pasando. Robin sufre un raro trastorno biológico de sus telómeros, una enfermedad hereditaria que ocasiona unos telómeros extremadamente cortos y, a su vez, un envejecimiento celular prematuro. Las personas aquejadas de trastornos biológicos de los telómeros pueden experimentar un envejecimiento acelerado mucho tiempo antes de alcanzar una edad cronológica avanzada. A nivel externo, se manifiesta en la piel. Los melanocitos, por ejemplo, que son las células responsables de la coloración de la piel, pierden la capacidad de mantenerla de un tono uniforme. Como consecuencia de ello aparecen manchas y pecas, junto con pelo canoso o blanco, aun a edades muy tempranas. Las uñas de pies y manos también adquieren aspecto avejentado: como las uñas contienen células que se regeneran con rapidez, se vuelven rígidas y quebradizas. Los huesos también envejecen: los osteoblastos —las células que necesitan los huesos para mantenerse sólidos y fuertes— pueden dejar de regenerarse. El padre de Robin, aquejado del mismo trastorno de los telómeros, sufrió tanta pérdida de masa ósea y tanto dolor muscular que tuvieron que reemplazarle ambas caderas dos veces antes de que la enfermedad acabase con su vida a los 43 años.

Pero el aspecto avejentado y hasta la pérdida de masa ósea son solo efectos leves del trastorno biológico de los telómeros. Los más terribles consisten en fibrosis pulmonar, hemogramas inusitadamente bajos, un sistema inmunitario deprimido, trastornos de la médula ósea, problemas digestivos y determinadas formas de cáncer. Quienes padecen trastornos de los telómeros no suelen vivir demasiados años, aunque los síntomas concretos y la duración media de su vida varían. Uno de los pacientes de ese trastorno de los telómeros que más ha vivido, y que sigue vivo todavía, ha cumplido los sesenta.

Esos tipos graves de trastornos biológicos hereditarios de los telómeros, como el que sufre Robin, son una versión extrema de enfermedades mucho más comunes, que ahora denominamos en su conjunto «síndromes teloméricos». Sabemos qué genes se estropean accidentalmente para causar estas formas hereditarias graves y qué hacen esos genes en las células (hasta la fecha se conocen once de esos genes). Por fortuna, estos síndromes teloméricos extremos y hereditarios son poco frecuentes: afectan a alrededor de una persona por cada millón. Y, también por suerte, Robin pudo aprovecharse de los adelantos médicos y someterse a un trasplante de células madre que fue un éxito (a base de células madre hematopoyéticas de un donante), como pone de manifiesto el recuento de trombocitos de Robin. Dado que las células madre sanguíneas de Robin no eran capaces de reparar de manera eficaz sus telómeros ni de crear nuevas células, su número de trombocitos se había desplomado alarmantemente, con recuentos por debajo de los 3.000 o 4.000 (esos hemogramas tan bajos fueron uno de los motivos por los que no pudo mantener el ritmo en la carrera). Seis meses después del trasplante los hemogramas de Robin habían subido hasta alcanzar unos niveles más normales, de 200.000. Robin, que ahora tiene treinta y tantos y dirige una organización en apoyo de los afectados por trastornos biológicos de los telómeros, tiene más arrugas alrededor de la boca y de los ojos que la mayoría de las personas de su edad. También tiene el cabello canoso casi por entero, y a veces sufre agudos dolores articulares y musculares. Pero la práctica habitual de ejercicio la ayuda a mantener el dolor a raya y, gracias al trasplante, ha recobrado gran parte de su energía.

Los síndromes teloméricos hereditarios graves nos transmiten a todos un importante mensaje, porque lo que ocurre en el interior de las células de Robin también ocurre en el interior de las nuestras. Solo que a ella le sucede con más rapidez. En todos nosotros los telómeros se encogen con la edad. Y el envejecimiento celular prematuro pueden padecerlo —aunque más ralentizado— personas que están básicamente sanas. Todos somos susceptibles de sufrir síndromes teloméricos del envejecimiento, aunque en mucho menor grado que en los casos de Robin y su padre. Los pacientes aquejados de esos síndromes hereditarios no son capaces de detener el proceso de envejecimiento prematuro, porque este se produce a una velocidad abrumadora en su cuerpo, pero los demás tenemos más suerte. Disponemos de mucho mayor control del envejecimiento celular prematuro, porque tenemos cierto control real de nuestros telómeros, en un grado que resulta sorprendente.

Ese control empieza con el conocimiento: de los telómeros y de que su longitud está relacionada con nuestros hábitos diarios y nuestra salud. Para comprender el papel que desempeñan los telómeros en nuestro cuerpo, recurriremos a una fuente poco habitual. Tenemos que pasar un rato con los microbios del agua estancada.

La solución de los telómeros

La *Tetrahymena* es un organismo unicelular que nada valientemente por masas de agua dulce en busca de alimento o pareja (la *Tetrahymena* presenta siete sexos distintos, un dato curioso sobre el que puedes reflexionar la próxima vez que te pongas a chapotear en un lago). La *Tetrahymena* es, literalmente, un microbio de charca. Pero resulta casi adorable. Bajo el microscopio se ve un cuerpo rechoncho y unas proyecciones filiformes que hacen que parezca una criatura peluda de dibujos animados. Si la observas con detenimiento, verás que guarda cierto parecido con Bip Bippadotta, el teleñeco peludo que tararea la famosa y pegadiza canción «Ma-ná ma-ná».

Dentro de la célula de la *Tetrahymena* está su núcleo, su centro de mando central. En lo más profundo de ese núcleo se halla un regalo para los biólogos moleculares: 20.000 cromosomas diminutos, todos idénticos, lineales y muy cortos. Ese regalo hace que resulte relativamente fácil estudiar los telómeros de la *Tetrahymena*, las terminaciones de los extremos de sus cromosomas. Y es el motivo de que, en 1975, Liz se pasase el día en un laboratorio de Yale cultivando millones de minúsculas *Tetrahymena* en grandes recipientes. Su intención era recolectar la cantidad de telómeros suficiente que le permitiese saber de qué estaban hechos a nivel genético.

Durante décadas, los científicos habían teorizado sobre que los telómeros protegen a los cromosomas —no solo en los microbios de los charcos, sino también en los humanos—, pero nadie sabía con exactitud qué eran los telómeros ni cómo funcionaban. Liz pensó que si lograba determinar con precisión cuál era la estructura del ADN en los telómeros, podría ser capaz de conocer mejor su funcionamiento. Le motivaba su afán de conocimientos sobre la biología. En aquel momento nadie sabía que los telómeros resultarían ser uno de los elementos biológicos fundamentales del envejecimiento y la muerte.

Con la ayuda de una mezcla compuesta básicamente por lavavajillas y sales, Liz consiguió separar el ADN de la *Tetrahymena* de la materia que lo rodeaba y extraerlo de la célula. Luego lo analizó mediante una combinación de métodos químicos y bioquímicos que había aprendido cuando cursaba su doctorado en Cambridge, Inglaterra. Bajo la

Figura 7: *Tetrahymena.* Esta minúscula criatura unicelular, que Liz estudió para descodificar la estructura del ADN de los telómeros y para descubrir la telomerasa, fue la que nos proporcionó la primera y preciosa información sobre los telómeros, la telomerasa y la duración de la vida de la célula. Aquello fue un presagio de lo que llegaríamos a saber más adelante sobre los humamos.

bombilla roja, de luz tenue y cálida, del cuarto oscuro del laboratorio, logró su objetivo. El cuarto oscuro estaba en silencio; solo se oía caer un chorrito de agua en las antiguas pilas de revelado. Levantó una goteante película de rayos X para mirarla a contraluz y la emoción la embargó cuando comprendió lo que estaba viendo. En los extremos de los cromosomas había una sencilla secuencia de ADN que se repetía. La misma secuencia, una y otra vez. Había descubierto la estructura del ADN telomérico. Y, en los meses que siguieron, a medida que fue extrayendo laboriosamente todos los detalles, surgió un hecho inesperado: aquellos diminutos cromosomas no eran tan idénticos como parecía. Algunos de ellos tenían terminaciones con más número de repeticiones, y otros, con menos.

No hay ningún otro ADN que se presente de esa manera tan variable, secuencial y repetitiva. Los telómeros de los microbios de charca nos enviaban un mensaje: hay algo especial en los extremos de los cromosomas. Algo que sería vital para la salud de las células humanas. Esa variabilidad en la longitud de los terminales es uno de los factores que explican por qué algunos vivimos más tiempo y más sanos que otros.

LOS TELÓMEROS, PROTECTORES DE NUESTROS CROMOSOMAS

En aquella placa goteante de rayos X quedaba claro que los telómeros están compuestos de patrones repetidos de ADN. El ADN consiste en dos hebras o hileras paralelas y enroscadas compuestas por solo cuatro bases (los nucleótidos), representadas por las letras A, T, C y G. ¿Te acuerdas de aquellas excursiones del colegio en las que recorrías un museo de la mano con un compañero? Pues las letras del ADN funcionan de forma parecida. La A siempre se empareja con la T y la C siempre se empareja con la G. Las letras de la primera hebra del ADN se emparejan con sus correspondientes compañeras de la segunda hebra. Ambas componen lo que se llama un «par de bases», que es la unidad con la que se miden los telómeros.

Figura 8: Detalle de los pares de base de un telómero. En los extremos de los cromosomas están los telómeros. La hebra del telómero está compuesta por secuencias repetidas de sus pares de bases: AATCCC. Cuantas más secuencias de estas tenga, más largo es el telómero. En este diagrama representamos solo el ADN de los telómeros, pero en realidad no está así de desnudo, sino cubierto por una capa protectora de proteínas.

En los telómeros humanos (como se descubriría más adelante), la primera hebra consiste en secuencias repetidas de TTAGGG, que están emparejadas con sus correspondientes AATCCC de la segunda hebra y retorcidas para dar forma a la doble hélice que compone el ADN.

Esos son los pares de bases de los telómeros que, repetidos miles de veces, nos brindan una manera de medir

La solución de los telómeros

su longitud (cabe señalar que en algunos de nuestros gráficos se mide la longitud de los telómeros a partir de una unidad llamada proporción de T/S, en lugar de los pares de bases, que no es más que otra manera de medir los telómeros). En la secuencia repetida destacan las diferencias entre los telómeros y otros ADN. Los genes, que están compuestos por ADN, se hallan en el cromosoma (en cada célula tenemos 23 pares de cromosomas, que suman un total de 46). Este ADN genético es lo que configura el plano de nuestro cuerpo, su manual de instrucciones. Sus letras emparejadas generan «frases» complejas que envían instrucciones para elaborar las proteínas que componen nuestro cuerpo. El ADN genético puede contribuir a determinar a qué velocidad late tu corazón, si tus ojos son marrones o azules, o si vas a tener las piernas y los brazos largos de un corredor de fondo. El ADN de los telómeros es distinto. Para empezar, no se halla dentro de ningún gen, sino que está fuera de estos, en los extremos mismos del cromosoma que contiene los genes. Y, a diferencia del ADN genético, no funciona como un plano o como un código. Es más parecido a un parachoques físico: protege al cromosoma durante el proceso de división celular. Como esos fornidos jugadores de fútbol americano que protegen al lanzador y absorben los placajes más duros de los jugadores oponentes, los telómeros amortiguan los embates por el bien del equipo.

Esa protección es crucial. Cuando las células se dividen y se renuevan, necesitan transmitir intacto su precioso cargamento cromosómico de manuales de instrucciones genéticas (los genes). En caso contrario, ¿cómo podría saber el cuerpo de un niño cómo crecer para hacerse grande y fuerte?, ¿cómo sabrían generar tus células los rasgos físicos que hacen que tú seas tú? Sin embargo, la división celular es un momento potencialmente peligroso para los cromosomas y el material genético que contienen. Sin protección, los cromosomas y el material genético contenido en ellos podrían enmarañarse con facilidad. Los cromosomas pueden romperse, fusionarse con otros o mutar. Si los manuales de instrucciones genéticos de tus células quedasen así de revueltos, el resultado sería desastroso. Una mutación podría provocar un mal funcionamiento de la célula, la muerte celular y hasta la proliferación de células que se han vuelto cancerosas. Y, como consecuencia de ello, lo más probable es que no vivieras mucho tiempo.

Los telómeros, que sellan los extremos de los cromosomas, evitan que ocurran circunstancias tan impensables. Ese es el mensaje que nos envían las secuencias repetidas de ADN telomérico. Jack Szostak y Liz descubrieron esa función a principios de los años ochenta, cuando lograron aislar una secuencia telomérica de la *Tetrahymena* y la introdujeron en una célula de levadura. Los telómeros de la *Tetrahymena* protegieron los cromosomas de la levadura durante la división celular cediéndoles unos cuantos de sus pares de bases.

Cada vez que se divide una célula, su precioso «ADN codificante» (el que compone los genes) se copia para que se mantenga a salvo e íntegro. Por desgracia, con cada división, los telómeros pierden pares de bases de las secuencias que están a ambos extremos de cada cromosoma. Los telómeros tienden a acortarse a medida que nos hacemos mayores y nuestras células experimentan cada vez más divisiones. Pero esa tendencia no traza una simple línea recta. Fíjate en el gráfico de la página siguiente.

En el estudio realizado por el Kaiser Permanente Research Program on Genes, Environment and Health de la longitud telomérica de las células salivales de 100.000 personas, los telómeros, por lo general, se acortaban cada vez más a medida que la gente pasaba de los 20 años, y llegaban a su punto más bajo alrededor de los 75 años.[1] Como interesante conclusión, la longitud de los telómeros parece mantenerse e incluso incrementarse cuando la persona supera los 75. Esta tendencia, probablemente, no refleja que se produzca un verdadero alargamiento, sino que lo parece porque quienes tienen los telómeros más cortos ya han fallecido a esa edad (es lo que se denomina «sesgo de supervivencia»: en cualquier estudio relacionado con el envejecimiento, los más viejos son los supervivientes sanos). Son las personas que tienen telómeros más largos las que viven hasta los 80 o 90 años.

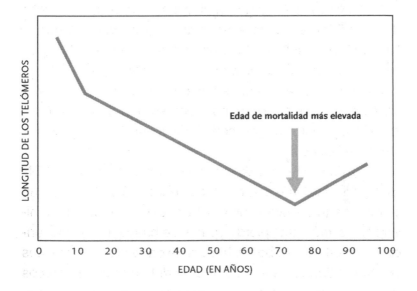

Figura 9: Los telómeros se acortan con la edad. La longitud de los telómeros disminuye con la edad, por lo general. Disminuye a más velocidad en la primera infancia y luego se reduce a un ritmo más pausado con los años. Curiosamente, en muchos estudios se ha visto que la longitud de los telómeros no es menor en aquellas personas que superan los 70 años. Se cree que esto es debido a un «sesgo de supervivencia», es decir, que quienes siguen vivos a esa edad suelen ser las personas con telómeros más largos. Lo más probable es que sus telómeros hayan sido más largos durante toda su vida, ya desde que nacieron.

Los telómeros se acortan con la edad. Pero ¿de verdad pueden los telómeros determinar cuánto tiempo viviremos o en qué momento entraremos en el periodo de vida enferma?

La ciencia así lo afirma.

Unos telómeros cortos no pronostican la muerte en todos los estudios, ya que existen otros muchos factores que predicen cuándo vamos a morir. Pero la mitad de ellos sí predicen la edad de defunción incluido el de mayor envergadura realizado hasta la fecha, el que se hizo en 2015 en Copenhague a más de 64.000 personas y que muestra que los telómeros cortos predicen una mortalidad temprana.[2] Cuanto más cortos son los telómeros, más elevado es el riesgo de morir de cáncer o enfermedades cardiovasculares y, en general, de morir a edad más temprana (lo que se conoce como mortalidad por cualquier causa). Si reparas en la figura 10, verás que la longitud de los telómeros se ha dividido en tres grupos por percentiles. Las personas que están dentro del percentil de 90 de longitud telomérica (quienes tienen los telómeros más largos) están a la izquierda, aquellas con un percentil de 80 están justo a su lado, y así sucesivamente hasta el extremo derecho, donde se representa a las personas con el percentil más bajo. Se aprecia una respuesta gradual: la gente que tiene los telómeros más largos es la más sana; al irse acortando los telómeros, la gente enferma más y tiene más probabilidades de morir.

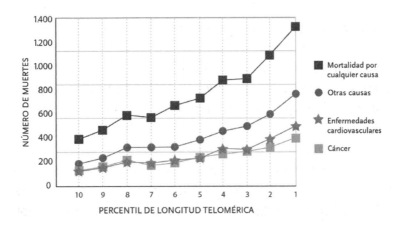

Figura 10: Telómeros y muerte. La longitud de los telómeros predice la mortalidad general y por distintas causas. Quienes tienen telómeros más largos (percentil de 90) presentan la menor tasa de mortalidad por cáncer, enfermedades cardiovasculares y cualquier otra causa. (Gráfico procedente de Rode *et al.,* 2015).[3]

El estudio del Kaiser Permanente que hemos mencionado antes midió la longitud de los telómeros de 100.000 personas que se presentaron voluntarias para la investigación y que eran clientes del plan de cobertura médica de Kaiser. A los tres años de haberles medido los telómeros, los que presentaban los telómeros más cortos tenían más tendencia a fallecer si se combinaban todas las causas posibles de muerte.[4] El estudio tuvo en cuenta variables entre los sujetos que pudieran dar lugar a diferencias en su salud y su longevidad, como la edad, el sexo, la raza y el grupo étnico, la educación, el tabaquismo, la actividad física, el consumo de alcohol y el índice de masa corporal (IMC). ¿Por qué ajustaron los científicos el estudio respecto a tantas variables? Porque uno de esos factores, cualquiera de ellos o varios podrían en teoría constituir los verdaderos motivos que contribuyesen al incremento de la mortalidad, no el hecho de tener los telómeros más cortos. Por ejemplo, existe una evidente relación entre un historial de tabaquismo y una mayor reducción de los telómeros. Sin embargo, aun después de ajustar el estudio respecto a todas esas posibles explicaciones, siguió manteniéndose la relación entre unos telómeros cortos y la mortalidad por cualquier causa. Lo cierto es que parece que la cortedad de los telómeros es por sí sola un verdadero factor responsable de nuestros riesgos generales de mortalidad.

La escasa longitud telomérica también se ha asociado ya una y mil veces con las principales enfermedades relacionadas con el envejecimiento. En muchos estudios de gran formato se ha constatado que la gente que presenta telómeros más cortos tiene más probabilidades de padecer alguna enfermedad crónica, como diabetes, enfermedades cardiovasculares, neumopatías, mal funcionamiento del sistema inmunitario y determinados tipos de cáncer, o de padecer alguna de estas enfermedades con el tiempo.[5] Muchas de esas asociaciones se han visto ahora reforzadas por revisiones exhaustivas (llamadas metanálisis), que nos hacen constatar que dichas relaciones son precisas y fiables. Si les damos la vuelta a estos descubrimientos, veremos que la cara contraria y más optimista de la moneda también es cierta: en un estudio de una muestra de población anciana sana de Estados Unidos (el estudio Health ABC) se observó que, en la población general, la gente con telómeros más largos en sus glóbulos blancos vivía más años en un buen estado de salud y sin sufrir enfermedades importantes; es decir, tenían un periodo de vida sana más prolongado.[6]

CAMBIAR EL CURSO DE LA SALUD

Las personas como Robin Huiras, cuyo raro trastorno hereditario le acorta los telómeros extremadamente, nos demuestran el poder que tienen estos extremos de los cromosomas. A veces, como en el caso de Robin, se trata de un poder oscuro y destructivo que acelera el proceso de envejecimiento celular. El lado bueno es que hemos aprendido muchas cosas sobre la naturaleza de los telómeros. Por ejemplo, al donar Robin y su familia muestras de sangre y tejidos han ayudado a que los investigadores identificasen una de las mutaciones genéticas que causaron su enfermedad. Esa información es un primer paso para lograr mejores diagnósticos, tratamientos y, algún día, una cura.

Y podemos servirnos de nuestro conocimiento sobre los telómeros para cambiar el curso de la salud: nuestra salud, la de la gente que compone nuestro entorno y la de las generaciones venideras. Porque, como estás a punto de ver, los telómeros pueden cambiar. Tú tienes el poder de influir en que tus telómeros se acorten precozmente o en que se mantengan atendidos y sanos. Para enseñarte lo que queremos decir con esto, tenemos que regresar al laboratorio de Liz. Allí, los telómeros de la *Tetrahymena* empezaron a comportarse de una manera extraña e inesperada.

Capítulo 3

La telomerasa, la enzima que regenera los telómeros

Poco tiempo después de que Liz descifrase aquella placa donde se apreciaba el ADN de los telómeros, la contrataron en la Universidad de California en Berkeley, donde montó su laboratorio propio en 1978 para proseguir la investigación sobre los telómeros. Allí empezó a notar algo que le sorprendió. Seguía haciendo cultivos de *Tetrahymena*, ese microbio peludo de las charcas que parece un teleñeco, y ya era capaz de identificar el tamaño de sus telómeros a partir de la longitud de su ADN. Y entonces observó que, misteriosamente y en determinadas condiciones, los telómeros de la *Tetrahymena* a veces crecían.

Aquello fue toda una sorpresa porque lo que Liz esperaba era que, en el caso de que los telómeros cambiasen, se iban a acortar, no a alargar: con cada división celular, el número de secuencias de ADN de los telómeros tendía a reducirse. Sin embargo, Liz tenía la impresión de que la *Tetrahymena* estaba creando nuevo ADN. Pero no era lo que se suponía que tenía que pasar. El ADN no debería cambiar. Seguramente habrás oído que el ADN con el que nacemos es el ADN con el que morimos, y que el ADN se genera únicamente a través de una especie de fotocopia bioquímica. Liz lo revisó una y otra vez y confirmó que lo que consideraban imposible que ocurriese estaba ocurriendo en realidad. A continuación vieron que lo mismo sucedía con las células de levadura (aquí el plural incluye a Janice Shampay, una alumna de Liz que trabajaba en el laboratorio en los experimentos con los que habían soñado el investigador de Harvard Jack Szostak y la propia Liz). Luego empezaron a llegar informes de otros científicos que sugerían que aquellos cambios podían estar produciéndose también en otras criaturas minúsculas del tipo de la *Tetrahymena*. Aquellos organismos, en realidad, estaban fabricando ADN nuevo en los extremos de sus telómeros. Sus telómeros estaban creciendo.

No hay ningún otro elemento del ADN que se comporte así. Durante décadas, los científicos genetistas creyeron que cualquier porción del ADN cromosómico solo existía porque se había copiado de un ADN ya existente. La creencia aceptada era que el ADN no podía crearse de la nada allí donde no hubiese habido un ADN previo. El descubrimiento de este singular comportamiento decía que algo estaba pasando allí, algo que nadie había visto antes. Para un científico, ese es uno de los descubrimientos más emocionantes con los que se puede topar. Es apasionante el momento en el que un hallazgo sorprendente sugiere que existen rincones nuevos en el universo, listos para ser explorados. Al final resultó que aquel comportamiento de los telómeros acabó siendo mucho más que un rinconcito del universo: era un barrio entero de cuya existencia nadie tenía la menor idea.

Liz siguió reflexionando acerca de ese extraño comportamiento del telómero, de su aparente capacidad de crecer. Se propuso buscar en la célula una enzima que pudiera aportar nuevo ADN a los telómeros, una enzima capaz de regenerar los telómeros después de que estos hubiesen perdido unos cuantos de sus pares de letras. Había llegado el momento de arremangarse y realizar más extracciones de las células de *Tetrahymena*. ¿Por qué la *Tetrahymena*? Porque es una estupenda fuente de telómeros en abundancia. Liz dedujo que podría ser también una buena fuente de enzimas capaces de formar telómeros, si es que existían esas enzimas.

En 1983 se le unió en la búsqueda Carol Greider, una nueva estudiante de posgrado que trabajaba en el laboratorio de Liz. Empezaron a idear experimentos y más tarde a perfeccionarlos y, el día de Navidad de 1984, Carol reveló una película de rayos X llamada autorradiografía. Los patrones que aparecían en aquella película mostraban los primeros indicios claros de la actividad de una nueva enzima. Carol volvió a casa y se puso a bailar de la emoción en el salón. Al día siguiente, con el rostro iluminado por la alegría contenida a la espera de la reacción de Liz, le enseñó la película de rayos X. Se miraron la una a la otra. Las dos sabían que lo habían conseguido. Los telómeros eran capaces de añadir ADN atrayendo a aquella enzima que no se había descubierto hasta entonces y que su laboratorio bautizó como «telomerasa». La telomerasa crea nuevos telómeros a base de seguir el patrón de sus propias secuencias bioquímicas.

Pero la ciencia no se rige únicamente por la emoción de un solo «momento de eureka». Tenían que asegurarse. A medida que las semanas dieron paso a los meses, sufrieron bajones de duda seguidos por escalofríos de alegría mientras avanzaban trabajosamente en los subsiguientes experimentos. Paso a paso, fueron descartando cualquier posible motivo que pudiera haber convertido aquellos primeros momentos de emoción de 1984 en una pista falsa. Con el tiempo fueron acumulando un mayor conocimiento de la telomerasa: la enzima responsable de reparar el ADN que se pierde durante las divisiones celulares. La telomerasa crea y regenera los telómeros.

Así es como funciona esta enzima. Incluye tanto proteínas como ARN, que podríamos considerar una especie de copia del ADN. Esa copia contiene una plantilla base de la secuencia del ADN del telómero. La telomerasa se sirve de esa secuencia del ARN a modo de guía bioquímica integrada para crear la secuencia adecuada de ADN nuevo. Para generar una estructura de ADN perfectamente configurada se necesita la secuencia adecuada, de modo que atraiga a la capa protectora de proteínas que recubre el ADN telomérico. Este nuevo segmento de ADN es añadido por la telomerasa al extremo del cromosoma, guiándose por la plantilla base de la secuencia y por el sistema de emparejamiento de letras característico del ADN. Eso garantiza que se añada la secuencia correcta de los bloques básicos que componen el ADN telomérico. De ese modo, la telomerasa crea una y otra vez nuevas terminaciones en los extremos de los cromosomas y reemplaza aquellas que se han desgastado.

El misterio de los telómeros crecientes quedaba resuelto. La telomerasa regenera los telómeros añadiéndoles ADN telomérico. Cada vez que una célula se divide, los telómeros se van acortando de manera gradual hasta que alcanzan un punto de crisis que indica a la célula que se detenga. Pero la telomerasa contrarresta ese acortamiento de los telómeros al añadirles ADN y volviendo a reconstruir el extremo del cromosoma cada vez que se divide la célula. Eso significa que el cromosoma queda protegido y que se genera una copia exacta de este para cada célula, que así puede continuar renovándose. *La telomerasa ayuda a ralentizar, evitar e incluso revertir el acortamiento de los telómeros que conlleva la división celular.* Los telómeros, en cierto sentido, pueden renovarse gracias a la telomerasa. Liz y su equipo habían descubierto un modo de evitar el límite de Hayflick de la división celular... en un microbio de charca.

La telomerasa no es ningún elixir de inmortalidad

Después de estos hallazgos, tanto el ámbito científico como los medios de comunicación del mundo entero especulaban esperanzados. ¿Y si pudiésemos incrementar nuestra producción de telomerasa? ¿Podríamos ser como la *Tetrahymena*, cuyas células se regeneran eternamente? (Puede que este sea el primer registro que se tiene de que los humanos desean fervientemente parecerse a un microbio de charca).

La gente se preguntaba si la telomerasa podría destilarse y servirse como si fuese un elixir de inmortalidad. En esa coyuntura imaginaria, acudiríamos al bar de telomerasa de nuestro barrio de vez en cuando para tomarnos un trago de la enzima, lo que nos permitiría vivir una vida sana hasta el final mismo de la esperanza de vida máxima que se le supone al ser humano, o más allá.

Estas fantasías tal vez no sean tan ridículas como parece. Los telómeros y la telomerasa constituyen un fundamento biológico crucial para el envejecimiento celular. La primera prueba fehaciente de la relación entre la telomerasa y el envejecimiento celular nos la proporcionó la *Tetrahy-*

mena. Guo-Liang Yu, que por entonces era un estudiante de posgrado en prácticas en el laboratorio de Liz, llevó a cabo un experimento sencillo pero de una minuciosidad quirúrgica. Sustituyó la telomerasa normal de las células de *Tetrahymena* por una versión que había desactivado con precisión. Si las alimentas como es debido, las células de la *Tetrahymena* son prácticamente inmortales en el laboratorio. Como el conejito de Duracell, las divisiones celulares de la *Tetrahymena* duran y duran. Pero aquella telomerasa desactivada ocasionaba que los telómeros se fuesen haciendo cada

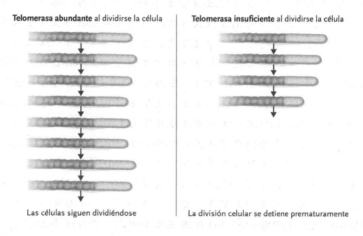

Telomerasa **abundante** al dividirse la célula | Telomerasa **insuficiente** al dividirse la célula

Las células siguen dividiéndose | La división celular se detiene prematuramente

Figura 11: Consecuencias de una acción de la telomerasa suficiente o insuficiente. El ADN telomérico se acorta porque las enzimas que duplican el ADN no funcionan en los extremos de los telómeros (duplicación incompleta del ADN). La telomerasa alarga los telómeros y por tanto contrarresta la inexorable reducción del ADN telomérico. Con abundancia de telomerasa, los telómeros se mantienen y las células pueden seguir dividiéndose. Con una cantidad insuficiente de telomerasa (debida a factores genéticos, de hábitos de vida o por otras causas), los telómeros se acortan rápidamente, las células dejan de dividirse y no tarda en producirse la senescencia. Reproducido con la autorización de AAAS [Blackburn, E., E. Epel y J. Lin. «Human Telomere Biology: A Contributory and Interactive Factor in Aging, Disease Risks, and Protection», *Science* (Nueva York) 350, n.° 6265 (4 de diciembre de 2015): 1193-1198].

vez más cortos a medida que se dividían las células de la *Tetrahymena*. Entonces, cuando los telómeros se habían vuelto demasiado cortos para proteger a los genes contenidos en el cromosoma, las células dejaban de multiplicarse. Ahora imagínate de nuevo un cordón de zapato. Es como si la punta del cordón se hubiese desgastado y el cordón —con todo ese vital material genético— se deshilachase. Al desactivar la telomerasa, las células de la *Tetrahymena* se volvían mortales.

Sin la telomerasa, las células dejan de renovarse.

Y, entonces, en otros laboratorios de todo el mundo se descubrió lo mismo para casi todas las células, excepto para las bacterias (cuyos cromosomas son círculos de ADN en lugar de ser lineales y, por tanto, carecen de extremos que haya que proteger). Unos telómeros más largos y más cantidad de telomerasa retrasaban el envejecimiento celular prematuro, mientras que unos telómeros más cortos y menos telomerasa lo aceleraban. La relación entre telomerasa y salud se concretó cuando el facultativo Inderjeet Dokal y sus colegas del Reino Unido y de Estados Unidos descubrieron que cuando una persona presenta una mutación genética que divide por la mitad los niveles de telomerasa, desarrolla síndromes teloméricos hereditarios graves.[1] Esa es la misma categoría de enfermedad que se le diagnosticó a Robin Huiras. Si carecen de la telomerasa suficiente, los telómeros se acortan enseguida y el cuerpo sucumbe a enfermedades prematuras.

Las células de *Tetrahymena* tienen telomerasa en cantidad suficiente para reconstruir continuamente sus telómeros. Eso permite a la *Tetrahymena* renovarse a perpetuidad y evitar para siempre el envejecimiento celular. Pero los humanos normalmente no disponemos de la telomerasa suficiente para hacer eso mismo. Somos muy tacaños en lo que a la telomerasa se refiere. Nuestras células son reacias a derrochar telomerasa sin ton ni son para estar dándosela constantemente a sus telómeros. Producimos telomerasa en cantidades suficientes para reconstruir los telómeros, pero solo hasta cierto punto. A medida que envejecemos, la telomerasa de la mayoría de nuestras células suele volverse menos activa y los telómeros se acortan.

La telomerasa y la paradoja del cáncer

Es normal que nos preguntemos si podríamos prolongar la vida humana mediante métodos artificiales que incrementasen la telomerasa. En internet abundan los anuncios de suplementos de estimulación de la telomerasa que afirman que es posible. La telomerasa y los telómeros tienen propiedades estupendas que nos permiten evitar terribles enfermedades y sentirnos rejuvenecidos. Pero no son prolongadores mágicos de la vida: no harán que superemos la duración de la vida humana tal como la conocemos. De hecho, si intentas prolongar tu vida mediante métodos artificiales de incremento de la telomerasa, te estarás poniendo en peligro.

Eso es porque la telomerasa tiene un lado oscuro. Piensa en el doctor Jekyll y mister Hyde: son la misma persona, pero presentan un carácter radicalmente distinto dependiendo de si es de día o de noche. Necesitamos a nuestra telomerasa buena diurna para mantenernos sanos, pero si les proporcionamos demasiada cantidad a las células equivocadas en el momento erróneo, la telomerasa adquiere su personalidad de mister Hyde y propicia esa clase de crecimiento celular descontrolado que es característica del cáncer. El cáncer, básicamente, consiste en células que no dejan de dividirse; se lo suele definir como «renovación celular desenfrenada».

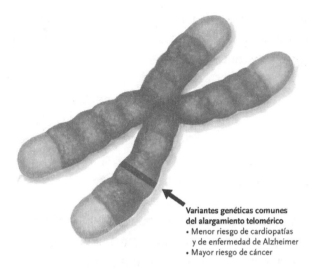

**Variantes genéticas comunes
del alargamiento telomérico**
• Menor riesgo de cardiopatías
  y de enfermedad de Alzheimer
• Mayor riesgo de cáncer

Figura 12: Genes relacionados con los telómeros y enfermedades.
Los genes encargados del mantenimiento de los telómeros pueden protegernos de enfermedades comunes, pero también pueden aumentar el
riesgo de que aparezcan determinados tipos de cáncer. Presentar variantes genéticas que propician mayor cantidad de telomerasa y de proteínas teloméricas implica tener telómeros más largos. Este método genético natural de alargar los telómeros reduce el riesgo de padecer
muchas de las enfermedades relacionadas con el envejecimiento, como
las cardiopatías y el alzhéimer, pero el elevado nivel de telomerasa también supone que las células proclives a volverse cancerosas pueden
seguir dividiéndose sin control, lo que ocasiona un mayor riesgo de sufrir
algunos tipos de cáncer (tumores cerebrales, melanoma y cáncer de
pulmón). Más no es siempre mejor.

No conviene bombardear a nuestras células con telomerasa artificial, ya que eso podría provocar que comen-
zaran a convertirse en cancerosas. A menos que el sector
de los suplementos de telomerasa consiga presentar pruebas más fidedignas de seguridad mediante ensayos clínicos de gran formato y a largo plazo, en nuestra opinión lo
más sensato es evitar cualquier píldora, crema o inyección
con las que se afirme que se incrementará tu telomerasa.

Dependiendo de tu propensión personal a sufrir distintos tipos de cáncer, podrías incrementar tus posibilidades de padecer uno o varios cánceres (como melanomas, tumores cerebrales o cáncer de pulmón). Sabiendo esto, no es de extrañar que nuestras células refrenen su producción de telomerasa.

Podrías preguntarte por qué sugerimos actividades que estimulan la telomerasa. La respuesta es que existe una gran diferencia entre las respuestas fisiológicas normales del cuerpo ante las propuestas de hábitos de vida que planteamos para tu salud en este libro y la administración de una sustancia artificial (no importa lo «natural» que sea su origen vegetal: recuerda que las plantas son unas de las mayores productoras de armas químicas de la naturaleza y que han evolucionado para dotarse de un arsenal de potentes sustancias químicas con el fin de repeler a animales hambrientos y a patógenos depredadores). Las sugerencias que damos en este libro para incrementar la acción de tu telomerasa son moderadas y naturales, y sirven para aumentar la telomerasa en cantidades seguras. No tienes que preocuparte de que se vaya a incrementar el riesgo de cáncer con estos métodos. Sencillamente, no aumentan los niveles de telomerasa hasta el punto de que resulten perjudiciales.

Paradójicamente, también necesitamos mantener sanos nuestros telómeros para evitar el cáncer. Es más probable que algunos tipos de cáncer se presenten cuando hay excesiva escasez de telomerasa disponible, lo que hace que los telómeros sean demasiado cortos: cánceres de la sangre como la leucemia, cánceres de piel como el melanoma y determinados tipos de cáncer gastrointestinal como el pancreático. Esto se demostró gracias al descubrimiento de que en las personas nacidas con una mutación que desactiva un gen de la telomerasa se incrementaba mucho el riesgo de sufrir estos cánceres. Esos tipos de cáncer surgen porque la pérdida de protección telomérica hace que nuestros genes sufran daños con más facilidad, y los genes alterados pueden acabar dando lugar al cáncer. Es más, la escasez excesiva de telomerasa debilita los telómeros de nuestros inmunocitos. El sistema inmunitario suele estar siempre ojo avizor por si percibe cualquier cosa «extraña», y eso incluye a las células cancerosas malignas, además de a patógenos invasores del exterior como las bacterias y los virus. Sin unos telómeros lo suficientemente largos para que hagan de amortiguadores, las células del sistema inmunitario se vuelven senescentes.

Algunos de estos inmunocitos son como cámaras de vigilancia colocadas en todos los rincones de nuestro cuerpo. Si se vuelven senescentes es como si sus lentes se empañasen, y dejan pasar inadvertidas a las células cancerosas «extrañas». Por consiguiente, los equipos de inmunocitos que suelen acudir a combatir la amenaza no lo hacen. El resultado de unos telómeros debilitados es que se incrementa la posibilidad de que las defensas inmunitarias del cuerpo pierdan la batalla contra el cáncer (o contra otros patógenos).

LA TELOMERASA Y LA ESPERANZA DE NUEVOS TRATAMIENTOS CONTRA EL CÁNCER

Demasiada telomerasa, aun cuando es estimulada por variantes normales de los genes de esta enzima, puede incrementar el riesgo de que aparezcan varias formas de cáncer. Y una telomerasa hiperactiva aviva a la mayoría de los tumores cuando se han convertido en malignos. Pero hasta este «lado oscuro» de la telomerasa puede no ser siempre tan oscuro. Los investigadores han descubierto que la telomerasa es hiperactiva en alrededor del 80 o 90 por ciento de los tumores humanos malignos, con niveles que se incrementan de diez a cientos de veces más que en las células normales. Este descubrimiento puede convertirse algún día en una potente arma en nuestra lucha contra la enfermedad. Si la telomerasa es necesaria para que los cánceres se desarrollen de un modo tan implacable, tal vez podamos tratar el cáncer mediante la desactivación de la telomerasa únicamente en las células cancerosas. Los investigadores están trabajando en esta idea.

La clave es regular bien la actividad de la telomerasa en los telómeros: en las células correctas y en el momento pertinente, porque solo así mantendremos sanos a nuestros telómeros y a nosotros mismos. *El cuerpo sabe cómo hacerlo y podemos ayudarlo adoptando unos hábitos de vida que propicien las estrategias de renovación.*

TÚ PUEDES INFLUIR EN TUS TELÓMEROS Y TU TELOMERASA

Con la entrada del nuevo milenio, los científicos se han acostumbrado ya a considerar a los telómeros y la telomerasa como elementos básicos de la renovación celular. Pero los síndromes teloméricos, partiendo del sorprendente hallazgo de que reducir la telomerasa solo a la mitad podría tener efectos muy significativos, dieron pie a que todo el mundo pensase solo en términos de los genes que determinan si nuestros telómeros son cortos o largos, y en si disponemos de suficiente telomerasa para regenerar los telómeros desgastados.

Fue entonces cuando Elissa recibió una beca posdoctoral en psicología de la salud por la Universidad de California en San Francisco. Susan Folkman, directora del Osher Center for Integrative Medicine, ya retirada, y pionera del estudio del estrés y el afrontamiento, la invitó a unirse a un equipo que entrevistaba a madres de niños con enfermedades crónicas, un grupo sometido a una gran sobrecarga psicológica.

Elissa sintió una profunda empatía por aquellas madres cuidadoras, cuya apariencia era de personas mucho más exhaustas y viejas que la edad cronológica que tenían. Por aquel entonces, Liz se había mudado al campus de San Francisco de la Universidad de California y Elissa ya estaba enterada de su trabajo sobre el envejecimiento biológico. Elissa fue a ver a Liz y le habló de aquellas madres cuidadoras que estaba estudiando. Si Elissa conseguía la financiación, ¿se les podría hacer una prueba de telomerasa y telómeros a aquellas madres? ¿Merecía la pena investigar si el estrés podía acortar los telómeros y provocar el envejecimiento celular prematuro?

Como la mayoría de los biólogos moleculares de entonces, Liz se dedicaba a contemplar los telómeros desde determinado pedestal. Pensaba en el mantenimiento de los telómeros en términos de las moléculas celulares determinadas por los genes que controlan los telómeros. Cuando Elissa le pidió que estudiasen a aquellas cuidadoras, no obstante, fue como si de repente viese los telómeros desde un punto de vista completamente nuevo, desde un pedestal diferente. La reacción de Liz fue a la vez la de una científica y la de una madre. «Necesitamos que pasen otros diez años para poder comprender del todo la genética de los telómeros», calculó, no sin ciertas dudas; pero también se hacía a la idea perfectamente de las tremendas presiones a las que estaban sometidas aquellas mujeres. Pensó en cómo se suele describir a las personas exhaustas y estresadas: consumidas. Las madres de niños enfermos crónicos son mujeres que están consumidas. ¿Podía ser que sus telómeros también estuviesen consumidos? «Sí. Hagamos ese estudio. Siempre y cuando encontremos algún científico en mi laboratorio que nos ayude con las mediciones», consintió Liz. Su estudiante de posgrado, Jue Lin, levantó la mano. Y procedió a refinar un procedimiento para medir la telomerasa con el máximo de sensibilidad y rigor en células humanas sanas. Así empezó aquel trabajo.

Escogimos a un grupo de madres, cada una de las cuales cuidaba de un hijo biológico enfermo crónico. Cualquier sujeto de la investigación que pudiese presentar un «problema» externo podría distorsionar los resultados, de modo que se descartó a cualquier madre que tuviera algún problema serio de salud. Usamos un procedimiento parecido para escoger un grupo de control formado por madres cuyos hijos estuvieran sanos. Ese proceso nos llevó varios años de cuidadosa selección y valoración.

Tomamos una muestra de sangre de todas las mujeres y medimos los telómeros de sus glóbulos blancos. Para que nos ayudase, recurrimos a Richard Cawthon, de la Universidad de Utah, que había ideado hacía poco un método más sencillo para medir la longitud de los telómeros de los leucocitos (un sistema llamado reacción en cadena de la polimerasa).

Y un día de 2004 llegaron los resultados del ensayo. Elissa estaba sentada en su despacho cuando el análisis numérico salió de la impresora. Le echó un vistazo al diagrama de dispersión y dio un respingo. Los datos seguían un patrón; de hecho, el gradiente exacto que pensábamos que podía existir estaba allí, en aquella página. Demostraba que cuanto mayor es el estrés al que estás sometido, más cortos son tus telómeros y más baja tu concentración de telomerasa.

Elissa cogió el teléfono de inmediato y llamó a Liz. «Ya tenemos los resultados —le dijo—; y son todavía más sorprendentes de lo que pensábamos».

Nos habíamos planteado la siguiente pregunta: ¿puede nuestro modo de vida alterar los telómeros y la telomerasa? Ya teníamos la respuesta: Sí.

Sí, las madres que consideraban estar sometidas al mayor estrés presentaban menor concentración de telomerasa.

Sí, las madres que consideraban estar sometidas al mayor estrés presentaban los telómeros más cortos.

Sí, las madres que llevaban más tiempo ejerciendo de cuidadoras tenían los telómeros más cortos.

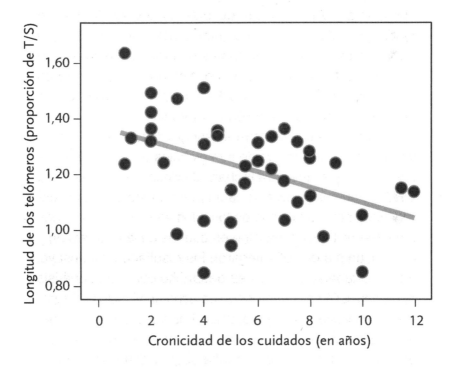

Figura 13: Longitud de los telómeros y estrés crónico. Cuantos más años han pasado desde que se diagnosticase al niño (por tanto, más años de estrés crónico), más cortos son los telómeros.[2]

Aquella triple afirmación significaba que nuestros resultados no eran solo una coincidencia o un accidente estadístico. Significaban también que nuestras experiencias vitales y la manera con la que respondemos a ellas pueden alterar la longitud de nuestros telómeros. Es decir, que podemos modificar nuestra forma de envejecer y hacerlo al nivel celular más elemental.

El hecho de si el envejecimiento se puede acelerar, ralentizar o revertir lleva siglos siendo objeto de debates en el campo de la medicina. Lo que hemos descubierto a raíz de aquel primer estudio de madres cuidadoras es completamente nuevo. Como campo científico hemos aprendido que nuestros actos pueden evitar que los telómeros —y, por consiguiente, nuestras células— envejezcan de manera prematura. Puede que hasta seamos capaces de revertir en parte el proceso de envejecimiento celular causado por el deterioro de los telómeros. A pesar del paso de los años, los resultados de nuestro primer estudio se han mantenido, y numerosas investigaciones más, de las que hablaremos aquí, han llevado aquel primer hallazgo mucho más allá y han demostrado que son muchos los factores de la vida que pueden afectar a nuestros telómeros.

En el resto de este libro nos disponemos a hablar de cómo se puede incrementar la telomerasa y proteger los telómeros. Nuestras recomendaciones están fundamentadas en estudios: unos de medición de telómeros, otros de medición de la actividad de la telomerasa y otros tantos que incluyen ambas mediciones. Te invitamos a que nos acompañes en nuestro viaje de exploración. Sírvete de esta investigación a modo de estrella polar que te guíe para cambiar tu manera de pensar, de cuidar de tu cuerpo y hasta de interactuar con tu entorno social, con el fin de proteger a tus telómeros y disfrutar de un periodo de vida sana prolongado.

Laboratorios de renovación: manual de uso

La vida está llena de pequeños experimentos de los que podemos aprender cosas. A partir de aquí, encontrarás un «laboratorio de renovación» al final de cada capítulo del libro que te permitirá convertirte en investigador, si así lo deseas. Tu mente, tu cuerpo y tu vida se convertirán en tu laboratorio personal, donde podrás poner a prueba aplicaciones prácticas de los conocimientos científicos relacionados con los telómeros o de la ciencia del comportamiento y aprender maneras de cambiar tu vida cotidiana para mejorar tu salud celular. En la mayoría de los casos, los laboratorios de renovación están directamente vinculados con una mayor longitud de los telómeros, y en todos los casos están asociados con una mejora de la salud física y mental (puedes encontrar los estudios relacionados en el apartado de notas de este libro, a partir de la página 459).

Cuando hablamos de «laboratorio», nos referimos exactamente a eso. Se trata de experimentos, no de instrucciones grabadas en piedra. Lo que vaya a funcionarte mejor dependerá de tu mente y de tu cuerpo, de tus preferencias y de la fase de la vida en la que estás. Si quieres, dales una oportunidad y prueba a seguir solo uno o dos de ellos. Si das con uno que te funcione, concéntrate en él durante un tiempo hasta que lo conviertas en un hábito. Si pones en práctica cualquiera de estos laboratorios con regularidad, seguramente mejorará tu salud celular además de tu bienestar cotidiano. Los estudios realizados demuestran que los cambios en el modo de vida pueden ejercer un efecto en el mantenimiento de los telómeros (es decir, un incremento de la telomerasa o de la longitud telomérica) en un plazo que va desde las tres semanas a los cuatro meses. Recuerda, como dijo Ralph Waldo Emerson: «No seas tímido ni remilgado con tus actos. Toda la vida es un experimento. Cuantos más experimentos hagas, mejor».

Tus células escuchan tus pensamientos

Evaluación

Descubre cuál es tu estilo de respuesta al estrés

Esta segunda parte, «Tus células escuchan tus pensamientos», ofrece información sobre cómo experimentas el estrés y cómo puedes cambiar esa experiencia para que resulte más saludable para tus telómeros y más beneficiosa para tu vida diaria. Para empezar, aquí tienes un breve autotest. En él se evalúan tus fuentes preexistentes de reactividad y tolerancia al estrés, algunas de las cuales tienen relación con la longitud de los telómeros.

Piensa en alguna situación que te preocupe mucho y que sea recurrente en tu vida (si no eres capaz de pensar en una situación actual, piensa en algún problema complejo que hayas tenido recientemente). Marca con un círculo tu respuesta numérica a cada pregunta.					
1. Cuando piensas en lidiar con esa situación, ¿en qué medida sientes esperanza y confianza frente a temor e inquietud?	**0** Esperanza, confianza	**1**	**2** Ambos sentimientos por igual	**3**	**4** Temor, inquietud
2. ¿Te parece que estás preparado para afrontar con eficacia esta situación?	**4** Nada	**3**	**2** En parte	**1**	**0** Mucho

3. ¿Hasta qué punto te ves atrapado en pensamientos reiterados sobre esta situación?	**0** Nada	**1**	**2** En parte	**3**	**4** Mucho
4. ¿En qué grado evitas pensar sobre la situación o tratas de no expresar emociones negativas al respecto?	**0** Nada	**1**	**2** En parte	**3**	**4** Mucho
5. ¿Hasta qué punto hace esta situación que te sientas mal contigo mismo?	**0** Nada	**1**	**2** En parte	**3**	**4** Mucho
6. ¿En qué grado piensas sobre esta situación en términos positivos y ves que de ello puede surgir algo bueno o te haces planteamientos que te consuelan o te resultan útiles, como que estás haciéndolo lo mejor que puedes?	**4** Nada	**3**	**2** En parte	**1**	**0** Mucho

PUNTUACIÓN TOTAL (suma los números de tus respuestas; ten en cuenta que las preguntas 2 y 6 plantean respuestas positivas, por lo que la escala numérica está invertida).

El objetivo de este test informal (que carece de validez como medida de investigación) es despertar en ti la consciencia de tus propias tendencias a la hora de reaccionar ante el estrés crónico. No es una escala de diagnóstico. Debes saber también que si estás lidiando con una situación grave, la puntuación de tu tipo de reacción pasará de manera natural a ser más elevada. No se trata de una simple medida de tu tipo de reacción, ya que es inevitable que nuestras situaciones y reacciones particulares siempre se mezclen un poco.

Puntuación total de 11 o menos: Tu tipo de estrés tiende a ser saludable. En lugar de sentirte amenazado por el estrés, tiendes a verlo como un desafío y controlas que la situación no se desborde para invadir otros ámbitos de tu vida. Te recuperas con rapidez después de un episodio. Esta tolerancia al estrés es una buena noticia para tus telómeros.

Puntuación total de 12 o más: Eres como la mayoría de nosotros. Cuando te ves sumido en una situación estresante, el poder de esa amenaza se ve magnificado por tus propios hábitos de pensamiento. Esos hábitos están relacionados, ya sea directa o indirectamente, con unos telómeros más cortos. Te enseñaremos a cambiar esos hábitos o a mitigar sus efectos.

Echemos un vistazo más de cerca a los hábitos mentales asociados a cada una de las preguntas:

Preguntas 1 y 2: Con estas preguntas se calibra hasta qué punto te sientes amenazado por el estrés. Un fuerte temor combinado con escasos recursos de afrontamiento dan lugar a una potente e inflamatoria reacción al estrés. El estrés amenazador implica una serie de reacciones mentales y fisiológicas que, con el tiempo, pueden poner en peligro tus telómeros. Afortunadamente, existen maneras de convertir ese estrés amenazador en una sensación de desafío, que resulta más sana y productiva.

Pregunta 3: Aquí se valora tu grado de rumiación. La rumiación consiste en repetir en bucle pensamientos improductivos sobre algo que nos preocupa. Si no estás seguro de con qué frecuencia lo haces, ahora puedes empezar a darte cuenta. La mayoría de los desencadenantes del estrés son de corta duración, pero los humanos tenemos la notable facultad de prolongar su vida con suma intensidad en nuestra mente y dejamos que sigan ocupando nuestro espacio mental mucho tiempo después de que el acontecimiento se haya producido. La rumiación, o insistencia en pensamientos obsesivos, puede derivar en un estado más grave conocido como rumiación depresiva, que implica pensamientos negativos sobre uno mismo y sobre el futuro. Esos pensamientos pueden ser muy tóxicos.

Pregunta 4: Esta tiene que ver con la evitación y la supresión de emociones. ¿Evitas pensar en la situación estresante o hablar de los sentimientos que te suscita? ¿Es tal la carga emocional que conlleva que al pensar en ello se te hace un nudo en el estómago? Es natural que intentemos apartar las sensaciones difíciles, pero si bien esta estrategia puede funcionar a corto plazo, no suele ayudar cuando la situación es crónica.

Pregunta 5: Esta pregunta aborda lo que se denomina «amenaza al ego». ¿Tienes la impresión de que tu orgullo y tu identidad personal podrían verse perjudicados si la situación estresante no se resuelve bien? ¿Desencadena el estrés pensamientos negativos sobre ti mismo hasta el extremo de que llegas a sentirte inútil, sin valor? Es normal tener a veces estos pensamientos autocríticos, pero cuando son frecuentes empujan al cuerpo a un estado reactivo hipersensible que se caracteriza por presentar elevadas concentraciones de cortisol, la hormona del estrés.

Pregunta 6: En este caso se pregunta si eres capaz de emprender una reevaluación positiva, que consiste en la capacidad de reconsiderar las situaciones estresantes en términos positivos. La reevaluación positiva te permite sacar provecho propio de una situación que se aleja de lo ideal o, al menos, quitarle hierro al asunto. Con esta pregunta se mide también si tiendes a ofrecerte a ti mismo algo de autocompasión sana.

Si en esta evaluación constatas que te cuesta lidiar con tus reacciones al estrés, no te desanimes. No siempre es posible cambiar nuestra respuesta automática, pero la mayoría somos capaces de aprender a cambiar esas reacciones para convertirlas en *nuestras reacciones*, y ese es el ingrediente secreto de la tolerancia al estrés. Ahora nos pondremos manos a la obra para comprender cómo afecta el estrés a nuestros telómeros y a nuestras células y qué cambios podemos emprender para que nos ayuden a protegerlos.

Capítulo 4

Desciframos cómo llega el estrés a tus células

Exploramos la relación entre estrés y telómeros, explicamos la diferencia entre estrés tóxico y estrés típico, y mostramos cómo afectan el estrés y los telómeros cortos al sistema inmunitario. Quienes reaccionan ante el estrés sintiéndose excesivamente amenazados tienen los telómeros más cortos que quienes lo afrontan con una entusiasta sensación de desafío. Aquí aprenderás a pasar de tener reacciones perniciosas al estrés a responder de manera útil.

Hace casi quince años, Elissa y su marido cruzaron el país en coche. Acababan de terminar el posgrado en Yale y se disponían a trabajar con becas de posdoctorado en la zona de la Bahía de San Francisco. San Francisco es una ciudad cara, por lo que decidieron ir a vivir con la hermana de Elissa y su familia. Esperaban que, al llegar a la ciudad, conocerían a su nuevo sobrino, que estaba a punto de nacer. De hecho, venía ya con bastante retraso. Elissa llamaba cada día por si había noticias, sin embargo hacía ya días que tenía problemas para localizar a alguien de la familia.

Hacia la mitad del trayecto, justo cuando acababan de pasar el Wall Drug Store, en Dakota del Sur, por fin sonó el teléfono de Elissa. Al otro lado oyó unas voces que titubeaban llorosas. El bebé había nacido, pero se había producido un problema terrible durante el parto inducido. Se encontraba en cuidados intensivos y lo alimentaban con una sonda nasogástrica. Era un niño precioso, pero en las resonancias magnéticas se apreciaba que su cerebro había resultado sumamente dañado. Estaba paralizado, ciego y sufría horribles convulsiones.

Al final, pasados varios meses, el bebé salió del ala de cuidados intensivos y lo llevaron a casa. Elissa y su marido se sumaron al equipo familiar encargado de cuidar al pequeño, que exigía una atención extraordinaria. Se familiarizaron en grado íntimo con las exigencias y las penurias que conlleva la vida de cuidador. Estaban habituados a la presión y al trabajo duro, pero aquello no tenía nada que ver con los tipos de estrés que habían conocido hasta entonces. Ahora estaban sumidos en sensaciones de vigilancia constante, urgencia intermitente, preocupación por el futuro y, ante todo, un gran peso en el corazón. Una de las cosas que más difíciles se les hacían era ver y sentir el dolor que la hermana y el cuñado de Elissa padecían cada día. Además del sufrimiento emocional, de repente tenían que cargar con una vida nueva, inesperada y exigente, centrada en los cuidados y la atención médica.

Cuidar así de alguien comporta un estrés de los más intensos que puede experimentar una persona. Son labores que suponen un desafío emocional y físico, y uno de los motivos de que los cuidadores se agoten tanto es que no se van a casa, se olvidan de su «trabajo de cuidador» y se recuperan. Por la noche, cuando todo el mundo necesita desconectar biológicamente y refrescar su cuerpo y su mente, los cuidadores siguen de guardia. Puede que incluso tengan que levantarse varias veces de la cama para responder a las necesidades de su atendido. Los cuidadores rara vez tienen tiempo de cuidarse ellos mismos. Se saltan sus citas con el médico e ignoran cualquier oportunidad de hacer ejercicio o de salir con amigos. El trabajo de cuidador se ejerce a base de amor, lealtad y responsabilidad, aunque no recibe el apoyo de la sociedad ni se reconoce su valor. Solo en Estados Unidos los cuidadores familiares llevan a cabo trabajos no remunerados por un valor aproximado de 375.000 millones de dólares.[1]

Los cuidadores muchas veces se sienten infrarreconocidos y se acaban aislando. Los investigadores de la salud los han identificado como uno de los grupos de población más crónicamente estresados. Por eso es frecuente que pidamos a los cuidadores que se presten voluntariamente a nuestros estudios sobre el estrés. Sus experiencias pueden darnos mucha información sobre cómo reaccionan los telómeros ante el estrés grave. En este capítulo aprenderás qué nos han enseñado nuestros grupos de cuidadores: que el estrés crónico o muy duradero puede erosionar los telómeros. Por suerte para todos aquellos que no logramos evitar el estrés crónico (y para quienes hemos puntuado por encima de 12 en la evaluación del estrés de la página 109), también hemos aprendido que podemos proteger a nuestros telómeros de parte de los peores daños que les causa el estrés.

«COMO SI HUBIESE ALGUIEN AL ACECHO, LISTO PARA ATACARME»: CÓMO DAÑA EL ESTRÉS A TUS CÉLULAS

En el primer estudio que hicimos juntas nos centramos en un colectivo de los más estresados entre los cuidadores: madres que cuidaban de sus hijos enfermos crónicos. Ese es el estudio del que hemos hablado antes y en el que por primera vez se demostró la existencia de una relación entre el estrés y los telómeros más cortos. Ahora queremos mostrarte de cerca el alcance de esos daños. Han pasado más de diez años y sigue dándonos que pensar.

Constatamos que los años de cuidados y atención habían ejercido un profundo efecto de erosión de los telómeros de aquellas mujeres. Cuanto más tiempo había dedicado una madre a cuidar de su hijo enfermo, más cortos eran sus telómeros. Eso se mantenía a pesar de haber tenido en cuenta otros factores que podrían haber afectado a los telómeros, como la edad de la madre y su índice de masa corporal (IMC), que están relacionados por sí solos con la presencia de unos telómeros más cortos.

Y la cosa no quedaba ahí. Cuanto más estresadas se sentían las mujeres, más cortos tenían los telómeros. Y eso les ocurría no solo a las cuidadoras de niños enfermos, sino a todas las participantes en el estudio, incluido el grupo de control de madres que tenían hijos sanos en casa. Las madres con mayor grado de estrés también presentaban la mitad de niveles de telomerasa que las menos estresadas, por lo que su capacidad de proteger sus telómeros era también menor.

La gente experimenta el estrés de muchas maneras: «como tener un peso de veinte kilos encima del pecho», «como un nudo en el estómago», «como un vacío en los pulmones que no me deja respirar a fondo», «me late el corazón como si hubiese alguien al acecho, listo para atacarme». Estas metáforas las llevamos arraigadas en el cuerpo, porque el estrés está tan presente en el cuerpo como en la cabeza. Cuando el sistema de reacción al estrés está en alerta máxima, el cuerpo produce más cantidad de cortisol y epinefrina, las hormonas del estrés. El corazón late más deprisa y se incrementa la presión sanguínea. El nervio vago, que contribuye a modular la reacción fisiológica ante el estrés, inhibe su actividad. Por eso nos cuesta más respirar, mantener el control, imaginar que el mundo es un lugar seguro. Cuando uno sufre estrés crónico, estas reacciones se ponen en un estado de alerta bajo pero constante y te mantienen en una vigilancia fisiológica perpetua.

En el caso de nuestras cuidadoras, varios aspectos de la respuesta fisiológica al estrés, incluidos una menor actividad del nervio vago y mayores concentraciones de hormonas del estrés durante el sueño, se relacionaban con telómeros más cortos o menor presencia de telomerasa.[2] Esas reacciones ante el estrés parecían acelerar el proceso de envejecimiento biológico. Habíamos descubierto un nuevo motivo de que las personas estresadas parezcan demacradas y acaben enfermando: el peso de su estrés y sus preocupaciones desgasta sus telómeros.

TELÓMEROS CORTOS Y ESTRÉS: ¿CAUSA O EFECTO?

Cuando un hallazgo científico sugiere una relación de causa-efecto, tienes que preguntarte si de verdad esa relación discurre en el sentido que crees que lo hace. Por ejemplo, la gente antes pensaba que la fiebre causaba enfermedades. Ahora sabemos que es al revés: es la enfermedad la que causa la fiebre.

Cuando llegaron los resultados de nuestro primer estudio de las cuidadoras, tuvimos la precaución de preguntarnos por qué aparecían telómeros más cortos en las personas sometidas a mayor estrés. ¿De verdad el estrés deriva en telómeros más cortos? ¿O puede ser que unos telómeros cortos predispongan de algún modo a una persona a sentirse más estresada? Nuestras madres cuidadoras nos brindaron los primeros datos convincentes acerca de esta cuestión. La relación entre los años de estrés derivado de los cuidados y la longitud telomérica es un potente indicador de que la exposición al estrés se produce a medida que pasa el tiempo, lo que ocasiona el acortamiento de los telómeros. Una menor longitud de los telómeros (después de haber tenido en cuenta la edad) no podía haber determinado cuántos años llevaba una madre ejerciendo de cuidadora, así que tenía que ser al revés: que los años de cuidados eran la causa de los telómeros acortados. También estudiamos si una edad más avanzada del hijo tenía alguna relación con los telómeros más cortos. Si los años de agotadores cuidados desgastaban más los telómeros que los años que llevaban cuidando de sus hijos las madres del grupo de control, veríamos la relación entre la edad del niño y los telómeros de la madre en el grupo de las cuidadoras pero no en las madres del grupo de control. Y, de hecho, eso fue lo que descubrimos. Ahora se han hecho estudios con animales que demuestran que inducir estrés puede causar el acortamiento de los telómeros.

El tema de la depresión es más complicado. Aquellos descubrimientos no bastaban para descartar la posibilidad de que el envejecimiento celular causara depresión. En los humanos, la depresión es cosa de familia. No solo es que las niñas cuyas madres sufren depresión sean más propensas a padecerla, sino que antes de que se manifieste la depresión, esas niñas tienen telómeros sanguíneos más cortos que las niñas que no sufren depresión.[3] Por otra parte, cuanto más reactivas al estrés son las niñas, más cortos tienen los telómeros. Así que la flecha probablemente apunta en ambas direcciones en el tema de la depresión: unos telómeros cortos pueden preceder a la depresión y la depresión puede acelerar el acortamiento de los telómeros.

La solución de los telómeros

El estrés es algo inevitable. ¿Cuánto somos capaces de soportar antes de que nuestros telómeros se acorten? Una lección que hemos aprendido de los estudios de la pasada década —una lección que se hace eco de lo que nos enseñaron las cuidadoras de nuestro estudio— es que el estrés y los telómeros tienen una relación de dosis y efecto. Si bebes alcohol, estarás familiarizado con esa relación de dosis-efecto. Un vaso de vino de vez en cuando con la cena raramente es perjudicial para la salud, y puede hasta ser beneficioso, siempre que no conduzcas cuando has bebido. Pero si te bebes varios vasos de vino o de whisky noche tras noche, la historia cambia. Cuando te vas «dosificando» cada vez más y más alcohol, sus efectos tóxicos se hacen con el control de tu cuerpo y te dañan el hígado, el corazón y el sistema digestivo, además de incrementar el riesgo de que sufras cáncer y otros problemas de salud graves. Cuanto más bebes, mayores son los daños.

El estrés y los telómeros presentan una relación parecida. Una dosis pequeña de estrés no pone en peligro a tus telómeros. De hecho, los factores tolerables de estrés a corto plazo pueden ser buenos, porque te sirven para ejercitar los músculos de la tolerancia. A nivel fisiológico, el estrés a corto plazo puede hasta propiciar la buena salud de tus células (un fenómeno denominado hormesis, o endurecimiento). Los altibajos de la vida diaria no suelen causar desgaste de los telómeros. Pero una dosis elevada de estrés crónico durante años acaba pasando factura.

Ahora disponemos de pruebas que relacionan determinados tipos de estrés con los telómeros cortos. Entre ellas están los cuidados prolongados de un familiar y el desgaste profesional derivado del estrés en el trabajo. Como cabe imaginar, también se han vinculado traumas de mayor gravedad, tanto recientes como sufridos en la infancia, con el daño en los telómeros. Entre ellos la violación, los abusos, la violencia doméstica y el acoso escolar prolongado.[4]

Naturalmente, no son las situaciones por sí mismas las que causan el acortamiento telomérico, sino las reacciones ante el estrés que mucha gente manifiesta cuando se encuentra en esas situaciones. Y hasta en esas circunstancias estresantes la dosis importa. Una crisis en el trabajo que dure un mes puede resultar estresante, pero no hay motivos para pensar que tus telómeros se vayan a resentir. Son más fuertes de lo que parecen; si no, estaríamos todos hechos trizas (una revisión reciente demostró que existe una relación entre el estrés a corto plazo y los telómeros más cortos, pero que ese efecto es tan minúsculo que no creemos que resulte significativo para ningún individuo;[5] y aunque el estrés a corto plazo acorte nuestros telómeros, es probable que ese efecto sea temporal y que los telómeros recuperen enseguida los pares de bases perdidos). Pero cuando el estrés se convierte en un rasgo duradero y definitorio de tu vida, puede operar como un veneno administrado poco a poco. Cuanto más tiempo dure el estrés, más se acortarán tus telómeros. Es de vital importancia salir de esas situaciones prolongadas y psicológicamente tóxicas en la medida de lo posible.

Pero por suerte para los muchos que vivimos con situaciones estresantes que no podemos evitar, la historia no acaba aquí. *Nuestros estudios han demostrado que estar sometido a estrés crónico no deriva necesariamente en daños teloméricos.* Algunas de las cuidadoras a quienes hemos estudiado llevaban a sus espaldas cargas enormes sin perder nada de su longitud telomérica. Estas madres cuyos valores en el estudio son extremos nos han ayudado a comprender que no necesariamente hay que escapar de las situaciones difíciles para proteger los telómeros. Por increíble que parezca, podemos aprender a servirnos del estrés como fuente de alimentación positiva... y como escudo con el que contribuir a proteger nuestros telómeros.

No amenaces a tus telómeros... Plantéales un desafío

Cuando analizamos los datos de nuestro primer estudio de las madres cuidadoras, nos dimos cuenta de que teníamos un misterio entre manos. Algunas de las cuidadoras del grupo declaraban tener menos estrés, y se trataba de madres con los telómeros largos. Nos preguntamos: ¿por qué notaban menos estrés? Al fin y al cabo llevaban el mismo tiempo ejerciendo de cuidadoras que las demás madres del grupo. Desempeñaban un número de tareas diarias parecido y dedicaban las mismas horas cada día a hacerlas (citas médicas, administración de inyecciones y otros tratamientos, lidiar con las pataletas de sus hijos discapacitados, tener que alimentarlos manualmente o por sonda, cambiarles los pañales y bañarlos).

Para comprender qué era lo que protegía los telómeros de aquellas madres, nos propusimos estudiar la reacción ante el estrés de la gente en tiempo real, ante nuestros ojos. Decidimos llevar a más mujeres al laboratorio y, básicamente, estresarlas. A las voluntarias que llegan a nuestro laboratorio se les dice algo así: «Vas a realizar una serie de tareas delante de dos evaluadores. Queremos que te esfuerces y lo hagas lo mejor que puedas. Te vas a preparar una charla de cinco minutos y luego la vas a exponer, y también vas a tener que hacer un poco de aritmética mental. Puedes tomar notas para la exposición oral, pero las cuentas las tendrás que hacer todas de cabeza». ¿Suena fácil? La verdad es que no, sobre todo cuando hay que hacerlo delante de un público.

Una a una se acompaña a las voluntarias a la sala de la prueba. La voluntaria permanece de pie en medio de la sala, frente a dos investigadores que se hallan sentados a una mesa. Los investigadores observan a la voluntaria con una mirada que podría describirse como pétrea. Sin sonreír, sin asentir, sin darle ningún ánimo. Técnicamente, una expresión facial pétrea es neutral, ni positiva ni negativa, pero la mayoría estamos acostumbrados a que los demás nos sonrían, a que asientan con la cabeza cuando hablamos o, al menos, a que hagan un esfuerzo por parecer agradables. Cuando la comparamos con nuestras interacciones habituales, una expresión pétrea puede parecernos desaprobadora o estricta.

Los investigadores explican lo que hay que hacer y dicen algo como: «Por favor, coja el número 4.923 y réstele diecisiete, en voz alta. Luego coja el resultado y réstele diecisiete, y así sucesivamente todas las veces que pueda durante los próximos cinco minutos. Es importante que ejecute esta tarea con la mayor rapidez y exactitud. Vamos a evaluar varios aspectos de su actuación. El reloj empieza a contar ya».

Cuando la voluntaria empieza la tarea matemática, los investigadores se quedan observándola, lápiz en mano y listos para apuntar su respuesta. Si titubea (y casi todas titubean), los investigadores se miran y se comentan algo entre susurros.

Luego la voluntaria pasa a su exposición de cinco minutos ante los mismos evaluadores, quienes se comportan de manera parecida. Si termina antes de que se hayan cumplido los cinco minutos de rigor, los investigadores señalan el cronómetro y le dicen: «Continúe, por favor». Mientras ella sigue hablando, los investigadores se cruzan miradas, fruncen ligeramente el ceño y sacuden la cabeza.

Este test de estrés de laboratorio, diseñado por Clemens Kirschbaum y Dirk Hellhammer, es un clásico de la investigación en psicología, y su objetivo no es poner a prueba las capacidades matemáticas y de expresión oral, sino que está diseñado para inducir estrés. ¿Y qué es lo que lo hace tan estresante? Tanto las cuentas mentales como hablar en público improvisadamente son cosas difíciles de hacer bien. El elemento más estresante, no obstante, es el denominado estrés social evaluativo. Cualquiera que trate de ejecutar una tarea delante de un público sin duda experimentará un mayor estrés sobre su actuación. Si ese público, además, parece juzgarlo, el estrés se intensifica. Pese a que nunca estuvo en peligro la supervivencia física de nuestras voluntarias y de que se hallaban en un laboratorio universitario limpio y bien iluminado, aquel test les provocó una completa reacción al estrés.

Sometimos a este protocolo a cuidadoras y no cuidadoras y evaluamos sus pensamientos en dos momentos diferentes del proceso de inducción de estrés en el laboratorio: justo después de que supieran lo que tendrían que hacer y justo después de que hubiesen ejecutado ambas tareas. Lo que descubrimos fue que, aunque todas las mujeres sintieron algo de estrés, no todas mostraron el mismo tipo de reacción al estrés. Y solo un tipo de reacción al estrés iba de la mano de unos telómeros poco saludables.[6]

Respuesta de amenaza: ansiedad, vergüenza...
y envejecimiento

Algunas de las mujeres manifestaron lo que se conoce como respuesta de amenaza al inducírseles estrés en el laboratorio. La respuesta de amenaza, o reacción de lucha o huida, es una reacción evolutiva muy antigua, una especie de interruptor que se activa en caso de emergencia extrema.

Está diseñada para dispararse cuando estamos frente a frente con un depredador que probablemente nos vaya a comer. La respuesta prepara nuestro cuerpo y nuestra mente ante el trauma de sufrir un ataque. Como cabe imaginar, si se produce una y otra vez sin tregua, no es la reacción que más conviene a la salud de los telómeros.

Si ya sospechas que manifiestas una respuesta de amenaza exagerada ante el estrés, no te preocupes. A continuación te enseñaremos unos cuantos métodos probados en laboratorio para convertir una respuesta de amenaza habitual en una reacción más saludable para tus telómeros. Antes, sin embargo, conviene que conozcas cómo es y cómo se detecta ese tipo de respuesta. Físicamente, la respuesta de amenaza hace que se contraigan los vasos sanguíneos para que sangremos menos si sufrimos alguna herida, pero así fluye también menos sangre al cerebro. La glándula suprarrenal segrega cortisol, que nos proporciona glucosa para convertirla en energía. El nervio vago, que constituye una línea directa entre el cerebro y las vísceras y normalmente sirve para que mantengamos la calma y la seguridad, inhibe su actividad. A consecuencia de ello, se nos acelera la frecuencia cardiaca y se incrementa la presión sanguínea. Es probable que nos desmayemos o que se nos afloje la vejiga. Una ramificación del nervio vago inerva la musculatura de la cara, y cuando ese nervio está inactivo, se le hace más difícil a cualquiera interpretar con precisión nuestra expresión facial. Si además observamos en otros individuos una expresión ambigua parecida, es probable que al verlos los consideremos hostiles. Tendemos a quedarnos paralizados, incapaces de correr o de defendernos, y se nos enfrían las manos y los pies, lo que dificulta nuestros movimientos.

Una respuesta de amenaza en su máxima expresión desencadena diversas reacciones físicas poco agradables, pero también otras de índole psicológica. Como es de esperar, la respuesta de amenaza está asociada con el miedo y la ansiedad. También con la vergüenza, cuando estamos demasiado preocupados por fracasar delante de otras personas. La gente que manifiesta una respuesta de amenaza intensa de forma habitual suele sufrir preocupación anticipada: se imagina un desenlace negativo de algún acontecimiento que todavía no se ha producido. Eso fue exactamente lo que les ocurrió a muchas de las cuidadoras en nuestra prueba de laboratorio. Sintieron elevados niveles de ansiedad, no solo después de haber terminado las tareas, sino antes incluso de haber empezado a realizarlas. Ese grupo de cuidadoras se pusieron nerviosas y se asustaron en cuanto escucharon la vaga noticia de que tendrían que hacer una exposición oral y unos cálculos matemáticos mentales. Previeron un desenlace negativo y tuvieron una sensación de fracaso y de vergüenza.

En su conjunto, nuestro grupo de cuidadoras manifestaron una potente respuesta de amenaza. El estrés crónico de ser cuidadoras las había hecho más sensibles a la inducción de estrés en el laboratorio. Las que reaccionaron con una respuesta de amenaza más intensa también presentaban los telómeros más cortos. Las madres no cuidadoras tendieron a manifestar una respuesta de amenaza menos exagerada, pero las que la manifestaban también presentaban telómeros más cortos. Presentar una fuerte respuesta anticipada de amenaza —es decir, que se sentían amenazadas por la mera idea de someterse a la inducción al estrés en el laboratorio antes de que esta se hubiese producido— fue el factor más determinante.[7] Así constatamos una información vital sobre cómo penetra el estrés en nuestras células. No solo se produce al experimentar un acontecimiento estresante, sino también al sentirnos amenazados por este, aunque el acontecimiento estresante no se haya producido todavía.

Emoción y energía: la respuesta de desafío

Sentirse amenazado no es la única manera de reaccionar ante el estrés. También se puede tener una sensación de desafío. Quienes manifiestan una respuesta de desafío pueden sentirse inquietos y nerviosos durante una prueba de laboratorio de inducción de estrés, pero también se sienten entusiasmados y llenos de energía. Reaccionan con una mentalidad de «¡Vamos a por ello!».

Nuestra colega Wendy Mendes, psicóloga de la salud en la Universidad de California en San Francisco (UCSF), ha dedicado más de una década a estudiar las reacciones del cuerpo ante distintos factores de estrés en laboratorio, y ha identificado y comparado las diferencias que se producen en el cerebro, en el cuerpo y en el comportamiento durante un «estrés bueno» y un «estrés malo». Mientras que la respuesta de amenaza te prepara para desconectarte y soportar el dolor, la respuesta de desafío te ayuda a hacer acopio de todos tus recursos. Se incrementa la frecuencia cardiaca y se oxigena más cantidad de sangre; estos son efectos positivos que permiten que fluya más sangre allí donde se la necesita, sobre todo al cerebro y al corazón (justo lo contrario de lo que nos ocurre cuando nos vemos amenazados y se nos contraen los vasos sanguíneos). Durante la respuesta de desafío, la glándula suprarrenal nos proporciona un buen chute de cortisol para incrementar nuestra energía, pero luego el cerebro corta con rapidez y determinación la secreción de cortisol tan pronto como el acontecimiento estresante ha concluido. Este es un tipo de estrés vigoroso y saludable, parecido al que podemos experimentar al hacer ejercicio físico. La respuesta de desafío se asocia con tomar decisiones más acertadas y desempeñar mejor cualquier tarea, y se relaciona incluso con un mejor envejecimiento cerebral y con un menor riesgo de presentar demencia.[8] Los deportistas que manifiestan una respuesta de desafío ganan con más frecuencia; en un estudio sobre atletas olímpicos se ha demostrado que esas personas tan sumamente exitosas cuentan con un historial de considerar sus problemas vitales como retos que hay que superar.[9]

La respuesta de desafío genera unas condiciones psicológicas y fisiológicas idóneas para implicarse plenamente, rendir al máximo y ganar. La respuesta de amenaza se caracteriza por la retirada y la derrota, por hundirte en tu asiento o quedarte paralizado, con el cuerpo preparado para sufrir daños y vergüenza al prever un mal desenlace. Una respuesta de amenaza habitualmente predominante puede, con el tiempo, adentrarse hasta nuestras células y desgastar nuestros telómeros. Una respuesta de desafío predominante, por el contrario, puede ayudar a proteger a nuestros telómeros de algunos de los peores efectos del estrés crónico.

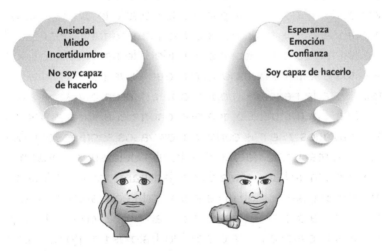

Figura 14: Respuesta de amenaza frente a respuesta de desafío. Las personas suelen tener muchos pensamientos y sensaciones cuando afrontan una situación estresante. Hay dos tipos de reacciones: una se caracteriza por sentirnos amenazados, por tener miedo a perder o, probablemente, a sentir vergüenza; la otra se caracteriza por sentirnos desafiados y confiados en conseguir un desenlace positivo.

La gente, por lo general, no suele manifestar reacciones que son todo amenaza o todo desafío. La mayoría experimentamos un poco de ambas. En un estudio descubrimos que lo más determinante para la salud de los telómeros era la proporción de esas dos respuestas. Los voluntarios que sentían más amenaza que desafío presentaban telómeros más cortos. Los que consideraron la tarea estresante más como un desafío que como una amenaza tenían telómeros más largos.[10]

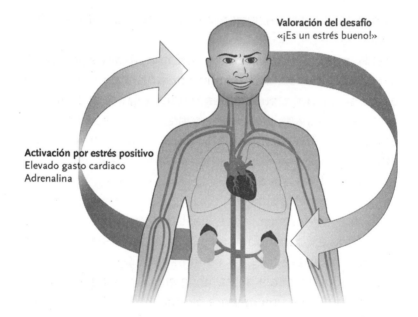

Valoración del desafío
«¡Es un estrés bueno!»

Activación por estrés positivo
Elevado gasto cardiaco
Adrenalina

Figura 15: El estrés positivo (estrés de desafío) da energía. Nuestro cuerpo reacciona de manera automática ante una situación estresante en pocos segundos y también reacciona a lo que pensamos sobre dicha situación. Cuando empezamos a percibir la respuesta al estrés en la tensión muscular, la frecuencia cardiaca y la respiración, podemos replanteárnoslo de este modo: «¡Es un estrés bueno, me da energía para que rinda mejor!». Eso puede ayudar a configurar la reacción del cuerpo para actuar de manera más enérgica al dilatarse más los vasos sanguíneos y aportar más sangre al cerebro.

¿Cómo te afecta esto a ti? Significa que hay motivos para la esperanza. No pretendemos trivializar ni subestimar el potencial que suponen las situaciones muy arduas, difíciles o inextricables para dañar nuestros telómeros. Pero cuando no somos capaces de controlar los acontecimientos difíciles o estresantes de nuestra vida, siempre podemos proteger nuestros telómeros cambiando nuestra manera de ver esas situaciones.

¿POR QUÉ UNA GENTE SE SIENTE MÁS AMENAZADA QUE OTRA?

Piensa en qué incidentes de tu vida te han resultado difíciles. Pregúntate si tienes tendencia a responder sintiéndote más amenazado o desafiado. ¿Te regodeas en el problema y te sientes amenazado de manera anticipada por acontecimientos que todavía no han ocurrido y que incluso puede que no ocurran? Cuando estás estresado, ¿te notas listo para actuar o lo que te apetece es esconderte bajo el edredón?

Si tiendes más a la respuesta de amenaza, no pierdas el tiempo preocupándote por ello. Algunos estamos sencillamente configurados para ser más reactivos ante el estrés. Para la supervivencia humana ha sido crucial que algunos reaccionemos de una manera enérgica ante los cambios de nuestro entorno y que otros sean más sensibles a esos cambios. A fin de cuentas, alguien tiene que alertar a la tribu de los peligros y advertir a los más lanzados sobre la conveniencia de evitar riesgos temerarios.

Aunque no estuvieras predestinado de nacimiento a tomártelo todo como una amenaza, determinadas condiciones de tu vida pueden haber alterado tu reacción natural. Los adolescentes expuestos a malos tratos en la infancia reaccionan a tareas estresantes con patrones de flujo sanguíneo característicos de la respuesta de amenaza y experimentan vasoconstricción en lugar de un bombeo potente de sangre desde el corazón.[11] (Por otra parte, quienes han sufrido un grado moderado de adversidad en la infancia tienden más a mostrar una respuesta de desafío que quienes tuvieron una infancia más apacible; esa es otra prueba de que pequeñas dosis de estrés pueden ser saludables, siempre y cuando se disponga de recursos para tolerarlas). Como hemos explicado antes, un estrés prolongado puede hacer que se agoten nuestros recursos emocionales y, por lo tanto, hacernos más proclives a sentirnos amenazados.[12]

Ya sea por nacimiento o por las circunstancias de la vida, es posible que manifestemos una potente respuesta de amenaza. La cuestión es: ¿podemos aprender a sentirnos desafiados en lugar de amenazados? De nuestras investigaciones se desprende que sí.

DESARROLLAR UNA RESPUESTA DE DESAFÍO

¿Qué ocurre cuando brota una emoción? Los científicos pensaban que se trataba de un proceso más lineal: que experimentamos los sucesos de nuestro entorno, nuestro sistema límbico reacciona por medio de una emoción, como ira o miedo, que provoca que el cuerpo responda con un incremento de la frecuencia cardiaca o sudor en las palmas de las manos. Pero no es tan sencillo. El cerebro está programado para predecir cosas antes de que ocurran, no solo para reaccionar cuando estas ya han sucedido.[13] El cerebro usa recuerdos de experiencias anteriores para anticiparse constantemente a lo que va a suceder; luego corrige esas predicciones basándose en la información que nos llega del mundo exterior y en todas las señales que se emiten dentro de nuestro cuerpo. Es entonces cuando el cerebro da con una emoción que concuerde con todo ello. En cuestión de segundos recopilamos toda esa información, de manera consciente o inconsciente, y sentimos determinada emoción.

Si en nuestra «base de datos» de experiencias previas hay mucha vergüenza, es más probable que esperemos volver a sentir vergüenza. Por ejemplo, si estás excitado y agitado, quizá por ese café que te has tomado por la mañana, y ves a dos personas que crees que están hablando de ti, es posible que tu mente maquine las emociones de vergüenza y amenaza. Nuestras emociones no son meras reacciones ante el mundo que nos rodea, sino una serie de construcciones urdidas por nosotros mismos sobre el mundo.[14]

Saber cómo se generan las emociones es formidable. Una vez que lo sabes, puedes disfrutar de más poder de elección sobre aquello que experimentas. En lugar de limitarte a sentir las reacciones de tu cuerpo ante el estrés y a considerarlas dañinas, una experiencia habitual de tu base de datos mental, puedes ver tu cuerpo como una fuente de alimentación que ayudará a que tu cerebro funcione con más rapidez y eficacia. Y si pones esto en práctica a menudo, tu cerebro logrará predecir un sentimiento de excitación y considerarlo útil. Aunque seas una de esas personas cuyo cerebro está fuertemente programado para sentir mayor amenaza, podrás notar esa reacción instintiva e inmediata de supervivencia y, acto seguido, ajustarla. Puedes optar por sentirte desafiado.

Una vez, una velocista que tenía problemas con su marca en los 100 metros fue a ver al doctor Jim Afremow, psicólogo del deporte que asesora a deportistas profesionales y atletas olímpicos. Ella misma ya había hecho un diagnóstico de por qué no corría tan bien como deseaba. «Es el estrés —dijo—. Antes de cada carrera se me acelera el pulso. Parece que se me va a salir el corazón del pecho. ¡Tiene que ayudarme a pararlo!».

Afremow se echó a reír. «¿De verdad quieres que se te pare el corazón?». Lo peor que puede hacer un deportista, afirma, es intentar librarse de su estrés. «Tienen que pensar que el estrés los ayuda a prepararse para rendir más. Tienen que decir: "¡Sí! ¡Necesito el estrés!". En lugar de intentar espantar a las mariposas que tienen en el estómago, los deportistas deben hacer que esas mariposas se alineen y vuelen en formación». Dicho de otro modo, necesitan conseguir que el estrés actúe en su provecho.

La velocista hizo caso del consejo de Afremow. Al considerar sus reacciones físicas como instrumentos que la ayudarían a afrontar el desafío de una carrera, fue capaz de recortar milisegundos de su marca (que no es moco de pavo para una corredora de 100 metros) y alcanzar un nuevo récord personal.

Suena increíblemente simple, pero la investigación respalda este método tan eficaz de convertir amenaza en desafío. Cuando se les indica a los voluntarios de un estudio que interpreten la excitación de su cuerpo como algo que los ayudará a triunfar, muestran una mayor respuesta de desafío. En un estudio se descubrió que los alumnos a quienes se anima a considerar el estrés de este modo puntúan más en sus exámenes de acceso al posgrado.[15] Y cuando los investigadores someten a gente a pruebas de inducción de estrés en el laboratorio, aquellos a quienes se ha sugerido que piensen en el estrés como algo útil son capaces de mantener estable su sociabilidad. En lugar de desviar la mirada, jugar nerviosamente con los dedos o removerse en su asiento —todos ellos indicadores de sentirse en cierto modo amenazado—, los participantes en el desafío mantienen el contacto visual, relajan los hombros y mueven el cuerpo con fluidez, además de sentir menos ansiedad y vergüenza.[16] Todos esos beneficios se producen sencillamente porque a esas personas se les dijo que pensasen en el estrés como algo bueno para ellas.

Una respuesta de desafío no hace que nos estresemos más. El sistema nervioso simpático sigue estando excitado, pero es una excitación positiva que nos pone en un estado de concentración más intensa. Para canalizar tu estrés de modo que te proporcione mayor cantidad de energía de la buena para determinada situación o tarea que desempeñar, di para ti mismo: «¡Estoy entusiasmado!» o «Me va el corazón a toda marcha y mi estómago da volteretas. Fantástico: esas son señales de una respuesta buena y potente ante el estrés». Naturalmente, si estás sometido a ese tipo de estrés que te merma a nivel emocional, como el que sufrían nuestras madres cuidadoras, este lenguaje puede antojársete un tanto simplista o zafio. Si es así, prueba a hablarte con más delicadeza. Puedes decirte: «Las reacciones de mi cuerpo intentan ayudarme. Están diseñadas para ayudarme a que me centre en la tarea que tengo entre manos. Son una señal de que me preocupo». La respuesta de desafío no consiste en tener una actitud falsamente alegre, de «qué contento estoy de que me pasen cosas estresantes», sino en ser consciente de que, a pesar de que las cosas se pongan difíciles, puedes remodelar ese estrés en beneficio propio.

Aquellos que se tienen por adictos al «estrés bueno» —el estrés del éxito que se asocia, por ejemplo, con trabajar en una *start-up* y no tener nunca un respiro— deben saber que incluso ese estrés puede resultar excesivo. Es saludable que haya ocasiones en las que el sistema cardiovascular se movilice y la psique se prepare para la acción, pero nuestro cuerpo y nuestra mente no están hechos para soportar ese tipo de estimulación tan intensa de manera sostenida. Ser capaces de relajarnos, aunque eso se haya sobrevalorado como único método de gestión del estrés, sigue siendo necesario. Te recomendamos que te dediques con regularidad a alguna actividad que te proporcione una reparación profunda. Hay pruebas de solvencia contrastada de que la meditación, los cánticos y otras prácticas de *mindfulness* reducen el estrés, estimulan la producción de telomerasa y quizá hasta ayuden a que los telómeros crezcan. Consulta la página 221 para obtener más información sobre estas estrategias de protección celular.

Incluso en situaciones de estrés crónico como las de las cuidadoras, el estrés no es un monolito ni un manto de oscuridad que no pueda levantarse. El estrés y los acontecimientos estresantes no impregnan cada instante, aunque puedan aparecer. En todo momento existe cierta libertad, porque tenemos capacidad de elección sobre cómo vivir ese momento. No podemos reescribir el pasado ni determinar lo que vaya a ocurrir en el futuro, pero podemos elegir dónde centrar nuestra atención en el momento presente. Y aunque no siempre somos capaces de elegir nuestras reacciones inmediatas, podemos modelar nuestras respuestas.

Mediante unos ingeniosos estudios se ha demostrado que el solo hecho de anticiparnos a una situación estresante ejerce casi el mismo efecto en el cerebro y en el cuerpo que experimentar esa situación estresante.[17] Cuando te preocupas por cosas que todavía no se han producido, estás dejando que el estrés fluya más allá de sus límites temporales, del mismo modo que un río se desborda más allá de sus orillas, y que inunde los minutos, las horas y los días que podrías estar disfrutando. Casi siempre se puede encontrar algo de lo que preocuparse y, por tanto, es posible también mantener activada la reacción ante el estrés de una manera prácticamente constante. Cuando predecimos un desenlace negativo antes de que haya empezado determinada situación, incrementamos nuestra dosis de estrés amenazador. Y eso es lo que menos necesitamos. Pero lo importante, en lugar de evitar pensar en situaciones estresantes, es cómo pensamos en ellas.

NUESTROS AMIGOS EMPLUMADOS: AVES ESTRESADAS, TELÓMEROS ESTRESADOS

¿Es realmente causal la relación entre el estrés y los telómeros? Para comprobarlo, los investigadores han experimentado con aves. Al administrarles agua con cortisol, la hormona del estrés, a unos cormoranes moñudos, o al estresarlos manteniéndolos sujetos, presentaron telómeros más cortos que los de ejemplares de control.[18] Eso no es bueno, ya que en esta especie tener los telómeros cortos a edades tempranas implica una muerte también temprana. Cuando se enjaula solos a los loros y no pueden mantener sus cotorreos habituales con otros, también presentan telómeros de menor longitud.[19] Sabemos que los humanos son sensibles a su entorno social y, por lo que parece, también las aves.

UN TRAYECTO CORTO HACIA UN LARGO PERIODO DE VIDA ENFERMA: ESTRÉS, INMUNOCITOS ENVEJECIDOS E INFLAMACIÓN

No falla. Justo cuando acabas de cumplir una entrega de trabajo o cuando estás a punto de coger un avión para unas vacaciones que llevas mucho tiempo retrasando, vas y te pillas el resfriado del siglo: estornudos, mocos, dolor de garganta, cansancio. ¿Coincidencia? Probablemente no. Mientras tu cuerpo se dedica a combatir el estrés, el sistema inmunitario se fortalece durante un tiempo. Pero ese efecto no dura eternamente. El estrés crónico anula en parte al sistema inmunitario, lo que nos vuelve más vulnerables a las infecciones, y hace que produzcamos menos anticuerpos en reacción a las vacunas y que nuestras lesiones tarden más en curarse.[20]

Existe una desagradable relación entre el estrés, la inmunodepresión y los telómeros. Durante años, los científicos no estaban seguros de cómo podía el estrés, que se aloja en nuestra mente, dañar el sistema inmunitario. Ahora disponemos de una parte importante de la respuesta a esa incógnita: los telómeros. Quienes padecen estrés crónico tienen los telómeros más cortos, y los telómeros cortos pueden derivar en el envejecimiento prematuro de los inmunocitos, lo que implica un peor funcionamiento inmunitario.

A telómeros más cortos, sistema inmunitario más débil

Hay determinadas células del sistema inmunitario que operan como equipos policiales de choque para combatir las infecciones víricas. Estas células se denominan linfocitos T porque se alojan en el timo, una glándula situada en el pecho, bajo el esternón. Cuando los linfocitos T maduran, abandonan el timo y circulan continuamente por todo el cuerpo. Cada linfocito T cuenta con un receptor único en su superficie. El receptor actúa como el foco de un helicóptero de la policía: va barriendo el cuerpo en busca de «delincuentes», es decir, células infectadas o cancerosas. Resulta de especial interés para el envejecimiento el tipo de linfocito T llamado CD8.

Pero no basta con que el linfocito T se limite a detectar una célula maligna. Para completar su tarea, el linfocito T necesita recibir una segunda señal procedente de una proteína de superficie llamada CD28. Cuando el linfocito T elimina a su objetivo, lo almacena en su «memoria» con el fin de que si ese mismo virus vuelve a infectar el cuerpo en el futuro, el linfocito T se multiplicará para generar miles y miles de células inmunitarias idénticas. Así, todos esos linfocitos podrán organizar una respuesta inmunitaria rápida y eficaz contra ese virus determinado. Esa es la base de las vacunas. La vacuna consiste por lo general en una parte de una proteína vírica o de un virus inactivado y su inmunización dura años, ya que los linfocitos T que han reaccionado a la vacuna inicial permanecen en el cuerpo durante un periodo muy prolongado (a veces durante toda la vida) y están listos para combatir cualquier infección si el virus vuelve a abrirse camino por el cuerpo.

Contamos con un repertorio enormemente variado de linfocitos T, cada uno con la capacidad de reconocer un único antígeno o virus. Dado que disponemos de tal variedad de linfocitos T, cuando nos infectamos por un virus determinado, los pocos linfocitos T que tienen el receptor concreto de ese virus deben multiplicarse para poder combatir la infección. Durante ese proceso de división celular masiva, la producción de telomerasa se intensifica hasta niveles extremos. Sin embargo, no logra mantener el ritmo acelerado de acortamiento de los telómeros y, al cabo de un tiempo, la reacción de producción de telomerasa se va debilitando, hasta quedarse en poca cosa, y los telómeros de esos linfocitos T combatientes siguen acortándose. Cuando se acortan los telómeros de un linfocito T, este envejece y pierde el marcador de superficie CD28, que es imprescindible para organizar una buena respuesta inmunitaria. El cuerpo se convierte en una ciudad que se ha quedado sin presupuesto para helicópteros y sirenas de policía. Vista desde fuera, la ciudad parece normal, pero se ha vuelto vulnerable a la proliferación de la delincuencia. Los antígenos de bacterias, virus o células cancerosas no se eliminan del cuerpo. Ese es uno de los motivos de que las personas con células envejecidas —entre ellos los ancianos y los que sufren estrés crónico— sean tan vulnerables a las enfermedades, así como de que les cueste tanto superar enfermedades como la gripe o la neumonía. Es también, en parte, motivo de que el VIH derive en sida.[21]

Cuando los telómeros de estos linfocitos T envejecidos son demasiado cortos, hasta las personas más jóvenes se vuelven vulnerables. Sheldon Cohen, psicólogo de la Carnegie Mellon University, pidió a una serie de voluntarios jóvenes y sanos que viviesen aislados en hoteles para poder estudiar los efectos de administrarles una inhalación nasal del virus que causa el resfriado común. Antes midió sus telómeros. Los que tenían telómeros más cortos en sus inmunocitos, y especialmente en sus cuasisenescentes linfocitos CD8, contrajeron el resfriado con mayor rapidez y presentaron síntomas más acusados (que se midieron mediante el pesado de sus pañuelos de papel).[22]

¿Y qué tiene que ver el estrés con esto?

Nuestros linfocitos T CD8 (los combatientes del sistema inmunitario) parecen ser especialmente vulnerables al estrés. En otro de nuestros estudios sobre cuidadoras familiares, tomamos muestras de sangre a madres que tenían en casa a un hijo con autismo. Descubrimos que aquellas madres cuidadoras tenían menos telomerasa en sus linfocitos CD8 que habían perdido el crucial marcador de superficie CD28, lo que sugería que corrían el riesgo de que sus telómeros se fuesen acortando drásticamente con el paso de los años. Rita Effros, inmunóloga de la Universidad de California en

Los Ángeles y pionera de la investigación sobre el envejecimiento de los inmunocitos, ha creado lo que llama «estrés en una placa»: ha demostrado que exponer células inmunitarias a la hormona del estrés cortisol reduce su concentración de telomerasa.[23] Una razón convincente para que aprendamos cómo reaccionar ante el estrés de un modo más saludable.

A telómeros más cortos, mayor inflamación

Por desgracia, las malas noticias no se quedan ahí. Cuando los telómeros de los linfocitos CD8 envejecidos se desgastan, esos inmunocitos liberan citocinas proinflamatorias, unas moléculas proteínicas que ocasionan inflamación generalizada. A medida que los telómeros siguen acortándose y los linfocitos CD8 acaban por volverse del todo senescentes, se niegan a morir y con el tiempo se van acumulando en el torrente sanguíneo (por lo general, los linfocitos T CD8 mueren de modo gradual por una muerte celular natural denominada apoptosis, que libra al cuerpo de inmunocitos viejos o dañados para que no lo saturen ni ocasionen los cánceres sanguíneos que llamamos leucemias). Estos linfocitos T senescentes son las manzanas podridas de la cesta y sus efectos negativos se desperdigan por doquier. Liberan cada año, como un lento goteo, cada vez más sustancias inflamatorias. Si tenemos demasiada cantidad de estas células envejecidas en el torrente sanguíneo, corremos el riesgo de sufrir infecciones galopantes, además de todas las enfermedades de tipo inflamatorio. El corazón, las articulaciones, los huesos, los nervios y hasta las encías pueden enfermar. Cuando el estrés hace que envejezcan nuestros linfocitos CD8, también nosotros envejecemos, sin importar cuál sea nuestra edad cronológica.

Experimentar estrés y dolor es algo inevitable. Forma parte integrante de vivir, de amar y cuidar a otros, de preocuparse por los problemas y de asumir riesgos. Sírvete de la respuesta de desafío para proteger tus células mientras sigues implicándote plenamente en la vida. El laboratorio de renovación que figura al final de este capítulo te ofrece unas cuantas técnicas pensadas específicamente para cultivar esa respuesta de desafío. Esa no es la única herramienta de la que dispones, sin embargo. Si te interesa conocer métodos potentes de alivio del estrés que beneficien a tus telómeros, consulta el apartado «Técnicas de reducción del estrés que han demostrado propiciar el buen mantenimiento de los telómeros», al final de la segunda parte de este libro. Y si el estrés hace que tiendas a seguir patrones de pensamiento destructivos —tal vez optas por suprimir todo pensamiento doloroso o por darle vueltas en exceso a un pensamiento, o quizá hayas empezado a anticiparte a reacciones negativas por parte de otras personas—, pasa al siguiente capítulo. Te ayudaremos a proteger a tus telómeros de esos pensamientos dañinos.

Apuntes para los telómeros

- Tus telómeros no se andan con menudencias. El estrés tóxico, por otra parte, sí es algo a lo que hay que estar atentos. Es un estrés agudo que dura años. El estrés tóxico puede reducir la telomerasa y acortar los telómeros.
- Unos telómeros cortos dan pie a un funcionamiento inmunitario endeble y te hacen vulnerable a pillar hasta un simple catarro.
- Los telómeros cortos propician la inflamación (en particular en los linfocitos T CD8), y el lento incre-

mento de la inflamación da lugar a la degeneración de los tejidos y a la aparición de enfermedades relacionadas con el envejecimiento.

- No podemos librarnos del estrés, pero afrontar situaciones estresantes con mentalidad de desafío puede ayudarnos a fomentar una resiliencia protectora ante el estrés, tanto en el cuerpo como en la mente.

Laboratorio de renovación

REDUCE EL ESTRÉS DE «AMENAZA AL EGO»

Si tienes la sensación de que está en juego algún aspecto importante de tu identidad, lo más probable es que vayas a manifestar una potente respuesta de amenaza. Esa es la razón por la que un examen final puede resultarte tan estresante si tu principal identidad es la de «buen estudiante», o por la que una competición deportiva te puede parecer aterradora si te identificas fuertemente como deportista. Si no lo haces bien, no solo sacas mala nota o pierdes. Esa experiencia te arranca un bocado de tu sentido de autoestima. Un desafío a tu identidad conduce al estrés de amenaza, que puede derivar en un peor rendimiento, lo que a su vez hace que se vea dañada tu identidad. Es un círculo vicioso que puede tener repercusiones negativas para tus telómeros. Rompe ese círculo recordándote que tu identidad es amplia y profunda:

> *Instrucciones para desactivar la amenaza al ego*: Piensa en una situación estresante. Ahora haz una lista, mental o escrita en un papel, de lo que valoras (es mejor escoger cosas que no estén relacionadas con esa situación estresante). Por ejemplo, puedes pensar en determinados roles sociales que son importantes para ti (ser padre, buen trabajador, integran-

te activo de tu comunidad, etcétera) o en valores que creas que son de especial relevancia (como tus creencias religiosas o el servicio a la comunidad). A continuación piensa en un momento concreto de tu vida en el que uno de esos roles o valores resultase especialmente destacado para ti.

Hay muchos estudios que documentan este efecto. En ellos, lo habitual es que se les pida a los voluntarios que escriban durante diez minutos sobre sus valores personales. Esta pequeña manipulación (denominada afirmación de valores) reduce las reacciones ante el estrés en el laboratorio y también en la vida real, además de ayudar a la gente a desempeñar tareas estresantes con mentalidad de desafío.[24] Identificar valores se traduce en un mejor rendimiento y notas más altas en exámenes de ciencias.[25] Activa el área de recompensa del cerebro que ayuda a mitigar las reacciones ante el estrés.[26]

La próxima vez que percibas una amenaza, detente y haz una lista de aquello que es para ti más importante. Una madre cuidadora que conocemos hace una pausa y se recuerda a sí misma que una de sus principales prioridades es ayudar a su hijo aquejado de autismo, lo que parece amortiguar su tensión y protegerla de preocuparse por lo que piensen otras personas. Cuando él tiene un berrinche en público, ignora las miradas prejuiciosas de quienes los rodean y se limita a hacer lo que necesita su hijo. «Es como si estuviera en una burbuja protectora —afirma—. Allí dentro hay mucho menos estrés». Cuando eres capaz de ver lo amplios que son tus valores, revalidas tu sentimiento de autoestima y tu identidad se ve menos marcada por el desenlace de una situación determinada.

Deja algo de espacio entre tu yo sintiente y tu yo pensante. Los investigadores Ozlem Ayduk y Ethan Kross han llevado a cabo diversas pruebas analíticas para manipular la respuesta emocional ante el estrés con el fin de observar qué la amplifica y qué hace que las emociones se disipen con rapidez. Han descubierto que distanciar nuestros pensamientos de nuestras emociones nos permite convertir una respuesta de amenaza en una sensación positiva de desafío. Estos son los métodos que Ayduk y Kross han identificado para crear ese distanciamiento:

Autodistanciamiento lingüístico: Piensa en tercera persona en una tarea estresante que estés a punto de emprender, como: «¿Qué es lo que le pone nerviosa a Liz?». Pensar en tercera persona te «pone frente al público», por decirlo de algún modo, o te convierte en observador externo. No te sientes tan atrapado por el dramatismo. Además, la investigación ha demostrado que hacer continuas autorreferencias («yo», «mí», «mío») es señal de egocentrismo y se asocia con sentir emociones más negativas. Ayduk y Kross han descubierto que pensar en tercera persona y evitar usar el «yo» hace que las personas se sientan menos amenazadas, ansiosas y avergonzadas, y que manifiesten menos rumiación. Rinden mejor en tareas estresantes y los evaluadores las consideran más confiadas.[27]

Distanciamiento temporal: Si piensas en el futuro inmediato manifestarás una respuesta emocional mayor que si adoptas una visión a largo plazo. La próxima vez que te veas inquieto por una situación estresante, pregúntate: *¿Seguirá esta situación ejerciendo este efecto en mí cuando hayan pasado diez años?* En los estudios, aquellos a quienes se les pidió que se planteasen esta pregunta manifestaron más pensamientos de desafío. Reconocer la transitoriedad de una situación ayuda a superarla con mayor rapidez.

Autodistanciamiento visual: Distanciarse es un truco que le podemos hacer a la respuesta de amenaza una vez sufrida. Si has vivido un acontecimiento estresante que te sigue afectando, el distanciamiento visual te permite procesarlo emocionalmente de modo que puedas pasar página. En lugar de limitarte a revivir tal cual la situación, da un paso atrás y observa el incidente desde lejos, como si se tratara de una película. De ese modo no volverás a experimentarlo en la parte emocional de tu cerebro y, en lugar de ello, lo verás con mayor distancia y claridad. Distanciarse le resta intensidad a cualquier recuerdo negativo. Esta técnica se conoce también como desactivación cognitiva, y se ha demostrado que reduce de inmediato la respuesta neurológica del cerebro ante el estrés,[28] probablemente debido a que activa las regiones más reflexivas y analíticas del cerebro en lugar de las emocionales. Esta es una versión adaptada del guion que emplean Ayduk y Kross para ayudar a sus voluntarios a distanciarse (nosotras hemos combinado el distanciamiento visual con el lingüístico y el temporal):[29]

> *Instrucciones para distanciarse:* Cierra los ojos. Regresa al momento y el lugar de tu experiencia emocional y observa la escena desde tu mirada mental. Ahora retrocede unos pasos. Apártate de la situación hasta un punto desde el que puedas observar a distancia cómo se desarrollan los hechos y verte a ti mismo en la situación, a tu yo distante. Ahora contempla cómo se desarrolla la experiencia como si la estuviese viviendo otra vez tu yo distante. Observa a tu yo distante. Mientras sigues viendo cómo transcurre la situación para tu yo distante, intenta comprender

cuáles son sus sentimientos. ¿Por qué tiene esos sentimientos? ¿Cuáles son las causas y los motivos? Pregúntate: *¿Me seguirá afectando esta situación dentro de diez años?*

Si sufres estrés retrospectivo —si sientes muchas emociones negativas y vergüenza una vez que la situación ya ha ocurrido—, la estrategia de distanciamiento visual te será de especial utilidad. También puedes probar esta estrategia cuando experimentes ese momento estresante. Al salir mentalmente de tu cuerpo, lograrás soslayar esa sensación inminente de amenaza y agresión.

Capítulo 5

Atención a tus telómeros: pensamientos negativos, pensamientos resilientes

Somos relativamente inconscientes de la cháchara mental que se desarrolla en nuestro cerebro y de cómo nos afecta. Al parecer, determinados patrones de pensamiento pueden ser perjudiciales para los telómeros. Entre estos se hallan la supresión de pensamientos y la rumiación, así como los pensamientos negativos que caracterizan a la hostilidad y el pesimismo. No podemos cambiar del todo nuestras respuestas automáticas —algunos estamos predispuestos de nacimiento a la rumiación o al pesimismo—, pero podemos aprender a evitar que estos patrones automáticos nos perjudiquen y hasta encontrar cierto humor en ellos. Aquí te invitamos a hacerte más consciente de tus hábitos mentales. Conocer mejor tu estilo de pensamiento puede resultarte sorprendente y empoderador. Si quieres saber cuáles son tus tendencias, completa la evaluación de personalidad que aparece al final de este capítulo (página 186).

Hace varios años, Redford Williams volvió a casa después de un día complicado en la oficina y se dirigió a la cocina.

Entonces se quedó parado. Había un montón de catálogos en la encimera, una pila que su mujer, Virginia, le había asegurado el día anterior que iba a tirar. Pero allí estaba Virginia, removiendo con toda tranquilidad una olla que tenía en el fuego. Los catálogos estaban exactamente donde los había dejado.

Redford explotó. «¡Quita esos malditos catálogos de la encimera!», le ordenó. Aquello fue lo primero que dijo desde que había entrado por la puerta.

¿En qué estaba pensando? Esa es una pregunta que surge de manera natural cuando nos enteramos de reacciones de una hostilidad desconcertante y desproporcionada como esta. Ya que Redford Williams es hoy un reputado profesor de psicología y neurociencia en la Universidad de Duke, además de experto en control de la ira, él mismo puede darnos algunas respuestas. «Pensé en que estaba agotado, sorprendido y furioso. Pensé que Virginia era una perezosa y que había evitado deliberadamente hacer una tarea que había prometido hacer —explicó—. Puse en duda sus motivos». Más tarde descubrió que Virginia no había quitado los catálogos porque había estado ocupada preparándole una comida que le sentaría bien a su corazón.

Los científicos empiezan a entender que determinados patrones de pensamiento son poco saludables para los telómeros. La hostilidad cínica, que se caracteriza en parte por ese tipo de pensamientos suspicaces y airados que le brotaron a Williams al ver que su cocina no estaba en perfecto orden, está vinculada con tener los telómeros más cortos. Y también el pesimismo. Otros patrones de pensamiento, como la rumiación, la dispersión mental y la supresión de pensamientos también pueden resultar dañinos para los telómeros.

Estos patrones de pensamiento, por desgracia, pueden ser automáticos y difíciles de alterar. Algunos nacemos cínicos o pesimistas, otros llevamos rumiando sobre nuestros problemas prácticamente desde que tenemos edad suficiente para hablar. En este capítulo nos proponemos describir todos esos patrones automáticos, pero también descubrirás que puedes aprender a reírte de tus pensamientos negativos y evitar que te perjudiquen tanto.

HOSTILIDAD CÍNICA

En la década de 1970, el superventas *Type A Behavior and Your Heart* hizo de la «personalidad de tipo A» una expresión de uso corriente. En el libro se afirmaba que tener personalidad de tipo A —caracterizada por una impaciencia enérgica, por enfatizar los logros personales y por la hostilidad hacia los demás— suponía un factor de riesgo para sufrir cardiopatías.[1] Todavía sobrevuela la idea de la personalidad de tipo A en los test de internet y en las conversaciones informales («Oh, odio hacer colas... ¡Soy muy tipo A!»). En realidad, las posteriores investigaciones han demostrado que ser un triunfador ambicioso y avispado no es necesariamente malo para el corazón. Es el componente de hostilidad del tipo A lo que resulta dañino.

La hostilidad cínica se define por un estilo emocional de intensa ira y frecuentes pensamientos de que no se puede confiar en los demás. Una persona con esa hostilidad no se limita a pensar: «Odio hacer cola en los supermercados». Una persona con esa hostilidad piensa: «¡Esa mujer ha acelerado a propósito para ponerse en la cola en el sitio que me correspondía a mí!», y se pone furiosa o le hace una mueca o comentario desagradable a la persona que se ha puesto delante de ella sin darse cuenta. La gente que puntúa alto en las mediciones de hostilidad cínica suele afrontarla de manera pasiva, comiendo, bebiendo o fumando más.

Tienden a presentar más dolencias cardiovasculares y metabolopatías,[2] y con frecuencia fallecen a edades más tempranas.[3]

También tienen telómeros más cortos. En un estudio realizado a funcionarios británicos, los hombres que puntuaron alto en las mediciones de hostilidad cínica presentaban telómeros más cortos que aquellos que puntuaron más bajo en hostilidad. Los hombres más hostiles tenían un 30 por ciento más de probabilidades de presentar una combinación de telómeros cortos y elevada concentración de telomerasa; ese es un perfil preocupante, ya que parece reflejar intentos frustrados de proteger los telómeros demasiado cortos por parte de la telomerasa.[4]

Los hombres que presentaban ese perfil vulnerable al envejecimiento celular manifestaban lo más opuesto a una reacción saludable al estrés. Lo ideal es que el cuerpo reaccione al estrés con un incremento del cortisol y de la presión sanguínea, seguido de un rápido retorno a valores normales. Te preparas para afrontar el reto que se te presenta y luego te recuperas. Al exponer a aquellos hombres al estrés, su tensión arterial diastólica y su concentración de cortisol no aumentaban lo esperado, señal de que su reacción al estrés estaba básicamente atrofiada por el uso excesivo. Su tensión arterial sistólica se incrementaba, pero en lugar de volver a niveles normales una vez concluido el episodio estresante, seguía elevada durante mucho tiempo. Los hombres carecían también de muchos de los recursos que suelen mitigar el estrés en las personas. Además de mayor hostilidad, tenían menos relaciones sociales y menos optimismo, por ejemplo.[5] En lo referente a su salud física y psicosocial, aquellos hombres eran sumamente vulnerables a entrar precozmente en un periodo de vida enferma. Las mujeres suelen presentar menos grado de hostilidad y en su caso está menos relacionada con las cardiopatías, pero hay otros factores psicológicos que afectan a la salud de la mujer, como la depresión.[6]

Pesimismo

Una de las principales ocupaciones del cerebro es predecir el futuro. El cerebro escudriña constantemente el entorno y lo compara con las experiencias previas, en busca de amenazas inminentes contra nuestra seguridad. Hay personas cuyo cerebro es más rápido a la hora de detectar el peligro. Incluso cuando están en situaciones ambiguas o neutras, tienden a pensar: «Aquí va a ocurrir algo malo». Esas personas son las primeras en prepararse para el peor de los escenarios posibles y en anticiparse a un desenlace negativo. En resumidas cuentas, son pesimistas.

Elissa se acuerda del pesimismo cuando hace senderismo con su amiga Jamie. Elissa ve los atajos del camino como una posible aventura y Jamie los considera una posibilidad de meterse en medio de ortigas. Cuando divisan una casa en medio del bosque o en el quinto pino, Elissa se hace expectativas placenteras: puede que alguien las invite a tomar una taza de té, o que al menos salga alguien al porche y les regale una sonrisa y un saludo. Pero los pensamientos de Jamie van por otros derroteros: está segura de que si sale alguien al porche, será con el ceño fruncido, palabras hurañas y tal vez hasta con una escopeta. Jamie manifiesta un estilo de pensamiento más pesimista.

Cuando nuestro equipo de investigación llevó a cabo un estudio sobre el pesimismo y la longitud telomérica, descubrimos que quienes puntuaban más alto en el cuestionario sobre pesimismo presentaban telómeros más cortos.[7] Fue un estudio reducido, de unas 35 mujeres, pero se han obtenido resultados similares en otros, como uno en el que se evaluó a 1.000 hombres.[8] También concuerda con la gran cantidad de pruebas que avalan que el pesimismo es un factor de riesgo para la salud. Cuando los pesimistas sufren una de las enfermedades relacionadas con el envejecimiento, como el cáncer o alguna cardiopatía, esa dolencia acostumbra a empeorar con más rapidez. Y, como ocurre con la gente hostil cínica —y, en general, con quienes presentan telómeros más cortos—, suelen morir antes.

Ya sabemos que las personas que se sienten amenazadas ante el estrés suelen tener telómeros más cortos que quienes lo afrontan con mentalidad de desafío. Los pesimistas, por definición, se sienten más amenazados por las situaciones estresantes. Son más propensos a pensar que no les saldrán bien las cosas, que no conseguirán solventar el problema y que ese problema se enquistará. Son proclives a no entusiasmarse con los desafíos.

Pese a que algunas personas son pesimistas de nacimiento, hay ciertos tipos de pesimismo que se forjan a causa de entornos de la infancia en los que el niño aprende a esperar carencias, violencia o aflicción. En esas situaciones, el pesimismo puede considerarse una adaptación saludable, una protección ante el dolor de la decepción reiterada.

DISPERSIÓN MENTAL

Ahora que te sientas con este libro en las manos, ¿piensas en lo que estás leyendo? Si piensas en otra cosa, ¿son tus pensamientos agradables, desagradables o neutros? ¿Cómo de feliz te sientes ahora mismo?

Los psicólogos Matthew Killingsworth y Daniel Gilbert, de Harvard, se sirvieron de una aplicación de «seguimiento de la felicidad» instalada en el iPhone para hacerles este tipo de preguntas a miles de personas. A lo largo del día, en momentos aleatorios, la aplicación te pide que respondas a preguntas parecidas sobre la actividad que estás desempeñando, dónde tienes puesta tu mente y cómo de feliz eres.

A medida que fueron llegando los datos, Killingsworth y Gilbert descubrieron que dedicamos la mitad del día a pensar en cosas distintas de las que estamos haciendo. Eso es así con independencia de cuál sea la actividad que tenemos entre manos. Practicar sexo, conversar o hacer ejercicio son las actividades que generan menor dispersión mental, pero hasta esas presentan un índice de dispersión de un 30 por ciento. «La mente humana es una mente dispersa», concluyeron. Nótese el «humana»: advirtieron que solo nosotros, de todo el reino animal, tenemos la capacidad de pensar en algo que no está ocurriendo ahora mismo.[9] Este poder del lenguaje nos faculta planificar, reflexionar y soñar, pero también comporta un alto coste.

El estudio de la dispersión mental a través del iPhone demostró que cuando la gente no piensa en lo que está haciendo, no es tan feliz como cuando está implicada y concentrada. Como también observaron Gilbert y Killingsworth, «una mente dispersa es una mente infeliz». En particular, la dispersión mental negativa (tener pensamientos negativos o desear estar en otro sitio) nos brinda más probabilidades de experimentar infelicidad en los momentos siguientes. Eso no es ninguna sorpresa. (Para valorar con qué frecuencia se dispersa tu mente, puedes descargarte la aplicación desde https://www.trackyourhappiness.org).

Conjuntamente con nuestro colega Eli Puterman, examinamos a doscientas cincuenta mujeres sanas con bajo nivel de estrés y de edades comprendidas entre los 55 y los 65 años, de quienes evaluamos su tendencia a sufrir dispersión mental. Les hicimos dos preguntas para evaluar su grado de atención por el presente y su dispersión mental:

¿Con qué frecuencia, durante la semana pasada, se han dado ocasiones en las que te has sentido completamente concentrada e implicada en lo que estabas haciendo en ese preciso momento?

¿Con qué frecuencia, durante la semana pasada, se han dado ocasiones en las que no querías estar donde estabas o no querías hacer lo que estabas haciendo en ese preciso momento?

Luego medimos los telómeros de las mujeres. Las que presentaban el grado más elevado de dispersión mental (a quienes definimos como con baja concentración orientada al presente y deseo de estar en otro sitio) tenían unos telómeros de una longitud de unos 200 pares de bases menos.[10] Eso era así independientemente de cuánto estrés sufrieran en su vida, por lo que es bueno que nos habituemos a advertir si tenemos pensamientos de estar en otro lugar. Esos pensamientos revelan un conflicto interno que genera infelicidad. Ese tipo de dispersión mental negativa es la antítesis de un estado de atención plena. Como dijo Jon Kabat-Zinn, fundador del programa de alcance mundial Mindfulness Based Stress Reduction (MBSR), «cuando nos olvidamos de querer que ocurra algo distinto en el momento presente, estamos dando un gran paso hacia ser capaces de encontrarnos con aquello que tenemos aquí y ahora».[11]

Dividir nuestra atención a través de la multitarea es una fuente de estrés nocivo de bajo impacto, aunque no seamos conscientes de ello. Nuestra mente divaga de modo natural gran parte del tiempo y algunos tipos de dispersión mental pueden resultar creativos. Pero cuando tienes pensamientos negativos sobre el pasado, es más probable que seas infeliz y seguramente también presentarás concentraciones más elevadas de hormonas del estrés.[12] Cada vez resulta más evidente que la dispersión mental negativa puede ser una fuente invisible de conflictos.

MONOTAREA

Todos tenemos nuestra atención bajo presión en estos tiempos y tendemos a la multitarea, a consultar el correo electrónico, a emplear nuestro tiempo con eficacia. Pero resulta que el uso más eficiente del tiempo consiste en hacer una cosa y prestarle plena atención. Esta «monotarea», a veces denominada «flujo», es también la manera más satisfactoria de vivir los momentos. Nos permite estar satisfechos y absortos. Cuando a Elissa le toca un día de muchas reuniones, puede hacer dos cosas: dividirse frenéticamente entre prestar porciones de atención a la reunión, a su teléfono, al correo electrónico y a pensamientos intrusos sobre otras cosas que tendría que estar haciendo, o bien decidir centrarse por completo en la persona que tiene delante. Lo segundo es un placer sencillo, y esa persona que tiene delante también vive una experiencia distinta.

Y Liz experimentó esa misma serie de tira y afloja tan contrastados cuando trabajaba activamente como investigadora científica y ejercía de madre, a la vez que cumplía las funciones administrativas del cargo de jefa de su departamento en la UCSF. El día que se permitía quedarse absorta en el laboratorio haciendo experimentos con moléculas y células en sus diminutos tubos de ensayo, para cuando se daba cuenta habían pasado horas y horas de trabajo productivo. Cualquier fin de semana que pasaba en casa con su familia parecía acabarse casi al instante de haber empezado. Esos periodos se le antojaban muy distintos de cuando hacía malabares con numerosas tareas de trabajo de plazos limitados. Está claro que, muchas veces, no se pueden evitar plazos ajustados de multitarea. Pero, hagas lo que hagas, ya sea en forma de «flujo» o de varias actividades de transición rápida entre unas y otras, puedes intentar suprimir otras distracciones y permanecer plenamente presente, por lo menos durante parte del día.

Rumiación

La rumiación es la acción de revisitar los problemas una y otra vez. Es algo que resulta seductor. El canto de sirena de la rumiación suena parecido a esto: *Si sigues dándoles vueltas a las cosas, si piensas un poco más sobre un problema no resuelto o sobre por qué te ha ocurrido tal o cual cosa negativa, acabarás experimentando alguna clase de feliz desenlace cognitivo. Resolverás los problemas y hallarás alivio.* Pero la rumiación solo parece un acto de resolución de problemas. Quedarse atrapado en la rumiación es más como dejarse absorber por un remolino que te arroja a un sinfín de pensamientos autocríticos y negativos. Cuando rumias mentalmente así, en realidad eres menos eficiente a la hora de resolver problemas, además de sentirte mucho mucho peor.

¿Cómo distinguimos la rumiación de la reflexión inofensiva? La reflexión es un análisis curioso, introspectivo o filosófico natural sobre por qué ocurren las cosas de determinada manera. La reflexión nos puede causar cierta incomodidad sana, sobre todo cuando pensamos en algo que nos gustaría no haber hecho. Pero la rumiación hace que nos sintamos mal. No podemos parar, por mucho que lo intentemos. Y no conduce a solución alguna, solo a más rumiación.

Si, por algún motivo, quisiéramos prolongar los efectos perjudiciales del estrés mucho tiempo después de que la situación complicada haya concluido, la rumiación sería una manera eficaz de hacerlo. Cuando rumiamos, el estrés permanece en el cuerpo mucho tiempo después de que el motivo que lo desencadenó haya pasado, y lo hace en forma de presión sanguínea alta, frecuencia cardiaca elevada y altas concentraciones de cortisol. El nervio vago, que nos ayuda a calmarnos y mantiene estables el corazón y el sistema digestivo, inhibe su actividad, que permanece inhibida mucho tiempo después de que haya desaparecido el factor estresante. En uno de nuestros estudios más recientes examinamos las reacciones ante el estrés diario de mujeres sanas que ejercían de cuidadoras de un miembro de la familia. Cuanto más rumiaban las mujeres después de una situación estresante, menor cantidad de telomerasa había en sus envejecidos linfocitos CD8, los vitales inmunocitos que emiten señales proinflamatorias cuando se ven dañados. La gente que rumia sufre más depresión y ansiedad,[13] que a su vez se asocian con tener telómeros más cortos.

SUPRESIÓN DE PENSAMIENTOS

El último patrón peligroso de pensamiento del que hablaremos es en realidad una especie de antipensamiento. Se trata de un proceso llamado supresión de pensamientos y consiste en apartar pensamientos y sentimientos no deseados.

Daniel Wegner, psicólogo social de Harvard, ya fallecido, estaba un día leyendo cuando se topó con este pasaje del gran escritor decimonónico ruso Fiódor Dostoievski: «Intenta imponerte esta tarea: no pensar en un oso polar; verás como el dichoso animal te viene a la mente a cada momento».[14]

A Wegner le pareció que aquello tenía visos de ser verdad y decidió ponerlo a prueba. Mediante una serie de experimentos, identificó un fenómeno que denominó error irónico, con el significado de que cuanto más empeño pongas en apartar un pensamiento, con más intensidad acaparará este tu atención. Eso ocurre porque suprimir un pensamiento es una labor que a la mente se le hace difícil. Tiene que monitorizar en todo momento tu actividad mental en busca del pensamiento prohibido: *¿Hay por aquí algún oso polar?* El cerebro no puede mantener esa labor de monitorización. Es agotador. Intentas empujar al oso polar detrás de un témpano de hielo y vuelve a aparecer, asomando la cabeza por encima del agua y, por si fuera poco, se trae consigo a unos cuantos amigos. Tienes más pensamientos sobre osos polares que si no hubieses tratado de suprimirlos de buenas a primeras. El error irónico es uno de los motivos por los que los fumadores que están intentando dejarlo no hacen más que pensar en cigarrillos, y por lo que quienes hacen dieta, al tratar desesperadamente de no pensar en comida, se ven torturados por imágenes de dulces helados de café.

El error irónico puede ser también perjudicial para los telómeros. Sabemos que el estrés crónico puede acortarlos, pero si intentamos gestionar nuestros pensamientos estresantes sumergiendo los malos pensamientos en las aguas más profundas de nuestro subconsciente, quizá nos salga el tiro por la culata. Los recursos de un cerebro con estrés crónico ya son escasos (a esto lo llamamos

La solución de los telómeros

carga cognitiva) y eso hace que suprimir pensamientos de manera eficaz resulte todavía más difícil. En lugar de tener menos estrés, tenemos más. Un ejemplo clásico del poder oscuro de la supresión nos lo brindan las personas aquejadas de trastorno por estrés postraumático, quienes —es comprensible— no quieren recordar los acontecimientos que les han causado una terrible zozobra. Pero esos espantosos recuerdos se van colando en su vida cotidiana de un modo inesperado y chirriante o surgen por la noche en sus sueños. Muchas veces se juzgan con dureza a sí mismos por dejar que el pensamiento intruso se les cuele en la mente —por no ser lo bastante fuertes para reprimirlo— y por manifestar una respuesta emocional a ese pensamiento.

Detengámonos un momento para asimilar las implicaciones que esto tiene. Apartamos nuestros malos sentimientos, que inevitablemente volverán a la carga, y entonces nos sentimos mal, y después nos sentimos mal por sentirnos mal. Esa capa adicional de juicio negativo —la capa de sentirse mal por sentirse mal— puede convertirse en un pesado manto que ahogue todo resto de energía que nos quede para lidiar con el problema. Es uno de los motivos por los que la gente cae en un estado depresivo grave. En un estudio de pequeño formato se asoció el mayor rechazo de sentimientos negativos con tener telómeros más cortos.[15] El rechazo por sí solo no es seguramente suficiente para acortar los telómeros. Pero, como veremos en el próximo capítulo, existen numerosas pruebas que demuestran que una depresión clínica no tratada resulta extremadamente mala para los telómeros. En resumidas cuentas: la supresión de pensamientos es una vía rápida hacia el estrés crónico y la depresión, dos factores que sin duda acortan los telómeros.

ANATOMÍA DE UN DÍA ESTRESANTE

En un estudio reciente, examinamos a madres que cuidaban a un niño con trastorno del espectro autista. Pretendíamos comprender cómo era la anatomía emocional de su día a día. Como no era de extrañar, las cuidadoras se levantaban cada mañana con más temor por el día que empezaba que las madres del grupo de control con niños no autistas. A medida que transcurría la jornada, les parecían más amenazadores sus acontecimientos estresantes. Las madres cuidadoras rumiaban más sobre las cosas estresantes que habían ocurrido. También declararon sufrir más dispersión mental negativa. Parece ser que el estrés crónico derivado de ejercer de cuidador genera un síndrome de estrés hiperreactivo en el que se anticipan con más frecuencia los acontecimientos estresantes, causan más preocupación, se hiperreacciona ante ellos o se rumia acerca de ellos.

Cuando examinamos las células de aquellas cuidadoras, descubrimos que la telomerasa era significativamente más baja en sus linfocitos CD8 envejecidos. Y en el caso de todas las mujeres del estudio, los pensamientos negativos se asociaron con menor concentración de telomerasa. El lado positivo del asunto es que muchas de las cuidadoras se levantaban con alegría por la mañana: eran las que manifestaban una reacción de desafío ante el estrés y conseguían evitar la rumiación; esos son hábitos que se asocian con mayor concentración de telomerasa.

PENSAMIENTO RESILIENTE

Si sufres cualquiera de los dolorosos hábitos mentales que acabamos de describir (pesimismo, rumiación, dispersión mental negativa o los pensamientos característicos de la hostilidad cínica), seguramente querrás hacer algunos cambios. Pero es poco probable que acabes con los pensamientos negativos por el solo hecho de repetirte a ti mismo que dejes de tenerlos. La gente que se impone a sí misma la necesidad de cambiar su manera de pensar nos recuerda a aquel episodio de la serie *Seinfeld* en el que Frank Costanza, que se había puesto como un basilisco por la posición de los asientos en el coche de George, levanta las manos y exclama a gritos: «¡Serenidad ya! ¡Serenidad ya!». Frank explica que eso es lo que le han dicho que tiene que hacer para tranquilizarse cuando le sube la tensión. George mira por el retrovisor a su padre, que está colorado y prácticamente echando espuma por la boca, y que está de todo menos sereno.

«¿Y se supone que tienes que decirlo gritando?», le pregunta.

Gritarse a uno mismo no funciona. Para empezar, los rasgos de personalidad como la hostilidad cínica y el pesimismo tienen un componente genético: vienen de serie. Y si has sufrido muchos traumas en la infancia, puede que tengas pensamientos negativos con frecuencia. Esos pensamientos son hábitos que te han acompañado toda la vida y es posible que nunca lleguen a desaparecer. Así que machacarse al respecto es poco probable que funcione. Por suerte, puedes protegerte de parte de los efectos de los patrones negativos de pensamiento con la ayuda del pensamiento resiliente.

El pensamiento resiliente está englobado en una nueva generación de terapias basadas en la aceptación y el *mindfulness.* Con esas terapias no se trata de alterar los pensamientos, sino más bien ayudarte a cambiar la relación que tienes con ellos. No tienes que creer en tus pensamientos negativos, ni reaccionar ante ellos, ni tampoco sentir emociones negativas porque esos pensamientos se te hayan pasado por la cabeza. A continuación te proponemos una serie de sugerencias para responder a los patrones negativos de pensamiento de un modo más resiliente. Esas técnicas te ayudarán a sentirte mejor. Y creemos, basándonos en los ensayos clínicos preliminares que se han realizado hasta ahora, que mejorar tu tolerancia al estrés es bueno para tu salud celular general.

Pensamiento consciente: aflojar las ataduras de los patrones negativos de pensamiento

Los patrones negativos de pensamiento que hemos descrito aquí son automáticos, exagerados... y controladores. Se hacen con el control de tu mente; es como si te atasen una venda alrededor del cerebro para que no puedas ver lo que de verdad pasa a tu alrededor. Cuando tus patrones negativos de pensamiento se hacen con el control, crees a ciencia cierta que tu mujer es holgazana; no eres capaz de ver que está esforzándose para asegurarse de que tomes una cena saludable. Crees que ese desconocido va a salir de su casa armado con una escopeta; no eres capaz de ver lo exagerada que es esa situación. Pero cuando tomas mayor consciencia de tus pensamientos, te quitas esa venda. No necesariamente haces que desaparezcan esos pensamientos, pero sí que ves con mayor claridad.

Entre las actividades que fomentan una mejor consciencia del pensamiento están la mayoría de las modalidades de meditación, sobre todo la meditación de atención plena, además de casi todas las formas de ejercitación psicosomática. Hasta las carreras de fondo, con sus zancadas repetitivas, pueden ayudar con el pensamiento consciente y la orientación hacia el presente. Puedes notar el ritmo que marcas cada vez que el pie entra en contacto con el suelo, percibir los detalles de los árboles y sus hojas al pasar, advertir cómo van pasando también tus pensamientos. Emprender de manera habitual cualquier tipo de práctica psicosomática te facilita centrarte menos en pensamientos negativos sobre ti mismo y percibir mejor lo que te rodea y a las demás personas. Y, en los momentos de reacción, eres capaz de percibir que estás teniendo pensamientos negativos y estos tardan menos en disiparse. El pensamiento consciente fomenta la tolerancia al estrés.

Para tomar consciencia de tus pensamientos, cierra los ojos, haz unas cuantas inspiraciones profundas y céntrate en la pantalla de cine que se proyecta en tu mente. Da un paso atrás, mentalmente, y observa cómo pasan tus pensamientos, como si contemplases el tráfico de una calle concurrida. Para algunos de nosotros, esa calle es como la autopista de New Jersey en medio de una tormenta: resbaladiza y abarrotada de vehículos que circulan a toda velocidad. No pasa nada. A medida que vas adquiriendo consciencia de tus pensamientos, incluidos aquellos que te angustian, eres capaz de etiquetarlos, de aceptarlos y hasta de reírte de ellos («Vaya, ya me estoy criticando otra vez. Lo hago tan a menudo que hasta tiene su gracia»). En lugar de barrer tus pensamientos debajo de la alfombra o de dejar que controlen tu comportamiento, dejas que los pensamientos negativos pasen de largo.

Pensar de manera consciente puede reducir la rumiación.[16] Puede ayudar con los pensamientos negativos automáticos al poner cierta distancia entre tu pensamiento instintivo y tu reacción a dicho pensamiento. Te das cuenta de que no tienes que seguir el hilo argumental que tienes en la cabeza, porque, como advertirás, ese hilo argumental no suele llevar a unos pensamientos productivos. Al parecer, tenemos alrededor de 65.000 pensamientos diarios. En realidad carecemos de control para generar nuestros pensamientos; aparecen hagamos lo que hagamos. Y ahí se incluyen pensamientos que nunca querríamos tener. Pero cuando practicas el pensamiento consciente, te das cuenta de que cerca de un 90 por ciento de lo que piensas son repeticiones de pensamientos que has tenido antes. Te ves menos tentado a aferrarte a ellos y a dejarte llevar a donde ellos quieren. Sencillamente, te das cuenta de que no vale la pena seguirlos. Con el tiempo aprendes a toparte con tus rumiaciones o tus pensamientos conflictivos y decir: «No es más que un pensamiento. Ya desaparecerá». Y ese es uno de los secretos de la mente humana: no necesitamos creer todo lo que nos dicen nuestros pensamientos (como reza esa sabia pegatina que se ve en algunos coches: «No te creas todo lo que piensas»). Lo único de lo que podemos estar seguros es de que nuestros pensamientos cambian constantemente. La consciencia del pensamiento nos ayuda a percibir la verdad de esa afirmación.

Hace varios años, Liz estuvo en un retiro de meditación de consciencia plena para aprender y experimentar la técnica del *mindfulness,* ya que en algunos de los estudios sobre los telómeros en los que colaboraba intervenía la meditación. Acompañada por otros científicos y psicólogos interesados, se pasó una semana en una tranquila localidad del sur de California aprendiendo de Alan Wallace, experimentado profesor de técnicas de meditación tibetanas. Como neófita en aquello del *mindfulness,* le sorprendió constatar cuánto énfasis se ponía en entrenar la mente para que centrase su atención. Descubrió que las técnicas de meditación de *mindfulness* generaban sosiego mental, además de sentimientos agradables y espontáneos, como la gratitud.

Ahora, pasados varios años, esa facultad de centrarse mejor en lo que tiene entre manos sigue con Liz. Para mantener al máximo esa capacidad, a veces emprende micromeditaciones que evitan que se aburra, se ponga ansiosa o se impaciente: cuando está esperando a que despegue el avión, mientras hace transbordo en San Francisco de camino a una reunión, cuando espera a que su ordenador se reinicie y hasta cuando espera a que se caliente una taza de té en el microondas.

La próxima vez que notes que en tu cabeza se disparan pensamientos no deseados, puedes probar con esto: *Cierra los ojos. Respira con normalidad, pero prestando atención a cada respiración. Cuando te vengan pensamientos a la mente, imagina que no eres más que un espectador de ellos y observa cómo van pasando apaciblemente. Intenta no juzgar los pensamientos ni juzgarte a ti mismo por tenerlos. Dedica tu atención otra vez a la respiración, centrándote en la sensación natural de inspirar y de espirar.*

Con la práctica, los pensamientos que zumban en tu cabeza se irán apaciguando y pasarás a un estado de mayor concentración. Imagina que tu mente es una de esas bolas de vidrio con nieve en su interior. Las mentes muchas veces se hallan en estado de agitación y la bola de vidrio se llena de pensamientos turbios. Pero tomarte un respiro de micromeditación logra que los pensamientos se acaben asentando y te brinda mayor claridad mental. Dejarás de estar a merced de tener que seguir a tus pensamientos.

Claro que lo ideal sería que pudieras poner esto en práctica durante más tiempo, o que asistieras a un retiro de *mindfulness* para aprender esta nueva habilidad con más facilidad. Pero no dejes que lo perfecto se convierta en enemigo de lo bueno. Unos periodos breves de *mindfulness* también te ayudarán a desarrollar mejor el pensamiento consciente y a reducir el poder de tus patrones mentales negativos.

Entrenamiento en mindfulness, *propósito en la vida y telómeros más sanos*

En uno de los estudios más espectaculares y exhaustivos que se han realizado sobre la meditación, una serie de expertos meditadores se reunieron en las Montañas Rocosas de Colorado para un retiro con el profesor budista Alan Wallace. A lo largo de tres meses mantuvieron una intensa práctica de meditación dirigida a cultivar una concentración de la atención relajada, vigorosa y estable. Los meditadores también realizaron ejercicios diseñados para fomentar aspiraciones y sentimientos beneficiosos para ellos mismos y para los demás, como la compasión.[17] También se los sometió a un montón de experimentos, incluida la extracción de muestras de sangre. El intrépido investigador Clifford Saron, de la Universidad de California en Davis, y sus colegas, decidieron medir también la telomerasa de los meditadores, de modo que instalaron un laboratorio de investigación en plena montaña, con su propia centrifugadora refrigerada y un congelador de nieve carbónica para conservar las células de los meditadores a la temperatura necesaria, a 80 grados bajo cero, lo que supuso que tuvieran que acarrear montaña arriba más de 2.000 kilos de nieve carbónica en el transcurso del proyecto.

Los resultados fueron lo que cabría esperar después de estar sentados en un hermoso enclave, escuchando a un motivador maestro y meditando entre individuos de similar talante cada día. Después del retiro, los meditadores se encontraban mejor: menos ansiosos, más tolerantes y empáticos. Habían mantenido la concentración durante un plazo mayor y eran más capaces de inhibir sus reacciones habituales.[18] Los investigadores controlaron a los meditadores cinco meses después del retiro, y aquellos efectos seguían siendo intensos. Observaron que la capacidad mejorada de inhibir reacciones, que habían logrado a partir del retiro, pronosticaba mejoras a largo plazo en el bienestar emocional.[19] Otros meditadores expertos de un grupo de control que aguardaban su turno para incorporarse al retiro (pero a quienes se les llevó primero al laboratorio del proyecto para hacerles pruebas) no experimentaron estos efectos hasta que se sometieron al mismo retiro.

Los meditadores también presentaron un incremento en la sensación de propósito en la vida. Cuando uno asimila ese sentido del propósito, se levanta por la mañana con una sensación de tener una misión que cumplir y le resulta más fácil tomar decisiones y hacer planes. En un estudio dirigido por el neurocientífico Richard Davidson, de la Universidad de Wisconsin, se expuso a los voluntarios a imágenes inquietantes, algo que normalmente incrementa el reflejo de sobresalto ante un ruido potente. El reflejo de sobresalto con parpadeo refleja una reacción automática de defensa en el cerebro. Las personas con un sentido del propósito más acusado presentaban una respuesta más resiliente ante el estrés, menor reactividad y una recuperación más rápida de su reflejo de sobresalto con parpadeo.[20]

Tener una sensación más acentuada de propósito en la vida también está relacionado con menor riesgo de sufrir ictus y mejor funcionamiento de los inmunocitos.[21] El propósito en la vida está vinculado asimismo con menor concentración de grasa abdominal y menor sensibilidad a la insulina.[22] Además, tener propósitos elevados en la vida puede inspirarnos a cuidar mejor de nosotros mismos. La gente con grandes proyectos tiende a hacerse más pruebas médicas para la detección precoz de enfermedades (como exploraciones de próstata o mamografías), y cuando enferman están menos días en el hospital.[23] El escritor Leo Rosten dijo: «El propósito en la vida no es ser feliz, sino importar, ser productivo, ser útil, hacer que haber vivido suponga una diferencia». Pero tampoco tiene que ser una competición entre ser feliz y ser productivo con un propósito: son cosas que van de la mano.

Tener un propósito en la vida es lo que nos brinda la llamada felicidad eudaemónica, la saludable sensación de que estamos participando de algo mayor que nosotros mismos. La felicidad eudaemónica no es la felicidad transitoria que experimentamos cuando comemos o compramos algo que de verdad deseábamos, es el bienestar duradero. Tener un sentido acentuado de nuestros valores y nuestro propósito puede servirnos de fundamento firme sobre el que apoyarnos para mantenernos estables a lo largo de los acontecimientos de la vida, de esos seísmos grandes y pequeños que sufrimos a diario. En los momentos difíciles podemos recurrir mentalmente a ellos una y otra vez. Hasta pueden protegernos del estrés de amenaza a un nivel automático e inconsciente. Con un fuerte sentido del propósito es más fácil que las vicisitudes de la vida, incluidas la alegría y la tristeza, encajen en un contexto o contenedor significativo.

¿Y qué pasa con el envejecimiento celular? Saron centrifugó, separó y conservó los glóbulos blancos de las muestras de sangre para que más tarde Liz y nuestra colega Jue Lin los analizasen en el laboratorio y para que examinasen la actividad de la telomerasa de los meditadores (por aquel entonces no creíamos que los telómeros pudiesen cambiar con rapidez, por lo que no los medíamos en las investigaciones en las que solo se estudiaba a personas durante unos pocos meses). Tonya Jacobs realizó un análisis minucioso de la telomerasa en relación con los cambios psicológicos que declararon sobre su bienestar, como el propósito en la vida. En términos generales, el grupo que había estado en el retiro presentaba un 30 por ciento más de telomerasa que el que había permanecido a la espera. Y cuanto mejor puntuaban los meditadores en la escala de propósito en la vida, más elevada era su telomerasa.[24] La meditación, si es de tu interés, es obviamente una buena manera de mejorar tu propósito en la vida. Existen incontables maneras de lograr una mayor sensación de propósito; la que escojas dependerá de qué consideres más importante para ti.

¿Un nuevo propósito para la jubilación? El Experience Corps

Imagínate que hace años que te has jubilado. Sigues tu rutina cotidiana y sabes qué esperar de cada día. Ahora imagínate que te piden que hagas de tutor de un niño en riesgo de exclusión social de tu barrio. ¿Qué dirías? ¿Qué le parecería a alguien que ya no está acostumbrado a un trabajo cotidiano y que ciertamente no está habituado a trabajar con niños en una escuela de un barrio desfavorecido? ¿Qué ocurre entonces cuando los jubilados se inscriben en un programa de tutoría para trabajar de voluntarios quince horas a la semana?

El Experience Corps es un notable programa que asigna a hombres y mujeres jubilados como tutores en escuelas públicas urbanas de chavales procedentes de familias con bajos ingresos. Es también una experiencia de voluntariado de alta intensidad y conlleva una buena dosis de estrés. Un grupo de investigadores en gerontología se propuso averiguar si este programa intergeneracional era capaz de mejorar la salud de todas las partes implicadas, de modo que se ha dedicado a examinar los beneficios del programa, tanto para los niños como para los adultos. De momento, los resultados son de gran trascendencia.

Primero veamos con detenimiento las experiencias de los voluntarios respecto al estrés. A muchos de ellos se los entrevistó sobre el estrés y las compensaciones del voluntariado. Tenían que lidiar con los problemas de comportamiento de los chavales y muchas veces no conseguían impartir su clase. Veían de cerca los problemas personales de los niños, a veces incluso con situaciones de negligencia paternal. No siempre se llevaban bien con los profesores. No obstante, las recompensas eran numerosas, y pesaban más en la balanza los beneficios que los aspectos estresantes. Disfrutaban de ayudar a los niños y de verlos mejorar, y desarrollaron con ellos relaciones especiales.[25] Todo esto suena a una forma positiva de estrés.

Para analizar las repercusiones en su salud, los investigadores organizaron un ensayo controlado del Experience Corps y asignaron al azar a los ancianos a un grupo de voluntarios del Corps o a otro grupo de control. Pasados dos años, los voluntarios se sentían más «generativos» (más realizados gracias a ayudar a otros).[26] Los voluntarios presentaron también otras transformaciones fisiológicas. Mientras que los del grupo de control mostraban una disminución del volumen cerebral (corteza e hipocampo), los voluntarios experimentaron un aumento, sobre todo los varones. Los hombres presentaron una reversión equivalente a tres años en su envejecimiento tras dos años de voluntariado. Ese incremento supone un mejor funcionamiento cerebral: cuanto mayor es el incremento del volumen cerebral, mayor es también el incremento de la memoria.[27] Esas mejoras del bienestar y del volumen cerebral nos recuerdan que «la vida se contrae o se dilata en proporción al coraje que uno tenga», como dijo la escritora Anaïs Nin.

UN RASGO DE LA PERSONALIDAD SALUDABLE PARA LOS TELÓMEROS

Algunos rasgos de la personalidad, como la hostilidad cínica y el pesimismo, pueden dañar tus telómeros, pero hay un rasgo de la personalidad que, por lo visto, los beneficia: la meticulosidad. La gente meticulosa o concienzuda es organizada y persistente y se centra en lo que hace; se esfuerza por lograr objetivos a largo plazo... y sus telómeros suelen ser más largos.[28] En un estudio se pidió a una serie de maestros que clasificasen a sus alumnos en función de su meticulosidad. Cuarenta años después, los que habían puntuado más alto en meticulosidad tenían los telómeros más largos que los de los menos concienzudos.[29] Este descubrimiento es importante, porque la meticulosidad es el rasgo de la personalidad que pronostica de manera más consistente la longevidad.[30]

Parte de la meticulosidad consiste en tener un buen control de los impulsos, ser capaz de postergar la tentación de recompensas inmediatas (y muchas veces peligrosas), como derrochar dinero, conducir a demasiada velocidad, comer en exceso o consumir alcohol. Además, manifestar un alto grado de impulsividad se relaciona también con tener telómeros cortos.[31]

La meticulosidad en la infancia augura longevidad décadas después. En un estudio de pacientes de Medicare se observó que aquellos más autodisciplinados vivían un 34 por ciento más tiempo que sus contrapartes menos concienzudos.[32] Eso tal vez se debe a que las personas meticulosas son más capaces de controlar sus impulsos, de emprender comportamientos cotidianos más saludables y de seguir los consejos de su médico. También son más propensos a mantener relaciones más sanas y a encontrar mejores entornos de trabajo, todo lo cual sirve para reforzar el bienestar y la prosperidad personal.[33]

Cambiar el dolor por la autocompasión

Otra técnica para incorporar el pensamiento resiliente es la autocompasión. La autocompasión no es más que tratarnos a nosotros mismos con cariño, el conocimiento de que no estamos solos en nuestro padecer y la capacidad de afrontar las emociones difíciles sin dejarnos llevar por ellas. En lugar de flagelarte, trátate con la misma calidez y comprensión con la que tratarías a un amigo.

Para calibrar tu grado de autocompasión, responde a estas preguntas, basadas en la escala de la autocompasión de Kristin Neff:[34] ¿Tratas de ser paciente y tolerante con aquellos aspectos de tu personalidad que te desagradan? Cuando ocurre algo doloroso, ¿intentas pararte a contemplarlo de una manera equilibrada? ¿Te recuerdas que todo el mundo tiene defectos y que no estás solo? ¿Te prestas el cuidado y la atención que mereces? Las respuestas afirmativas indican que tienes alta la autocompasión y que seguramente te recuperarás con más rapidez de la mayoría de los episodios de estrés.

Ahora prueba con estas preguntas: Cuando fracasas en algo que es importante para ti, ¿te reprendes? ¿Te consume la sensación de incompetencia? ¿Eres una persona crítica con tus propios defectos? ¿Te sientes aislado, solo y apartado de la demás gente?

Si has respondido afirmativamente a estas preguntas, es señal de que te cuesta sentir compasión hacia ti mismo. La autocompasión es una facultad que se puede potenciar y que te ayudará a desarrollar una reacción resiliente ante tus pensamientos negativos (consulta el laboratorio de renovación de la página 179 para obtener más ideas al respecto).

Cuando a las personas que tienen la autocompasión alta les llega una riada de pensamientos y sentimientos negativos, hacen las cosas de manera diferente a los demás. No se critican por tener fallos. Son capaces de observar sus pensamientos negativos sin dejarse arrastrar por ellos. Eso significa que no tienen necesidad de apartar de su mente los sentimientos negativos; se limitan a dejar que esos sentimientos se presenten y que luego se desvanezcan. Esta actitud amable ejerce efectos positivos en su salud. La gente con la autocompasión elevada reacciona ante el estrés con menor concentración de hormonas del estrés[35] y presenta menos ansiedad y depresión.[36]

Puede que le pongas objeciones a la idea de la autocompasión. Alguna gente cree que es más honesto y más honrado ser autocrítico. Naturalmente, es sensato tener un sentido riguroso de los puntos fuertes y las debilidades de uno mismo, pero eso no es lo mismo que juzgarse con dureza. Es diferente de criticarte cuando tienes la impresión de no estar a la altura de la competencia. La autocrítica corta como un cuchillo. Duele. Y las heridas que causa ese cuchillo invisible no te hacen más fuerte ni mejor. De hecho, la autocrítica es una forma especialmente dolorosa de sentir pena por ti mismo, no de autosuperarte.

La autocompasión es autosuperación, porque cultiva la fortaleza interior necesaria para lidiar con los problemas de la vida. La autocompasión, al enseñarnos a recurrir a nosotros mismos en busca de aliento y apoyo, nos hace más resistentes y tolerantes, más resilientes. Depender de otros para sentirnos bien con nosotros mismos acarrea muchos peligros. Cuando necesitamos que otras personas piensen bien de nosotros, el mero hecho de imaginar su desaprobación es tan doloroso que intentamos vencerlos en eso... y entonces es cuando pasamos a autocriticarnos. No podemos apoyarnos en exceso en otros para consolarnos. Fomentar la autocompasión no significa en absoluto ser débil ni flojo, sino tener confianza en uno mismo y, en parte, tolerancia al estrés.

Levantarse con alegría

Hemos descubierto que las mujeres que se levantan por la mañana con sentimientos de alegría presentan más telomerasa en sus inmunocitos CD8, y que su pico de cortisol al despertar es menos acusado que el de las mujeres que se levantan sin alegría o con temor. No sabemos si esto es casual, por supuesto, pero vayamos a lo seguro y hablemos un poco de esos primeros momentos del despertar que condicionan el resto de nuestra jornada. Sea cual sea el día de tu vida que resulte ser, puedes empezarlo con gratitud. Al despertarte —y antes de repasar mentalmente tu lista de cosas pendientes— observa cómo te sientes al pensar «¡Estoy vivo!» y darle la bienvenida al día. Aunque no puedas saber ni controlar lo que te depara el futuro, sí puedes dirigir tu atención a la belleza de empezar un nuevo día y reconocer algún pequeño detalle por el que te sientas agradecido.

A Elissa le sorprendió enterarse de cómo se despierta el cuadragésimo dalái lama por la mañana: «Cada día, cuando me despierto, pienso: hoy soy afortunado por estar vivo, tengo una preciosa vida humana, no voy a malgastarla». Es demasiado fácil que nunca se nos pase este pensamiento por la cabeza y que nos perdamos esta visión reafirmante de la vida.

Como hemos visto hasta ahora, son muchas las maneras de fomentar la resiliencia ante el estrés. Se han estudiado un puñado de técnicas más formales en relación con el mantenimiento telomérico (de la telomerasa o de la longitud de los telómeros). Algunos son estudios donde se ha comparado a gente de manera transversal. Por ejemplo, las personas que practican la meditación zen[37] o la meditación de bondad y amor[38] tienen telómeros más largos que quienes no meditan. Pero ignoramos si un tercer factor (un «factor de confusión») podría ser el causante: los meditadores tienen otros valores y comportamientos. A lo mejor comen más col kale y menos patata que quienes no meditan. La mayor demostración científica son los estudios controlados, en los que se asigna a los participantes un tratamiento activo o a un grupo de control. Ya hemos visto el caso de los meditadores que se fueron tres meses de retiro a las montañas. Buenas noticias: se han hecho más estudios comparativos que demuestran que no hace falta salir de casa. Hay toda una serie de prácticas psicosomáticas —reducción del estrés basada en la atención plena, meditación yóguica, *chi kung* y cambios intensivos de los hábitos de vida— que propician un mejor mantenimiento telomérico. Estas investigaciones las tratamos en el apartado de consejos expertos al final de la segunda parte de este libro (página 221).

APUNTES PARA LOS TELÓMEROS

- Conocer nuestros hábitos de pensamiento es dar un paso importante hacia el bienestar. Las formas negativas de pensamiento (hostilidad, pesimismo, supresión de pensamiento, rumiación) son habituales, pero nos causan un sufrimiento innecesario. Afortunadamente se pueden atenuar.

- Incrementar nuestra tolerancia al estrés —a través de tener un propósito en la vida, del optimismo, de la monotarea, del *mindfulness* y de la autocompasión— combate los pensamientos negativos y la reactividad excesiva ante el estrés.

- Los telómeros suelen ser más cortos cuando se tienen pensamientos negativos. Pero se pueden estabilizar y hasta alargar con la práctica de hábitos que fomenten la resiliencia ante el estrés.

Laboratorio de renovación

Tómate un respiro para la autocompasión

Cuando tengas que enfrentarte a una situación difícil o estresante, prueba a tomarte un respiro para la autocompasión. Kristin Neff, psicóloga de la Universidad de Texas en Austin, ha llevado a cabo una investigación exhaustiva sobre la autocompasión. Sus estudios preliminares sugieren que practicar la autocompasión puede reducir la rumiación y la supresión de pensamientos e incrementar el optimismo y la consciencia plena.[39] Hemos adaptado una explicación suya para ponerlo en práctica:[40]

Instrucciones: Rememora una situación de tu vida que te inquiete, como un problema de salud, un conflicto en una relación o un contratiempo en el trabajo.

1. Di cualquier frase que te parezca que refleja mejor esa situación:

«Esto es doloroso». «Esto es estresante». «Esto me cuesta bastante ahora mismo».

2. Reconoce la realidad del sufrimiento: «Sufrir forma parte de la vida». Di algo que te recuerde tu condición humana compartida y que ese dolor no es exclusivamente tuyo: «No estoy solo». «Todo el mundo se siente así alguna vez». «Todos

tenemos problemas en la vida». «Esto forma parte de ser humanos».

3. Ponte las manos sobre el corazón, o sobre cualquier otro sitio que te haga sentir consuelo y sosiego, como el estómago, o apóyalas suavemente en los ojos. Haz una inspiración profunda y di para tus adentros: «Voy a ser amable conmigo mismo».

Puedes emplear otras afirmaciones que reflejen mejor tus necesidades en ese momento, como alguna de las siguientes:

Me acepto tal como soy, estoy en constante evolución.

Voy a aprender a aceptarme tal como soy.

Voy a perdonarme.

Voy a ser fuerte.

Voy a ser lo más amable conmigo mismo que pueda.

Es posible que las primeras veces que te tomes un descanso para la autocompasión te notes algo raro, que solo percibas un leve alivio del dolor. Pero no lo dejes. Cuando sientas dolor, reconócelo; recuérdate que no estás solo en tu sufrimiento y apoya una mano suavemente sobre el corazón. Con el tiempo acabarás dominando esta forma de brindarte compasión y descubrirás que estos minirrespiros sirven para restablecer tus pensamientos resilientes.

CONTROLA A TU AYUDANTE ANSIOSO

A la mayoría de nosotros nos han dicho alguna vez que tengamos cuidado con nuestro crítico interno, esa voz interior que nos susurra palabras sombrías desde el fondo de la psique, que nos dice que no somos suficientemente buenos, que todos están en contra de nosotros, que estamos pensando de manera equivocada. Pero eso es contraproducente. El crítico interno forma parte de ti: si te enfadas con él, te estás enfadando contigo mismo. En definitiva, te dejas atrapar por más patrones negativos de pensamiento y te causas más desasosiego.

En lugar de luchar contra ese crítico o de intentar desterrarlo de tu mente, prueba a aceptarlo. Puedes hacerlo pensando en tu voz interior en términos más benévolos. Darrah Westrup es psicóloga clínica y autora de varios libros sobre la ACT, una terapia basada en aceptar la vida —y tu mente— tal como es. Sugiere que pienses en esa voz que tienes en la cabeza como en un ayudante impaciente. Tu ayudante impaciente no es cruel ni malvado. No tienes que despedirlo, ni abroncarlo, ni relegarlo a los archivos del semisótano. Tu ayudante impaciente es como un becario superatento que está ansioso por demostrar su valía y lo hace proporcionándote un flujo continuo de *consejos bienintencionados pero erróneos.*

No es probable que llegues a conseguir que el ayudante impaciente deje de bombardearte a sugerencias y comentarios sobre lo que estás haciendo, lo que podrías haber hecho mejor o lo que deberías hacer en el futuro. Pero puedes controlar a tu ayudante ansioso. Sé consciente de su existencia. Comprende que lo que te dice no es necesariamente «cierto». Trátalo del mismo modo que tratarías a un colega de trabajo joven y excesivamente ansioso por ayudar: sonríe, asiente con la cabeza y di para ti mismo: «Vaya, ya empieza otra vez mi ayudante impaciente. Tiene buenas intenciones, pero no sabe de qué está hablando». De ese modo dejarás de librar una constante batalla contra tus propios pensamientos. Al dejarlos en paz, obrarán mucha menos influencia sobre ti.

En el estudio sobre los meditadores de las Rocosas de Colorado se observó que, al parecer, tener un fuerte propósito en la vida hace que aumente la telomerasa. La meditación de *mindfulness* puede incrementar nuestro sentido del propósito, pero también lo hacen otras actividades. Es posible que el siguiente ejercicio parezca un poco macabro, pero puede resultar esclarecedor:

Instrucciones: Escribe el epitafio que te gustaría ver en tu lápida, las palabras con las que quisieras que el mundo te recordase. Para que empiecen a fluir las ideas, pregúntate en primer lugar qué es lo que más te apasiona. He aquí algunos ejemplos que nos han dado:

- «Padre y marido devoto».
- «Mecenas de las artes».
- «Amigo de todo el mundo».
- «Siempre aprendiendo, siempre creciendo».
- «Una inspiración para todos».
- «Nadie repartió tanto amor en una sola vida».
- «Nos ganamos la vida con lo que obtenemos pero vivimos la vida con lo que damos».
- «Si no escalas la montaña, no puedes contemplar la llanura».

No hay mucho espacio en una lápida. Ese es el objetivo del ejercicio: te obliga a formular uno o dos principios que son para ti lo más importante. Hay gente que, después de hacer este ejercicio, se da cuenta de que ha estado distraída por cosas que no son tan importantes para ellos y de que ha llegado el momento de atender a las prioridades de su lista. Otras personas empiezan el ejercicio pensando que llevan una existencia un tanto anodina, pero cuando escriben ese epitafio constatan con alegría que han estado viviendo de acuerdo con sus metas más elevadas.

¿Buscar el estrés? Sí, el estrés positivo

¿Hay algo en tu vida que te ponga nervioso o que te emocione? ¿Tu vida diaria consiste en demasiada rutina predecible y echas de menos novedades que te obliguen a desplegar tus capacidades de resolución de problemas, de creatividad o de socialización? A lo mejor podrías añadir un poco de «estrés de desafío» que les dé vidilla a tus días. Puede que hacer ejercicios cognitivos como crucigramas sea bueno para conservar la agudeza mental,[41] pero no aporta demasiado en términos de vitalidad y propósito. Podrías plantearte salir del marco de la rutina cotidiana y añadir a tu vida alguna actividad que te resulte significativa, gratificante y... antienvejecedora. Como ya hemos visto en el caso del Experience Corps, el estrés positivo puede hasta mejorar el envejecimiento cerebral.

Si pretendemos perseguir un nuevo sueño, tal vez tengamos que forzar un poco nuestra zona de confort y salir de ella. Las nuevas situaciones nos pueden crear cierta ansiedad, pero si las evitamos, dejaremos pasar oportunidades de progresar y crecer. El estrés positivo puede consistir, por ejemplo, en hacer algo que siempre has querido probar pero que te pone nervioso.

Instrucciones: Si te propones aceptar el estrés positivo, cierra los ojos y piensa en lo primero que quieres poner en tu lista. Dedica un rato a pensar en algo que sea a la vez emocionante y factible, alguna miniaventura. Escoge algo que signifique un pasito hacia ese objetivo y a lo que puedas dedicarte hoy mismo. Reafírmate en tus valores y reevalúalos para infundirte seguridad y recordarte que el estrés de desafío es un buen estrés.

Evaluación

¿Cómo influye tu personalidad en tus reacciones ante el estrés?

Hay determinados rasgos de la personalidad que pueden derivar en reacciones más acusadas ante el estrés. Para determinar si tu personalidad puede afectar a cómo responde tu mente ante la aparición del estrés, rellena el test de evaluación que hay en la página siguiente. Aprendas lo que aprendas sobre tu personalidad, alégrate. La personalidad es la sal de la vida y todo conocimiento de ella supone poder. No hay buenas ni malas formas de ser. La cuestión es que te conozcas a ti mismo y seas consciente de cuáles son tus tendencias, no que cambies de personalidad. De hecho, la personalidad no cambia tan fácilmente. Suele ser estable. Nuestro temperamento lo han configurado tanto la genética como las vivencias personales. Cuanto más conscientes seamos de cuáles son nuestras tendencias generales, mejor advertiremos cuáles son nuestros hábitos naturales a la hora de reaccionar al estrés y mejor viviremos con ellos. Y eso puede ayudarnos a mejorar la salud de nuestros telómeros.

Nota para los escépticos: en algunas revistas y libros se ofrecen test de evaluación de la personalidad que están inventados. Son divertidos, pero no necesariamente rigurosos. La evaluación de la personalidad que presentamos aquí incluye los mismos parámetros que se han medido en la investigación, que publicamos con autorización (las preguntas sobre hostilidad son una salvedad, ya que se trata de preguntas que no están disponibles para uso público; hemos hecho todo lo posible por redactarlas de modo que te proporcionen una buena idea de tu grado de hostilidad). Han sido validadas, lo que significa que se han puesto a prueba para ver si de verdad miden el rasgo de la personalidad en cuestión. (Nota: se trata de una versión abreviada, pero las versiones más largas, las que incluyen más preguntas, son más fiables).

Instrucciones: En cada pregunta, rodea con un círculo el número que corresponda con tu grado de acuerdo o desacuerdo respecto a lo que se afirma. Cuando hagas la prueba de evaluación, presta más atención a las palabras que a los números. No hay respuestas correctas ni incorrectas. Responde con la máxima sinceridad.

¿CUÁL ES TU ESTILO DE PENSAMIENTO?

¿Eres pesimista?

1. Casi nunca espero que las cosas me salgan bien.	4	3	2	1	0
	Muy de acuerdo	De acuerdo	Ni de acuerdo ni en desacuerdo	En desacuerdo	Muy en desacuerdo
2. Pocas veces cuento con que me vayan a pasar cosas buenas.	4	3	2	1	0
	Muy de acuerdo	De acuerdo	Ni de acuerdo ni en desacuerdo	En desacuerdo	Muy en desacuerdo

La solución de los telómeros

3. Si algo puede salirme mal, saldrá mal.	4 Muy de acuerdo	3 De acuerdo	2 Ni de acuerdo ni en desacuerdo	1 En desacuerdo	0 Muy en desacuerdo
PUNTUACIÓN TOTAL					

Ahora calcula tu puntuación total sumando los números que has marcado.

- Si has puntuado de 0 a 3, tienes un grado **bajo** de pesimismo.
- Si has puntuado de 4 a 5, tienes un grado **medio** de pesimismo.
- Si has puntuado más de 6, tienes un grado **alto** de pesimismo.

¿Eres optimista?

1. En momentos de incertidumbre, suelo esperar lo mejor.	4 Muy de acuerdo	3 De acuerdo	2 Ni de acuerdo ni en desacuerdo	1 En desacuerdo	0 Muy en desacuerdo
2. Siempre veo mi futuro con optimismo.	4 Muy de acuerdo	3 De acuerdo	2 Ni de acuerdo ni en desacuerdo	1 En desacuerdo	0 Muy en desacuerdo
3. Por lo general, espero que me pasen más cosas buenas que malas.	4 Muy de acuerdo	3 De acuerdo	2 Ni de acuerdo ni en desacuerdo	1 En desacuerdo	0 Muy en desacuerdo
PUNTUACIÓN TOTAL					

Ahora calcula tu puntuación total sumando los números que has marcado.

- Si has puntuado de 0 a 7, tienes un grado **bajo** de optimismo.

- Si has puntuado un 8, tienes un grado **medio** de optimismo.
- Si has puntuado más de 9, tienes un grado **alto** de optimismo.

¿Eres hostil?

1. Suelo saber más que la gente a la que escucho o sigo.	**4** Muy de acuerdo	**3** De acuerdo	**2** Ni de acuerdo ni en desacuerdo	**1** En desacuerdo	**0** Muy en desacuerdo
2. No se puede confiar en la mayoría de la gente.	**4** Muy de acuerdo	**3** De acuerdo	**2** Ni de acuerdo ni en desacuerdo	**1** En desacuerdo	**0** Muy en desacuerdo
3. Me molestan o irritan con facilidad los hábitos de otras personas.	**4** Muy de acuerdo	**3** De acuerdo	**2** Ni de acuerdo ni en desacuerdo	**1** En desacuerdo	**0** Muy en desacuerdo
4. Me enfado con facilidad con los demás.	**4** Muy de acuerdo	**3** De acuerdo	**2** Ni de acuerdo ni en desacuerdo	**1** En desacuerdo	**0** Muy en desacuerdo
5. Puedo responder con dureza o severidad a la gente poco respetuosa o molesta.	**4** Muy de acuerdo	**3** De acuerdo	**2** Ni de acuerdo ni en desacuerdo	**1** En desacuerdo	**0** Muy en desacuerdo
PUNTUACIÓN TOTAL					

Ahora calcula tu puntuación total sumando los números que has marcado.

- Si has puntuado de 0 a 7, tienes un grado **bajo** de hostilidad.
- Si has puntuado de 8 a 17, tienes un grado **medio** de hostilidad.
- Si has puntuado más de 18, tienes un grado **alto** de hostilidad.

¿Cuánto reflexionas?

1. Con frecuencia centro la atención en aspectos de mí mismo en los que me gustaría dejar de pensar.	**4** Muy de acuerdo	**3** De acuerdo	**2** Ni de acuerdo ni en desacuerdo	**1** En desacuerdo	**0** Muy en desacuerdo
2. A veces me cuesta desterrar según qué pensamientos sobre mí mismo.	**4** Muy de acuerdo	**3** De acuerdo	**2** Ni de acuerdo ni en desacuerdo	**1** En desacuerdo	**0** Muy en desacuerdo
3. Tiendo a seguir rumiando o a obcecarme con cosas mucho tiempo después de que me hayan pasado.	**4** Muy de acuerdo	**3** De acuerdo	**2** Ni de acuerdo ni en desacuerdo	**1** En desacuerdo	**0** Muy en desacuerdo
4. No pierdo el tiempo volviendo a pensar en cosas que son ya historia.	**0** Muy de acuerdo	**1** De acuerdo	**2** Ni de acuerdo ni en desacuerdo	**3** En desacuerdo	**4** Muy en desacuerdo
5. Nunca me dedico a reflexionar ni me obceco con pensamientos durante demasiado tiempo.	**0** Muy de acuerdo	**1** De acuerdo	**2** Ni de acuerdo ni en desacuerdo	**3** En desacuerdo	**4** Muy en desacuerdo
6. Me cuesta desterrar de mi mente pensamientos no deseados.	**4** Muy de acuerdo	**3** De acuerdo	**2** Ni de acuerdo ni en desacuerdo	**1** En desacuerdo	**0** Muy en desacuerdo
7. Muchas veces reflexiono sobre episodios de mi vida que ya no deberían preocuparme.	**4** Muy de acuerdo	**3** De acuerdo	**2** Ni de acuerdo ni en desacuerdo	**1** En desacuerdo	**0** Muy en desacuerdo
8. Dedico un montón de tiempo a volver a pensar en momentos que me causaron vergüenza o decepción.	**4** Muy de acuerdo	**3** De acuerdo	**2** Ni de acuerdo ni en desacuerdo	**1** En desacuerdo	**0** Muy en desacuerdo
PUNTUACIÓN TOTAL					

Ahora calcula tu puntuación total sumando los números que has marcado (atención sobre todo cuando sumes la puntuación de las preguntas 4 y 5: la escala está invertida).

- Si has puntuado de 0 a 24, tienes un grado **bajo** de reflexión.

- Si has puntuado de 25 a 29, tienes un grado **medio** de reflexión.
- Si has puntuado más de 30, tienes un grado **alto** de reflexión.

¿Eres meticuloso?

Me considero alguien que...

1. Hace un trabajo a conciencia.	4	3	2	1	0
	Muy de acuerdo	De acuerdo	Ni de acuerdo ni en desacuerdo	En desacuerdo	Muy en desacuerdo
2. Puede ser algo descuidado.	0	1	2	3	4
	Muy de acuerdo	De acuerdo	Ni de acuerdo ni en desacuerdo	En desacuerdo	Muy en desacuerdo
3. Es un trabajador fiable.	4	3	2	1	0
	Muy de acuerdo	De acuerdo	Ni de acuerdo ni en desacuerdo	En desacuerdo	Muy en desacuerdo
4. Tiende a ser desorganizado.	0	1	2	3	4
	Muy de acuerdo	De acuerdo	Ni de acuerdo ni en desacuerdo	En desacuerdo	Muy en desacuerdo
5. Tiende a ser perezoso.	0	1	2	3	4
	Muy de acuerdo	De acuerdo	Ni de acuerdo ni en desacuerdo	En desacuerdo	Muy en desacuerdo
6. Persevera hasta que termina la tarea.	4	3	2	1	0
	Muy de acuerdo	De acuerdo	Ni de acuerdo ni en desacuerdo	En desacuerdo	Muy en desacuerdo
7. Hace las cosas de manera eficiente.	4	3	2	1	0
	Muy de acuerdo	De acuerdo	Ni de acuerdo ni en desacuerdo	En desacuerdo	Muy en desacuerdo
8. Hace planes y los sigue hasta el final.	4	3	2	1	0
	Muy de acuerdo	De acuerdo	Ni de acuerdo ni en desacuerdo	En desacuerdo	Muy en desacuerdo
9. Se distrae con facilidad.	0	1	2	3	4
	Muy de acuerdo	De acuerdo	Ni de acuerdo ni en desacuerdo	En desacuerdo	Muy en desacuerdo
PUNTUACIÓN TOTAL					

Ahora calcula tu puntuación total sumando los números que has marcado (atención sobre todo cuando sumes la puntuación de las preguntas 2, 4, 5 y 9: la escala está invertida).

- Si has puntuado de 0 a 28, tienes un grado **bajo** de meticulosidad.
- Si has puntuado de 29 a 34, tienes un grado **medio** de meticulosidad.
- Si has puntuado más de 35, tienes un grado **alto** de meticulosidad.

¿Hasta qué punto tienes un propósito en la vida?

1. Me falta un propósito en la vida.	0 Muy de acuerdo	1 De acuerdo	2 Ni de acuerdo ni en desacuerdo	3 En desacuerdo	4 Muy en desacuerdo
2. Para mí, todo lo que hago merece la pena.	4 Muy de acuerdo	3 De acuerdo	2 Ni de acuerdo ni en desacuerdo	1 En desacuerdo	0 Muy en desacuerdo
3. La mayoría de las cosas que hago me parecen triviales y carentes de importancia.	0 Muy de acuerdo	1 De acuerdo	2 Ni de acuerdo ni en desacuerdo	3 En desacuerdo	4 Muy en desacuerdo
4. Valoro mucho mis actividades.	4 Muy de acuerdo	3 De acuerdo	2 Ni de acuerdo ni en desacuerdo	1 En desacuerdo	0 Muy en desacuerdo
5. No me importan mucho las cosas que hago.	0 Muy de acuerdo	1 De acuerdo	2 Ni de acuerdo ni en desacuerdo	3 En desacuerdo	4 Muy en desacuerdo
6. Tengo motones de motivos por los que vivir.	4 Muy de acuerdo	3 De acuerdo	2 Ni de acuerdo ni en desacuerdo	1 En desacuerdo	0 Muy en desacuerdo
PUNTUACIÓN TOTAL					

Ahora calcula tu puntuación total sumando los números que has marcado (atención sobre todo cuando sumes la puntuación de las preguntas 1, 3 y 5: la escala está invertida).

- Si has puntuado de 0 a 16, tienes un grado **bajo** de propósito en la vida.
- Si has puntuado de 17 a 20, tienes un grado **medio** de propósito en la vida.
- Si has puntuado más de 21, tienes un grado **alto** de propósito en la vida.

PUNTUACIÓN EN LA AUTOEVALUACIÓN E INTERPRETACIÓN
DE LOS RESULTADOS

Este test está pensado como mera concienciación de tu estilo de personalidad. No está concebido para diagnosticarte ni para hacer que te sientas mal por ser de determinada manera. Ser conscientes de las tendencias propias que nos hacen más vulnerables a la reactividad ante el estrés (y, según numerosos estudios, al acortamiento de los telómeros) es sumamente valioso. Esa concienciación nos puede ayudar a percatarnos de patrones negativos de pensamiento y a elegir respuestas diferentes. También puede ayudarnos a conocer y a aceptar nuestras tendencias. Como se supone que afirmó Aristóteles: «Conocerse a uno mismo es el principio de todo conocimiento».

Rasgos que nos hacen más vulnerables al estrés	Puntuación (círculo)		
Pesimismo	Alto	Medio	Bajo
Hostilidad	Alto	Medio	Bajo
Rumiación	Alto	Medio	Bajo

La solución de los telómeros

Rasgos que nos pueden hacer más tolerantes al estrés	Puntuación (círculo)		
Optimismo	Alto	Medio	Bajo
Meticulosidad	Alto	Medio	Bajo
Propósito en la vida	Alto	Medio	Bajo

¿CÓMO HEMOS DECIDIDO QUÉ DETERMINA UNA PUNTUACIÓN ALTA O BAJA?

En general, hemos determinado las categorías de puntuación alta, media y baja estudiando los datos de grandes muestras representativas de las personas que han hecho el test. Hemos dividido a la población en tercios en función de su puntuación. Si estás en el tercio (33 por ciento) más alto, tu resultado es «alto». Si estás en el tercio más bajo, has puntuado «bajo». Si te hallas en el tercio central, has puntuado «medio». Más adelante especificamos en qué estudios nos hemos apoyado.

Los puntos de corte de la puntuación no deben tomarse de manera demasiado literal. En primer lugar, las comparaciones se han establecido con unas cuantas muestras grandes, pero ninguna muestra es siempre representativa de todo el mundo. Siempre se dan diferencias en cómo puntúa la gente según su raza/grupo étnico, sexo, cultura e incluso edad que no se pueden tener en consideración. En segundo lugar, hemos asumido que se produce una «distribución estadísticamente normal» de la puntuación de cada cuestión medida, lo que significa que la misma cantidad de personas puntúa alto y bajo, siguiendo idéntico patrón de distribución simétrica. En realidad, son muy pocas las mediciones que se distribuyen de una manera perfectamente normal. Por consiguiente, nuestros puntos de corte no son estadísticamente perfectos ni resultan del todo precisos a la hora de aplicarlos a individuos.

TIPOS DE PERSONALIDAD Y ESCALAS USADAS EN ESTA EVALUACIÓN

Optimismo/Pesimismo

El optimismo es la tendencia a esperar o pronosticar más acontecimientos y desenlaces positivos que negativos. El optimismo se caracteriza por tener una sensación de esperanza y positividad acerca del futuro. El pesimismo es la tendencia a esperar o pronosticar más acontecimientos y desenlaces negativos que positivos. El pesimismo se caracteriza por falta de esperanza y positividad acerca del futuro.

Hemos utilizado el test de optimismo «Life Orientation Test-Revised» (LOT-R, por sus siglas en inglés), desarrollado por los profesores Charles Carver y Michael Scheier.[1] El optimismo y el pesimismo están estrechamente relacionados, pero no se solapan del todo, lo que significa que constituyen aspectos distintos de la personalidad. Por tanto, resulta conveniente examinarlos por separado.[2] En dos estudios se evaluó la relación con la longitud de los telómeros, y en ambos se observaron correlaciones con el pesimismo pero no con el optimismo.[3] Eso no significa que el optimismo no sea relevante para la salud. Lo es, y mucho, sobre todo para la salud mental. Lo que ocurre es que, en lo relativo a los aspectos de salud relacionados con el estrés, los rasgos negativos suelen ser por lo general factores predisponentes más fuertes que los positivos y están más directamente vinculados con la fisiología del estrés. Los rasgos positivos pueden actuar de amortiguador del estrés y están levemente relacionados con la fisiología reparadora positiva.

Para la puntuación, hemos utilizado los niveles medios de cada subescala del LOT-R de un estudio que se realizó a más de 2.000 hombres y mujeres de diversas edades, géneros, razas, grupos étnicos, niveles educativos y clases socioeconómicas.[4]

Hostilidad

Se cree que la hostilidad presenta manifestaciones cognitivas, emocionales y conductuales.[5] El componente cognitivo, que probablemente constituya la parte más importante de la hostilidad, se caracteriza por presentar actitudes negativas hacia los demás, con tintes de cinismo y desconfianza. El componente emocional abarca desde la irritación hasta la ira, pasando por la indignación. El componente conductual es la tendencia a actuar, ya sea de forma verbal o física, de manera que podría perjudicar a otros.

Las escalas de hostilidad no son de acceso público, así que en esta hemos incluido parámetros que deberían medir más o menos la hostilidad del mismo modo en que lo hacen las escalas de investigación estandarizadas, en particular la más habitual, el Cuestionario de Hostilidad Cook-Medley, que forma parte del Inventario Multifásico de Personalidad de Minnesota (MMPI, por sus siglas en inglés). Hemos calculado los puntos de corte basándonos en las puntuaciones promedio de un estudio de hombres extraído del estudio Whitehall, en el que se empleó una versión abreviada del cuestionario Cook-Medley. En este estudio se observó que una hostilidad elevada está relacionada con los telómeros más cortos en los hombres.[6]

Rumiación

La rumiación consiste en «la autoatención motivada por amenazas, pérdidas o injusticias percibidas hacia uno mismo».[7] Dicho de otro modo, la rumiación es el acto de dedicar una cantidad considerable de tiempo a pensar e insistir en acontecimientos negativos pretéritos de la vida de uno mismo y en el papel que uno ha desempeñado en ellos.

Hemos empleado la subescala de seis parámetros del «Rumination-Reflection Questionnaire», desarrollado por el profesor Paul Trapnell.[8] Para determinar los puntos de corte, empleamos el parámetro promedio de la versión de ocho parámetros.[9] Si bien en ningún estudio se ha relacionado directamente la rumiación con la longitud telomérica, creemos que constituye una parte importante del proceso del estrés. Eso es debido a que mantiene vivo el estrés en la mente y el cuerpo mucho tiempo después de que se haya producido el episodio estresante. En nuestro estudio diario de las cuidadoras hemos observado que la rumiación diaria se asocia con menor concentración de telomerasa.

Meticulosidad

La meticulosidad sirve para medir el grado de organización de una persona, lo cuidadosa que es en determinadas situaciones y lo disciplinada que tiende a ser.

Hemos empleado la subescala de meticulosidad del «Big Five Inventory», desarrollado por los profesores Oliver John y Sanjay Srivastava.[10] Esta escala se usó en un estudio en el que se observó una correlación positiva entre mayor grado de meticulosidad y telómeros más largos.[11] Para establecer la puntuación, hemos usado promedios de un estudio de gran alcance que evaluaba puntuaciones de meticulosidad en diversas edades.[12]

Propósito en la vida

El propósito en la vida no es una medida típica de la personalidad, sino que mide más bien el grado de consciencia de tener algún propósito o meta explícita para nuestra vida. Es algo que puede variar en función de las vivencias de cada uno y del crecimiento personal. Un individuo que puntúe alto en la escala de propósito en la vida se caracteriza por presentar un potente sentido del significado de su vida, por tener objetivos e implicarse en actividades que valora mucho o por tener una manera de ver las cosas que proporciona sentido a su vida.[13]

Hemos usado el «Life Engagement Test», una escala de seis parámetros desarrollada por el profesor Michael Scheier y otros colegas suyos.[14] Para acotar la puntuación, hemos utilizado datos normativos de un estudio de 545 adultos de edad avanzada (ajustándolos a una escala de 0 a 3).[15] No existen estudios que relacionen directamente el tener un propósito en la vida con la longitud telomérica. No obstante, en un estudio sobre un retiro de meditación se ha asociado un propósito en la vida más acentuado con mayor concentración de telomerasa. Como hemos visto en el capítulo anterior, el propósito en la vida está vinculado con mejores hábitos de salud, mejor salud fisiológica y mayor tolerancia al estrés.

Capítulo 6

Cuando todo se vuelve gris: depresión y ansiedad

La depresión y la ansiedad clínicas están relacionadas con tener telómeros más cortos: cuanto más acusados son esos trastornos, más cortos los telómeros. Estos dos estados emocionales extremos influyen en los mecanismos del envejecimiento de nuestras células: los telómeros, la mitocondria y los procesos inflamatorios.

Dave llevaba varios días sufriendo una infección vírica —estornudos, tos, mucosidad nasal— cuando, de repente, empezó a tener problemas para respirar. Al principio le costaba inspirar a fondo y luego la cosa se volvió una agonía. «Estoy hiperventilando», pensó Dave, y probó a respirar en una bolsa de papel. Cuando vio que aquello no surtía efecto, llamó a su mujer al trabajo y quedó con ella para que lo recogiera en la esquina de su calle y lo llevara a urgencias al hospital. Cuando salió a la calle, el paisaje pareció oscurecerse, aunque hacía un día luminoso. Era como si una densa sombra le nublase la visión. Sintió un hormigueo en la piel. Durante todo ese tiempo no dejó de hiperventilar. Cuando Dave llegó al hospital, las enfermeras tuvieron que darle un sedante suave con el fin de que pudiese respirar con la suficiente normalidad para que les describiera cuáles eran sus síntomas.

Le diagnosticaron una crisis de angustia, un episodio de miedo y ansiedad intensos. Para Dave, la crisis de angustia supuso en realidad un cambio respecto a los síntomas depresivos que llevaban acosándolo la mayor parte de su vida. Cuando está deprimido, le parece que no tiene ninguna posibilidad, ningún futuro. Cualquier actividad, desde cascar un huevo para hacerse una tortilla hasta mirar por la ventana de su habitación, se le hace agobiante y agotadora, e incluso físicamente dolorosa. «Entorno los ojos como si me azotase un vendaval», dice.

Todavía hay gente por ahí que no se toma en serio la depresión y la ansiedad, que no se hace cargo de la tremenda magnitud del sufrimiento que ocasionan. Una visión global ayuda a contemplar estos problemas con cierta perspectiva: los trastornos mentales y el consumo de sustancias adictivas son las principales causas de incapacidad (definida como «días de vida productivos perdidos») en todo el mundo, y el principal protagonista de esta mezcla de trastornos es la depresión, el «resfriado común» de la psiquiatría.[1] Las cardiopatías, la hipertensión y la diabetes se manifiestan antes y con mayor rapidez en las personas aquejadas de depresión y ansiedad. Ahora es mucho más difícil que se tache a la depresión y la ansiedad de «está todo en tu cabeza», y eso es porque la investigación ha demostrado que esos estados nos afectan más allá de la mente y el alma, del corazón y del torrente sanguíneo, y que llegan hasta nuestras mismísimas células.

La ansiedad se caracteriza por un temor o una preocupación excesivos acerca del futuro. No es siempre necesariamente tan dramática como la crisis de angustia de Dave; muchas veces es más como un tamborileo constante y sordo de inquietud. «Estaba una tarde parada al borde del camino de entrada a casa —nos contó una conocida—, esperando a que llegase mi hijo de un entrenamiento de hockey. Me noté un poco temblorosa y que me latía deprisa el corazón. Al principio pensé que era solo que estaba preocupada por que mi hijo volviese a casa sano y salvo. Luego me di cuenta de que me sentía así casi todo el tiempo. Al final me pregunté: "¿Es esto normal?"». No, no lo es. Una semana después le diagnosticaron un trastorno de ansiedad generalizada.

La ansiedad es una materia de estudio relativamente reciente en la investigación sobre los telómeros. Las personas que están sumidas en la ansiedad clínica tienden a tener unos telómeros bastante más cortos. Cuanto más persiste la ansiedad, más cortos son los telómeros. Pero cuando la ansiedad se supera y la persona se encuentra mejor, los telómeros vuelven a presentar una longitud normal.[2] Este es un argumento magnífico en favor de identificar y tratar la ansiedad. Sin embargo, a veces la ansiedad es difícil de detectar. Como le pasó a nuestra amiga, la ansiedad puede parecernos normal cuando estamos acostumbrados a sentirla, cuando es el aire que respiramos a diario.

La relación entre depresión y telómeros cuenta con una literatura médica más profusa, quizá debido a que la depresión es un trastorno muy generalizado: más de trescientos cincuenta millones de personas la sufren en el mundo. En un impresionante estudio a gran escala de casi 12.000

mujeres chinas, llevado a cabo por Na Cai y sus colegas (de las universidades de Oxford y de Chang Gung, en Taiwán), se observó que las mujeres deprimidas presentan telómeros más cortos.[3] Las personas deprimidas, como las que sufren ansiedad, manifiestan esa relación dosis-efecto de la que hemos hablado antes: cuanto más grave y prolongada es la depresión, más cortos son los telómeros.[4] (Véase el gráfico de barras de la figura 16).

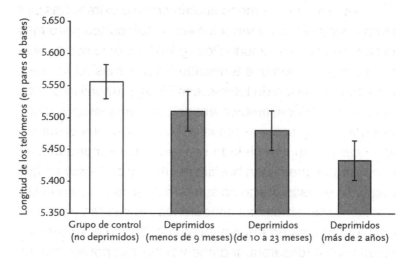

Figura 16: La duración de la depresión sí importa. El Netherlands Study of Depression and Anxiety (NESDA) ha seguido a casi 3.000 personas deprimidas, además de a un grupo de control de personas no deprimidas. Josine Verhoeven y Brenda Penninx observaron que aquellos afectados por una depresión que había durado menos de diez meses no tenían los telómeros mucho más cortos que los integrantes del grupo de control, pero sí los aquejados por depresión durante más de diez meses.

En cierto número de estudios se sugiere que tener unos telómeros cortos puede derivar directamente en depresión. Las personas aquejadas de depresión tienen telómeros más cortos en el hipocampo, una parte del cerebro que desempeña un papel importante en ese trastorno.[5] (No presentan telómeros más cortos en otras áreas del cerebro, solo en esa parte que resulta tan crucial para el estado de ánimo). Las ratas sometidas a estrés tienen menos telomerasa en el hipocampo, presentan menor generación de nuevas neuronas (neurogénesis) y más probabilidades de sufrir depresión.[6] No obstante, cuando se incrementa su telomerasa, las ratas presentan mayor neurogénesis y no se deprimen. El envejecimiento celular en el cerebro puede ser una vía hacia la depresión.

He aquí un fenómeno aparentemente extraño: las personas deprimidas tienen telómeros más cortos pero más telomerasa en sus inmunocitos. ¿Qué? ¿Cómo puede ocasionar la depresión que tengan telómeros más cortos pero más concentración de telomerasa? Esta paradójica combinación se produce también en otras situaciones: en personas que se ven sobrepasadas por circunstancias estresantes, que no han completado la enseñanza secundaria, en hombres que presentan hostilidad cínica y en personas que corren un elevado riesgo de sufrir enfermedades coronarias. Creemos que en dichas situaciones las células producen más telomerasa en respuesta al acortamiento telomérico, en un intento (desafortunadamente) ineficaz por reconstruir los segmentos de telómeros que se están perdiendo.

Más datos que refuerzan esta idea: nuestro colega Owen Wolkowitz, psiquiatra de la UCSF, ha estado estudiando cómo podría ayudar la telomerasa con la depresión. Si le administras un antidepresivo (un ISRS, inhibidor selectivo de la recaptación de serotonina) a alguien, su ya elevada concentración de telomerasa se incrementa todavía más. Cuanto más aumenta la telomerasa, más probable es que su depresión desaparezca.[7] Es posible que los esfuerzos que hacen los inmunocitos por regenerar sus telómeros perdidos sean reflejo de lo que ocurre en el cerebro, donde las neuronas hacen lo mismo. Puede que se produzca una especie de rejuvenecimiento, en el que una acción más eficaz de la telomerasa (en contraposición con los intentos ineficaces de la telomerasa para alargar los telómeros) podría estar propiciando la neurogénesis, el nacimiento de nuevas neuronas.

TRAUMA, DEPRESIÓN Y NEUTRALIZACIÓN DE LOS EFECTOS DEL ESTRÉS

Hasta la fecha, la mayoría de los trastornos psiquiátricos estudiados se han vinculado con el acortamiento de los telómeros, como se desprende de un metanálisis.[8] Esto podría deberse en parte al estrés subyacente que ha desembocado en la aparición de los trastornos o que generan esos mismos trastornos. Uno de los mensajes más esperanzadores que nos llega de los estudios neurocientíficos del estrés es que existe un tremendo potencial de plasticidad cerebral, sobre todo para la neutralización de los efectos del estrés. Podemos superar los efectos del estrés intenso con la ayuda de antidepresivos, ejercicio físico y otras soluciones amortiguadoras, así como con el paso del tiempo. En el mantenimiento de los telómeros también se advierte plasticidad. Por ejemplo, en humanos y en ratas parece que los telómeros tienden a acortarse un poco cuando se sufre un episodio estresante, pero en la mayoría de los casos acaban por repararse por sí solos.[9] La investigadora Josine Verhoeven ha examinado los patrones de recuperación con el tiempo de la enorme cohorte que participó en el Netherlands Study of Depression and Anxiety (NESDA): los episodios relevantes ocurridos en los últimos cinco años se asocian con acortamiento telomérico, pero no los que se produjeron en el pasado lejano, más de cinco años atrás.[10] De forma parecida, estar sufriendo actualmente un trastorno de ansiedad se asocia con unos telómeros más cortos, pero no ocurre así de haberlo vivido en el pasado; un descubrimiento que sugiere que los telómeros se pueden recuperar después de superado un episodio de ansiedad.[11] La depresión, sin embargo, parece dejar una huella más duradera que los episodios estresantes de ansiedad, ya que muchas veces las personas que han sufrido depresiones en el pasado siguen teniendo telómeros más cortos.[12]

En el exhaustivo estudio chino de Cai se observa un patrón que sugiere que los telómeros tienden a regenerarse en personas que han sufrido traumas en el pasado, a menos que la persona desarrolle una depresión grave; en ese caso, los telómeros permanecen cortos. Es como si la suma de trauma y depresión fuese una carga demasiado pesada de llevar. La buena noticia es que aunque los telómeros puedan presentar cicatrices de traumas graves sumados a depresión, también se pueden estabilizar, y probablemente alargar, mediante actividades que ayuden a incrementar la telomerasa. Los telómeros se pueden recuperar gracias a la telomerasa.

En el interior de la célula, la mitocondria es otro objetivo importante de daños por estrés. ¿Se puede recuperar también del estrés la mitocondria? Las mitocondrias son cruciales en el envejecimiento, pero no se han estudiado hasta hace bien poco en términos de salud mental. Las mitocondrias son las centrales de energía de la célula. Si se les proporciona combustible, en forma de moléculas de alimento, lo procesan para convertirlo en moléculas ricas en nutrientes que le insuflan energía a la célula. Algunas células, como las nerviosas, tienen una o dos mitocondrias; otras necesitan muchas más para cubrir sus necesidades energéticas. Cuando nos hallamos en determinados estados de estrés físico —si tenemos diabetes o alguna cardiopatía—, las mitocondrias pueden funcionar defectuosamente y las células no reciben suficiente energía. Eso puede afectar al funcionamiento del cerebro, porque las neuronas carecen de la energía suficiente para activarse. Los músculos se debilitan, y el hígado, el corazón y los riñones —órganos que consumen grandes cantidades de energía— sufren. Una manera de saber si las células experimentan un estrés grave es examinar su número de copias de ADN mitocondrial, lo que nos dirá cómo se está esforzando el cuerpo para producir mitocondrias adicionales que sustituyan a las debilitadas y dañadas. En el estudio chino, por lo que parece, se observa que cuanto mayores hayan sido las adversidades o la depresión durante la infancia, más cortos son los telómeros y más elevada la cantidad de copias de ADN mitocondrial.

Si cogemos ratones y los sometemos a pruebas no muy agradables (como colgarlos por la cola u obligarlos a nadar), naturalmente se estresarán. Como los humanos, los ratones expuestos a estrés desarrollan una cantidad excesiva de mitocondrias. Parece que sus mitocondrias están fallando y no funcionan de manera eficaz. Por tanto, sus células trabajan a la desesperada para incrementar su suministro de energía, con poco éxito. Como imaginarás, los ratones estresados con gran cantidad de copias de ADN mitocondrial no son superenérgicos. Y no solo eso: sus telómeros son un 30 por ciento más cortos. Pero si les damos un mes para recuperarse del estrés, sus telómeros y su ADN mitocondrial vuelven a la normalidad. No se aprecia vestigio alguno de envejecimiento acelerado.[13]

La biología se puede ver moldeada por la experiencia, para ser moldeada de nuevo. Las células se pueden renovar. En la vida de un ratón, las adversidades temporales pueden neutralizarse casi del todo. Por suerte, esto parece ser así también en el caso de muchas de las adversidades que sufrimos los humanos.

La salud mental no es ningún lujo. Si quieres proteger tus telómeros, tienes que protegerte de los efectos de la depresión y la ansiedad. Cierta propensión a sufrir esos trastornos se ve influida en parte por los genes, pero eso no significa que todo escape a tu control.

La depresión es una enfermedad compleja que reside en las emociones, en los pensamientos y en el cuerpo, y está fuera del alcance de este libro explicar a fondo la depresión (o la ansiedad). Pero sí que hay una idea maravillosamente clara que determina algunos tratamientos eficaces: la depresión es en parte una reacción disfuncional ante el estrés. Las personas deprimidas, en lugar de limitarse a sentir el estrés, tienden a lidiar con él por medio de algunos de los patrones negativos de pensamiento que ya hemos visto. Tratan de suprimir los malos sentimientos para que no puedan sentirlos en profundidad, o mantienen vivos sus problemas rumiando una y otra vez sobre ellos. Se critican. Se sienten irritables y enfadados, no solo hacia cualesquiera que sean las circunstancias que les causan tristeza y estrés, sino hacia el propio hecho de sentir esa tristeza y ese estrés.

Como ya hemos dicho, se trata de una serie de respuestas disfuncionales. Totalmente comprensibles, pero aun así disfuncionales. Con el tiempo, ese ciclo puede arrastrar a la persona más allá del estrés y llevarla a la depresión. Los pensamientos negativos son como microtoxinas: relativamente inocuos cuando el grado de exposición es bajo, pero que en grandes cantidades resultan perniciosos para nuestra mente. Los pensamientos negativos no son indicadores de que uno no sea de fiar ni de que sea un fracaso. Son la sustancia que conforma la propia depresión.

Estas reacciones mentales contraproducentes forman parte también de la ansiedad. Imagínate esto: estás en una fiesta y, por descuido, te diriges a la anfitriona llamándola por un nombre equivocado. Ella se sorprende un poco, se recupera esbozando una sonrisa y te corrige el error. Tú te avergüenzas. ¿Quién no se avergonzaría? Eso, para la mayoría de nosotros, es una situación de estrés bastante suave. Puede que nos sonrojemos un poco, que nos disculpemos y que sigamos como si nada. Pero hay gente que padece lo que se denomina sensibilidad a la ansiedad: su cuerpo genera una reacción física desmesurada ante determinadas situaciones. Si pones a esa gente en una fiesta y se equivocan, por ejemplo, al llamar a alguien por un nombre erróneo, se les acelera el corazón, se sienten mareados y es posible que hasta les parezca que les va a dar un ataque al corazón. Es un estado de lo más desagradable. Una persona con sensibilidad a la ansiedad suele pensar: «Uf, eso ha sido horroroso. A partir de ahora voy a evitar ir a fiestas».

El problema de evitar aquello que te causa angustia es que hacerlo en realidad perpetúa la sensación de ansiedad. Evitas las cosas que quieres y que necesitas hacer, y no consigues aprender que se puede tolerar el malestar. En términos psicológicos, nunca te habitúas a la situación estresante. Tu vida se va encogiendo y encogiendo y se vuelve cada vez más tensa. Esas sensaciones de ansiedad acaban por proliferar y por convertirse en un trastorno clínico de gran magnitud que interfiere con tu vida. Del mismo modo que la depresión es una intolerancia a sentirse triste, la ansiedad es una intolerancia a sentirse angustiado. Ese es el motivo por el que el tratamiento de los trastornos de ansiedad muchas veces implique exponerte a los desencadenantes y a las sensaciones que más te angustian. Aprendes que puedes surcar las olas de la ansiedad y sobrevivir.

La suma de estrés y este tipo de comportamiento consistente en evitar las cosas puede derivar tanto en la ansiedad como en la depresión. Comprender cómo funciona la mente, por qué y cómo se queda atascada en esos ciclos de pensamiento es crucial para lograr superar esos trastornos. Si tienes con frecuencia sentimientos dolorosos que te impiden vivir con plenitud, es importante que protejas tus telómeros y que pidas ayuda. No seas de esos millones de personas que sufren sin tratarse. Hace falta cierto tiempo para desarrollar la capacidad de soportar y convertirla en un hábito, así que date tiempo para aprender a hacerlo con la ayuda de algún terapeuta. Y no te rindas.

ES IMPORTANTE DÓNDE CENTRAS TU ATENCIÓN

¿Y si en realidad no te pasa nada malo, salvo que tus pensamientos insisten en lo contrario? Cuando nos sentimos mal, intentamos de manera natural pensar cosas que nos quiten esa sensación. Percibimos la brecha que existe entre cómo nos sentimos y cómo nos queremos sentir. Empezamos a vivir en esa brecha, a desear que las cosas pudieran ser distintas, a empeñarnos en hallar una salida.

La terapia cognitiva basada en el *mindfulness* (MBCT, por sus siglas en inglés) ayuda a la gente a salir de esa brecha. Combina estrategias tradicionales de terapia cognitiva con la práctica del *mindfulness.* La terapia cognitiva contribuye a cambiar los pensamientos distorsionados; el *mindfulness,* como ya hemos señalado, te ayuda a cambiar tu manera de relacionarte con tus pensamientos, para empezar. La MBCT resulta eficaz contra esa gran amenaza para los telómeros: la depresión grave. Se ha demostrado que es igual de eficaz que un antidepresivo.[14] Uno de los aspectos más desalentadores de la depresión es que puede hacerse crónica: el 80 por ciento de quienes la sufren recae. John Teasdale, antiguo investigador de la Universidad de Cambridge, Zinder Segal, de la Universidad de Toronto Scarborough, y Mark Williams, de la Universidad de Oxford, han descubierto que en personas que han sufrido dos o tres depresiones recurrentes, la MBCT reduce a la mitad el riesgo de recaer.[15] También empieza a quedar claro que la MBCT ayuda con la ansiedad y que es útil para cualquiera que se enfrente a pensamientos y emociones difíciles.

Según nos enseña la MBCT, hay dos formas básicas de pensar. En primer lugar, está el «modo hacer», que es lo que hacemos cuando intentamos salir de la brecha entre cómo es nuestra vida y cómo queremos que sea. Pero también hay otra modalidad, que es el «modo ser», en la que uno es capaz de controlar con más facilidad dónde centra su atención. En lugar de esmerarnos frenéticamente por cambiar las cosas, podemos optar por realizar pequeñas acciones que nos brinden placer, que nos ayuden a sentir que llevamos las riendas y tenemos el control. Dado que «ser» nos permite también prestar más atención a la gente, podemos conectar de un modo más pleno con los demás, lo que supone alcanzar un estado que suele aportarnos a los humanos la mayor alegría y satisfacción. ¿Alguna vez has experimentado la satisfacción de centrar toda tu atención en alguna pequeña tarea, como organizar un cajón desordenado? Eso es lo que te hace sentir el modo ser.

«Modo hacer» frente a «modo ser»[16]

	Modo hacer (automático)	Modo ser
¿Dónde tienes puesta tu atención?	Sin fijarte en lo que estás haciendo	La atención centrada en el momento
¿En qué periodo de tiempo vives?	En el pasado o el futuro	Ahora
¿En qué estás pensando?	Absorto en ideas estresantes Pensando dónde me gustaría estar, no dónde me encuentro ahora. Nada me resulta satisfactorio.	Absorto en la experiencia actual Capaz de percibir plenamente con los cinco sentidos. Capaz de conectar plenamente con los demás. Aceptación radical de mí mismo, bondad incondicional.
Nivel de metacognición (pensamientos sobre lo que pensamos)	Creer que los pensamientos son ciertos Incapaz de observar el funcionamiento de la mente. El estado de ánimo está controlado por los pensamientos.	Libre de creer en los pensamientos Comprender la naturaleza transitoria de los pensamientos; capacidad de observar cómo los pensamientos llegan y se van. Capacidad de tolerar lo desagradable.

Puede que este capítulo te haya resultado algo perturbador. Muchos hemos sufrido alguna de estas dolencias de la mente tan habituales o conocemos a alguien cercano que las ha padecido. Pero la cuestión principal es que los telómeros pueden recuperarse tras episodios de adversidad y depresión, y aun cuando no lo hacen, es posible protegerlos en adelante. Puedes fortalecer tus recursos en previsión del siguiente desafío al que tengas que enfrentarte. Puedes adoptar una mentalidad resiliente que te aporte más paz física y mental, como ya hemos visto antes, como labrarte una mayor consciencia de cuál es tu tipo de reacción al estrés y cuáles son tus hábitos de pensamiento. También puedes poner en práctica el descanso para respirar o las meditaciones centradas en el corazón que figuran al final de este capítulo.

Las cicatrices que nos dejan las adversidades en los telómeros ponen de manifiesto también un estado que podríamos llamar «versado en desgaste». Lidiar con la adversidad a veces nos hace más sabios y más fuertes. Una de las escalas favoritas de Elissa mide varios aspectos de cómo hemos progresado después de sufrir un trauma (sentir relaciones más estrechas, notar mayor autoconfianza, incrementar nuestra fe o nuestra espiritualidad). Utilizamos esta escala en nuestro primer estudio, el de las cuidadoras. Al principio nos confundió el hecho de ver que las cuidadoras que tenían los telómeros más cortos también experimentaban un mayor crecimiento personal. Pero al observar con más detenimiento ese patrón descubrimos lo que ocurría: todo tenía que ver con la duración del esfuerzo. Aquellas que llevaban más tiempo cuidando presentaban mayor desgaste telomérico pero también habían experimentado más cambios que enriquecieron su vida.[17] Como dijo una vez Elisabeth Kübler-Ross, psiquiatra suiza que estudió la aflicción y el duelo: «La gente más bella que hemos conocido es aquella que ha conocido la derrota, ha conocido el sufrimiento, ha conocido el esfuerzo, ha conocido la pérdida y ha logrado abrirse paso hasta salir de las profundidades. Esas personas tienen una capacidad de apreciar, una sensibilidad y una comprensión de la vida que las llena de compasión, de amabilidad y de un amor y una preocupación profundos. La gente bella no aparece porque sí, sin más».

- El estrés intenso, la depresión y la ansiedad están vinculados con unos telómeros más cortos en una relación de tipo dosis-efecto. Pero, por suerte, en la mayoría de los casos esos historiales personales pueden borrarse. Por ejemplo, los episodios importantes no dejan vestigio alguno pasados cinco años.

- El funcionamiento de las mitocondrias también se ve afectado por el estrés intenso y la depresión, pero al menos en ratones se ha observado que se produce una recuperación con el tiempo.

- Entre los mecanismos cognitivos que rigen la depresión y la ansiedad se encuentran formas exageradas de pensamiento negativo: una intolerancia a los sentimientos negativos y una actitud extrema de evitarlos que en realidad no funcionan. La depresión se caracteriza por quedarse atascado en una mentalidad de «modo hacer» que incluye pensamientos rumiativos y que da lugar a un círculo vicioso.

- Las intervenciones basadas en el *mindfulness* pueden ayudarnos a pasar de obcecarnos en el modo hacer a entrar en el modo ser, y así reducir la rumiación. Consulta el «Descanso de respiración de tres minutos» que figura en el laboratorio de renovación de este capítulo.

Laboratorio de renovación

Descanso de respiración de tres minutos

Los pioneros de la MBCT (terapia cognitiva basada en el *mindfulness*) —John Teasdale, Mark Williams y Zindel Segal— han concebido programas de entrenamiento que ayudan a la gente a adoptar el modo ser. Lo mejor es trabajar con un instructor que te ayude a aprender bien la MBCT, pero puedes aprovechar una actividad básica de la MBCT consistente en una breve «introspección» de tres minutos.[18] Este descanso de respiración es como practicar la consciencia de los propios pensamientos. Puedes reconocer que sientes algo doloroso. Etiquetas tus pensamientos, les permites existir en tu mente y sabes que pasarán. El ciclo de vida de una emoción, aun de las desagradables, no dura más de noventa segundos, a menos que intentes ahuyentarla o te enredes en ella. En ese caso, el tiempo aumenta. El descanso de respiración es una manera de evitar que las emociones negativas perduren más allá de su plazo de vida natural. Puedes convertirlo en un hábito para que te ayude a ganar firmeza en cualquier momento, no solo en las circunstancias difíciles. Imagina este ejercicio como si fuera un reloj de arena: da la bienvenida ampliamente a lo que sea que tengas en la mente, luego estrecha tu atención centrándola en la respiración y después vuelve a ampliar la consciencia para dirigirla a todo aquello que te rodea. Aquí va la versión que hemos adaptado:

1. Toma consciencia: Siéntate con la espalda recta y cierra los ojos. Conecta con tu respiración para hacer una inspiración y una espiración profundas. Con esta consciencia, pregúntate: «¿Qué estoy experimentando ahora mismo? ¿Cuáles son mis pensamientos? ¿Mis sentimientos? ¿Mis sensaciones corporales?». Espera a que lleguen las respuestas. Reconoce lo que experimentas y etiqueta tus sentimientos, aunque no sean los que desearías tener. Advierte cualquier rechazo de tu experiencia y suavízalo para dejar espacio a todo aquello que vaya llenando tu consciencia.

2. Haz acopio de toda tu atención: Dirige poco a poco tu atención hacia la respiración. Céntrate en cada inspiración y cada larga espiración. Sigue atento a tus respiraciones, una tras otra. Usa la respiración como si fuera un ancla que te afirma en el momento presente. Sintonízate con ese estado de quietud que está siempre presente bajo la superficie de tus pensamientos. Esa quietud te permite instalarte en un lugar del ser (en contraposición con el hacer).

3. Amplía tu consciencia: Percibe el campo de consciencia que te rodea y se expande en torno a ti, alrededor de tu respiración y de todo tu cuerpo. Siente tu postura, tus manos, los dedos de los pies, los músculos faciales. Afloja cualquier tensión. Acoge todas tus sensaciones, dales la bienvenida con cariño. Con esta consciencia ampliada, conecta con la integridad de tu ser y envuelve todo aquello que eres en el momento presente.

Este descanso de respiración relaja el cuerpo y te brinda mayor control de tus reacciones ante el estrés. Hace que dejes de pensar centrándote en ti y que pases del modo hacer al más sosegado modo ser.

UNA MEDITACIÓN CENTRADA EN EL CORAZÓN: LIBERA PRESIÓN MENTAL, LIBERA PRESIÓN SANGUÍNEA

Nuestra respiración es una ventana abierta a conocer y regular nuestro cuerpo y nuestra mente. Es un interruptor decisivo que afecta a la comunicación entre mente y cuerpo. A veces resulta más fácil cambiar la manera de respirar para relajarnos que cambiar nuestros pensamientos. Cuando inspiramos, nuestra frecuencia cardiaca aumenta, y cuando espiramos, disminuye. Si hacemos espiraciones más largas que las inspiraciones, podemos reducir aún más nuestra frecuencia cardiaca, además de estimular el nervio vago. Respirar con la tripa (respiración abdominal) estimula las vías sensoriales del nervio vago que van directamente al cerebro, lo que ejerce un efecto todavía más calmante. El doctor Stephen Porges, experto en la comprensión del nervio vago, ha demostrado por qué existe un vínculo tan estrecho entre el nervio vago, la respiración y la sensación de seguridad en nuestro entorno social. Las técnicas psicosomáticas estimulan de modo natural el nervio vago y envían al cerebro esas vitales señales de seguridad.

Los ejercicios que ralentizan la respiración, como la meditación con mantras o la respiración controlada, son una manera fiable de reducir la presión sanguínea.[19] Ralentizas la necesidad que tiene tu cuerpo de excitarse. Incrementas la actividad del nervio vago, lo que inhibe el sistema nervioso simpático y reduce todavía más la frecuencia cardiaca. El nervio vago también activa procesos de crecimiento y regeneración.

Para alguna gente, centrarse en el corazón puede ser más sosegante que concentrarse en la respiración, y aun así se les ralentiza el ritmo respiratorio. El corazón cuenta con un sistema nervioso tan complejo y reactivo que se lo considera el «cerebro del corazón». A continuación ofrecemos un guion para una breve meditación centrada en el corazón. Contiene también algunas frases de meditación de amor compasivo. No se ha puesto a prueba para analizar qué efectos tiene en la telomerasa, pero como hemos visto antes, la respiración es la base de la relajación.

Si quieres, prueba ahora este guion:

MEDITACIÓN CENTRADA EN EL CORAZÓN

Siéntate cómodamente. Haz unas cuantas inspiraciones lentas y profundas y espiraciones todavía más prolongadas.

Sigue inspirando y espirando, repitiéndote una palabra que te aporte tranquilidad o visualizando una imagen hermosa con cada espiración lenta. Fíjate en las pausas que haces entre respiraciones.

Toma consciencia de tus pensamientos: «¿Dónde están puestos mis pensamientos ahora?». Sonríe ante cada uno de tus pensamientos mientras observas cómo pasan por tu mente; luego vuelve a tu palabra o imagen de cada espiración.

Coloca las manos (la palma o los dedos) sobre el corazón. Puedes decir para tus adentros «Aaah» mientras espiras.

Deja que las cargas que acarreas se liberen y fluyan para salir de tu cuerpo.

«Quiero estar en paz».

«Que mi corazón se llene de amabilidad».

«Que yo sea una fuente de amabilidad para los demás».

Visualiza cómo tu corazón irradia amor. Piensa en un animal o una persona hacia la que sientas amor total. Deja que ese amor irradie hacia las personas que llenan tu vida.

Sigue inspirando y espirando lentamente. Observa dónde conservas cualquier tensión. Mientras espiras, déjate envolver por la seguridad, la calidez y la amabilidad. ♥

Consejos expertos para la renovación

Técnicas de reducción del estrés que han demostrado propiciar el buen mantenimiento de los telómeros

Las técnicas y prácticas psicosomáticas que presentamos aquí han demostrado, al menos en un estudio, que incrementan la telomerasa de los inmunocitos o que alargan los telómeros. Estos efectos son saludables para todo el mundo, pero revisten especial importancia cuando se sufre un grado de estrés elevado. Las técnicas psicosomáticas, como la meditación, el *chi kung*, el taichí y el yoga han demostrado en ensayos clínicos que mejoran el bienestar y reducen la inflamación.[1] Muchas clases de meditación también fomentan la capacidad mental para la metacognición, para modificar cómo vemos los acontecimientos estresantes y cómo reaccionamos ante ellos. Si bien un número muy reducido de personas tienen experiencias negativas con la meditación, en general son mínimos los efectos secundarios negativos de estas prácticas y, en cambio, abundantes los positivos. Hasta ahora, no hay prueba que sugiera la superioridad de uno de estos tipos de práctica psicosomática respecto de otro en lo que se refiere a la salud telomérica.

En nuestra web, telomereeffect.com, proporcionamos breves reseñas de diversos recursos sobre cada uno de estos métodos.

RETIROS DE MEDITACIÓN

Los beneficios de la meditación en la salud física y mental ya se han tratado ampliamente. Cuando se practica con regularidad, puede ayudar a mitigar los patrones negativos de pensamiento, a conectar más profundamente con los demás y, en algunos casos, a incrementar el sentido de propósito en la vida. Investigaciones incipientes sugieren que puede incluso ayudar a que crezcan los telómeros.

Cliff Saron, investigador de la Universidad de California en Davis, ha estudiado los efectos que tienen los retiros residenciales en meditadores experimentados. Observó un incremento de la telomerasa al final de un retiro Shamatha de tres meses, en comparación con un grupo de control, especialmente cuando los meditadores habían desarrollado un mayor sentido del propósito en la vida. En un nuevo estudio que llevó a cabo con el investigador Quinn Conklin, descubrieron que después de un retiro intensivo de meditación de tres semanas, los meditadores experimentados presentaban telómeros más largos en los glóbulos blancos que cuando empezaron, mientras que en el grupo de control se observaron escasos cambios.[2]

Como integrantes de un equipo de colaboradores, tuvimos ocasión de realizar un estudio exploratorio sumamente controlado sobre la meditación, en el que tanto el grupo que asistió al retiro como el grupo de control estuvieron residiendo en un complejo hotelero. Analizamos los efectos biológicos de un retiro de meditación del tipo mantra, de una semana de duración y dirigido por Deepak Chopra y sus colegas en el Chopra Center de Carlsbad, California. Se asignó al azar a una serie de mujeres, que nunca o rara vez habían meditado, a pasar una semana de vacaciones en el complejo o a participar en el retiro de meditación. Las comparamos con mujeres que eran meditadoras habituales y que ya se habían inscrito en el mismo retiro. Observamos que, pasada la semana, todas se sentían estupendamente y mostraban mejoras drásticas en todas las escalas de bienestar, fuera cual fuese el grupo que se les había asignado. Los patrones de expresión genética presentaban grandes cambios: reducción de la inflamación y de las vías metabólicas del estrés. Dado que aquellas mejoras psicológicas y en la expresión de los genes se produjeron en todos los grupos, creemos que se trató de un potente efecto de las vacaciones, de haber desconectado de todas las exigencias cotidianas y de haber estado en un hotel. Al parecer, también se produjo un efecto derivado de la meditación: se incrementó la telomerasa, pero solo en las meditadoras experimentadas; un descubrimiento que resultó marginalmente significativo. Y también algunos otros genes protectores de los telómeros parecieron activarse más.[3] Esos descubrimientos tan intrigantes apuntan a que se producen más beneficios en cuanto a envejecimiento celular en aquellos que disponen de formación previa, aunque está claro que habría que reproducirlos.

La reducción del estrés basada en la atención plena (MBSR, por sus siglas en inglés) es un programa creado por Jon Kabat-Zinn en la Facultad de Medicina de la Universidad de Massachusetts y dirigido a personas con poca o ninguna experiencia en la meditación. Desde 1979, alrededor de 22.000 personas han seguido este programa, y sus beneficios, como la reducción del estrés y la mitigación de síntomas como el dolor, se han constatado completamente.[4] La MBSR incluye formación sobre la naturaleza de la mente, respiración consciente, escaneado consciente del cuerpo (en el que vas centrando tu atención poco a poco desde los dedos de los pies hasta la coronilla) y yoga. Asistir a una clase en grupo es una experiencia única, pero para quienes no tienen la posibilidad de asistir a clases de MBSR, el Centro de Mindfulness de la Facultad de Medicina de la Universidad de Massachusetts ofrece un curso en internet (http://www.umassmed.edu/cfm/stress-reduction/mbsr-online/). En su web figura también un registro de instructores de MBSR de todo el mundo para que puedas consultar si tienes alguno cerca.

Según un estudio, los practicantes de MBSR vieron incrementarse un 17 por ciento su telomerasa en un plazo de tres meses, en comparación con los integrantes de un grupo de control.[5] En otro estudio, las supervivientes estresadas de cáncer de mama del grupo de control perdieron pares de bases de sus telómeros, mientras que las que fueron asignadas a una modalidad de MBSR adaptada para la recuperación del cáncer consiguieron conservar la integridad de sus telómeros. Las integrantes de un tercer grupo, a quienes se administró una terapia basada en la expresión y el apoyo emocional (terapia de grupo de apoyo y expresiva), también mantuvieron la integridad de sus telómeros;

un descubrimiento que nos aporta noticias halagüeñas acerca de que los beneficios de la reducción del estrés en el envejecimiento celular funcionan con diversidad de prácticas, no solo con la meditación.[6] La MBSR es estupenda para cualquiera que pretenda reducir su estrés y una opción especialmente buena para quienes padecen dolor físico crónico.

YOGA Y MEDITACIÓN YÓGUICA

Hay muchas clases de meditación, procedentes de diversas tradiciones. La meditación *kirtan kriya* es una modalidad más tradicional que parte de principios del yoga y que consiste en entonar cánticos y adoptar determinadas posiciones con los dedos (llamadas mudras en el yoga). Helen Lavretsky y Michael Irwin, de la UCLA, llevaron a cabo un estudio de personas que estaban cuidando a algún familiar con demencia, la mayoría de las cuales presentaban al menos algún síntoma moderado de depresión. En nuestro laboratorio medimos su concentración de telomerasa. Después de que aquellos cuidadores practicasen la meditación *kirtan kriya* doce minutos diarios durante dos meses, su telomerasa se incrementó en un 43 por ciento y se redujo su expresión genética relacionada con la inflamación.[7] (También hubo un grupo de control dedicado a escuchar música relajante: su telomerasa se incrementó, pero solo en un 3,7 por ciento). También se notaron menos deprimidos y mejoraron sus facultades cognitivas.[8]

A diferencia de la meditación de atención plena, o *mindfulness,* que puede ayudarte a desarrollar la metacognición y a tolerar las emociones negativas, la meditación *kirtan kriya* consiste en sumirte en un estado de profunda concentración y en generar un estado de sosiego e integración de cuerpo y mente. Después sientes la mente más lúcida y refrescada, como si te acabases de despertar después de una noche entera de sueño reparador.

Aquí se puede consultar una breve descripción: http://alzheimersprevention.org/research/kirtan-kriya-yoga-exercise/.

Puede que te estés preguntando por el *hatha yoga*, la modalidad de yoga que más familiar nos resulta como ejercicio. Se trata de una meditación en movimiento que incorpora posturas físicas, respiración y un estado mental centrado en el presente. Todavía no se ha estudiado la relación del yoga con los telómeros, pero existe una ingente cantidad de material de investigación sobre los muchos beneficios que el yoga aporta a la salud (para ser francas, es la práctica favorita de Elissa, así que no podíamos menos que mencionarlo). El yoga mejora la calidad de vida y el estado de ánimo de las personas que sufren enfermedades de diversos tipos,[9] reduce la presión sanguínea y, posiblemente, la inflamación y los lípidos.[10] Se ha demostrado recientemente que el yoga incrementa la densidad ósea de la columna si se practica a largo plazo.[11]

CHI KUNG

El *chi kung* consiste en una serie de movimientos fluidos. Es una suerte de meditación en movimiento que pone el énfasis en la postura, la respiración y la intención. Forma parte del programa de bienestar de la ancestral medicina china, una práctica que lleva desarrollándose y refinándose más de cinco mil años. De manera parecida a como lo hace el *kriya yoga*, el *chi kung* induce a un estado de concentración y relajación que integra mente y cuerpo. Goza del respaldo de miles de años de práctica pero también de las pruebas científicas más solventes: ensayos comparativos aleatorizados. Por ejemplo, el *chi kung* reduce la depresión[12] y puede provocar mejoras en diabéticos.[13] En un estudio sobre la influencia del *chi kung* en el envejecimiento celular, los investigadores examinaron a personas aquejadas de síndrome de fatiga crónica. Observaron que quienes practicaron *chi kung* durante cuatro meses presentaban un incremento significativamente mayor de la telomerasa —además de disminución de la fatiga— que el grupo de control al que se le asignó quedar en lista de espera.[14] Un instructor enseñó a los voluntarios la práctica de *chi kung* durante un mes y luego ellos practicaron en casa por su cuenta treinta minutos diarios.

Elissa aprendió *chi kung* con Roger Jahnke, doctor en medicina oriental y experto en *chi kung* terapéutico, quien recomienda esta práctica tanto para prevenir enfermedades como para tratar determinados problemas de salud. Los ejercicios son fáciles de hacer para cualquiera y te proporcionan una fuerte sensación de placidez y bienestar en pocos minutos (puedes consultar algunos ejemplos en nuestra web). Mucha gente es sensible a cómo cambia el cuerpo durante esta actividad de meditación y advierte una sensación de hormigueo en las yemas de los dedos (llamada sensación de *chi*). Eso se debe en parte a los ya bien conocidos mecanismos de la respuesta a la relajación, que implican la activación del sistema nervioso parasimpático y la dilatación de los vasos sanguíneos, lo que da lugar a un mayor riego. Esta sensación se atribuye en la medicina china a un concepto del que carecemos en nuestra tradición occidental: el flujo de energía del *chi*.

Cambios exhaustivos de hábitos de vida: reducción del estrés, nutrición, ejercicio y apoyo social

El doctor Dean Ornish, presidente de la ONG Preventive Medicine Research Institute y profesor de medicina en la UCSF, fue el primero en demostrar que unos cambios exhaustivos de los hábitos de vida pueden neutralizar el avance de la cardiopatía coronaria. Su programa combina técnicas de control del estrés con otros cambios de hábitos de vida. Se propuso examinar cómo podría influir su programa en el envejecimiento celular, así que estudió a una serie de hombres con cáncer prostático de pronóstico favorable. Los hombres tomaron una dieta rica en alimentos vegetales y baja en grasas, caminaron media hora seis días por semana y asistieron a sesiones semanales de un grupo de apoyo. También practicaron el control del estrés por su cuenta, a base de suaves estiramientos de yoga, respiración y meditación. En un estudio comparativo previo se demostró que este programa ralentizaba o detenía el progreso del cáncer de próstata en sus primeras fases. Pasados tres meses, la telomerasa de aquellos hombres también se había incrementado. Y no solo eso: quienes habían experimentado una mayor disminución de pensamientos perturbadores sobre el cáncer de próstata presentaron un mayor incremento de la telomerasa, lo que sugiere que la reducción del estrés contribuyó a la mejoría observada.[15] Mantuvo un seguimiento de un subgrupo de esos hombres durante cinco años y observó que los que habían seguido el programa presentaban unos telómeros cuya longitud era de un considerable 10 por ciento mayor. Este programa para frenar la cardiopatía es uno de los mejores programas de cambio de hábitos que cubren en la actualidad Medicare y muchos seguros de salud privados en Estados Unidos. Se puede encontrar un proveedor certificado de este programa en: https://www.ornish.com/ornish-certified-site-directory/.

TERCERA PARTE

Ayuda a tu cuerpo a proteger sus células

Evaluación

¿Cuál es tu trayectoria telomérica? Factores de protección y de riesgo

A continuación nos centraremos en el cuerpo: actividad, sueño, alimentación. Pero antes de seguir leyendo, seguramente te estarás preguntando qué tal están tus telómeros y cómo puedes averiguarlo. Vamos a detenernos aquí para hacer una minievaluación. Tenemos telómeros en todas y cada una de las células del cuerpo, en los distintos tejidos, en los órganos y en la sangre. Están vagamente correlacionados: si tenemos telómeros cortos en la sangre, tendemos a tener también telómeros cortos en otros tejidos. Hay unos cuantos laboratorios comerciales que ofrecen pruebas para medir la longitud de los telómeros en la sangre, pero son de escasa utilidad para los particulares (para mayor información sobre la medición de telómeros en sangre, consulta «Información sobre pruebas comerciales de telómeros» en la página 455 y en nuestra web). Resulta más útil evaluar los factores que se sabe que protegen o dañan los telómeros y después, sin olvidar el resultado de la valoración, intentar cambiar determinados aspectos de nuestra vida diaria para proteger mejor nuestros telómeros. Eso nos lleva a la evaluación de la trayectoria telomérica.

EVALUACIÓN DE LA TRAYECTORIA TELOMÉRICA

Puedes evaluar tu bienestar personal y aquellos factores o hábitos de vida que sabemos que están relacionados con la longitud de los telómeros. Esta evaluación se realiza en unos diez minutos y te ayudará a identificar cuáles son las áreas principales que quizá quieras mejorar.

En la medida de lo posible, hemos reproducido las escalas empleadas en las investigaciones que figuran en este libro. Los detalles de cada una de esas escalas se explican al final de cada apartado.

Las áreas sobre las que se te preguntará son las siguientes:

Tu bienestar
- Exposición actual a estrés intenso
- Grado clínico de trastorno emocional (depresión o ansiedad)
- Apoyo social

Tus hábitos de vida
- Ejercicio y sueño
- Nutrición
- Exposición a productos químicos

¿Estás sometido a algún estrés intenso?

Escribe un 1 en la casilla de respuesta de cualquiera de las situaciones con las que te sientas identificado y un 0 en aquellas con las que no concuerdes. Las situaciones deben haber durado al menos varios meses para que las puntúes con un 1.

¿Estás experimentando algún estrés intenso y persistente en el trabajo que te agote emocionalmente, que haga que te sientas quemado y cínico acerca de tu trabajo y que te deje físicamente exhausto, incluso cuando te levantas por la mañana?	
¿Estás ejerciendo de cuidador de algún familiar enfermo o discapacitado y sientes que eso te agobia?	
¿Resides en un barrio peligroso y te sientes constantemente amenazado?	
¿Estás sometido a un estrés extremadamente intenso cada día debido a alguna situación crónica o a algún hecho traumático reciente?	
PUNTUACIÓN TOTAL	

Calcula tu puntuación total sumando las respuestas de la 1 a la 4: _____

Rodea con un círculo los siguientes puntos teloméricos en función de la puntuación obtenida:

Puntuación en exposición a estrés intenso	Puntos teloméricos (círculo)
Si has puntuado 0, corres un **riesgo bajo**.	2
Si has puntuado 1, corres un **riesgo moderado**.	1
Si has puntuado 2 o más, corres un **riesgo elevado**.	0

Explicación: Esta lista de exposición a estrés intenso no es una escala estándar. Lo que hace es evaluar si estás pasando por alguna situación extrema de las que se suelen relacionar con tener los telómeros más cortos. Por ejemplo, el agotamiento emocional derivado del trabajo,[1] ejercer de cuidador de un familiar aquejado de demencia[2] y sentirte habitualmente poco seguro donde vives[3] son situaciones que se han vinculado al menos en un estudio con presentar telómeros más cortos, después de tener en cuenta factores como el IMC, el consumo de tabaco y la edad. Cualquier circunstancia grave tiene el potencial de contribuir al acortamiento telomérico si se prolonga durante años. La exposición no es por sí sola un factor determinante; tu reacción es también decisiva, como hemos visto en el capítulo 4. Por último, sufrir una situación puede ser manejable, pero cuando se trata de más de una y son crónicas, lo más probable es que a uno se le agoten los recursos para lidiar con ellas. Las múltiples situaciones graves y crónicas se han clasificado aquí como de riesgo elevado.

¿Algún trastorno del estado de ánimo?

¿Te han diagnosticado recientemente depresión o algún trastorno de ansiedad (como trastorno de estrés postraumático o de ansiedad generalizada)?

Rodea con un círculo los siguientes puntos teloméricos en función de la puntuación obtenida:

Puntuación en estrés patológico	Puntos teloméricos (círculo)
Si no tienes un trastorno diagnosticable, corres un **riesgo bajo**.	2
Si te han diagnosticado un trastorno grave, corres un **riesgo elevado**.	0

Explicación: Según diversos estudios, al parecer, por sí solos, los síntomas de estos trastornos de intensidad moderado no están relacionados con tener unos telómeros más cortos, pero sí que lo están los diagnósticos, lo que significa que los síntomas son lo suficientemente graves como para interferir en tu vida cotidiana.[4]

¿Con cuánto apoyo social cuentas?

Responde a las siguientes preguntas sobre el apoyo social que recibes habitualmente de otras personas que son importantes para ti, de familiares, amigos y gente de tu entorno.

1. ¿Tienes a alguien cerca que te **aconseje bien** cuando tienes algún problema?	**1** Nunca	**2** Casi nunca	**3** Algunas veces	**4** Casi siempre	**5** Siempre
2. ¿Tienes a alguien cerca con quien **puedas contar para que te escuche** cuando necesitas hablar?	**1** Nunca	**2** Casi nunca	**3** Algunas veces	**4** Casi siempre	**5** Siempre
3. ¿Tienes a alguien cerca que te demuestre **amor y cariño**?	**1** Nunca	**2** Casi nunca	**3** Algunas veces	**4** Casi siempre	**5** Siempre
4. ¿Puedes contar con alguien que te brinde apoyo emocional (**hablar de los problemas** o **ayudarte a tomar una decisión difícil**)?	**1** Nunca	**2** Casi nunca	**3** Algunas veces	**4** Casi siempre	**5** Siempre
5. ¿Tienes toda la relación que quisieras con alguien a quien consideras cercano, alguien en quien puedes confiar y con quien puedes sincerarte?	**1** Nunca	**2** Casi nunca	**3** Algunas veces	**4** Casi siempre	**5** Siempre
PUNTUACIÓN TOTAL					

Calcula tu puntuación total sumando los números de las respuestas que has rodeado con un círculo.

Rodea con un círculo los siguientes puntos teloméricos en función de la puntuación obtenida:

Puntuación en apoyo social	Puntos teloméricos (círculo)
Si has puntuado 24 o 25, tu apoyo social es **alto**.	2
Si has puntuado entre 19 y 23, tu apoyo social es **medio**.	1
Si has puntuado entre 5 y 18, tu apoyo social es **bajo**.	0

Explicación: Este cuestionario es la versión reducida a cinco preguntas del ENRICHD Social Support Inventory (ESSI), concebido originalmente para evaluar el apoyo social recibido por pacientes de infarto y empleado en estudios epidemiológicos.[5] Se han utilizado diversas versiones de este cuestionario en estudios que relacionan la longitud de los telómeros con el apoyo social.[6]

Los puntos de corte de las categorías de apoyo social son aproximaciones de datos extraídos de un estudio de gran alcance, y en dicho estudio los efectos solo se observaron en el grupo de mayor edad.[7] En el ensayo ENRICHD se usó la puntuación de 18 como punto de corte más bajo para definir a las personas que gozaban de bajo apoyo social.

¿Cuánto ejercicio haces?

De las siguientes afirmaciones, ¿cuál se corresponde mejor con el ejercicio físico que has hecho a lo largo del mes pasado?

1. No hice demasiado ejercicio. Me dediqué sobre todo a cosas como ver la televisión, leer, jugar a las cartas o a videojuegos y di uno o dos paseos.

2. Un par de veces por semana hice algún ejercicio ligero, como salir al campo el fin de semana para dar una corta caminata o paseo.

3. Unas tres veces por semana hice algún ejercicio moderado, como andar a buen paso, nadar o ir en bicicleta, unos 15-20 minutos cada vez.

4. Casi a diario (cinco veces por semana o más) hice ejercicio moderado, como andar a buen paso, nadar o ir en bicicleta, un mínimo de media hora cada vez.

5. Unas tres veces por semana hice ejercicio intenso, como correr o ir en bicicleta a toda marcha, un mínimo de media hora cada vez.

6. Casi a diario (cinco veces por semana o más) hice ejercicio intenso, como correr o ir en bicicleta a toda marcha, un mínimo de media hora cada vez.

Rodea con un círculo los siguientes puntos teloméricos en función de la puntuación obtenida:

Puntuación en ejercicio	Puntos teloméricos (círculo)
Si has escogido las opciones 4, 5 o 6, corres un **riesgo bajo**.	2
Si has escogido la opción 3, corres un **riesgo moderado**.	1
Si has escogido las opciones 1 o 2, corres un **riesgo elevado**.	0

Explicación: Este cuestionario es el Stanford Leisure-Time Activity Categorical Item (L-CAT) (reproducido con autorización de Nature Publishing Group).[8] El L-CAT evalúa seis niveles distintos de actividad física. Las puntuaciones de 4, 5 y 6 cumplen las recomendaciones del CDC (Centros para el Control y la Prevención de Enfermedades) estadounidense sobre ejercicio aeróbico (150 minutos de ejercicio moderado, como caminar a buen paso, o 75 minutos de ejercicio intenso, como correr; nótese que el CDC también recomienda hacer actividades de estiramiento muscular al menos dos veces por semana). Como explicamos en el capítulo 7 («Entrena a tus telómeros»), si estás en forma y haces ejercicio de manera habitual, no parece que los beneficios tengan límite, siempre y cuando no te excedas en los entrenamientos y dejes suficiente tiempo de recuperación después de sesiones especialmente intensas. Tómatelo como un «deportista habitual», no como un «guerrero de fin de semana».

Las personas que desarrollan más actividad física parecen amortiguar mejor el acortamiento de los telómeros que se produce por el estrés que las menos activas.[9] Por otra parte, en una intervención se observó que hacer ejercicio durante 40 minutos tres veces por semana elevaba los niveles de la telomerasa.[10]

¿Cuál es tu patrón de sueño?

¿Cómo calificarías la calidad de tu sueño en general durante el mes pasado?	**0** Muy bueno	**1** Bastante bueno	**2** Bastante malo	**3** Muy malo
¿Cuántas horas duermes de media cada noche (no cuenta estar acostado pero despierto)?	**0** 7 horas o más	**1** 6 horas	**2** 5 horas	**3** Menos de 5 horas

Rodea con un círculo los siguientes puntos teloméricos en función de la puntuación obtenida:

Puntuación en sueño	Puntos teloméricos (círculo)
Si has puntuado 0 o 1 en ambas preguntas, corres un **riesgo bajo**.	2

Si has puntuado 2 o 3 en una pregunta, corres un **riesgo moderado**.	1
Si has puntuado 2 o 3 en ambas preguntas, corres un **riesgo elevado**.	0

Explicación: El parámetro sobre la calidad del sueño está extraído del Pittsburgh Sleep Quality Index (PSQI), que evalúa la calidad y las alteraciones del sueño.[11] Se ha empleado el PSQI para medir la calidad del sueño en varios estudios que relacionan la longitud telomérica con el sueño.[12] La duración del sueño es también importante. Si duermes por lo menos seis horas cada noche y calificas tu sueño de bueno o muy bueno, corres un riesgo bajo. Si tu sueño es de peor calidad o de menor duración, el riesgo se incrementa. Y si tienes a la vez peor calidad del sueño y un sueño de menor duración, entras en la categoría de riesgo elevado. Puesto que no se ha demostrado en ningún estudio que se produzca un efecto acumulativo de la poca duración y la mala calidad del sueño, estamos presuponiendo que la combinación de ambas cosas es peor.

Si sufres de apnea del sueño y no la tratas a diario, también corres mayor riesgo.

¿Cuáles son tus hábitos de nutrición?

¿Con qué frecuencia tomas lo siguiente? Rodea con un círculo el 1 o el 0 en cada pregunta.

1. Suplementos de omega-3, algas o pescado que contenga aceites omega-3:	
3 raciones o más por semana de estos productos	1
Menos de 3 veces por semana	0

2. Fruta y verdura:	
Por lo menos a diario	1
No todos los días	0

3. Refrescos azucarados o bebidas endulzadas (no cuentan el té o el café al que le pones azúcar, que normalmente contienen menos azúcares que las bebidas endulzadas comerciales):	
Al menos una bebida de 350 cc la mayoría de los días	0
No habitualmente	1

4. Carnes procesadas (salchichas, embutidos, jamón cocido, beicon, vísceras):	
Una vez por semana o más	0
Menos de una vez por semana	1

5. ¿Qué parte de tu dieta la integran alimentos naturales (cereales integrales, verduras, huevos, carnes no procesadas) o alimentos procesados (envasados o procesados con sal y conservantes)?	
Sobre todo alimentos naturales	1
Sobre todo alimentos procesados	0

Suma todos los puntos de las cinco preguntas sobre nutrición para obtener una puntuación de 0 a 5.

PUNTUACIÓN TOTAL (preguntas 1 a 5): _____

Rodea con un círculo los siguientes puntos teloméricos en función de la puntuación obtenida:

Puntuación en nutrición para los telómeros	Puntos teloméricos (círculo)
Si has puntuado 4 o 5, sigues una dieta protectora excelente.	2
Si has puntuado 2 o 3, corres un **riesgo moderado** por tu dieta.	1
Si has puntuado 0 o 1, corres un **riesgo elevado** por tu dieta.	0

Explicación: Las frecuencias se han extrapolado a partir de estudios sobre los telómeros.

Respecto al omega-3, es mejor obtenerlo a partir de alimentos. Si lo obtienes de suplementos, procura que sean productos a base de algas y no de pescado, por razones medioambientales. Las personas que tienen mayor concentración de ácidos grasos omega-3 en sangre (ADH, ácido docosahexaenoico, y AIP, ácido icosapentaenoico) presentan menor erosión telomérica con el tiempo.[13] Quienes consumieron media ración de algas a diario presentaron telómeros más largos en etapas posteriores de su vida.[14] En un estudio sobre suplementos de omega-3 se observó que no importaba tanto la dosis como la cantidad que se absorbía en la sangre: tomar un suplemento de omega-3 de 1,25 o 2,5 gramos redujo al menos en cierta medida la proporción entre los omega-6 y los omega-3 en la sangre de la mayoría de las personas, lo que a su vez se asoció con un incremento de la longitud telomérica.[15] Es difícil saber qué cantidad va a absorber nuestro cuerpo, pero debería bastar con comer pescado varias veces por semana o tomar un gramo de aceite de omega-3 a diario.

Si bien los suplementos se han asociado también con presentar telómeros de mayor longitud, los alimentos de verdad con antioxidantes y vitaminas (es decir, mucha verdura y algo de fruta) son mejores, si se puede disponer de ellos.

Las bebidas azucaradas carbonatadas se han asociado en tres estudios con tener telómeros más cortos,[16] y resulta prudente presuponer que su consumo diario es una dosis suficiente que conlleva efectos, tal como se ha sugerido en uno de esos estudios. La mayoría de las bebidas azucaradas contienen más de 10 gramos de azúcar, normalmente de 20 a 40 gramos.

En cuanto a las carnes procesadas, en un estudio se observó que quienes entraban en el cuartil más alto de la muestra —quienes comían carne procesada una vez por semana (o una porción pequeña a diario)— presentaban telómeros más cortos.[17]

¿Hasta qué punto estás expuesto a productos químicos?

Rodea con un círculo la respuesta afirmativa o negativa a las siguientes preguntas.

¿Fumas habitualmente cigarrillos o puros?	Sí	No
¿Haces trabajos agrícolas habitualmente con plaguicidas o herbicidas?	Sí	No
¿Vives en una ciudad con elevada contaminación por tráfico?	Sí	No
¿Estás expuesto en el trabajo a productos químicos que figuran en la tabla de toxinas para los telómeros (véase la página 371), como tintes para el cabello, limpiadores domésticos, plomo u otros metales pesados (por ejemplo, en un taller mecánico de automóviles)?	Sí	No

Puntuación en exposición a productos químicos para los telómeros	Puntos teloméricos (círculo)
Si has contestado no a todo, corres un **riesgo bajo** de exposición.	2
Si has contestado sí a una o más preguntas, corres un **riesgo elevado**.	0

Explicación: Aquí hemos incluido la exposición a productos que se han relacionado con el acortamiento telomérico al menos en un estudio. Entre ellos están el tabaco,[18] los plaguicidas,[19] los tintes y productos de limpieza,[20] la contaminación atmosférica,[21] el contacto con plomo[22] y otras exposiciones propias de un taller mecánico.[23]

¿Cuál es tu puntuación general?

Área	Puntos teloméricos (círculo)		
BIENESTAR	riesgo elevado	moderado	riesgo bajo
Exposición a estrés	0	1	2
Estrés patológico emocional	0	1	2
Apoyo social	0	1	2
HÁBITOS DE VIDA			
Ejercicio	0	1	2
Sueño	0	1	2
Nutrición	0	1	2
Exposición a productos químicos	0	1	2
Puntuación total (de 0 a 14) _____			

Cómo interpretar el total de tu trayectoria telomérica

Esta puntuación total es una manera de evaluar el riesgo general y la protección ante el deterioro progresivo de tus telómeros. Si has obtenido una puntuación alta, lo más probable es que tengas un estupendo mantenimiento de los telómeros. ¡Sigue así de bien! La manera más útil de sacarle partido a esta evaluación es centrarte en áreas concretas y no tanto en la puntuación total. Si has puntuado un 2 en cualquiera de las áreas de la tabla general, estás haciendo un buen trabajo de protección de tus telómeros. Estás logrando algo más que limitarte a evitar los riesgos. Normalmente, esa puntuación significa que estás siguiendo comportamientos protectores cada día, que te esmeras en la labor diaria de crear los fundamentos para vivir un buen periodo de vida sana.

Si has sacado un 0 (categoría de alto riesgo), lo más probable es que estés experimentando el deterioro típico de los telómeros relacionado con el envejecimiento, que se ve empeorado por factores de riesgo, aunque se trata de factores sobre los que, por suerte, puedes ejercer mayor control.

Escoge un área en la que trabajar

La mejor manera de usar esta tabla es fijarte en aquellas áreas donde has puntuado 0 y luego decidir cuál te va a resultar más fácil cambiar. Si no has sacado ningún 0, elige alguna categoría en la que hayas puntuado 1. Empieces por donde empieces, te sugerimos que escojas una sola área en la que trabajar. Comprométete a mejorar algún aspecto pequeño de esa área. Ponte en la mesilla de noche una nota a modo de recordatorio del cambio que pretendes hacer o configura una alarma en el teléfono que se active en algún momento determinado del día. Al final de la tercera parte de este libro encontrarás unos cuantos consejos para empezar con tu nueva meta.

Capítulo 7

Entrena a tus telómeros: ¿cuánto ejercicio es suficiente?

Hacer ejercicio reduce el estrés oxidativo y la inflamación, así que no es de extrañar que determinados programas de ejercicio físico también hayan demostrado incrementar la telomerasa. No obstante, a los guerreros de fin de semana, cuidado: entrenar en exceso en realidad puede propiciar el estrés oxidativo, y excederse de manera crónica (sobreentrenar) puede causaros daños a vosotros y a vuestros telómeros.

En mayo de 2013, Maggie corrió su primera ultramaratón. Había sido una buena competidora en carreras más cortas y le gustó la idea de forzar la máquina para correr distancias muy largas, como aquella carrera de 160 kilómetros a través del desierto. Ni se le pasó por la cabeza que pudiera subir al podio, solo pretendía llegar a la meta. A mitad de la ultramaratón, un amigo le salió al paso y le dijo: «¿Sabes que vas la decimotercera? ¡Podrías quedar entre los diez primeros!».

Maggie decidió apretar la marcha. Durante las horas siguientes adelantó al duodécimo corredor, luego al undécimo y más tarde al décimo. Cruzó la línea de meta en décimo lugar, lo que le garantizaba que la invitasen al año siguiente a correr en un puesto de honor.

Aquel verano Maggie corrió tres ultramaratones más: otra de 160 kilómetros en junio y dos más en julio y agosto. Se sentía estupendamente. En septiembre decidió que en lugar de darse un largo plazo de recuperación de su extenuante entrenamiento veraniego, iba a entrenar para correr otra ultra en diciembre. Entonces, de repente, cuando llevaba unas cuantas semanas entrenando, Maggie dejó prácticamente de dormir. Se pasaba las noches enteras sin pegar ojo, sentada en la cama, esperando, hasta que por la mañana sonaba la alarma de su teléfono. «Nunca he tomado drogas, pero me imagino que meterse *speed* debe de ser como esto —dice Maggie—. No lograba dormir y no me encontraba cansada. Tenía toneladas de energía. Aquello era muy muy raro».

Maggie siguió entrenando. Luego hicieron acto de presencia las enfermedades: catarros, la gripe, otros virus. Probó a reducir sus entrenamientos, pero no advirtió mejora alguna de sus síntomas, así que reanudó su programa. Después, a principios del invierno, el cuerpo le falló. No conseguía acabar los entrenamientos. A duras penas lograba ir a trabajar o levantarse de la cama.

Maggie presentaba todos los síntomas de un síndrome de sobreentrenamiento, un diagnóstico no oficial que se caracteriza por alteración del sueño, cansancio, cambios de humor, vulnerabilidad a las enfermedades y dolor físico.

Cuando Maggie recuerda aquel verano de ultramaratones, la gente que la rodea expresa sentimientos encontrados. Hay quienes dan sentencias, declaran, casi regodeándose, que un ejercicio tan intenso por fuerza tiene que ser malo para el cuerpo. Otros se sienten culpables: pese a los problemas sufridos por Maggie, creen que hay algo que no están haciendo bien si no entrenan a su mismo nivel de deportista de élite. Otros se sirven de la experiencia de Maggie como excusa para no hacer ningún ejercicio.

El asunto del ejercicio puede dar pie a confusión y también tiende a convertirse en una cuestión emocional. Pero los telómeros nos aportan algo de claridad al respecto. Los telómeros no necesitan programas radicales de entrenamiento físico para prosperar, y eso es una buena noticia para todos aquellos que nos sentimos desanimados cuando conocemos a gente como Maggie, que se pasó su verano maratoniano llevando a su cuerpo hasta el límite y superándolo. Otra buena noticia es que los telómeros parecen responder positivamente a muchos grados y tipos diferentes de ejercicio físico. En este capítulo te enseñaremos cómo es esa gama de ejercicios saludables y también a valorar si te quedas corto en el ejercicio que haces o, como en el caso de Maggie, te estás excediendo.

DOS PÍLDORAS

Imaginemos por un momento que estás en una farmacia del futuro. Le pides consejo a la farmacéutica, que te ofrece dos píldoras. Señalas la primera y le preguntas para qué sirve.

La farmacéutica enumera con los dedos sus beneficios:

—Te baja la presión arterial, estabiliza los niveles de insulina, incrementa la quema de calorías, combate la osteoporosis y reduce el riesgo de sufrir ictus e infarto. Por desgracia, entre sus efectos secundarios están el insomnio, erupciones cutáneas, problemas cardiacos, náuseas, gases, diarrea, aumento de peso y muchos más.

—Vaya —dices—. ¿Y la segunda píldora? ¿Para qué sirve?

—Oh, tiene los mismos beneficios —afirma alegremente la farmacéutica.

—¿Y qué hay de los efectos secundarios? —preguntas.

Ella sonríe y dice:

—No tiene ninguno.

La primera píldora es imaginaria, una síntesis ilusoria de betabloqueantes para controlar la hipertensión, estatinas para reducir el colesterol, fármacos contra la diabetes que regulan la insulina, antidepresivos y medicación contra la osteoporosis.

La segunda píldora es real, más o menos. Se llama hacer ejercicio. La gente que hace ejercicio vive más y corre menor riesgo de tener hipertensión, ictus, enfermedades cardiovasculares, depresión, diabetes y síndrome metabólico. Y, además, evitan sufrir demencia durante mucho más tiempo.

Si el ejercicio es como una medicina que no hace sino aportar maravillosos beneficios a tu organismo, ¿cómo funciona? Ya conoces la visión macro del ejercicio: incrementa el flujo sanguíneo al corazón y al cerebro, genera musculatura y fortalece los huesos. Pero si pudieras observar los efectos del ejercicio con un potente microscopio y atisbar en lo más profundo de las células humanas cuando se hace ejercicio de manera habitual, ¿qué verías?

Tranquiliza, adelgaza y combate los radicales libres: beneficios celulares del ejercicio

La gente que hace ejercicio dedica menos tiempo a ese estado tóxico denominado estrés oxidativo o agresión oxidativa. Esa circunstancia tan nociva empieza con un radical libre, una molécula a la que le falta un electrón. El radical libre es inseguro, inestable, incompleto. Ansía ese electrón que le falta, así que se lo quita a otra molécula, que ahora queda inestable y necesita robar ella también otro electrón. Como cuando una persona que está de mal talante se lo transmite a otra y de ese modo se siente mejor al traspasarle sus malos rollos, el estrés oxidativo es un estado que puede ir propagándose por las moléculas de una célula. Se asocia con el envejecimiento y el arranque del periodo de vida enferma: enfermedades cardiovasculares, cáncer, problemas pulmonares, artritis, diabetes, degeneración macular y trastornos neurodegenerativos.

Afortunadamente, nuestras células contienen también antioxidantes, que aportan una protección natural contra el estrés oxidativo. Los antioxidantes son moléculas capaces de donar un electrón a un radical libre sin por ello desestabilizarse. Cuando un antioxidante le cede un electrón a un radical libre, pone fin a la reacción en cadena. El antioxidante es como ese amigo sabio que te dice: «Venga, cuéntame todo lo que te preocupa. Te escucharé y te sentirás mejor, pero no voy a dejar que hagas que yo me sienta mal. Y en absoluto pienso traspasarle a nadie tu mal rollo».

En una situación ideal, nuestras células tendrían suficientes antioxidantes para cubrir la necesidad de neutralizar los radicales libres de nuestro cuerpo. Nunca podremos erradicarlos del todo. Se generan constantemente debido a los propios procesos de la vida: aparecen de manera natural a través del metabolismo. De hecho, es importante que existan cantidades muy pequeñas de radicales libres para que se produzcan los procesos de comunicación normales en nuestras células. Pero los radicales también se pueden generar en exceso cuando nos exponemos a factores ambientales nocivos, como la radiación y el humo del tabaco, o a la depresión grave. El peligro, al parecer, está en que los radicales libres aumenten en exceso. Y cuando tenemos más radicales libres que antioxidantes, entramos en un estado desequilibrado de estrés oxidativo.

Ese es uno de los motivos que hacen que el ejercicio sea tan valioso. A corto plazo, en realidad, el ejercicio causa un incremento de los radicales libres. Una de las razones es que absorbes más oxígeno. La mayoría de las moléculas de oxígeno se usan para generar energía a partir de reacciones químicas especiales en las mitocondrias de las células, aunque un subproducto inevitable de esos procesos vitales es que en algunos de ellos también se generan radicales libres. Pero esa respuesta a corto plazo da lugar a una contrarrespuesta saludable: el cuerpo incrementa la producción de antioxidantes. Del mismo modo que el estrés psicológico a corto plazo logra endurecernos e incrementar nuestra capacidad de lidiar con las adversidades, el estrés físico de un ejercicio regular de intensidad moderada mejora el equilibrio entre antioxidantes y radicales libres, lo que favorece la buena salud de nuestras células.

Las células también tienen otras maneras de aprovechar los beneficios del ejercicio. Cuando hacemos ejercicio de forma habitual, las células de la corteza suprarrenal (ubicada en las glándulas suprarrenales) segregan menos cortisol, la famosa hormona del estrés —con menos cortisol estamos más calmados— y las células de nuestro cuerpo se vuelven más sensibles a la insulina, lo que supone que se estabilizan nuestros niveles glucémicos. Si quieres evitar ese triplete tan común en la madurez de la vida que constituyen el estrés, el aumento de tripa y la hiperglucemia, tienes que hacer ejercicio.

Inmunosenescencia: hacer ejercicio logra que dure más tu periodo de vida sana

La inmunosenescencia es un proceso importante que subyace a la mayor presencia de enfermedades y cáncer cuando envejecemos. Como resultado de la inmunosenescencia, experimentamos mayor concentración sanguínea de citocinas proinflamatorias, una serie de moléculas capaces de propagar la inflamación por todo el cuerpo como un incendio avivado por rachas de viento. Eso acelera el paso a la senescencia de más de nuestros linfocitos T, por lo que no son capaces de combatir la enfermedad. Algunos inmunocitos senescentes, como ya hemos visto antes, hasta pueden descontrolarse. Esos inmunocitos envejecidos te hacen más vulnerable a cualquiera de los patógenos que pueden llevarte a una cama del hospital. Si tienes muchas células inmunosenescentes y te vacunas contra la neumonía o contra la cepa de gripe de este año, es más que probable que la vacuna no «agarre» y que acabes con fiebre y tos de todos modos.[1] Tener unas células envejecidas te dificulta disfrutar de los beneficios de la medicina preventiva.

No obstante, en comparación con los sedentarios de sofá, la gente que hace ejercicio de forma habitual presenta menor concentración de citocinas inflamatorias, responde mejor a las vacunas y disfruta de un sistema inmunitario más robusto. La inmunosenescencia es un proceso natural que va de la mano de envejecer... pero las personas que hacen ejercicio son capaces de retrasarlo hasta la última etapa de su vida. Como dijo Richard Simpson, investigador sobre ejercicio e inmunología, estas y otras pruebas «indican que el ejercicio habitual consigue regular el sistema inmunitario y retrasar la aparición de la inmunosenescencia».[2] Plantéate el hacer ejercicio como una estupenda apuesta en pro de conservar un sistema inmunitario biológicamente joven.

¿QUÉ CLASE DE EJERCICIO ES EL MEJOR PARA LOS TELÓMEROS?

Hacer ejercicio contribuye a proteger a nuestras células, ya que mantiene a raya la inflamación y la inmunosenescencia. Y he aquí otra explicación de las ventajas del ejercicio para las células: contribuye al mantenimiento de los telómeros. Esto se demostró incluso en un estudio de 1.200 parejas de hermanos gemelos, que permitió identificar y separar los efectos del ejercicio de los de la genética: el gemelo más activo tenía los telómeros más largos que el menos activo.[3] Después de tener en cuenta la edad y otros factores que afectan a los telómeros, al eliminar estadísticamente sus efectos, quedó al descubierto la relación entre telómeros y actividad física. Y no solo es útil hacer ejercicio, sino que sabemos también que el sedentarismo resulta fatal para la salud metabólica. Varios estudios han demostrado que las personas sedentarias presentan telómeros más cortos que aquellas que son solo ligeramente más activas.[4]

Ahora bien, ¿son iguales todas las clases de ejercicio físico en lo que se refiere al envejecimiento celular? Los investigadores Christian Werner y Ulrich Laufs, del Saarland University Medical Center de Homburg, Alemania, pusieron a prueba tres tipos de ejercicio en un reducido pero fascinante estudio. Sus resultados sugieren que el ejercicio puede incrementar la acción regeneradora de la telomerasa, además de ayudarnos a comprender qué clase de ejercicio físico es mejor para mantener sanas nuestras células. Dos modalidades de ejercicio destacaron. En primer lugar, un ejercicio aeróbico de resistencia llevado a cabo tres veces por semana durante 45 minutos y a lo largo de seis meses duplicó la actividad de la telomerasa. Y lo mismo ocurrió haciendo un entrenamiento de intervalos de alta intensidad (HIIT, por sus siglas en inglés), consistente en alternar breves ráfagas de actividad cardiovascular intensa con periodos de recuperación. El ejercicio anaeróbico de fuerza no influyó de manera significativa en la actividad de la telomerasa (aunque sí tuvo otros efectos beneficiosos; los investigadores concluyeron que «el ejercicio anaeróbico de fuerza debería ser más un complemento que un sustitutivo del ejercicio aeróbico de resistencia»). Y estas tres modalidades de ejercicio físico ocasionaron mejoras en proteínas asociadas con los telómeros (como la proteína TRF2, que protege los telómeros) y redujeron la presencia de un marcador del envejecimiento celular llamado p16.[5] También observaron que, independientemente del tipo de ejercicio físico, quienes más incrementaron su actividad aeróbica presentaron un mayor aumento de actividad de la telomerasa. Esto nos indica que el ejercicio más determinante es la actividad cardiovascular.

Así que intenta practicar ejercicio cardiovascular o de alta intensidad con moderación. Cualquiera de las dos modalidades es estupenda. En el laboratorio de renovación que figura al final de este capítulo encontrarás estos ejercicios de comprobada eficacia para fortalecer tus telómeros. Puede que, sin embargo, no quieras limitarte a optar por uno de estos ejercicios. La variedad resulta beneficiosa. En un estudio llevado a cabo con miles de estadounidenses se comprobó que cuantas más categorías de actividad física practicaba la gente —desde caminar a ir en bici, pasando por entrenamientos de fuerza—, más largos eran sus telómeros.[6] Y ese es un motivo más para hacer entrenamiento de fuerza. Aunque entrenar la fuerza física no parezca estar significativamente relacionado con tener telómeros más largos, ayuda a conservar o mejorar la densidad ósea, la masa muscular, el equilibrio y la coordinación, todo lo cual es crucial para envejecer bien.

Entonces ¿cómo fortalece exactamente el ejercicio a nuestros telómeros?

Tal vez los maravillosos efectos que tiene el ejercicio en las células, como menor inflamación y estrés oxidativo, son buenos para los telómeros. O a lo mejor el ejercicio es bueno para los telómeros porque evita que el estrés ocasione algunos de sus daños habituales. La respuesta al estrés puede dejar a su paso una estela de daños celulares y escombros, pero el ejercicio físico activa la autofagia, la capacidad de limpieza doméstica de la célula en la que esta consume las moléculas dañadas y las recicla.

También es posible que el ejercicio suponga mejoras directas para los telómeros. Por ejemplo, correr en la cinta provoca una acusada respuesta al estrés, lo que incrementa la expresión del TERT, un gen de la telomerasa.[7] Los deportistas presentan una expresión del TERT más alta que las personas sedentarias.[8] El ejercicio hace que se segregue una hormona que se ha identificado recientemente, la irisina, que estimula el metabolismo, y en un estudio se ha asociado con tener telómeros más largos.[9]

Pero funcione como funcione la relación entre ejercicio y telómeros, lo verdaderamente importante es que el ejercicio resulta esencial para nuestros telómeros. Para mantener sanos tus telómeros, tienes que entrenarlos. Si quieres saber qué entrenamientos han demostrado mejorar el mantenimiento telomérico, consulta el laboratorio de renovación.

EJERCICIO Y BENEFICIOS A NIVEL INTRACELULAR

El ejercicio provoca infinidad de cambios intracelulares. Hacer ejercicio causa una breve respuesta al estrés, lo que da lugar a una mayor respuesta restauradora. El ejercicio daña las moléculas, y las moléculas dañadas pueden causar inflamación. Sin embargo, al inicio de una sesión de actividad física, el ejercicio provoca un proceso denominado autofagia en el que la célula actúa como un Pac-Man y consume las moléculas dañadas. Eso evita la inflamación. Más tarde, en esa misma sesión de ejercicio, cuando hay demasiadas moléculas dañadas y la autofagia no logra contenerlas ni controlarlas, la célula sufre una muerte rápida (llamada apoptosis), más limpia y que no deja restos ni causa inflamación.[10] El ejercicio también hace que aumente la cantidad y la calidad de las mitocondrias, productoras de energía. De ese modo, el ejercicio físico puede reducir la cantidad de estrés oxidativo.[11] Después de hacer ejercicio, cuando el cuerpo empieza a recuperarse, este sigue eliminando restos celulares, lo que hace que las células estén más sanas y robustas que antes de haber emprendido la actividad física.

VALORA SI TUS TELÓMEROS ESTÁN EN FORMA

No es únicamente el ejercicio lo que resulta crucial para la salud telomérica. Como ya hemos apuntado antes, la buena forma física, la capacidad de desempeñar actividades físicas, es también importante. Es más que posible que una persona haga ejercicio ligero de manera habitual pero que no esté en forma. Y algunos afortunados pueden estar en forma sin hacer ejercicio, sobre todo cuando son jóvenes (pensemos en esos veinteañeros capaces de dar largas caminatas por la montaña aunque no hayan hecho prácticamente ejercicio desde que iban al instituto). Para tener una buena salud telomérica hay que hacer ejercicio de manera habitual y, *además*, hay que estar en forma.

Ahora bien, ¿cuán en forma hay que estar? ¿Tienes que ser capaz de correr ultramaratones, como Maggie? ¿De nadar ocho kilómetros en aguas abiertas? ¿Debes ser como uno de nuestros amigos del Medio Oeste, que dedica las mañanas de sábado de octubre a correr por campos de maíz perseguido por gente disfrazada de zombi? Nuestros criterios culturales de lo que significa estar en forma son cada vez más y más elevados, y puede resultar difícil saber si uno está lo suficientemente en forma para mantenerse sano.

La forma física es crucial para la salud de los telómeros.[12] Pero tal vez te alivie saber que con un grado muy moderado y asequible de forma física se obtienen considerables beneficios para los telómeros. Nuestra colega Mary Whooley, de la UCSF, puso a un grupo de adultos, todos aquejados de cardiopatías, a hacer ejercicio en la cinta de correr. Empezaron caminando y la inclinación y la velocidad se fueron incrementando de manera gradual hasta que ya no pudieron más. Los resultados fueron cristalinos: cuanta menos capacidad de ejercitarse tenían, más cortos eran sus telómeros.[13] Los que presentaban una peor forma física cardiovascular eran incapaces de mantener un paso ligero, mientras que los que estaban en mejor forma mantuvieron un ritmo equivalente al de subir a una montaña. Los menos en forma tenían menor número de pares de bases, equivalentes a unos cuatro años de envejecimiento celular añadido, en comparación con el grupo de los que estaban en forma.

¿Eres capaz de cortar el césped de tu jardín? ¿De quitar la nieve con la pala? ¿De acarrear la bolsa de palos cuando juegas al golf? Si no es así, entras en la categoría de los que están en baja forma. Es posible incrementar esa facultad de manera segura y gradual. Consulta con tu médico y plantéate seguir el plan de caminar que proponemos en nuestro laboratorio de renovación. Por otra parte, si eres capaz de andar con brío o de mantener un trote ligero durante unos 45 minutos, tres veces por semana, gozas de suficiente forma física para mantener tu salud telomérica. Recuerda que la forma física y el ejercicio están relacionados, pero no son lo mismo. Aunque goces de buena forma física por naturaleza, necesitarás seguir un programa de ejercicio para mantener sanos tus telómeros.

¿DEMASIADO EJERCICIO?

Tanto un ejercicio como un estado de forma moderados son claramente estupendos para los telómeros. Pero ¿qué pasa con Maggie, la ultrafondista? ¿Son sus telómeros más largos por haber llevado hasta el extremo el ejercicio físico? ¿O son más cortos? Somos muy pocos los que corremos ultramaratones, pero en vista de que cada vez más gente participa en deportes de resistencia, este tipo de preguntas surgen con más frecuencia.

La mayoría de los deportistas extremos pueden respirar aliviados: en un notable estudio de ultrafondistas se observó que sus células eran el equivalente a dieciséis años más jóvenes que las de sus contrapartes sedentarios.[14] ¿Significa eso que todos deberíamos inscribirnos en la próxima carrera de 100 kilómetros? En absoluto. A esos ultrafondistas se los comparó con gente sedentaria. Cuando se compara a deportistas de resistencia con corredores más corrientes, de los que a lo mejor corren unos 15 kilómetros por semana, se observa que ambos grupos presentan unos buenos telómeros, sanos, en comparación con el colectivo de personas más sedentarias; y los integrantes del grupo de corredores ultrafondistas no parece que obtengan beneficios adicionales en lo relativo a sus telómeros.[15]

A los deportistas de resistencia a veces les preocupa el hecho de si será seguro seguir con ese entrenamiento extremo año tras año, en lugar de entrenar para una competición concreta y después volver a una rutina de ejercicio más normal. En un estudio se examinó a hombres de edad avanzada que habían sido deportistas de élite cuando eran jóvenes. Sus telómeros presentaban una longitud similar a la de otros hombres de su edad, de modo que sus muchos años de vigoroso entrenamiento no parece que tuviesen un efecto acumulativo de desgaste.[16] En otra investigación, en Alemania, se examinó a un grupo de viejos «maestros del atletismo» que llevaban desde su juventud compitiendo en carreras de fondo. La mayoría de ellos sigue compitiendo, aunque a un ritmo más bajo (por ejemplo, tardan ocho horas en lugar de cuatro para correr una maratón). Los atletas veteranos parecían más jóvenes y también presentaban un menor acortamiento de los telómeros al compararlos con un grupo de control.[17] Se dedicó otro estudio a analizar años de práctica de ejercicio y se observó que las personas que habían practicado activamente ejercicio durante los diez años anteriores o más presentaban telómeros más largos.[18] Parece importante practicar ejercicio ya de joven, pero no hay que desanimarse. Nunca es demasiado tarde para empezar y siempre nos aguardan beneficios.

Sin embargo, Maggie podría tener que vérselas con algún que otro problema. En un estudio sobre deportistas extremos se observó que tenían más cortos los telómeros de los músculos, pero solo en el caso de que los deportistas sufriesen algún síndrome de fatiga por sobreentrenamiento.[19] Cuando los deportistas presentan síndrome de fatiga, como le ocurrió a Maggie, se trata de un indicador seguro de que han entrenado en exceso y han dañado sus músculos hasta tal punto que no resulta fácil repararlos. Las células progenitoras (también llamadas células satélite) reparan el tejido muscular dañado, pero se cree que el sobreentrenamiento daña también a esas cruciales células y las incapacita en parte para que efectúen sus funciones reparadoras. Parece que es el sobreentrenamiento, y no el ejercicio extremo, lo que daña a los telómeros, al menos en el caso de las células musculares.

El sobreentrenamiento se define por dedicar un tiempo excesivo a entrenar en relación con el dedicado a descansar y recuperarse. Puede pasarle a cualquiera, desde corredores principiantes hasta atletas profesionales, y se produce cuando no cuidas bien tu cuerpo proporcionándole el descanso, la nutrición y el sueño suficientes. Entre los síntomas de sobreentrenamiento están el cansancio, los cambios de humor, la irritabilidad, los problemas para dormir y la propensión a lesionarse y a enfermar. La cura consiste en descansar, algo que suena fácil pero que les resulta difícil a los deportistas acostumbrados a forzar la máquina.

Hablar del sobreentrenamiento es siempre complejo, porque no existe un punto concreto que determine que estás haciendo «demasiado ejercicio». Ese punto varía para todo el mundo, y depende de la fisiología de cada uno y de su nivel de entrenamiento. Si algo nos dicen los telómeros es lo mucho que depende la salud del contexto. Lo que resulta bueno para una persona puede ser perjudicial para otra. Si eres un deportista extremo, asegúrate de que trabajas estrechamente con un entrenador o un médico deportivo, de modo que puedas detectar cuanto antes cualquier indicio de sobreentrenamiento.

En general, lo más conveniente es empezar poco a poco cualquier programa de ejercicio físico e ir luego incrementándolo de manera gradual hasta lograr una buena forma. Esos guerreros de fin de semana que se pasan cinco días sentados en la oficina y luego se machacan durante el fin de semana y fuerzan a tope la musculatura acaban exhaustos y muchas veces hasta con náuseas. No le están haciendo ningún favor a su cuerpo. Recuerda que al principio se genera más estrés oxidativo en el cuerpo y que más tarde se produce una contrarrespuesta sana que reduce ese estrés. Pero si te excedes, esa contrarreacción puede quedar anulada y acabarás sufriendo más estrés oxidativo en lugar de menos.

¿ESTRESADO O DEPRIMIDO? HACER EJERCICIO ES ENTRENAMIENTO RESILIENTE PARA TUS CÉLULAS

«No tengo tiempo de hacer ejercicio. Lo tengo ya todo demasiado comprometido y programado».

«Ya haré ejercicio cuando me encuentre mejor. Ahora mismo estoy tan estresada que no soy capaz de obligarme a hacer otra cosa más que me cueste esfuerzo».

Te suena, ¿verdad? Aun así, resulta que el momento más importante para hacer ejercicio es justo cuando menos te apetece, cuando te ves agobiado. Hacer ejercicio mejora tu humor hasta tres horas después de haberlo practicado[20] y también reduce la reactividad al estrés.[21] El estrés puede acortar los telómeros, pero el ejercicio los protege de parte de los daños del estrés. Nuestro colega Eli Puterman, psicólogo e investigador sobre el ejercicio de la Universidad de Columbia Británica, ha estudiado a mujeres con alto grado de estrés, entre las cuales hay muchas cuidadoras sumamente estresadas. Cuanto más ejercicio hacían estas mujeres, menos erosionaba el estrés sus telómeros (véase la figura 17). El ejercicio en realidad mitigó los efectos dañinos del estrés, que acorta los telómeros. Aunque tengas una agenda muy llena, aunque te encuentres demasiado exhausto para entrenar con intensidad, busca un hueco para hacer por lo menos algo de ejercicio. Por ejemplo, nosotras dos llevamos unos horarios muy apretados, pero durante la elaboración de este libro salíamos a andar juntas y hablábamos de los capítulos mientras subíamos y bajábamos por las cuestas de San Francisco.

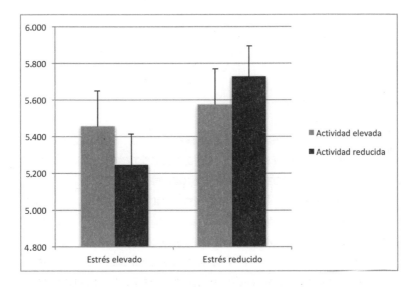

Figura 17: La actividad física puede mitigar el acortamiento de los telómeros relacionado con el estrés. Las mujeres con elevado estrés percibido presentaban telómeros más cortos, pero solo si eran relativamente sedentarias. Si hacían ejercicio, no mostraban relación alguna entre estrés y longitud de los telómeros.[22] Aquí se muestran en el eje vertical los valores en bruto (sin ajustar) de longitud telomérica en pares de bases.

Seguramente puedes hacer más ejercicio del que crees. Pero esos días en los que no hay manera de encontrar el momento, tampoco te preocupes. En psicología, la resiliencia es una especie de santo grial. La resiliencia es lo que hace que te levantes después de que te hayan derribado y logra que el estrés pase de largo sin causar perjuicio a tu mente ni a tu cuerpo. La investigación de Eli Puterman demuestra que los telómeros también pueden ser resilientes. Cuanto más pongas en práctica hábitos de vida saludables —regulación eficaz de las emociones, relaciones sociales sólidas, buen sueño y buen ejercicio—, menos dañará el estrés a tus telómeros. Esto ocurre sobre todo cuando sufres depresión.[23] El ejercicio es una manera muy eficaz de hacer que tus telómeros sean resilientes, pero cuando no puedas hacer ejercicio, incorpora otros hábitos que fomenten la resiliencia. Cualquier actividad que practiques te será de ayuda, y esa es una noticia alentadora.

Apuntes para los telómeros

- Las personas que hacen ejercicio tienen unos telómeros más largos que las sedentarias. Eso ocurre incluso entre hermanos gemelos. La buena forma aeróbica es la que está más vinculada con una buena salud celular.
- Hacer ejercicio pone en marcha a los equipos de limpieza de la célula, lo que ocasiona que las células acumulen menos porquería, que sus mitocondrias sean más eficaces y que haya menos radicales libres.
- Los deportistas de resistencia, que gozan de mejor forma física y mejor salud metabólica, tienen telómeros largos. Pero esos telómeros no son mucho

más largos que los de quienes hacen ejercicio con moderación. No hace falta irse a los extremos.

- Los deportistas que sobreentrenan y se agotan sufren muchos problemas físicos, entre ellos el riesgo de presentar telómeros más cortos en las células musculares.
- Si llevas una vida estresante, el ejercicio no es bueno para ti sino esencial, ya que te protege del acortamiento de los telómeros que provoca el estrés.

Laboratorio de renovación

SI TE GUSTA HACER EJERCICIO CARDIOVASCULAR CONTINUADO...

Aquí tienes el programa de ejercicio cardiovascular que se empleó en el estudio alemán, en el que se observó un incremento significativo de la telomerasa.[24] Es bastante sencillo: solo tienes que andar o correr a alrededor del 60 por ciento de tu capacidad máxima. Debería costarte un poco respirar, pero aun así debes poder mantener una conversación. Conviene hacerlo durante 40 minutos, por lo menos tres veces por semana.

SI PREFIERES UN ENTRENAMIENTO DE INTERVALOS DE ALTA INTENSIDAD...

Esta rutina de ejercicio a intervalos se ha asociado con el mismo aumento de la telomerasa que el programa cardiovascular mencionado antes. Prográmate para hacerlo tres veces por semana:

Rutina cardiovascular (correr)	
Calentamiento (suave)	10 minutos
Intervalos (4 series)	
Carrera (intensa)	3 minutos
Carrera (suave)	3 minutos
Trote de enfriamiento (suave)	10 minutos

Los corredores no tienen por qué tener el monopolio del entrenamiento de intervalos. Esta rutina es menos intensa, pero sigue incluyendo unos intervalos más que factibles. Si estás en baja forma, añádele 10 minutos de calentamiento y de recuperación:

Rutina cardiovascular (caminar)	
Intervalos (4 series)	
Andar a buen paso (en una escala de intensidad de 1 a 10, alrededor del 6 o el 7)	3 minutos
Pasear con calma	3 minutos

Esta rutina no se ha probado específicamente mediante ningún estudio para evaluar sus efectos en los telómeros o la telomerasa, pero sin duda entra en la categoría de ejercicio saludable. En un estudio se puso a prueba este programa y se observó que, según diversas mediciones de forma física, tenía efectos mucho más beneficiosos que limitarse a andar de manera continuada y moderada. Y, lo que es más importante, más de dos tercios de los adultos participantes en el estudio, que eran de mediana edad o ancianos, seguían haciendo esta rutina de ejercicio muchos años después.[25]

CADA PASITO CUENTA

Además de programarse ejercicios, es importante no dejar de moverse durante todo el día. La actividad incorporada a la rutina cotidiana te aparta de la temida categoría del «sedentario», que está relacionada con tener telómeros más cortos y ocasiona alteraciones metabólicas que pueden derivar en mayor resistencia a la insulina y a la inflamación.[26] De modo que te conviene añadir pequeños paseos a lo largo de la jornada: aparca más lejos del sitio al que vas, sube por las escaleras o prográmate encuentros para hablar mientras caminas. Algunas aplicaciones para el móvil (y para el iWatch) cuentan con programas que te avisan para que te levantes de la silla cada hora. También puedes usar un simple podómetro para recordarte a diario que todos los pasos que damos cuentan.

Capítulo 8

Telómeros cansados: del agotamiento a la regeneración

El sueño de baja calidad, la acumulación de sueño atrasado y los trastornos del sueño están relacionados con tener telómeros más cortos. Por supuesto, la mayoría ya sabemos que necesitamos dormir más; el problema es cómo conseguirlo. En este capítulo echaremos mano de las investigaciones más recientes, que van más allá de las habituales recomendaciones sobre el sueño y que demuestran cómo pueden ayudarte los cambios cognitivos y el *mindfulness* a conseguir un sueño más reparador. Aunque no logres dormir más horas, estas técnicas te ayudarán a padecer menos los efectos de la falta de sueño.

Los problemas para dormir de María empezaron hace más de quince años. Su marido y ella discutían mucho y ella empezó a levantarse en mitad de la noche, incapaz de dejar de reproducir una y otra vez aquellas peleas en su mente. Tras asistir a la consulta de un terapeuta matrimonial y familiar, aquel primer brote de insomnio desapareció.

Por desgracia, quedó abierto un resquicio de aquella puerta, y los problemas de sueño de María volvían a hacer acto de presencia varias veces al año. Cuando eso ocurría, ella se encontraba en estado de alerta y tan excitada que no lograba dormirse por la noche. Dormitaba un poco y se volvía a despertar, preocupada muchas veces por problemas económicos y por cómo iba a afectarle al día siguiente en el trabajo su falta de sueño. Durante el día se notaba mermada y exhausta, pero su cabeza iba a tal velocidad que no podía dormir. Al asistir a un programa para tratar el insomnio, a María le pidieron que llevase un registro diario de cuánto tiempo dormía. Su media de sueño diario fue de 124 minutos.

¿Y tú? ¿Duermes lo suficiente? Una valoración rápida, la que usan los investigadores del sueño, es preguntarte si tienes sueño durante el día. Si es así, necesitas dormir más, aunque tu falta de sueño no sea ni de lejos tan dramática como la de María. Una prueba todavía más fiable consiste en preguntarte si te duermes involuntariamente mientras ves la televisión o en el cine, o cuando vas de pasajero en un coche. Mucha gente no duerme lo suficiente, ya sea debido a trastornos diagnosticables del sueño, a problemas del sueño habituales relacionados con el ritmo de vida o a que está demasiado ocupada. Según el índice de sueño Sleep Health Index de 2014 de la National Sleep Foundation, el 45 por ciento de los estadounidenses afirmaron que un sueño deficiente o insuficiente había afectado a sus actividades diarias al menos una vez durante la semana anterior.[1]

Los telómeros necesitan su buena dosis de sueño. Ahora sabemos que dormir el tiempo suficiente es importante para la salud telomérica de cualquier adulto. El insomnio crónico se ha asociado con tener telómeros más cortos, sobre todo en las personas de más de 70 años (véase la

La solución de los telómeros

figura 18).[2] En este capítulo veremos cómo dormir bien protege a los telómeros, mitiga parte de los efectos del envejecimiento, regula el apetito y suaviza el dolor que causan algunos de nuestros recuerdos más estresantes. Si quieres conocer las técnicas más novedosas que ayudan a dormir mejor —y que hacen que te sientas mejor cuando sencillamente no puedes dormir—, sigue leyendo.

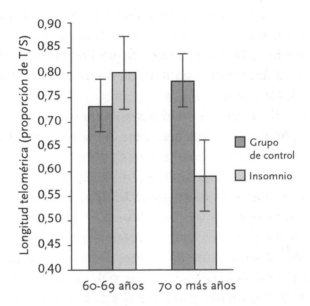

Figura 18: Telómeros e insomnio. En hombres y mujeres de entre 60 y 88 años se relacionó el insomnio con una menor longitud de los telómeros, pero solo en aquellos de más de 70 años. En este gráfico se aprecia la longitud telomérica media en células mononucleares de sangre periférica.

EL PODER REPARADOR DEL SUEÑO

No solemos considerar el sueño como una actividad, pero eso es exactamente lo que es. De hecho, es la actividad más reparadora que uno puede emprender. Necesitamos ese tiempo rejuvenecedor para ajustar nuestro reloj biológico interno, regular el apetito, consolidar y sanear nuestros recuerdos y refrescar nuestro humor.

Ajusta tu reloj biológico

¿Te cuesta levantarte y sentirte despierto por las mañanas?

¿Te cuesta dormirte cuando te acuestas por la noche?

¿Te suele dar hambre a horas raras?

Si has respondido que sí a alguna de estas preguntas, o si tienes la impresión de que los horarios de tu cuerpo están desajustados, puede que sufras alguna desregulación, aunque sea leve, en una estructura cerebral conocida como núcleo supraquiasmático, o NSQ.[3] El NSQ, una estructura de solo unas 50.000 células, está acurrucado como un diminuto huevecillo en el nido, más grande, que es el hipotálamo del cerebro. Pero no hay que engañarse por su tamaño, porque el NSQ es de una importancia increíble. Es el reloj interno de nuestro cuerpo. Nos dice cuándo hemos de sentir cansancio, cuándo hemos de estar despiertos y cuándo debemos tener hambre. También dirige las tareas domésticas nocturnas de limpieza celular, cuando se eliminan las partes dañadas y se repara el ADN.[4] Si el NSQ funciona correctamente, tenemos más energía cuando la necesitamos, dormimos más profundamente por la noche y las células nos funcionan con más eficacia.

Como un delicado mecanismo de relojería hecho a mano, el NSQ es muy sensible. Necesita que le proporcionemos información para estar bien sincronizado. Determinadas señales lumínicas, transmitidas directamente al NSQ a través del nervio óptico, le permiten ajustar el ciclo correcto entre el día y la noche. Al estar expuestos a la luz durante el día y a la penumbra al llegar la noche, nuestro NSQ permanece sincronizado. Si nos ceñimos a horarios regulares de alimentación y sueño, también le damos al NSQ la información que necesita para inhibir la tendencia a la somnolencia durante el día y para darle rienda suelta durante la noche.

Controla tu apetito

Nuestro cuerpo depende también de que disfrutemos de un sueño REM profundo y reparador para regular nuestro apetito (el sueño REM se caracteriza por rápidos movimientos oculares, una frecuencia cardiaca más elevada, una respiración más acelerada y por soñar más). Durante la fase REM se inhibe la secreción de cortisol y se acelera el metabolismo. Cuando no dormimos bien, tenemos menos fase de sueño REM durante la segunda mitad de la noche, y eso ocasiona mayores concentraciones de cortisol e insulina, lo que estimula el apetito y deriva en mayor resistencia a la insulina. Dicho en términos más simples: eso significa que una noche de dormir mal te puede llevar a un estado prediabético transitorio. Según algunos estudios, incluso una sola noche de sueño parcial, o en la que no se produzca suficiente sueño REM, puede ocasionar un aumento del cortisol durante la tarde o la noche siguiente, además de alteraciones hormonales y de los péptidos que regulan el apetito, lo que genera mayor sensación de hambre.[5]

Buenos recuerdos, malos recuerdos y emociones

«Dormimos para recordar y dormimos para olvidar», afirma Matt Walker, investigador del sueño en la Universidad de California en Berkeley. Cuando hemos dormido bien, se nos da mejor aprender y recordar. La gente cansada no logra centrar igual de bien la atención, así que tampoco asimila igual de bien la información. Y el propio sueño genera nuevas conexiones entre las neuronas, lo que significa que estamos aprendiendo y a la vez consolidando nuestro recuerdo de lo que hemos aprendido.

A veces, sin embargo, los recuerdos son dolorosos. El sueño aplica sus poderes curativos a esos recuerdos y reduce su carga emocional. Walker ha descubierto que la mayor parte de esa labor se lleva a cabo durante el sueño REM, que corta el suministro al cerebro de algunos estimulantes químicos y nos permite separar nuestras emociones del contenido de los recuerdos. Con el tiempo, esta función nos posibilita recordar una experiencia dolorosa pero sin sentir la intensa sacudida emocional en la mente ni en el cuerpo.[6]

Y, por supuesto, necesitamos dormir para refrescarnos emocionalmente. Si no sabes ya que la falta de sueño te vuelve más irritable, pregunta a tus familiares y compañeros de trabajo. Te lo confirmarán enseguida. Cuando no has dormido bien, generas una respuesta fisiológica y emocional al estrés considerablemente mayor.[7] Hasta puede que estés aturdido o que te dé la risa floja.[8] La falta de sueño hace que todas las emociones sean más intensas. Tal vez fuese ese el motivo de que María se sintiera tan sobreexcitada e inquieta.

Desde que los científicos han advertido que el sueño resulta crucial para la mente, el metabolismo y el estado de ánimo, han ido incorporando cada vez más la medición de los telómeros en sus estudios sobre el sueño. Los investigadores han analizado cómo afecta la duración del sueño a los telómeros de diversas poblaciones, y siempre surge la misma respuesta: un sueño prolongado significa telómeros prolongados.

Dormir por lo menos siete horas, o más, está asociado con tener telómeros más largos, sobre todo en edades avanzadas.[9] En el famoso estudio Whitehall de funcionarios públicos británicos se observó que los hombres que dormían cinco horas o menos la mayoría de las noches presentaban telómeros más cortos que los que dormían siete horas o más.[10] Este descubrimiento se observó tras descartar otros factores, como el estatus socioeconómico, la obesidad y la depresión. Siete horas de sueño parece ser el punto de corte para la salud telomérica. Si duermes menos de siete horas, los telómeros empiezan a sufrir. Si eres de esas escasas personas que necesitan dormir muy poco (alrededor del 5 por ciento de la población necesita únicamente cinco o seis horas de sueño por noche), este punto de corte no corresponde en tu caso. Por otra parte, si te encuentras fatal si no duermes ocho o nueve horas, tampoco trates de arreglártelas con siete. Duerme esas horas de más. Y recuerda esa regla de oro que constituye un consejo sumamente personalizado sobre las horas de sueño: si te notas soñoliento durante el día, es que necesitas dormir más por la noche.

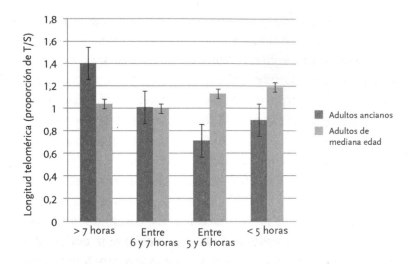

Figura 19: Telómeros y horas de sueño. Los adultos ancianos que solo duermen cinco o seis horas por la noche presentan telómeros más cortos. Si duermen más de siete horas, su longitud telomérica es parecida a la de los adultos más jóvenes.[11]

No se trata solo de cuántas horas estás en la cama: calidad, regularidad y ritmo del sueño

Mantén en mente ese objetivo de dormir siete horas, pero sin obsesionarte con ello, ya que lo que importa no son solo las horas. Haz un repaso de cómo has dormido la semana pasada. ¿Cómo calificarías la calidad de tu sueño durante los últimos siete días? ¿Ha sido muy bueno, bastante bueno, bastante malo o muy malo? Las respuestas a esta pregunta directa y sencilla se han relacionado científicamente con la salud telomérica. Cuanto más te acerques al extremo «muy bueno» de la escala, más sanos estarán sin duda tus telómeros. En varios estudios que analizaron la calidad del sueño se observó que quienes calificaban de mejor su calidad de sueño presentaban telómeros más largos.

La solución de los telómeros

Al parecer, dormir bien resulta especialmente protector cuando envejecemos, pues mitiga el deterioro natural de la longitud telomérica relacionado con la edad. En un estudio no se halló relación entre la edad y una menor longitud de los telómeros en los participantes que disfrutaban de mayor calidad de sueño.[12] Cuando mantenemos un sueño de buena calidad, los telómeros permanecen bastante estables a lo largo de las décadas.

La buena calidad del sueño también protege a los telómeros de los linfocitos CD8 de nuestro sistema inmunitario. Cuando estas células son jóvenes, atacan a los virus, las bacterias y otros invasores. Nuestro cuerpo está constantemente combatiendo amenazas, pero cuando estamos protegidos por un vigoroso ejército de inmunocitos, incluidos los linfocitos CD8, apenas notamos esas amenazas. Eso es porque rodean y destruyen a los invasores. Esos linfocitos CD8 forman parte de un sistema de defensa increíblemente eficaz. Hasta que, claro está, sus telómeros se acortan y empiezan a envejecer. Entonces son menos capaces de repeler a los cuerpos extraños que penetran en nuestro torrente sanguíneo. Por eso las personas con telómeros más cortos en los linfocitos CD8 son más propensas a contraer resfriados víricos. Con el tiempo, tener telómeros cortos en los linfocitos CD8 puede derivar en inflamación generalizada, como ya hemos mencionado. El doctor Aric Prather, investigador del sueño en la Universidad de California en San Francisco, ha descubierto que las mujeres que calificaron de mala su calidad del sueño eran más propensas a presentar telómeros cortos en los linfocitos CD8; la somnolencia excesiva durante el día también sugiere un indicio de una menor longitud telomérica. Las mujeres más estresadas eran las más vulnerables a los efectos de un sueño de mala calidad.[13]

La duración y la calidad del sueño son importantes. Y a la lista hay que añadirle el ritmo de sueño. Mantener un buen ritmo de sueño —acostarse y levantarse siguiendo un horario regular— puede resultar crucial para la capacidad de nuestras células de regular la telomerasa. En un estudio con ratones, los investigadores les quitaron a estos sus «genes reloj». Si bien los ratones normales presentan mayor concentración de telomerasa por la mañana y menor por la noche, los ratones sin el gen reloj no mostraban ese mismo ritmo diurno de telomerasa y sus telómeros se acortaron. Luego, esos mismos investigadores pasaron a estudiar a humanos cuyos horarios de trabajo habían roto su reloj interno. Los médicos de urgencias que trabajaban en turno de noche también carecían de ese ritmo normal de la telomerasa.[14] Se trata de un estudio pequeño, pero sugiere que un buen ritmo de sueño puede resultar vital para ayudar a mantener también un buen ritmo de actividad de la telomerasa que contribuya a la regeneración de los telómeros.

AYUDA CON LOS PROBLEMAS DE SUEÑO: COGNICIÓN Y METACOGNICIÓN

Algunos necesitamos que nos recuerden que dormir es vital para la salud, pero no María. Llevada ya por la desesperación, acudió a una clínica donde se experimentaba con un nuevo enfoque de los trastornos del sueño.

El insomnio se caracteriza por unas cuantas experiencias universales: sentirse demasiado alerta para poder dormir, esforzarse por conciliar el sueño y, sobre todo, ese hábito tan común de revivir el pasado o preocuparse por el futuro. Pero, por la noche, las pequeñas preocupaciones pueden transformarse en grandes amenazas acechantes, lo que dificulta que nos sintamos suficientemente seguros para dormirnos. Por lo general, esas amenazas son, como decía el padre de Elissa, «simples demonios nocturnos» que desaparecen con la llegada del día. Tenía razón. La noche puede convertir preocupaciones manejables, problemas que se pueden resolver durante el día, en una sucesión de catástrofes que reproducimos en un estado de estupor y de agotadora rumiación.

Pero existe un segundo estrato de preocupaciones que puede surgir. Esta segunda capa tan peliaguda está compuesta por preocupaciones sobre el propio insomnio y sus efectos. Entre estas están:

- «Mañana no podré funcionar si no paso una buena noche durmiendo».
- «Debería poder dormir tan profundamente como lo hace mi pareja».
- «Mañana voy a tener una pinta espantosa».
- «Me va a dar un ataque de nervios».

Estos pensamientos pueden propiciar un episodio de insomnio e inquietud de los que te hacen dar vueltas y más vueltas en la cama, además de cubrir con un tinte todavía más sombrío las emociones negativas que te embarguen al día siguiente.

Un método que ha demostrado que ayuda con esta segunda capa de pensamientos consiste en examinarlos directamente. Como los demonios nocturnos, tus pensamientos sobre el sueño suelen ser mucho menos agoreros y dramáticos cuando los analizas a la luz del día. Se trata de las denominadas «distorsiones cognitivas», y la mayoría no son ciertas. Si desafías a esos pensamientos, observarás que surgen afirmaciones mucho más precisas:

- «Aunque no funciono tan bien sin dormir, sigo pudiendo hacerme cargo de mis cosas».
- «Las necesidades de sueño de mi pareja no son iguales que las mías».

- «Tengo bastante buena cara» o «¡Gracias a Dios que existe el maquillaje!».
- «No me va a pasar nada malo».

El doctor Jason Ong dirigía el programa al que asistió María. La terapia cognitivo-conductual es el mejor tratamiento que se conoce hasta ahora para el insomnio, dado que cuestiona nuestros pensamientos sobre el insomnio. Al mismo tiempo, Jason advirtió también que cuando los terapeutas del sueño cuestionaban los pensamientos de sus pacientes, algunos de ellos se sentían un poco intimidados, como si el médico les estuviese diciendo lo que tenían que pensar. O les parecía estar en lados opuestos de un debate en el que se intercambiaban argumentos contrapuestos.

Así que en los talleres del doctor Ong, los pacientes ponen en práctica los buenos hábitos de sueño que prescriben la mayoría de los médicos —levantarse de la cama cuando no se consigue dormir, despertarse a la misma hora todas las mañanas, no intentar compensar la falta de sueño dando cabezadas—, pero en lugar de decirles a los pacientes que cambien su manera de pensar, los terapeutas los animan a observar sus pensamientos desde cierta distancia. Aquí tenemos, también, otra forma de *mindfulness.* En la clínica, pacientes como María aprenden diversas modalidades de meditación, como meditaciones en movimiento (por ejemplo, caminar lentamente mientras prestan atención a cada paso que dan) y meditaciones más tradicionales (sentados en silencio y centrándose en la respiración). Se les insta a que acepten sus pensamientos sobre el insomnio y, después, a que los dejen pasar de largo. No se usa la meditación como una forma de propiciar la somnolencia en el paciente, sino como método para fomentar la concienciación de esa segunda capa de pensamientos que hacen que empeore tanto el insomnio. Desactiva esos pensamientos.

Puede que te cueste un tiempo cambiar esa relación con tus pensamientos. María siguió seis meses el programa de meditación sin notar demasiada mejoría. Al final acabó manifestando su frustración. Dijo: «En las sesiones de meditación he intentado vaciar la mente, y a veces consigo mantenerla en blanco durante un rato, pero [los pensamientos] siempre vuelven a aparecer».

El doctor Ong le sugirió a María que dejase de ejercer tanto poder sobre su mente. Le pidió que pensase en qué ocurriría si se limitaba a dejar que sus pensamientos siguieran su curso. «No se trata de intentar controlar los pensamientos que tienes, sino de dejar de esforzarte por obligar a esos pensamientos a discurrir en una dirección determinada», le explicó.

María reflexionó al respecto y volvió a intentar la meditación con ese nuevo enfoque menos forzado. Al cabo de una semana, se había rebajado su nivel de ansiedad. Se notaba menos alterada al acostarse por la noche y en el siguiente taller se sintió considerablemente más relajada. «Durante mucho tiempo creí que tenía que librarme de mis pensamientos para dormir mejor. Es curioso que, una vez que dejé de intentar que ocurriese eso, me pareció que empezaba a dormir mejor», declaró al respecto. A lo largo de las semanas sucesivas prácticamente duplicó su promedio de horas de sueño; no fue una cura total, pero sí una notable mejoría. Sus médicos pronosticaron que si continuaba practicando el *mindfulness,* lograría todavía más mejoras.[15]

Ong puso a prueba su tratamiento basado en el *mindfulness* de ocho semanas de duración para el insomnio. El programa, conocido oficialmente como MBTI (*mindfulness-based treatment for insomnia,* tratamiento basado en el *mindfulness* para el insomnio), se comparó con un grupo de control cuyos integrantes se limitaron a anotar sus horarios de sueño y su grado de desvelo. Los componentes del grupo que siguió el programa MBTI presentaron mayor disminución del insomnio y, a los seis meses, el 80 por ciento de ellos dormía mejor.[16]

NUEVAS ESTRATEGIAS PARA DORMIR MÁS

¿Y qué ocurre con todos los demás, incluidos aquellos de nosotros que no padecemos insomnio crónico pero a quienes nos vendría bien dormir un poco más? A continuación te ofrecemos unas cuantas sugerencias.

Concédete el regalo de un periodo de transición protegido

Tu mente no es un motor de automóvil. No puedes circular a toda velocidad justo hasta la hora de acostarte; no puedes trabajar, hacer ejercicio, llevar la casa o cuidar de los niños y luego esperar desconectar de todo ello y caer dormido al instante. No funciona así. Biológicamente hablando, tu cerebro es más como un avión. Necesitas emprender un descenso lento, una aproximación hasta aterrizar en el sueño de la manera más suave posible. Así que concédete el regalo de disfrutar de un periodo de transición entre el trabajo y el sueño, una rutina o ritual para dormir que te ayude a bajar las revoluciones. Cuanto más suave sea la transición, menos sacudidas darás cuando aterrices.

Hasta un periodo de transición de solo cinco minutos puede resultar determinante. Empieza por desconectarte. Apaga el teléfono o ponlo en modo avión; deja que tu cuerpo se tome un respiro de tener que responder a todo al instante. Si tienes la fuerza de voluntad suficiente, deja el teléfono en otra habitación. Al retirar de tu lado móviles y otras pantallas, reduces al mínimo la cantidad de factores estresantes que pueden aparecer en esa pantalla IMAX de tu mente donde se proyectan cada noche tus preocupaciones. Ya tienes bastante estrés con el que bregar, dada la tendencia natural de la mente humana a rumiar y a revivir las preocupaciones durante la noche. (En el apartado siguiente veremos que las pantallas son también fuentes de luz azul, una luz que contribuye a mantenernos despiertos). Una vez apagadas todas las pantallas, haz alguna actividad tranquila y agradable, no para que te entre el sueño, sino para generar un periodo de transición que te aporte sosiego y comodidad. A alguna gente le gusta leer o hacer punto, o incluso abrir una caja de lápices de colores y pintar para librarse del estrés. (En el laboratorio de renovación de este capítulo encontrarás una página para colorear pensada para adultos). También puedes escuchar un audio de meditación o alguna música que te relaje.

La luz azul inhibe la melatonina

Ya existía una falta de sueño generalizada a nivel mundial incluso antes de nuestra actual adicción a las pantallas. Pero ahora el sueño se enfrenta a nuevos desafíos. ¿Te llevas móviles, tabletas u otras pantallas al dormitorio? La luz azul de las pantallas puede inhibir la melatonina, la hormona de la somnolencia. En un estudio llevado a cabo por el investigador del sueño Charles Czeisler y sus colegas, se observó que las personas que leían en un lector electrónico inmediatamente antes de acostarse segregaban alrededor de un 50 por ciento menos de melatonina que quienes leían libros impresos en papel.[17] A los lectores de dispositivos electrónicos les costaba más dormirse, presentaban menos sueño REM y se notaban menos espabilados por la mañana.

Evita mirar pantallas desde una hora antes de acostarte. Si no puedes, intenta usar pantallas más pequeñas y mantenlas alejadas de los ojos para reducir al mínimo la exposición a la luz azul. Liz utiliza un programa de software libre llamado f.lux que ajusta la luz que emite la pantalla con la hora del día, de tal modo que la luz azul se va tornando amarilla a medida que se acerca la noche. Puede descargarse de: https://justgetflux.com. El nuevo sistema operativo de Apple, el iOS 9.3, dispone también de la función Night Shift, que automáticamente pasa de azul a amarillo al llegar la noche.

No obstante, toda la luz inhibe la melatonina, así que intenta estar todo lo a oscuras que puedas. De noche, en tu habitación, mira a tu alrededor. ¿Ves alguna luz? Reduce al mínimo la luz procedente de ventanas y de relojes digitales. Usa un antifaz y deja que fluya la melatonina.

Ruido, FRECUENCIA CARDIACA Y SUEÑO

Todos venimos con ajustes distintos de fábrica a la hora de dormir. A algunos no les molesta en absoluto el ruido y a otros sí. Las personas que presentan determinado patrón de actividad mental, en cuyos electroencefalogramas se aprecian las ráfagas de ondas cerebrales conocidas como fusiformes, parecen ser más tolerantes a los ruidos nocturnos durante el sueño.[18] A todos los demás oír ruidos como bocinas de coches o sirenas nos acelera la frecuencia cardiaca y nos altera el ciclo de sueño.[19] Si eres muy sensible a los ruidos que te circundan, tienes que controlar tu exposición a ellos. Cuanto más eficazmente consigas desconectarte de tu entorno, más a salvo podrás sentirte de la intromisión que supone el ruido y más profundamente dormirás. Los tapones para los oídos son un buen punto de partida.

Sincroniza el cerebro con tu reloj interno

Tu núcleo supraquiasmático, el reloj del cerebro, trata de mantener controlados los ritmos circadianos. Ayúdalo comiendo y durmiendo en horarios regulares. Esta regularidad contribuirá a que tu cerebro sepa cuándo debe segregar melatonina, y eso a su vez ayudará a que tus células sepan cuándo ha llegado el momento de ponerse a reparar el ADN o a ejecutar otras funciones regenerativas. Comer en horarios regulares y dormir el tiempo suficiente también afecta a la sensibilidad a la insulina, lo que ayuda a que quemes grasas de manera más eficiente.

No le busques culpables a la falta de sueño

La gente pierde horas de sueño en momentos predecibles: cuando nace un bebé, cuando su pareja pasa por una fase de roncar, cuando están deprimidos o estresados, cuando hace calor excesivo o cuando se empiezan a adaptar a alteraciones del sueño relacionadas con el envejecimiento. Todos esos episodios suelen ser temporales. Se producen y luego se acaban. Pero los niveles epidémicos actuales de falta de sueño no los causan esas circunstancias. La mayor parte de la falta de sueño la provoca la «restricción voluntaria del sueño», también conocida como procrastinación del sueño o como no irse a la cama lo suficientemente temprano.

Puede que esa expresión te provoque la misma reacción que a Elissa cuando la oyó: «Yo no pretendo perder horas de sueño a propósito; lo que pasa es que tengo demasiadas cosas que hacer». Pero, en lugar de preparar mentalmente tu defensa, recuérdate a ti mismo que la falta de sueño no puede resolverse buscando culpables. Limítate a recordarte que, a menos que acabes de tener un bebé o estés a cargo de alguien dependiente, la hora de acostarte es uno de los escasos factores del sueño que todavía puedes controlar. Aprovecha ese poder que tienes y acuéstate antes (una excepción: el insomnio agudo y las alteraciones del sueño relacionadas con la edad no responden al hecho de acostarse más temprano; en esos casos irse antes a la cama puede tener un efecto bumerán y hacer que cueste más lograr un sueño de buena calidad a lo largo de la noche).

Tratarse la apnea del sueño y los ronquidos

La apnea del sueño grave, el cese repetido de la respiración durante el sueño, se ha relacionado con telómeros más cortos en adultos.[20] Los efectos celulares de la apnea del sueño pueden incluso transmitirse en el útero. En una muestra de mujeres embarazadas, el 30 por ciento contestó a una evaluación sobre el sueño con respuestas que sugerían síntomas de apnea. Cuando nacieron los hijos de esas mujeres, los telómeros de la sangre del cordón umbilical de los bebés eran más cortos.[21] Lo mismo ocurrió con las mujeres que roncaban. Y ahora una mala noticia para las muchas personas que roncan: pasar mayor cantidad de tiempo roncando está relacionado con tener telómeros más cortos, al menos así se concluyó en una nutrida muestra de adultos coreanos.[22] Si sospechas que sufres apnea del sueño, hazte pruebas y luego aprovecha los nuevos tratamientos, que son muy eficaces y menos incómodos que las tradicionales máquinas CPAP, que aplican presión positiva continua en las vías respiratorias a través de una mascarilla.

Seguramente conocerás a unas cuantas personas que duermen lo suficiente. Se las identifica con facilidad: son las que tienen la tez y los ojos brillantes, las que no se quejan constantemente de lo cansadas que están, las que no llevan siempre una taza gigante de café en la mano, las que no se preguntan por qué les entra hambre a horas raras del día. ¿Qué tiene esa gente que no tengamos los demás? Pues unas cuantas cosas. Puede que tengan una pareja que les anime a dormir bien (y que les sugiera que dejen el teléfono en la cocina para que se cargue durante la noche). Puede que tengan colegas de trabajo que no les envíen correos urgentes a las diez de la noche. ¡Hasta es posible que tengan hijos que se metan en la cama y no salgan de ella!

Lo que pretendemos señalar aquí es que muchas veces dormir es un proyecto de grupo. Tenemos que apoyarnos unos a otros para reducir la procrastinación del sueño, para acostarnos antes, para no quedarnos trabajando hasta altas horas de la noche. Como suele decirse: si quieres cambiar el mundo, empieza por cambiar tú. Haz un pacto con tu pareja para dejar unos minutos de transición nocturna que ayuden a desconectar de la dinámica estresante. Haz otro pacto con tus compañeros de trabajo para no enviaros mensajes a altas horas de la noche (si tienes que escribirlos por la noche, guárdalos en la carpeta de borradores para enviarlos por la mañana). No puedes decirles a tus hijos que no tengan esas pesadillas que hacen que acudan corriendo a tu cama a las dos de la madrugada, pero sí darles ejemplo de cómo tienen que ser los hábitos de sueño en la edad adulta.

- Dormir lo suficiente hará que tengas menos hambre, que te sientas emocionalmente más equilibrado y que pierdas menos pares de bases teloméricos.
- A los telómeros les gusta que duermas por lo menos siete horas. Son muchas las estrategias que pueden ayudarnos a mejorar la calidad del sueño; algunas son tan sencillas (aunque difíciles de poner en práctica) como eliminar toda pantalla electrónica del dormitorio.
- Intenta reducir al mínimo los efectos de la apnea del sueño, los ronquidos y el insomnio. Esos son problemas que se dan de manera más común en edades avanzadas. Y, cuando el insomnio hace acto de presencia, mitiga los pensamientos alarmantes mediante otros pensamientos más reconfortantes. Si sufres insomnio agudo, la terapia cognitivo-conductual te puede ayudar.

Laboratorio de renovación

CINCO RITUALES PARA LA HORA DE ACOSTARSE

Poner sosiego en el momento de acostarse fomenta que durmamos mejor por la noche. Empieza por hacer una lista de las cosas pendientes para el día siguiente. Luego deja la lista a un lado. De ese modo, te quedarás más tranquilo sobre el mañana y dejarás atrás parte del esfuerzo mental que te mantiene en modo de alerta y anticipación. Después de eso, ya estás listo para el ritual de la hora de acostarte. Aquí tienes cinco rituales que te aportarán una tranquilidad y una relajación máximas:

1. Dedica cinco minutos a la transición: Respirar, meditar o leer. La antiquísima práctica de leer un libro antes de dormir también puede ayudar a pasar de un estado de excesiva actividad mental a un estado de atención absorta. La transferencia de la atención desde uno mismo hacia el contenido de un libro logra sosegar la mente, siempre que el libro no sea demasiado estimulante, claro está.

2. Escucha música relajante: La música relajante calma el sistema nervioso y la mente y envía una señal para empezar la transición a un estado de reposo. En la aplicación Spotify encontrarás numerosas listas de reproducción para dormir, como «Bedtime Bach» (para amantes de la música clásica), «Best Relaxing Spa Music» (si te va más la música *new age*) y otras muchas opciones soporíferas con la etiqueta de «sleep», como «Sleep: Into the Ocean» (si te gustan los sonidos de la naturaleza).

3. Dispón un ambiente relajante: Usa aceites esenciales, enciende una vela y atenúa las luces. Cuando el ambiente es sosegado y tranquilo, nos contagia. Las fragancias relajantes, como la lavanda, el cedro o el sándalo, reconfortan y calman todo nuestro organismo, además del cerebro. Reducir la luz artificial y luego apagar del todo las luces es indispensable para tranquilizarnos lo suficiente y caer en el sueño.

4. Hazte una infusión de hierbas caliente por lo menos una hora antes de acostarte. Una taza caliente y aromática de hierbas ayudará a que tu mente baje de revoluciones al final del día. Intenta hacerte una mezcla que te guste a base de manzanilla, lavanda, pétalos de rosa o una rodajita de limón o jengibre frescos. No te tomes la infusión justo antes de acostarte porque puede que acabes teniendo que interrumpir tu sueño para ir al baño.

5. Haz estiramientos antes de acostarte, o un poco de yoga suave. Unos sencillos giros de cuello y cabeza te ayudarán a disipar la tensión y la ansiedad acumuladas durante el día. Si prefieres una rutina de yoga más estructurada, prueba con esta. Puedes hacerla sobre una esterilla de yoga o directamente en la cama.

Rotación suave de cabeza y cuello: Empieza con unos sencillos giros de cuello y cabeza en sentido de las agujas del reloj mientras haces respiraciones lentas y profundas. Centra tu atención sobre todo en la espiración, ya que esto te ayuda a deshacerte del estrés acumulado durante el día. Al cabo de un minuto, cambia el sentido de la rotación y gira el cuello y la cabeza en sentido contrario a las agujas del reloj durante otro minuto.

Inclinación hacia delante: Siéntate con la columna recta y las piernas completamente estiradas hacia delante, paralelas a la alfombrilla o a la cama. Detente en esa postura y haz una inspiración larga y profunda. Al espirar, empieza a doblarte como una bisagra por la cintura, estirando las manos hacia los pies. Puedes apoyar las manos en las espinillas, a los lados de la cama o de la alfombrilla o en las puntas de los pies. Mantén esa postura de inclinación hacia delante durante al menos tres respiraciones. Una vez hecho esto, activa tu núcleo interno lenta y conscientemente para volver a enderezar tu columna hasta que quede en posición recta y estirada, tal como cuando empezaste.

Posición infantil: La despedida perfecta de la vigilia antes de acostarse consiste en adoptar la llamada posición infantil (véase la figura 20 en la parte inferior de esta página) y respirar. Se trata de una postura de reposo tradicional del yoga que permite relajar todo el organismo y el cuerpo. Empieza por sentarte sobre las rodillas. Haz una inspiración profunda y, al exhalar, dóblate hacia delante, bajando la cabeza hasta que repose sobre la alfombrilla o la cama. Descansa en esa postura de apoyo total durante unos minutos, sin dejar de seguir conscientemente tu respiración. Cuando estés dispuesto, vuelve a la posición arrodillada inicial.

Ya estás listo para una buena noche de sueño reparador. (Véase la figura 21 en página siguiente).

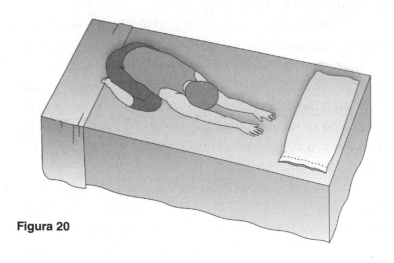

Figura 20

Capítulo 9

El peso de los telómeros: un metabolismo sano

A los telómeros les afecta cuánto pesas, aunque no tanto como imaginas. Lo que de verdad parece importarles a los telómeros es tu salud metabólica. La resistencia a la insulina y la grasa abdominal son tus verdaderos enemigos, no los kilos que marca la báscula. La dieta afecta a los telómeros, tanto para bien como para mal.

Peter, un amigo de Elissa, es un investigador sobre genética y atleta que compite en triatlones olímpicos. Es musculoso y fornido, y su bello rostro resplandece por el ejercicio que hace a diario. Peter tiene un apetito tremendo, pero se esfuerza mucho por no comer en exceso. Elissa ha dedicado mucho tiempo a estudiar la psicología relacionada con comer, así que le preguntó cómo era eso de pensar tanto en no comer:

Yo habría sido un estupendo cazador-recolector. Soy capaz de olfatear la comida en un segundo, sobre todo los dulces. En el trabajo es un cachondeo: en cuanto aparece algo de comer, ahí está Peter. Sé dónde guarda todo el mundo sus cosas de comer: hay una persona que tiene un bol de golosinas que rellena periódicamente, otra pone una bandeja con comida en un mostrador que hay junto a su despacho y mucha gente deja comida en la mesa de la cocina: cosas para picar, sobras de alguna fiesta o los dulces de Halloween de sus hijos.

Intento evitar ver la comida. Cuando me encuentro con la mujer del bol de golosinas, me esfuerzo por no mirarla (es mi jefa y debería escucharla, pero a veces me tengo que concentrar en no mirar las golosinas). Cuando voy al baño, opto por una ruta que no me haga pasar cerca de la cocina. Pero eso significa que ni siquiera puedo hacer pis sin pensar en comer: ¿Paso por la cocina a ver si hay algo? ¿O seré fuerte y optaré por un camino distinto? Tengo que responder a esas preguntas casi cada vez que me levanto de la mesa de trabajo, porque es muy fácil elegir una ruta que me haga pasar por sitios donde hay alimentos.

Mis planes para comer bien no siempre funcionan. Por ejemplo, muchas veces me llevo una ensalada para comer sano en el trabajo, pero no siempre me la como porque tengo que guardarla en la cocina; voy a por mi ensalada y me topo con el bizcocho que alguien ha dejado en la mesa. Acabo comiéndome un trozo enorme de bizcocho mientras la ensalada se queda ahí, marchitándose y olvidada.

Como ha descubierto Peter, resulta muy duro estar todo el tiempo pensando en comer, y más duro aún es adelgazar. No obstante, hay buenas noticias para Peter y para cualquiera que tenga que lidiar con el peso, la dieta y el estrés: no es necesario ni saludable pensar tanto en la comida y en la ingesta de calorías. Eso es porque los telómeros se preocupan por nuestro peso, pero no tanto como creemos.

¿Comer demasiado nos acorta los telómeros? La respuesta fácil y rápida es que sí. La influencia del sobrepeso en los telómeros está demostrada, aunque no es ni de cerca tan notable como, por ejemplo, la que ejerce la depresión (unas tres veces mayor).[1] El efecto del peso es menor y seguramente no sea estrictamente causal. Este descubrimiento puede resultar sorprendente a quienes, como Peter, dedican buena parte de sus recursos mentales a hacer el esfuerzo de comer menos. Puede que sea un poco chocante para todos los que creen en el mensaje de que perder peso es el objetivo prioritario de la salud pública. Sin embargo, tener sobrepeso (no estar obeso), sorprendentemente, no está demasiado vinculado con presentar telómeros más cortos (ni tampoco con la mortalidad). He aquí el motivo: el peso es una tosca medida sustitutiva de lo que de verdad importa, que es la salud metabólica.[2] Casi toda la investigación sobre la obesidad se basa en la medición del índice de masa corporal (el IMC, una medida del peso según la altura), pero eso no nos dice mucho sobre lo que de verdad importa: cuánto músculo tenemos en relación con la grasa corporal, y dónde se almacena dicha grasa. La grasa que se almacena en las extremidades (subcutáneamente, es decir, bajo la piel y no en los músculos) es distinta y tal vez más protectora, mientras que la que se acumula más adentro, en la tripa, el hígado o los músculos, constituye la verdadera amenaza oculta. Vamos a explicar lo que significa tener una mala salud metabólica y por qué hacer dieta puede que no sea la manera de estar más sanos.

De pequeña, Sarah tenía impresionados a sus amigos y familiares con su apetito. «Me podía comer un bocadillo de pan de barra para merendar después del colegio, que engullía con la ayuda de un par de vasos de té helado, y nunca engordaba», recuerda con nostalgia. Sarah siguió devorando durante su paso por el instituto y la facultad, y a lo largo de toda su idílica juventud siguió estando delgada. Hasta que, de repente, dejó de estarlo. Comía las mismas cosas y hacía el mismo ejercicio (que era muy poco). Seguía teniendo el torso y las piernas esbeltos, pero empezaron a no cerrarle los pantalones. A Sarah le había salido barriga. «Parezco un manojo de espaguetis con una albóndiga en el medio», dice ahora. Está preocupada, porque sus padres toman los dos medicación por tener altos los niveles de colesterol malo. Después de tres décadas de sentirse sana sin hacer el mínimo esfuerzo, Sarah se pregunta ahora si tendrá que ponerse a la cola de la farmacia como sus padres.

Tiene motivos para preocuparse, y aquí no solo entran en juego sus niveles de colesterol. El tipo constitucional de Sarah, en el que el peso está sobrerrepresentado en la zona de la tripa, está muy estrechamente relacionado con una mala salud metabólica. Eso es así sin importar cuánto peses y les ocurre a quienes acarrean una enorme tripa cervecera y también a quienes, como Sarah, tienen un IMC normal pero cuyo perímetro abdominal es mayor que el de sus caderas.

Cuando decimos que alguien tiene mala salud metabólica solemos referirnos a que esa persona presenta todo un paquete de factores de riesgo: grasa abdominal, niveles de colesterol anómalos, hipertensión y resistencia a la insulina. Si reúnes tres o más de estos factores de riesgo, te llevas la etiqueta de «síndrome metabólico», precursor de problemas cardiacos, de cáncer y de una de las mayores amenazas para la salud de este siglo XXI: la diabetes.

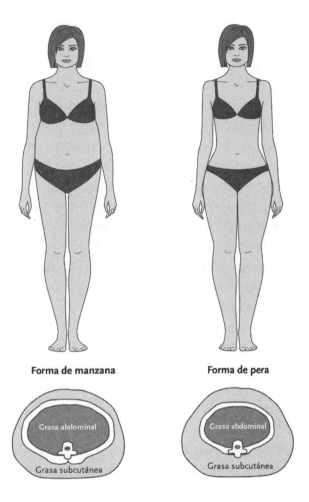

Figura 22: Telómeros y grasa abdominal. Aquí vemos lo que significa tener exceso de grasa alrededor de la cintura: forma de manzana (que refleja gran cantidad de grasa intrabdominal, caracterizada por una mayor diferencia entre cintura y cadera); a diferencia de presentar más grasa en las caderas y los muslos: forma de pera (menor diferencia entre cintura y cadera). La grasa subcutánea, que se encuentra bajo la piel y en las extremidades, acarrea menos riesgos para la salud. La elevada presencia de grasa intrabdominal es metabólicamente problemática e indica cierto grado de control deficiente de la glucosa o de resistencia a la insulina. En un estudio se observó que una mayor diferencia entre cintura y cadera pronosticaba un riesgo del 40 por ciento mayor de acortamiento de los telómeros al cabo de cinco años.[3]

La diabetes es una emergencia de salud pública de escala mundial. La lista de sus efectos a largo plazo es larga y aterradora: cardiopatías, ictus, pérdida de visión y problemas vasculares que pueden exigir amputación. En todo el mundo, más de 387 millones de personas —esto es, casi el 9 por ciento de la población mundial— padece diabetes. Esa cifra incluye a 7,3 millones de personas en Alemania, 2,4 millones en el Reino Unido, 9 millones en México y unos desmesurados 25,8 millones en Estados Unidos.[4]

Así es como surge la diabetes de tipo 2: en una persona sana, el sistema digestivo descompone la comida para convertirla en glucosa. Las células ß del páncreas generan una hormona, la insulina, que se segrega en el torrente circulatorio y permite que la glucosa penetre en las células del cuerpo para usarla como combustible. Mediante un sistema maravillosamente organizado, la insulina se fija a unos receptores de las células, como una llave que encaja en una cerradura. La cerradura gira, la llave se abre y la glucosa entra en las células del organismo. Pero un exceso de grasa en el abdomen o en el hígado puede provocar que el cuerpo se vuelva resistente a la insulina, lo que significa que las células dejan de responder a la insulina como deberían. Sus «cerraduras» —los receptores de insulina— se apelmazan y se bloquean y la llave deja de encajar en ellas. A la glucosa le cuesta más penetrar en las células. La glucosa que no consigue pasar por la puerta se queda en el torrente circulatorio. La glucosa se va acumulando en la sangre a pesar de que el páncreas sigue segregando insulina sin parar. La diabetes de tipo 1 está relacionada con un fallo de las células ß del páncreas, que no logran producir suficiente insulina. Se corre el riesgo de sufrir síndrome metabólico. Y si el cuerpo no logra mantener una concentración normal de insulina, aparece la diabetes.

¿Por qué quienes acumulan grasa abdominal presentan mayor resistencia a la insulina y diabetes? La mala nutrición, la inactividad y el estrés están asociados con la grasa abdominal y con una glucemia elevada. Pero las personas que acumulan grasa abdominal acaban presentando telómeros más cortos al cabo de los años,[5] y es muy probable que esos telómeros acortados empeoren el problema de la resistencia a la insulina. En un estudio danés que analizó a trescientos treinta y ocho gemelos, una menor longitud telomérica pronosticó el incremento de la resistencia a la insulina pasados doce años. En el caso de las parejas de gemelos, el hermano cuyos telómeros eran más cortos acabó presentando mayor resistencia a la insulina.[6]

También existe una relación más que demostrada entre los telómeros cortos y la diabetes. Las personas aquejadas de síndromes hereditarios que provocan el acortamiento de los telómeros son mucho más propensas a presentar diabetes que el resto de la población. Su diabetes se manifiesta pronto y con fuerza. Otra prueba la tenemos en los indígenas norteamericanos, quienes corren un elevado riesgo de sufrir diabetes por diversos motivos. Cuando un indígena norteamericano tiene los telómeros cortos, sus probabilidades de acabar presentando diabetes en el transcurso de cinco años son mucho mayores que las de otros integrantes de su grupo étnico con telómeros más largos.[7] Un metanálisis de varias investigaciones en las que se estudió a alrededor de 7.000 personas ha demostrado que la existencia de telómeros cortos en los glóbulos sanguíneos predice la futura aparición de diabetes.[8]

Hasta podemos echar un vistazo al mecanismo que causa la diabetes y ver qué es lo que ocurre en el páncreas. Mary Armanios y sus colegas han demostrado que cuando los telómeros de un ratón se han acortado en todo su organismo (merced a una mutación genética), las células ß de su páncreas dejan de ser capaces de segregar insulina.[9] Y las células madre del páncreas se acaban agotando; sus telómeros se acortan hasta el mínimo y no logran regenerar las células ß pancreáticas dañadas que deberían haber estado ocupándose de la producción y regulación de insulina. Esas células se extinguen. Aparece la diabetes de tipo 1 y empieza a causar estragos. Con la diabetes de tipo 2, más común, se produce alguna disfunción de las células ß, por lo que es probable que también intervengan en cierta medida los telómeros cortos del páncreas.

En el caso de una persona que está sana, el paso de la grasa abdominal a la diabetes también puede transitarse por el camino de nuestra vieja enemiga, la inflamación crónica. La grasa abdominal es más inflamatoria que, por poner un ejemplo, la grasa de los muslos. Las células de la grasa, los adipocitos, segregan sustancias proinflamatorias que dañan las células del sistema inmunitario (los inmunocitos), hacen que se vuelvan senescentes y acortan sus telómeros (por supuesto, una de las señas de identidad de las células senescentes es que no pueden dejar de enviar señales proinflamatorias propias; se trata de un círculo vicioso).

Si tienes grasa abdominal en exceso (algo que ocurre a más de la mitad de los adultos estadounidenses), probablemente te preguntes cómo puedes protegerte... de la inflamación, de que se te acorten los telómeros y del síndrome metabólico. Antes de empezar a hacer alguna dieta para reducir la grasa abdominal, lee el resto de este capítulo; es

La solución de los telómeros

probable que descubras que una dieta solo va a empeorar las cosas. Y eso está bien, porque a continuación te proponemos unas cuantas maneras alternativas para mejorar tu salud metabólica.

LA DIETA ES UNA DECEPCIÓN (QUÉ ALIVIO)

Existe una relación entre hacer dieta, los telómeros y la salud metabólica. Pero, como ocurre con todo lo relacionado con el peso, es una relación complicada. He aquí unos cuantos resultados de la investigación sobre adelgazamiento y telómeros:

- Adelgazar deriva en una ralentización del índice de erosión habitual de los telómeros.
- Adelgazar no afecta a los telómeros.
- Adelgazar fomenta el alargamiento de los telómeros.
- Adelgazar ocasiona que se acorten los telómeros.

Se trata de una serie de hallazgos de lo más variopinto (en ese último estudio, los pacientes que se habían sometido a cirugía bariátrica presentaban telómeros más cortos un año después de la intervención, aunque dicho efecto probablemente se debiese al estrés psicológico derivado de la intervención quirúrgica).[10]
Pensamos que esos resultados tan dispares nos indican, una vez más, que en realidad no es el peso lo que importa. Adelgazar no es sino un mal sucedáneo de cambios positivos en la salud metabólica subyacente. Uno de esos cambios es la pérdida de grasa abdominal. Si pierdes peso en general, inevitablemente le restarás un mordisco a esa «manzana», algo que puede ocurrir sobre todo si decides incrementar la cantidad de ejercicio que haces en lugar de

limitarte a reducir las calorías que ingieres. Otro cambio positivo es una mejor resistencia a la insulina. En un estudio se hizo el seguimiento de una serie de voluntarios de entre 10 y 12 años; a medida que los participantes en el estudio fueron engordando (como suele ocurrirle a la gente), sus telómeros se fueron acortando. Pero luego los investigadores analizaron qué importaba más, si el aumento de peso o la resistencia a la insulina que muchas veces este conlleva. Lo que más pesó en la balanza fue la resistencia a la insulina, valga el símil.[11]

Esta idea —la de que mejorar la salud metabólica es más importante que adelgazar— es vital, y eso se debe a que hacer dieta de manera repetida acaba pasándole factura a nuestro cuerpo. Tenemos determinados mecanismos internos de «resistencia» que nos dificultan mantener a raya nuestro peso. Nuestro cuerpo defiende determinado punto de referencia, y cuando adelgazamos también ralentizamos nuestro metabolismo en un intento de recuperar el peso perdido («adaptación metabólica»). Aunque esto es bien sabido, ignorábamos lo drástica que puede ser esa adaptación. Al respecto hemos aprendido una trágica lección de los valientes voluntarios que participan en el programa de telerrealidad estadounidense *The Biggest Loser* [El mayor perdedor]. En ese programa compiten personas muy gordas para ver quién adelgaza más kilos a lo largo de siete meses y medio a base de ejercicio y dieta. El doctor Kevin Hall y sus colegas de los National Institutes of Health decidieron analizar de qué manera afectaba a su metabolismo ese adelgazamiento rápido y masivo. Al concluir el programa, habían perdido el 40 por ciento de su peso (alrededor de cincuenta y ocho kilos). Hall volvó a examinar su metabolismo y su peso pasados seis años. La mayoría habían vuelto a engordar, pero mantenían un promedio de pérdida de peso de un 12 por ciento. Y aquí viene la mala noticia:

al final del programa su metabolismo se había ralentizado tanto que quemaban 610 calorías menos al día. Pasados seis años, pese al aumento de peso, su adaptación metabólica se había agravado tanto que quemaban 700 calorías menos que en su punto de partida.[12] Uf. Aunque este es un ejemplo de pérdida extrema de peso, esa ralentización del metabolismo se produce en menor grado siempre que adelgazamos y, por lo visto, incluso cuando volvemos a engordar.

Hay un fenómeno que se conoce como ciclo del peso corporal (efecto de rebote o «dieta yoyó»), en el que las personas que se ponen a régimen ganan y pierden kilos, una y otra vez, sin fin. Menos del 5 por ciento de las personas que intentan adelgazar son capaces de ceñirse a una dieta y mantener la pérdida de peso durante cinco años. El 95 por ciento restante lo deja o entra en ese ciclo de aumento y disminución de peso que se ha convertido en un modo de vida para muchos de nosotros, sobre todo para las mujeres: hablamos del tema, nos reímos juntas de ello. (Un ejemplo: «En mi interior hay una mujer flaca que grita por salir, pero normalmente la mantengo callada a base de galletas»). Pero ese efecto de rebote parece que nos acorta los telómeros.[13]

Ese ciclo del peso es tan malo para la salud, y además tan común, que creemos firmemente que todo el mundo debería comprender cómo funciona. Los que lo siguen se reprimen durante un tiempo y luego sucumben a la tentación y tienden a comer chucherías y otros alimentos poco saludables. Este ciclo intermitente entre represión e indulgencia es un verdadero problema. ¿Qué les pasa a los animales cuando se alimentan todo el tiempo de comida basura? Que comen en exceso y se vuelven obesos. Pero si les limitas la comida basura durante la mayor parte del tiempo y se la das solo cada varios días, ocurre algo todavía más perturbador: se altera la química del cerebro de las ratas; las vías cerebrales de gratificación o recompensa de la rata empiezan a parecerse al cerebro de una persona adicta a las drogas. Cuando las ratas no obtienen su comida para ratas a base de azúcares y chocolate, empiezan a presentar síntomas de abstinencia y su cerebro segrega una sustancia química estresante llamada CRH (del inglés *corticotropin-releasing hormone*, hormona liberadora de corticotropina). La CRH hace que las ratas se encuentren tan mal que se desviven por encontrar su comida basura y aliviar su estresante estado de abstinencia. Cuando por fin consiguen su comida chocolatada, la devoran como si nunca más fuesen a tener la oportunidad. Se dan un atracón.[14]

¿Te recuerda a alguien conocido? ¿O a cuando Peter se comía el pedazo de bizcocho de camino a su saludable ensalada? Los estudios centrados en personas obesas sugieren un factor compulsivo parecido de sobrealimentación, acompañado de una errónea regulación del sistema de gratificación del cerebro.

Ponerse a régimen puede generar un estado de semiadicción y, además, es también simple y llanamente estresante. Llevar un control de las calorías ocasiona una carga cognitiva, es decir, que hace que consumamos la limitada atención del cerebro e incrementa el estrés que sentimos.[15]

Pensemos en Peter, que lleva años intentando comer menos dulces y calorías. Los investigadores sobre obesidad le han puesto un nombre a esta mentalidad de estar a régimen a largo plazo: restricción dietética cognitiva. Los que la padecen dedican gran parte de su tiempo a desear, querer e intentar comer menos, pero en realidad su ingesta calórica no es menor que la de quienes no se contienen. Les planteamos a un grupo de mujeres preguntas como: «A la hora de las comidas, ¿intentas comer menos de lo que te gustaría?» y «¿Con qué frecuencia intentas no picar entre comidas porque estás preocupada por tu peso?». Las mujeres cuyas respuestas sugerían un elevado grado de restricción dietética presentaban telómeros más cortos que aquellas que comían libremente sin importarles cuánto pesasen.[16] No es sano pasarse la vida entera pensando en comer menos. No es bueno para tu atención (un recurso muy valioso y limitado), no es bueno para tu nivel de estrés y no es bueno para tu envejecimiento celular.

En lugar de seguir un régimen de restricción calórica, céntrate en hacer ejercicio y en comer alimentos nutritivos. En el capítulo siguiente te ayudaremos a escoger aquellos alimentos que mejor les sentarán a tus telómeros y a tu salud en general.

EL AZÚCAR: UNA HISTORIA NADA EDULCORADA

Cuando queremos identificar a los responsables de las metabolopatías, señalamos con dedo acusador a los alimentos procesados y a las bebidas azucaradas[17] (os estamos vigilando, bollería industrial, golosinas, galletas y refrescos). Esos son los alimentos y las bebidas más asociados con el hecho de comer compulsivamente.[18] Hacen que se active el sistema de gratificación de nuestro cerebro. Son absorbidos casi de inmediato, pasan al torrente circulatorio y engañan al cerebro haciéndole creer que estamos hambrientos y necesitamos comer más. Antes pensábamos que todos los nutrientes ejercían parecidos efectos en el peso y el metabolismo —«una caloría es una caloría»—, pero eso no es cierto. El mero hecho de reducir los azúcares, aunque consumamos la misma cantidad de calorías, puede derivar en mejoras metabólicas.[19] Los carbohidratos simples siembran más el caos en nuestro metabolismo y en nuestro control del apetito que otro tipo de alimentos.

Estás en la cola de una cafetería, con tu bandeja en las manos. Cuando llega tu turno, adviertes que todo el mundo utiliza unas pinzas para elegir porciones diminutas de comida que depositan en una báscula para pesarlas meticulosamente. Una vez satisfechos con la cantidad de gramos de comida que han escogido, se llevan la bandeja —que contiene mucha menos comida de la que normalmente escogerías tú— a una mesa y se sientan. Tú haces lo mismo y los observas mientras consumen su frugal comida. Cuando tienen el plato vacío, dicen: «Me he quedado un poco con hambre», y sonríen.

¿Por qué esas personas pesan pequeñas porciones de comida? ¿Por qué sonríen aunque tengan hambre? Este es un ejercicio mental —no existe esa cafetería en el mundo real—, pero refleja los hábitos de quienes creen que vivirán más tiempo por restringir sus calorías un 25 o 30 por ciento menos de las de una ingesta normal y sana. La gente que practica la restricción calórica se fuerza a aprender a reaccionar de manera distinta ante el hambre. Cuando perciben la punzada de un estómago vacío no se sienten estresados ni infelices. En lugar de eso se dicen: «¡Sí! Estoy logrando mi objetivo». Se les da increíblemente bien planificar y pensar en el futuro. Por ejemplo, durante uno de nuestros estudios, un tipo que limitaba su consumo calórico se dedicaba a organizar con entusiasmo su 103 cumpleaños, aunque por entonces tenía unos 60 años.[20]

Ojalá esas personas fuesen gusanos, o ratones. No cabe duda de que la restricción calórica extrema prolonga la longevidad de diversas especies menores. Al menos en algunas razas de ratones sometidos a dieta restrictiva, los telómeros parecen alargarse. También presentan menos células senescentes en el hígado, uno de los primeros órganos en los que se suelen acumular las células senescentes.[21] La restricción calórica también puede mejorar la resistencia a la insulina y reducir el estrés oxidativo, pero en el caso de animales más grandes cuesta más detectar los efectos de la restricción calórica. En un estudio se observó que los monos que consumían un 30 por ciento menos de calorías de lo normal experimentaban un periodo de vida sana más largo y vivían más, pero solo en comparación con un grupo de monos que se alimentaban a base de muchas grasas y azúcares. En un segundo estudio se comparó a unos monos sometidos a una dieta de parecida restricción con otros que consumían raciones normales de comida sana. Esos monos no fueron más longevos, aunque su periodo de vida sana duró un poco más. Otro factor que se suma a la incerteza de esos dos estudios es que los monos comían en soledad. Los monos son animales muy gregarios; en estado salvaje, siempre comen juntos. Hacerlos comer en circunstancias anormales, y probablemente estresantes, podría haber afectado al resultado en un grado que todavía desconocemos.

De momento, todo apunta a que la restricción calórica no ejerce efectos positivos en los telómeros humanos. Janet Tomiyama, profesora en la actualidad de psicología en la UCLA, llevó a cabo una investigación durante su posdoctorado en la UCSF. Logró reunir en un estudio exhaustivo a un grupo de personas de diversas partes de Estados Unidos que habían conseguido mantener una restricción calórica a largo plazo y además analizó sus telómeros en diversos tipos de células sanguíneas (como cabe suponer, esa gente escasea). Para nuestra sorpresa, sus telómeros no eran más largos de lo normal ni más que los del grupo de control con sobrepeso. De hecho, sus telómeros tendían a ser ligeramente más cortos en las células mononucleares de sangre periférica, que constituyen ese tipo de inmunocitos entre los que se incluyen los linfocitos T. Otro estudio se centró en unos macacos Rhesus a los que se les limitó un 30 por ciento el aporte calórico de su dieta habitual. Los investigadores midieron la longitud telomérica en diversos tejidos —no solo en la sangre, que es la fuente típica de medición de los telómeros, sino también en la grasa y el músculo—. Tampoco aquí se observaron diferencias de longitud telomérica en los macacos con restricción calórica, en ninguno de los tipos de célula.

Podemos dar gracias. La mayoría de la gente no es capaz de mantener una restricción calórica extrema, y son muy pocos los que quieren hacerlo. Como dice un amigo nuestro: «Prefiero comer bien hasta cumplir 80 años que matarme de hambre y llegar a 100». Y tiene razón. No hay que sufrir para alimentarnos de un modo que favorezca a nuestros telómeros y que contribuya a un mejor periodo de vida sana. Si esto te interesa, pasa al siguiente capítulo.

APUNTES PARA LOS TELÓMEROS

- Los telómeros nos sugieren que no nos centremos en el peso. En lugar de ello, emplea el volumen de tu tripa y la sensibilidad a la insulina como indicadores de tu salud (tu médico puede evaluar cuál es tu grado de sensibilidad a la insulina analizando la concentración de insulina y la glucemia en ayunas).
- Obsesionarse con las calorías resulta estresante y es probable que sea malo para tus telómeros.
- Consumir alimentos y bebidas con pocos azúcares y bajo índice glucémico fomentará que tengas una mejor salud metabólica interna, que es lo que de verdad importa (más que el peso).

Laboratorio de renovación

Recortar el azúcar que ingerimos puede que sea el cambio más beneficioso que podemos introducir en nuestra dieta. La American Heart Association recomienda limitar el azúcar añadido a nueve cucharaditas diarias en el caso de los hombres y a seis en el de las mujeres, pero el estadounidense medio ingiere casi veinte cucharaditas diarias. Una dieta rica en azúcar se asocia con más grasa abdominal y mayor resistencia a la insulina, y en tres estudios se ha observado un vínculo entre presentar telómeros cortos y tomar bebidas azucaradas (en el próximo capítulo hablaremos con más detalle de las bebidas azucaradas).

Cuando tienes necesidad compulsiva de azúcar (o de cualquier otro alimento perjudicial para la salud), necesitas herramientas que te ayuden a sobrellevarlo. Esa compulsión es fuerte y está respaldada por la actividad de la dopamina en el centro de gratificación del cerebro. Por suerte, las ansias no son permanentes. Acaban pasando. El psicólogo Alan Marlatt ha aplicado la idea de «dominar las ansias» para ayudar a personas adictas a resistirse a sus ansias compulsivas hasta que estas desaparecen. Andrea Lieberstein, experta en alimentación consciente, ha descubierto que esta práctica funciona todavía mejor en el caso la compulsión por comer si se adopta un enfoque compasivo y amable que mitigue las ansias.

Así es como se dominan las ansias:

DOMINA TUS ANSIAS

Siéntate en una posición cómoda y cierra los ojos. Imagínate esa chuchería o dulce que te comerías: visualiza su textura, su color, su aroma. A medida que la imagen se va haciendo más vívida, deja que tu mente sienta esa ansia, que tu atención deambule por todo tu cuerpo para que puedas observar la naturaleza de esa ansia.

Descríbete a ti mismo esa compulsión que sientes. ¿Qué sensaciones te produce y cuáles son sus cualidades? ¿Qué formas, sensaciones, pensamientos o sentimientos asocias a ella? ¿En qué parte de tu cuerpo se localiza? ¿Cambia cuando te fijas en ella o cuando exhalas al respirar? Percibe cualquier malestar que te provoque. Recuérdate que no se trata de un picor que debas rascarte. Es un sentimiento que va cambiando y que acabará por pasar. Puedes imaginártelo, por ejemplo, como una ola que va creciendo, rompe y se disipa en el océano. Respira y vive plenamente esa sensación, deja que se libere la tensión al ver que las olas retroceden apaciblemente.

Puedes centrar tu atención en el corazón, poner la mano sobre él e imaginar una sensación de calidez y dulzura que fluye desde tu corazón hacia el exterior. Deja que la sensación de calidez recorra todo tu cuerpo y envuelva de amor y dulzura esa sensación de ansia. Dedica un momento solo a respirar y a experimentar esa sensación de compasión hacia ti mismo. Ahora vuelve a visualizar la imagen de la comida. ¿En qué ha cambiado? ¿De qué eres consciente ahora? Puedes experimentar esa ansia sin tener que actuar acerca de ella. Limítate a percibirla, a respirar y a envolverla con un sentimiento de bondad y dulzura.

Puedes grabarte leyendo en voz alta este guion (por ejemplo, usando la aplicación de notas de voz del teléfono) y escucharlo cada vez que te surjan las ansias. También puedes descargarte una versión en audio de este guion desde nuestra web.

SINTONIZA LAS SEÑALES DE HAMBRE Y SACIEDAD QUE ENVÍA TU CUERPO

Captar de manera consciente las señales de hambre y saciedad que envía tu cuerpo puede ayudarte a moderar el consumo excesivo de comida. Cuando prestamos atención a nuestro grado de apetito físico tendemos menos a confundirlo con el hambre psicológica. El estrés, el aburrimiento y las emociones (incluso las de alegría) pueden hacer que nos sintamos hambrientos hasta cuando en realidad no tenemos hambre. En un pequeño estudio piloto llevado a cabo por la investigadora en psicología Jennifer Daubenmier en la UCSF, observamos que cuando se enseña a las mujeres a hacer un repaso mental consciente antes de las comidas, presentan concentraciones más bajas de glucemia y cortisol, en especial si son obesas. Y cuanto más mejora su salud mental y metabólica, más se incrementa su telomerasa.[22] En un ensayo de mayor envergadura, la investigadora en psicología Ashley Mason concluyó que cuanto mayor grado de alimentación consciente practicaban tanto hombres como mujeres, menos dulces comían y más baja tenían la glucosa al cabo de un año.[23] La alimentación consciente parece ejercer escaso efecto en el peso, pero puede que resulte crucial para romper el vínculo entre ansias de dulce y glucosa.

A continuación proponemos unas cuantas estrategias de alimentación que Elissa y sus colegas emplean en sus estudios sobre control del peso. Se basan en el Programa de Alimentación Consciente Basado en el Mindfulness (MB-EAT, por sus siglas en inglés), concebido por Jean Kristeller, psicóloga de la Universidad de Indiana. (Ver más recursos sobre alimentación consciente).[24]

1. Respira. Dirige tu consciencia a todo tu cuerpo. Pregúntate: ¿Hasta qué punto me noto físicamente hambriento ahora mismo? ¿Qué información y qué sensaciones pueden ayudarme a responder a esta pregunta?

2. Puntúa tu hambre física según esta escala.

Nada hambriento			Moderadamente hambriento					Muy hambriento	
1	2	3	4	5	6	7	8	9	10

Intenta comer antes de llegar a 8, ya que así será menos probable que comas en exceso. Sobre todo, no conviene que esperes hasta llegar a 10. Cuando estás famélico, lo más fácil es que comas en exceso y demasiado rápido.

3. Cuando comas, disfruta plenamente de saborear la comida y de la experiencia de comer.

4. Presta atención al hambre en tu estómago, a las sensaciones físicas de saciedad y distensión (a esto lo llamamos «escuchar a los receptores de distensión»). Cuando lleves unos minutos comiendo, pregúntate: ¿Hasta qué punto me noto saciado? Puntúa tu respuesta:

Nada saciado			Moderadamente saciado					Muy saciado	
1	2	3	4	5	6	7	8	9	10

La solución de los telómeros

Detente cuando llegues al 7 o al 8 en la escala; es decir, cuando te notes moderadamente lleno. Las señales biológicas de saciedad, causadas por el incremento de la glucemia y de las hormonas de saciedad en la sangre, empiezan a aparecer poco a poco, por lo que no percibirás sus efectos plenos hasta pasados unos veinte minutos. La parte más difícil es lograr detenerte antes de captar esas señales, antes de haber comido en exceso, pero cuando empiezas a prestar atención suele volverse mucho más sencillo.

Capítulo 10

Alimentación y telómeros: comer para disfrutar de una salud celular óptima

Hay determinados alimentos y suplementos que son buenos para los telómeros y otros que sencillamente no lo son. Nos alegra informarte de que no tienes por qué renunciar a los carbohidratos ni a los productos lácteos para estar sano. Una dieta natural que contenga verdura fresca, fruta, cereales integrales, frutos secos, legumbres y ácidos grasos omega-3 no solo es buena para tus telómeros, sino que también contribuye a reducir el estrés oxidativo, la inflamación y la resistencia a la insulina; factores que, como ahora explicaremos, pueden acortar tu periodo de vida sana.

Ocurre todos los días: llega la mañana. Liz no es muy de mañanas, pero consigue levantarse de la cama y tambalearse, despertándose por el camino, hasta la cocina. Su marido, John, que es madrugador por naturaleza, ya le ha preparado con cariño una taza de café.

«¿Leche?», le pregunta.

Bueno, esa es una pregunta difícil a esas horas previas al amanecer, que se complica más a raíz de los consejos nutricionales que tan a menudo nos confunden. Sí, a Liz le gusta echarle leche al café. Pero ¿hace bien en ponérsela? La leche es buena, ¿no? Al fin y al cabo contiene calcio y proteínas y está reforzada con vitamina D. Pero ¿la leche debería ser entera o desnatada? ¿O debería pasar de la leche?

Todos y cada uno de los alimentos que añadimos al desayuno plantean una serie de dilemas nutricionales:

Tostadas. ¿Demasiados carbohidratos, aunque sean de pan integral? ¿Y qué pasa con la posible reacción al gluten?

Mantequilla. ¿Incrementará la sensación de saciedad un poquito de grasa, lo cual es bueno, o me obstruirá las arterias, lo cual es malo?

Fruta. ¿Mejor dejar de lado la idea de las tostadas y hacerme un batido de frutas? ¿O está la fruta peligrosamente cargada de azúcares?

Estas son muchas preguntas a las que encontrar respuesta cuando uno apenas está despierto y el café todavía no le ha hecho efecto. Las dos somos científicas, formadas para escudriñar información compleja, pero aun así a veces nos cuesta tener claro qué alimentos son más saludables.

En mañanas como esta, los telómeros nos brindan una guía esencial de qué es lo que más nos conviene. Confiamos en los datos que nos dan los telómeros porque responden a cómo reacciona el cuerpo a los alimentos a un nivel micro. Y nos tomamos en serio los datos, porque se corresponden a la perfección con los recientes conocimientos de la ciencia nutricional. Esos descubrimientos nos indican que las dietas no funcionan y que la decisión más inspiradora que podemos adoptar es comer alimentos frescos y naturales en lugar de comida procesada. Y, además, resulta que comer en pro de unos telómeros sanos es muy agradable, satisfactorio y carente de límites.

Ya habrás visto que advertimos sobre la inflamación, la resistencia a la insulina y el estrés oxidativo, que provocan un ambiente tóxico para los telómeros y las células. Piensa en esas tres dolencias como tres enemigos que acechan en nuestro interior. Puedes comer alimentos que nutren a esos tres villanos o alimentos que los combaten, y pasar de ese modo a generar un entorno celular más saludable para el cuidado de los telómeros.

Primer enemigo celular: la inflamación

La inflamación y la erosión de los telómeros mantienen una relación destructiva mutua. Una hace que empeore la otra. Como ya hemos explicado, las células envejecidas, con sus telómeros acortados o dañados (además de cualquier otro daño del ADN que no se haya reparado), envían señales proinflamatorias que provocan que el sistema inmunitario se vuelva en contra del propio cuerpo y ataque sus tejidos. La inflamación también puede ocasionar que los inmunocitos se dividan y se multipliquen, lo que acorta todavía más los telómeros. Y así se inicia un círculo vicioso.

Esto es lo que le ocurre a un ratón inflamado. Los investigadores cogieron a un grupo de ratones y les eliminaron parte de un gen que protege de la inflamación; sin esa parte del código genético, los ratones empezaron a sufrir enseguida un caso grave de inflamación crónica. Sus tejidos acumularon telómeros cortos y células senescentes. Cuantas más células senescentes acumulaban su hígado y sus intestinos, más rápido morían los ratones.[1]

Una de las mejores maneras de protegerse de la inflamación es dejar de alimentarla. La glucosa que se absorbe al comer patatas fritas o carbohidratos refinados (pan y arroz blancos, pasta) y dulces, refrescos, zumos y casi todos los productos de bollería pasa con rapidez y con fuerza al torrente circulatorio. Ese repunte de glucemia también origina un incremento de las citocinas, que son una especie de mensajeros de la inflamación.

El alcohol también funciona como una clase de carbohidrato. Y un consumo excesivo de alcohol parece que incrementa la proteína C-reactiva (PCR), una sustancia que se produce en el hígado y que aumenta cuando el cuerpo presenta mucha inflamación.[2] El alcohol también se convierte en un compuesto químico (el acetaldehído, un carcinógeno) que puede dañar el ADN y, en dosis elevadas, también perjudicar a los telómeros. Por lo menos daña los telómeros de las células en el laboratorio, aunque ignoramos si dosis tan sumamente elevadas pueden alcanzarse en el cuerpo humano. Hasta el momento, por lo que parece, el elevado consumo de alcohol se asocia con telómeros más cortos y otros indicios que apuntan a un sistema inmunitario envejecido, pero no existe una relación contrastada entre la ingesta moderada de alcohol y los telómeros.[3] ¡No pasa nada por tomarse una bebida de vez en cuando!

Y las buenas noticias tampoco quedan ahí, sobre todo si te has quedado preocupado con aquellos ratones sometidos a ingeniería genética para que sufriesen inflamación crónica. Cuando se les administró un fármaco antiinflamatorio o antioxidante, la disfunción telomérica quedó neutralizada. Los telómeros de los ratones se restablecieron y las células senescentes dejaron de acumularse, por lo que sus células pudieron seguir dividiéndose y renovándose. Esto sugiere que todos podemos proteger a nuestros telómeros de la inflamación, aunque es más seguro e inteligente hacerlo sin recurrir a fármacos. Para empezar, podemos

La solución de los telómeros

limitarnos a consumir aquellos alimentos que ayudan a evitar que se produzca una respuesta inflamatoria de buenas a primeras. Y no nos podemos quejar de la maravillosa selección de alimentos vegetales, dulces y sabrosos, entre los que escoger: frutas del bosque y bayas de todos los colores, uvas negras y blancas, manzanas, col kale, brócoli, cebollas amarillas, jugosos tomates rojos y verdes cebolletas. Todos esos alimentos contienen flavonoides o carotenoides, una amplia gama de sustancias químicas que aportan pigmento a las plantas. También son especialmente ricos en antocianinas y flavonoles, unas subclases de flavonoides cuyo consumo se asocia con niveles más bajos de inflamación y estrés oxidativo.[4]

Entre otros alimentos antiinflamatorios destacan los pescados grasos, los frutos secos, las semillas de lino, el aceite de linaza y las verduras de hoja, ya que todos son ricos en ácidos grasos omega-3. El cuerpo necesita los omega-3 para reducir la inflamación y mantener sanos los telómeros. Los omega-3 contribuyen a la formación de membranas celulares por todo el cuerpo y mantienen fluida y estable la estructura celular. Además, la célula es capaz de convertir los omega-3 en hormonas que regulan la inflamación y la coagulación de la sangre; ayudan a determinar si las paredes arteriales son rígidas o flexibles.

Hace tiempo que se sabe que quienes presentan mayor concentración de omega-3 en la sangre tienen menos riesgo de sufrir complicaciones cardiovasculares. Las investigaciones más recientes apuntan a otra emocionante posibilidad: es posible que los omega-3 contribuyan a ello al evitar que los telómeros se deterioren demasiado deprisa. Recordemos que los telómeros se acortan con los años; el objetivo es lograr que este proceso de acortamiento se produzca con la mayor lentitud posible. En un estudio se examinaron los glóbulos sanguíneos de seiscientas ocho personas de mediana edad y que presentaban una cardiopatía estable. Cuanto más omega-3 mostraban sus glóbulos sanguíneos, menos se deterioraron sus telómeros en el transcurso de los siguientes cinco años.[5] Y cuanto menos se deterioraban los telómeros, más probabilidades tenían esas personas, que no gozaban de un buen estado de salud, de seguir vivas pasados cuatro años.[6] De las que presentaron acortamiento telomérico, el 39 por ciento murió, mientras que de quienes mostraron un aparente alargamiento, solo falleció el 12 por ciento. Cuanto menos deterioro muestren nuestros telómeros en su longitud, menos probable es que caigamos en el periodo de vida enferma y que suframos una muerte prematura.

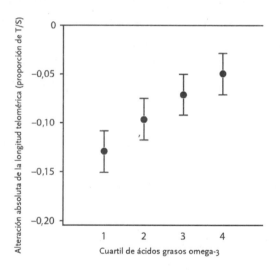

Figura 23: Ácidos grasos omega-3 y longitud telomérica con el paso del tiempo. Cuanto más elevada sea la concentración de omega-3 en la sangre (AIP y ADH), menos acortamiento telomérico se produce durante los cinco años siguientes. Cada una de las desviaciones típicas por encima de los niveles medios de omega-3 pronosticó un 32 por ciento de posibilidades de acortamiento. Este efecto fue más intenso todavía en el caso de quienes partían con telómeros más largos (dado que los telómeros más largos se acortan con más rapidez).[7]

La solución de los telómeros

Así que conviene disfrutar del pescado graso fresco (sushi incluido), el salmón y el atún, las verduras de hoja, las semillas de lino y el aceite de linaza. Pero ¿conviene tomar suplementos de omega-3, también conocidos como cápsulas de aceite de pescado? Solo se ha llevado a cabo un ensayo comparativo sobre la suplementación de omega-3 y los telómeros, un estudio de la psicóloga Janice Kiecolt Glaser, de la Universidad Estatal de Ohio, cuyos resultados son más que sugerentes. Descubrió que las personas que tomaron suplementos de omega-3 durante cuatro meses no presentaban telómeros más largos que quienes habían ingerido un placebo. Sin embargo, en todos los grupos, cuanto mayor fue el incremento de omega-3 en la sangre en relación con su concentración de ácidos grasos omega-6, mayor fue también el incremento de longitud telomérica durante ese periodo.[8] La suplementación de omega-3 también redujo la inflamación, y la mayor reducción de inflamación se asoció con un incremento de la longitud de los telómeros (los omega-6 son grasas poliinsaturadas que se pueden encontrar en alimentos como el aceite de maíz, de soja y de girasol, en semillas y en algunos frutos secos). No obstante, debemos señalar que quienes tomaron los suplementos experimentaron otros cambios también beneficiosos para los telómeros: un grado más reducido de estrés oxidativo y de inflamación. Los resultados, por lo que parece, dependen del grado de absorción de las grasas poliinsaturadas omega-3 de los suplementos por parte de cada persona.

Nuestra concentración de omega-3 en la sangre, o de cualquier nutriente, no siempre está relacionada con el hecho de que su consumo proceda de la dieta o de suplementos. A esas concentraciones les afectan todo tipo de factores complejos y, en su mayoría, inescrutables: lo bien que absorbemos el nutriente, lo bien que lo usan nuestras células, la rapidez con la que lo metabolizamos o lo perdemos. (Esta es una información que conviene tener muy en cuenta a la hora de leer recomendaciones sobre dieta y suplementos). Por norma general, sugerimos que cualquier persona debe tratar de obtener sus nutrientes a partir de la dieta, pero cuando eso no es posible, los suplementos pueden constituir una alternativa razonable (siempre hay que consultarlo con el médico para asegurarse). Hasta los suplementos de apariencia más inocente provocan efectos secundarios o interfieren con alguna medicación que tengamos pautada. También pueden estar contraindicados para personas con determinados problemas de salud. El consenso general suele ser de una dosis diaria de al menos 1.000 miligramos de una mezcla de AIP y ADH, que es similar a la que se probó en el estudio de la Universidad Estatal de Ohio. Por motivos de sostenibilidad, sugerimos insistentemente usar las alternativas vegetarianas, elaboradas a base de algas. El pescado contiene omega-3 porque los peces se alimentan de algas. Nosotros también podemos comer algas, incluso variedades de cultivo sostenible que contienen ADH. Los mares no son capaces de soportar una producción suficiente de aceite de pescado para abastecer a los telómeros sanos de toda la población mundial. Por ahora, todo indica que los beneficios para la salud cardiovascular del ADH de las algas son parecidos a los del ADH del pescado.

La investigación sobre los telómeros sugiere que deberíamos convertir en una prioridad el consumo de omega-3. Pero también conviene no perder de vista el equilibrio entre los omega-3 y los omega-6, ya que la típica dieta occidental se inclina más hacia los omega-6 que hacia los omega-3. Para mantener equilibrados los omega, sugerimos que no dejes de comer alimentos saludables, no procesados, como frutos secos y semillas, pero que reduzcas drásticamente el consumo de productos fritos, galletas y panes envasados, patatas fritas y otros aperitivos, que con frecuencia contienen aceites con una elevada concentración de omega-6, además de grasas saturadas, que son un factor de riesgo para las enfermedades cardiovasculares.

Hay otro compuesto químico en nuestro cuerpo que merece la pena conocer: la homocisteína, que está químicamente relacionada con la cisteína y es uno de los bloques de aminoácidos que componen las proteínas. La concentración de homocisteína aumenta con el envejecimiento y está correlacionada con la inflamación, hace estragos en el recubrimiento del aparato cardiovascular y propicia las cardiopatías. En numerosos estudios se ha observado que presentar altas concentraciones de homocisteína está asociado con tener los telómeros cortos. Pero los telómeros reflejan la intervención de muchos factores, por lo que no es de extrañar que la relación entre telómeros y mortalidad parezca deberse en parte tanto a la elevada inflamación como a tener alta la homocisteína, sin que podamos saber cuál vino primero.[9] Lo bueno del asunto es que si presentas una concentración especialmente alta de homocisteína, tu caso es de esos en los que una pastilla de vitaminas puede ayudar: las vitaminas B (folato o B_{12}) parece que reducen la homocisteína.[10] (Consulta con tu médico para saber si te conviene tomar ese suplemento).

Segundo enemigo: el estrés oxidativo

Los telómeros humanos tienen una secuencia de ADN que es así: TTAGGG, repetida por pares una y otra vez, normalmente alrededor de un millar de veces en cada extremo de los cromosomas. El estrés oxidativo —esa peligrosa dolencia que se produce cuando en las células hay demasiados radicales libres y escasez de antioxidantes— daña a esa preciosa secuencia, sobre todo en los segmentos GGG. Los radicales libres apuntan a esa gruesa y jugosa hilera de segmentos GGG, que son un objetivo especialmente sensible. Cuando los radicales libres se salen con la suya, la cadena de ADN se rompe y los telómeros se acortan con mayor rapidez.[11] Es como darle una rica comida al enemigo celular, el estrés oxidativo. En los cultivos celulares de laboratorio, el estrés oxidativo daña a los telómeros y también reduce la actividad de la telomerasa consistente en regenerar los telómeros cortos. Es un doble revés.[12]

Ahora bien, si se inunda el medio de cultivo de las células (la especie de sopa líquida de la que se nutren las células cuando se hallan en las placas de cultivo del laboratorio) con vitamina C, el telómero queda protegido de los radicales libres.[13] La vitamina C y otros antioxidantes (como la vitamina E) son voraces devoradoras de radicales libres y evitan que estos causen daños a nuestros telómeros y a nuestras células. Quienes presentan mayor concentración de vitaminas C y E en la sangre tienen telómeros más largos, pero solo cuando además tienen menor concentración de una molécula llamada F2-isoprostano, un biomarcador del estrés oxidativo. Cuanto mayor es esta proporción entre antioxidantes en sangre y F2-isoprostano, menos estrés oxidativo se produce en el organismo. Esa es solo una de las razones por las que conviene comer fruta y verdura a diario: constituyen una de las mejores fuentes de protección antioxidante. Para obtener la cantidad suficiente de antioxidantes de la dieta, come abundante fruta y verdura, sobre todo cítricos, bayas, manzanas, ciruelas, zanahorias, verduras de hoja verde, tomates y, en menor cantidad, patatas (blancas o rojas, con su piel). Otras fuentes vegetales de antioxidantes son las legumbres, los frutos secos, las semillas y los cereales integrales, además del té verde.

Llegados a este punto, si tu objetivo es fomentar la salud telomérica, no te recomendamos que obtengas los antioxidantes que necesitas de ningún suplemento ya que todavía no hay pruebas concluyentes de que exista una relación entre los suplementos antioxidantes y unos telómeros sanos. En algunos estudios se ha observado que cuanto más elevada es la concentración de determinadas vitaminas en la sangre, más largos son los telómeros; en la página 334 figura una lista de estas vitaminas. Sin embargo, si bien hay investigaciones que concluyen que el consumo de complejos vitamínicos acompaña a unos telómeros más largos,[14] otras han determinado que un complejo vitamínico estaba relacionado con telómeros más cortos.[15] Por otra parte, una concentración alta de antioxidantes provocó que células humanas cultivadas en laboratorio adoptasen determinadas propiedades cancerosas, un descubrimiento que de nuevo, puede servirnos de advertencia de que el exceso de algo bueno puede ser ciertamente demasiado. Por lo general, los antioxidantes procedentes de los alimentos se suelen absorber mejor en el organismo y es probable que sus efectos sean más eficaces que los de los suplementos.

NUESTRA PRIMERA NUTRICIÓN

¿Podemos alimentar a los telómeros de nuestro bebé? Probablemente sí, asegurándonos de que el bebé se alimenta únicamente de leche materna durante sus primeras semanas de vida. Janet Wojcicki, investigadora sobre salud en la UCSF que se ha dedicado a hacer un seguimiento de decenas de mujeres embarazadas, descubrió que los niños alimentados

solo a base de leche materna (sin leches de fórmula ni alimentos sólidos) durante las primeras seis semanas de vida
presentan telómeros más largos. Los alimentos sólidos pueden
causar inflamación y estrés oxidativo cuando se les suminis-
tran a niños cuyos intestinos no están todavía preparados para
ello.[16] Tal vez por eso la introducción de alimentos sólidos
antes de las seis semanas se relaciona con la existencia de
telómeros más cortos.

Tercer enemigo: la resistencia a la insulina

Nikki, doctora y gerente del hospital de su ciudad, tiene un
vicio: el consumo masivo del refresco azucarado Mountain
Dew. Adquirió el hábito cuando era residente y se acostum-
bró a depender del azúcar y la cafeína para mantenerse
despierta. Y ha conservado ese vicio. Cada mañana, temprano, Nikki saca una botella de litro de Mountain Dew de
un pequeño frigorífico que tiene en el garaje, dedicado en
exclusiva a almacenar su alijo. Coloca la botella en el asiento del copiloto del coche cuando va de camino al trabajo. En
cada semáforo desenrosca el tapón y da un sorbo. Cuando
llega al trabajo, deja la botella en otro frigorífico. Después
de la ronda de visitas, un trago. Después de cada reunión,
un trago. Después de acabar el papeleo, un trago. Al final
de su larga y agotadora jornada, la botella está vacía. «No
podría pasar sin ello», afirma Nikki mientras se encoge de
hombros en ademán fatalista.

Como médica que es, Nikki sabe que tomarse una
dosis diaria de un litro de Mountain Dew no es un hábito
saludable. Pero, como casi la mitad de los estadounidenses,
sigue bebiendo refrescos. Es como si esa gente le diese al
tercer enemigo —la resistencia a la insulina— una pajita

y le dijese: «Venga, a beber, que esto te va a ayudar a ser tan fuerte y corpulento como desees».

He aquí una secuencia fotograma a fotograma de lo que ocurre cuando bebemos refrescos azucarados, que también podrían llamarse «golosinas líquidas»: casi al instante, el páncreas segrega más insulina con el fin de ayudar a que la glucosa (el azúcar) penetre en las células. A los veinte minutos, la glucosa se ha acumulado en el torrente circulatorio y ya presentamos glucemia elevada. El hígado empieza a convertir el azúcar en grasa. En unos sesenta minutos, la glucemia desciende y deseamos tomar más azúcar para recuperarnos del «bajón». Cuando eso sucede con la suficiente frecuencia, se puede desarrollar resistencia a la insulina.

¿Son los refrescos el nuevo tabaco? Tal vez. Cindy Leung, epidemióloga nutricional de la UCSF y colaboradora nuestra, descubrió que las personas que beben sesenta centilitros diarios de refrescos azucarados presentan el equivalente a 4,6 años adicionales de envejecimiento biológico, según las mediciones de su acortamiento telomérico.[17] Ese es, sorprendentemente, el mismo grado de acortamiento de los telómeros que ocasiona fumar. Cuando la gente bebe 23 centilitros diarios de refrescos, sus telómeros son el equivalente a dos años más viejos. Puede que nos preguntemos si quienes beben refrescos tienen otros hábitos poco saludables que afecten a los resultados, y esa es una buena pregunta. En este estudio, centrado en alrededor de 5.000 personas, hicimos todo lo posible por tener en cuenta los factores de confusión. Primero descartamos algunos factores disponibles, como la dieta y el tabaquismo; y luego todos los factores disponibles, como la dieta, el tabaquismo, el IMC, el perímetro de la cintura (para valorar la grasa abdominal), los ingresos y la edad, que pudieran justificar esta asociación. La asociación no se justificó. Esta asociación entre los refrescos y los telómeros se da también en niños pequeños. Janet Wojcicki descubrió que los niños que tomaban cuatro refrescos o más por semana presentaban a los 3 años un índice mayor de acortamiento de los telómeros.[18]

Las bebidas isotónicas y las azucaradas a base de café son también golosinas líquidas. Contienen tanto azúcar como cualquier refresco (42 gramos de azúcar en un vaso de 35 centilitros de Peppermint Mocha del Starbucks), así que conviene mantenerse alejados de ellas o beberlas solo de manera muy ocasional, como un capricho especial.[19] Los refrescos y las bebidas azucaradas son, debido al modo de ingerirlos, un ejemplo drástico del perjuicio que causa el azúcar a los telómeros: se trata de un subidón rápido de azúcar sin fibra alguna que lo ralentice. Casi cualquier cosa que se pueda considerar un postre o un capricho es una fuente de gran cantidad de azúcar: las galletas, los caramelos, los pasteles, el helado. E insistimos en que los productos refinados, como el pan y el arroz blancos, la pasta y las patatas fritas, tienen gran contenido en carbohidratos simples que se absorben con rapidez y que pueden causar estragos también en nuestra glucemia.

Para evitar los picos de insulina que pueden derivar en resistencia a la insulina, céntrate en alimentos ricos en fibra: el pan, la pasta y el arroz integrales, la cebada, las semillas, las verduras y la fruta son excelentes fuentes (la fruta, pese a que contiene carbohidratos simples, es saludable debido a su aporte de fibra y a su valor nutritivo general; los zumos de fruta, a los que se les ha extraído la fibra, no suelen serlo). Estos alimentos son también saciantes, lo que te ayudará a evitar el consumo de excesivas calorías y además contribuyen a reducir la grasa abdominal que tan relacionada está con la resistencia a la insulina y con otros trastornos metabólicos.

Figura 24: Hallar el equilibrio... tal como nos indican los telómeros.
Consume más alimentos ricos en fibra, antioxidantes y flavonoides, como
fruta y verdura. Incorpora a tu dieta alimentos ricos en grasas omega-3,
como algas y pescado. Opta por comer menos azúcares refinados y carnes rojas. Un equilibrio dietético saludable, como el que se aprecia en la
ilustración, ocasionará cambios saludables en cuanto a la cantidad de
nutrientes en la sangre y menos estrés oxidativo, inflamación y resistencia a la insulina.

LA VITAMINA D Y LA TELOMERASA

Una concentración elevada de vitamina D en la sangre suele pronosticar por lo general menores índices de mortalidad.[20]
En algunos estudios se ha observado que la vitamina D está
relacionada con una mayor longitud telomérica, más en el
caso de las mujeres que en el de los hombres, mientras que
en otros estudios no se ha hallado relación alguna. Hasta la
fecha solo hemos encontrado un estudio en el que se pro-
baron los efectos de los suplementos. Según ese reducido
estudio, el consumo de 2.000 UI diarias de vitamina D (en

forma de vitamina D_3) durante cuatro meses ocasionó un incremento de la telomerasa de alrededor del 20 por ciento al compararse con un grupo tratado con placebo.[21] Aunque todavía no hay conclusiones definitivas sobre su relación con los telómeros, cabe señalar que la concentración de vitamina D suele ser baja, dependiendo de dónde se viva y de la exposición a la luz del sol. Las mejores fuentes dietéticas de vitamina D son el salmón, el atún, el lenguado, la leche, los cereales enriquecidos y los huevos. Dependiendo de dónde se viva, puede resultar difícil obtener la vitamina D suficiente solo de la dieta y la luz solar, por lo que en ese caso podemos plantearnos recurrir a los suplementos (consúltalo con tu médico).

UNOS HÁBITOS ALIMENTARIOS SALUDABLES

Fuentes enteras de pescado fresco, cuencos cargados de verduras y frutas de colores intensos y llamativos, platos de legumbres con sustancia, cereales integrales, frutos secos y semillas... Es un menú que constituye todo un banquete, y también, es una receta para conservar un entorno celular sano. Estos alimentos reducen la inflamación, el estrés oxidativo y la resistencia a la insulina y encajan en unos hábitos alimentarios ideales para los telómeros y para la buena salud en general.

Los hábitos alimentarios del mundo entero —desde Europa hasta Asia, pasando por América— se pueden dividir en dos categorías básicas. Tenemos a la gente cuya dieta contiene muchos carbohidratos refinados, refrescos azucarados y carnes procesadas y rojas. Y después están quienes consumen gran cantidad de verdura, fruta, cereales integrales, legumbres y fuentes proteínicas de alta calidad y bajas en grasas, como el pescado y el marisco. Esta dieta más saludable se la suele llamar dieta mediterránea, pero la mayoría de las culturas del planeta cuentan con una u otra versión propia de este patrón de alimentación. Difieren en varios detalles —en algunas culturas se consumen más productos lácteos o pescado y marisco—, pero la idea general es comer variedad de alimentos frescos y naturales, y que la mayor parte de estos procedan de un nivel bajo de la cadena trófica. Algunos investigadores lo llaman «hábitos alimentarios prudentes». Se trata de una etiqueta bastante precisa, aunque no logra plasmar lo deliciosos y sanos que son esos alimentos.

Las personas que siguen estos hábitos prudentes tienen los telómeros más largos, con independencia de dónde vivan. En el sur de Italia, por ejemplo, los ancianos que siguen una dieta mediterránea tienen los telómeros más largos. Cuanto más estrictamente se ciñen a este tipo de dieta, mejor es su salud general y más capaces son de participar en las actividades de la vida diaria.[22] En un estudio poblacional de personas de mediana edad y ancianas de Corea, quienes seguían la versión local de esta dieta prudente (es decir, consumían más pescado y algas) presentaban, pasados diez años, unos telómeros más largos que las que seguían una dieta con alto contenido en carnes rojas y alimentos refinados y procesados.[23]

Hemos hablado de hábitos alimentarios genéricos, pero ¿cuáles son concretamente los mejores alimentos para tener unos telómeros sanos? El estudio coreano nos da una pista. Cuanto mayor sea el consumo de legumbres, frutos secos, algas, fruta y productos lácteos, y menor el de carnes rojas o procesadas y refrescos azucarados, más largos son los telómeros en los glóbulos blancos.[24]

Las ventajas de comer productos frescos no procesados —y no demasiada carne roja o procesada— son evidentes en todo el mundo, durante toda la edad adulta y hasta bien entrada la vejez. En 2015, la Organización Mundial de la Salud clasificó a la carne roja como probable causante de cáncer y a la carne procesada como causante.[25] Cuando se examinan distintos tipos de carnes en los estudios sobre los telómeros, la carne procesada parece ser más perjudicial para estos que la carne roja sin procesar.[26] Las carnes procesadas son productos cárnicos que se han alterado (ahumado, salado, curado), como las salchichas de Frankfurt, el jamón, el embutido o la carne enlatada.

Naturalmente, lo mejor es comer bien a lo largo de toda la vida, aunque nunca es tarde para empezar. La tabla que proponemos a continuación puede ayudarte como guía para tus opciones dietéticas diarias. No obstante, te sugerimos que no te preocupes por ningún artículo alimentario concreto (una actitud que le facilita las cosas cada mañana a Liz), sino que te centres en consumir alimentos naturales y frescos variados. Verás cómo disfrutas de comer alimentos que combaten la inflamación, el estrés oxidativo y la resistencia a la insulina, sin necesidad de planificación previa. Enseguida descubrirás que acabarás siguiendo de manera natural un programa de alimentación saludable para tus telómeros. Además evitarás que se te acorten los telómeros por preocuparte en exceso sobre todas las decisiones nutricionales que adoptas a diario.

¿TE CHIFLA EL CAFÉ?

Los efectos del café en la salud se han cuestionado en cientos de estudios. A quienes adoramos tomarnos nuestra taza de café matutina nos alegra saber que en la mayoría de los casos resulta ser inocente. En los metanálisis se ha demostrado que el café reduce el riesgo de sufrir deterioro cognitivo, hepatopatías y melanoma, por ejemplo. Solo se ha hecho un ensayo sobre el café y la longitud telomérica, pero hasta el momento las noticias son halagüeñas: los investigadores comprobaron si el café podría mejorar la salud de 40 personas aquejadas de insuficiencia hepática crónica. Se les asignó aleatoriamente beber cuatro tazas de café al día durante un mes o abstenerse (estos últimos compusieron el grupo de control). Después de ese periodo de consumo de café, los pacientes presentaban unos telómeros considerablemente más largos y menor grado de estrés oxidativo en la sangre que los componentes del grupo de control.[27] Y no solo eso: en una muestra de más de 4.000 mujeres, aquellas que tomaban café (no descafeinado) tendían a presentar telómeros más largos.[28] Más motivos para disfrutar del aroma de tu café matutino recién hecho.

Hemos hablado ya de los suplementos de vitamina D y omega-3, que en muchas ocasiones resultan deficientes. Sin embargo, aparte de estos, no queremos hacer recomendaciones concretas sobre los suplementos, dado que las necesidades de cada persona varían y las conclusiones de los estudios de nutrición sobre los suplementos no dejan de cambiar con la aparición de nuevos estudios. Es difícil confiar en los efectos y la seguridad de tomar dosis elevadas de cualquier sustancia.

NUTRICIÓN Y LONGITUD TELOMÉRICA*

Alimentos, bebidas y longitud telomérica	
Asociados con telómeros más cortos	**Asociados con telómeros más largos**
Carnes rojas, carnes procesadas[29] Pan blanco[30] Bebidas azucaradas[31] Refrescos azucarados[32] Grasas saturadas[33] Grasas poliinsaturadas omega-6 (ácido linoleico)[34] Elevado consumo de alcohol (más de 4 bebidas diarias)[35]	Fibra (cereales integrales)[36] Verduras[37] Frutos secos, legumbres[38] Algas[39] Fruta[40] Omega-3 (por ejemplo: salmón, salvelino, caballa, atún o sardinas)[41] Antioxidantes dietéticos, como la fruta y la verdura, pero también las legumbres, los frutos secos, las semillas, los cereales integrales y el té verde[42] Café[43]
Vitaminas	
Asociadas con telómeros más cortos	**Asociadas con telómeros más largos**
Suplementos a base de hierro[44] . (probablemente porque suelen constituir dosis elevadas)	Vitamina D (pruebas con resultados desiguales)[45] Vitaminas B (folato), C y E Complejos multivitamínicos (pruebas con resultados desiguales)[46, 47]

* Nótese que la documentación científica al respecto no deja de crecer y de cambiar. Consulta las actualizaciones en nuestra web.

APUNTES PARA LOS TELÓMEROS

- La inflamación, la resistencia a la insulina y el estrés oxidativo son tus peores enemigos. Para combatirlos, sigue los llamados «hábitos prudentes» de alimentación: es decir, come mucha fruta y verdura, cereales integrales, legumbres, frutos secos y semillas, además de fuentes de proteína bajas en grasas y de buena calidad. Estos hábitos alimentarios también se conocen como dieta mediterránea.

La solución de los telómeros

- Consume fuentes de omega-3: salmón y atún, verduras de hoja, aceite de linaza y semillas de lino. Plantéate tomar algún suplemento de omega-3 a base de algas.
- Reduce al mínimo el consumo de carnes rojas (sobre todo procesadas). Prueba a comer vegetariano por lo menos unos cuantos días a la semana. Eliminar la carne resultará beneficioso para tus células, además de para el medio ambiente.
- Evita las bebidas azucaradas y los dulces, además de los alimentos procesados.

Laboratorio de renovación

ALIMENTOS BUENOS PARA LOS TELÓMEROS

Es importante tener a mano alimentos sanos para picar, porque la alternativa suele consistir en productos poco saludables. Los típicos aperitivos normalmente son procesados y contienen grasas, azúcares y sal, todo ello poco saludable. Recomendamos comer cualquier aperitivo rico en proteínas y bajo en azúcares. Proponemos unas cuantas ideas que además incluyen abundantes antioxidantes o grasas poliinsaturadas omega-3.

Muesli casero. Es fácil elaborar en casa un surtido de cereales, frutas y frutos secos del tipo muesli, además de ser la mejor manera de asegurarnos de que contiene poco azúcar (el muesli que se vende en las tiendas muchas veces oculta azúcares añadidos en las frutas deshidratadas). Esta mezcla es rica en omega-3 y antioxidantes. También es muy energética, por lo que conviene comerla en cantidades moderadas.

Combina:

- 1 taza de nueces
- ½ taza de semillas de cacao tostadas o pepitas de chocolate negro
- ½ taza de bayas de goji u otras bayas secas

También le puedes añadir:

- ½ taza de coco deshidratado en copos
- ½ taza de pipas de girasol crudas o tostadas (sin sal)
- 1 taza de almendras crudas

Pudin casero de chía. Las semillas de chía son ricas en antioxidantes, calcio y fibra. Estas diminutas y modestas semillas procedentes de Sudamérica contienen además 20 gramos de omega-3 por cada 100 gramos. El pudin de chía es bueno para picar a cualquier hora, pero sobre todo constituye un sabroso desayuno.

Combina:

- ¼ de taza de semillas de chía
- 1 taza de leche de almendras o de coco no azucarada
- $\frac{1}{8}$ de cucharadita de canela
- ½ cucharadita de extracto de vainilla

Remueve los ingredientes y deja que la mezcla repose durante cinco minutos. Vuelve a remover el pudin y guárdalo en la nevera veinte minutos, hasta que se espese, o toda la noche, como prefieras.

Aderezos optativos:

- Copos de coco deshidratado
- Bayas de goji
- Semillas de cacao tostadas
- Manzana en rodajitas
- Miel

Algas. Sí, algas. Se encuentran con facilidad y son buenas para los telómeros. Los aperitivos de algas, como SeaSnax, se pueden encontrar en tiendas de alimentación macrobiótica y están hechos a base de hojas de algas ligeramente tostadas con aceite de oliva y una pizca de sal. Las hay de varios sabores (a nosotras nos encantan las de wasabi y las de cebolla), y son un excelente aperitivo para los amantes de lo salado y de los sabores intensos. Las algas son, además, extremadamente ricas en micronutrientes, así que disfrútalas. Si estás controlando el sodio, opta por algas sin sal.

DESHAZTE DE LOS MALOS HÁBITOS ALIMENTARIOS: BUSCA ALGO QUE TE MOTIVE

Agregar alimentos saludables a tu dieta es estupendo, pero resulta aún más importante evitar ese tipo de comida basura procesada y azucarada con la que se nutren tus enemigos celulares. Deshacerse de un hábito alimentario malsano es más fácil de decir que de hacer. Cuando la gente encuentra una motivación personal para cambiar un hábito, tiene más probabilidades de conseguirlo con éxito. Estas son algunas de las preguntas que les planteamos a los voluntarios de nuestras investigaciones para ayudarlos a que identifiquen sus principales metas a la hora de introducir cambios en su dieta:

- *¿De qué modo te afecta la dieta? ¿Alguna vez te ha animado alguien a que reduzcas tu consumo de algo? ¿Por qué? ¿Qué es lo que más te gustaría cambiar?*
- *¿Por qué, exactamente, te preocupa la cantidad de comida rápida (comida basura, azúcares u otros*

alimentos poco saludables) que consumes? ¿Hay
antecedentes en tu familia de diabetes o de car-
diopatías? ¿Quieres adelgazar? ¿Te preocupan
tus telómeros?

- *¿Qué partes de ti querrías que cambiasen? ¿Cuá-*
  les no? ¿Qué cosas son las que más te preocupan?
  ¿Cómo os afectaría ese cambio a ti y a las personas
  que te importan?

Cuando hayas identificado cuál es tu principal fuente de motivación, visualízala. Si tu motivación es disfrutar de una vida larga y sana, visualiza una imagen vívida de ti mismo a los 90 años, con plena salud y actividad mientras animas a tu nieto el día de su graduación. ¿Quieres asegurarte de estar presente para ver crecer a tus hijos? Imagina que estás bailando en el banquete de su boda. A lo mejor te motiva pensar en esos minúsculos telómeros que protegen valientemente el futuro de tus cromosomas en los miles de millones de células que hay por tu cuerpo. Cada vez que notes que vas a caer en la tentación, trae a tu mente esa imagen. Nuestro colega el profesor Len Epstein, de la SUNY en Buffalo, ha descubierto que imaginarse con nitidez el futuro ayuda a la gente a resistir a la tentación de comer en exceso y a evitar otras conductas compulsivas.[48]

Consejos expertos para la renovación

Sugerencias con base científica para emprender cambios duraderos

Cambiar de hábitos es sencillo, pero cuesta. Para algunos, conocer cómo funcionan sus telómeros es una potente motivación. Se los imaginan erosionándose... y eso los anima, por ejemplo, a hacer más ejercicio o a adoptar una respuesta de desafío ante el estrés.

Sin embargo, muchas veces no basta con tener una motivación.

Los conocimientos científicos sobre los cambios del comportamiento nos indican que si queremos introducir un cambio, tendremos que saber por qué deseamos hacerlo; pero para que ese cambio sea de verdad duradero necesitamos más que ese simple conocimiento. En lo que se refiere a los cambios, nuestra mente no actúa de manera racional. Funcionamos principalmente a base de patrones e impulsos automáticos. De ahí el dónut en lugar de la tortilla de verduras o que los firmes propósitos se debiliten cuando llega el momento de hacer ejercicio o de meditar. Como especie, los humanos ejercemos mucho menos control personal del que nos gustaría creer que tenemos. Por suerte, la ciencia de la conducta nos instruye sobre cómo introducir cambios que perduren.

En primer lugar, identifica algo que quieras cambiar. **La autoevaluación (cuestionario sobre la trayectoria telomérica) que empieza en la página 232 te puede ayudar a detectar dónde necesitan más ayuda tus telómeros.** Escoge un ámbito (como el del ejercicio físico) y un cambio que quieras introducir (como empezar un programa de andar). Antes de emprender ese cambio, plantéate estas tres preguntas:

1. En una escala del 1 al 10, ¿cómo calificarías tu disposición a hacer ese cambio? (Una puntuación de 1 significa que no estás en absoluto dispuesto y un 10 que estás sumamente dispuesto). Si le asignas un 6 o menos a tu disposición, pasa a la siguiente pregunta para analizar qué es lo que de verdad te motiva. Luego vuelve a evaluar tu disposición. Si ves que tu calificación de disposición no aumenta, escoge un objetivo distinto.

Muchos de nosotros adoptamos conductas que nos gustaría cambiar, pero nos vemos atascados o indecisos. Busca una sola conducta pequeña en la que quieras centrarte. Un cambio conduce a otro, de modo que centrarte en un pequeño cambio es lo más conveniente de momento. En el caso de hábitos más duros y compulsivos, como fumar, beber alcohol y comer en exceso, tal vez convenga que consultes con un asesor profesional o un terapeuta experto en «entrevistas motivadoras», un diálogo que ayuda a que la gente identifique metas claras, supere los obstáculos y cumpla sus objetivos.[1]

2. ¿Qué tiene ese cambio para que te resulte tan relevante? Pregúntate cuáles son las cosas que te importan. Trata de vincular tu objetivo con las prioridades más importantes que tienes en la vida, como por ejemplo: «Quiero empezar a practicar un programa de andar, porque deseo estar en forma y vivir de manera independiente, en mi casa, todo el tiempo que pueda». O: «Quiero participar activamente en la vida de mi hijo y de mis nietos». Cuanto más estrecha sea la relación entre tu meta y tus valores y prioridades, más probabilidades tienes de que el cambio perdure. Optar por objetivos intrínsecos —aquellos vinculados con las relaciones: disfrutar y darle sentido a la vida— funciona mejor que plantearse objetivos externos (que suelen estar relacionados con la riqueza, la fama o la visión que tienen de nosotros los demás). Los primeros tienen más poder de hacer que perduren los cambios y nos aportan más felicidad.[2]

Plantéate las complejas preguntas que proponemos en el laboratorio de renovación del capítulo 10 (páginas 339-340) sobre cómo hallar tu motivación. Luego crea una imagen mental de la respuesta, una que represente esa motivación. Esa imagen mental constituye una herramienta que podrás utilizar después en los momentos difíciles, cuando parte de ti se empeñe en hallar una vía de escape de ese nuevo comportamiento.

3. En una escala del 1 al 10, ¿hasta qué punto confías en ser capaz de hacer ese cambio? Si estás en un 6 o menos, cambia el objetivo por otro que sea más pequeño y más fácil de cumplir. Identifica cualesquiera obstáculos que hayan hecho bajar tu puntuación y traza un plan realista para superarlos. Piensa en los obstáculos teniendo en mente esa actitud de «desafío»; esta es una oportunidad de recurrir al estrés bueno. Otra manera de incrementar la eficacia y el éxito es pensar en algún momento del pasado en el que te sintieras orgullo por haber superado algún obstáculo.[3]

Este tipo de autoevaluaciones sobre la eficacia propia son nuestra bola de cristal; han demostrado ser uno de los mejores métodos de predicción de nuestro comportamiento futuro. El grado de confianza que tenemos sobre si seremos capaces de llevar a cabo determinada tarea da pie a una serie de acontecimientos en cascada: si, para empezar, seremos capaces de probar una nueva conducta y si luego persistiremos en ella cuando nos topemos con obstáculos.[4] Déjate llevar por el bucle positivo de la eficacia propia: alcanzar una parte de nuestra meta, aunque sea pequeña, fomenta nuestra confianza, lo que nos lleva a dar el siguiente paso, que a su vez vuelve a fomentar nuestra confianza.

A continuación cuestiónate si estás tratando de crear un nuevo hábito o de terminar con uno viejo. La respuesta determinará qué estrategias son las que más te convienen.

CONSEJOS PARA CREAR NUEVOS HÁBITOS

Nuestro cerebro está equipado para el automatismo, para hacer el mínimo esfuerzo posible. Haz que el automatismo trabaje para ti, no en tu contra. Así es como se hace:

- **Cambios pequeños.** Adopta el nuevo hábito sin sufrimiento, en pequeñas dosis. Si lo que quieres es dormir más, no intentes irte a la cama una hora antes por la noche. Eso cuesta demasiado. Empieza acostándote quince minutos antes cada noche. Si eso no te resulta posible, ponte objetivos más factibles: diez minutos, cinco minutos... lo que te resulte más sencillo y menos amenazador. A partir de ahí, puedes ir incrementando el plazo hasta lograr tu objetivo.

- **Agrupa hábitos.** Adjunta tu pequeño cambio a alguna actividad que ya tengas incorporada de manera rutinaria a tu vida.[5] De ese modo tendrás que preocuparte menos sobre cuándo hacer el cambio y con el tiempo formará parte de la rutina. Liz, por ejemplo, mientras espera a que su ordenador acabe de descargar el correo, aprovecha para hacer una micromeditación. A otras personas, la parada para comer del trabajo les sirve de desencadenante para salir a andar. Agrupar un comportamiento con otro que ya tienes incorporado te ayudará a ceñirte a tu programa.
- **Las mañanas son un momento de luz verde.** Intenta programar el cambio para hacerlo por la mañana. Cuanto más temprano, menos probabilidades hay de que otras prioridades urgentes aparten a tu nuevo comportamiento del programa. A esa hora te sientes más determinado; puedes visualizarlo como una luz verde que te está diciendo: «¡Hazlo!».
- **No decidas... Actúa.** Cuando llega el momento de ir al gimnasio (de hacer cualquier otro cambio), no te preguntes: «¿Voy o no voy?». Tomar decisiones es agotador. Y en un momento de debilidad, la respuesta será: «Mañana». Ve y listo. Camina hasta allí como un zombi descerebrado si hace falta, pero ve.
- **Celébralo.** Monta una minicelebración cada vez que pongas en práctica tu nuevo hábito. Felicítate conscientemente diciéndote: «¡Estupendo!» o «¡Lo he conseguido!», y siéntete orgulloso. O mete una moneda en la hucha cada vez que lo consigas para darte un capricho de vez en cuando.

Para intentar deshacerse de un viejo hábito no deseado hace falta fuerza de voluntad, cosa que, por desgracia, suele escasear. Además hay un montón de malos hábitos que hacen que nos sintamos bien, por lo menos durante unos instantes. Las comidas y bebidas azucaradas, por ejemplo, activan el sistema de recompensa del cerebro. Podemos volvernos neurobiológicamente dependientes de ese subidón de azúcar. Desterrar un hábito exige paciencia y perseverancia.

- **Incrementa la capacidad de tu cerebro para llevar a cabo tus planes.** Somos más capaces de ejercer control cuando se activan las redes neuronales que alojan el pensamiento analítico. Cuando se produce más actividad en la corteza prefrontal, algunas de las zonas más emocionales del complejo amigdalino se inhiben. La práctica de ejercicio, la meditación de relajación y los alimentos ricos en proteínas de gran calidad propician este estado mental óptimo (y el estrés lo obstaculiza).
- **No intentes introducir el cambio cuando estés sin energías.** La falta de sueño, la baja glucemia o el estrés emocional elevado pueden mermar tu fuerza de voluntad. Espera hasta que las condiciones estén a tu favor.[6]
- **Adapta tu entorno para reducir las posibilidades de caer en la tentación.** No tengas en casa refrescos, dulces o cualquier otra cosa que te recuerde a ese hábito que quieres cambiar; sobre todo, no los tengas a la vista. Las galletas y las patatas fritas, en el caso de que lleguen a casa, deberían estar fuera de la vista, en un armario alto de la

cocina, no en un cuenco encima de la mesa. Puede que seas capaz de resistir a la tentación una vez, pero rechazarla varias veces al día resulta agotador; se te puede acabar el suministro limitado que tenemos de fuerza de voluntad. Este tipo de trucos se llaman control de estímulos: intentamos controlar nuestro entorno todo lo que podemos para no estar rodeados de los estímulos que nos tientan.

- **Sigue tus ritmos naturales de alerta.** Tendrás más energía para avivar tu fuerza de voluntad. Si eres una persona noctámbula, serás más capaz de resistir a la tentación por la noche y más proclive a sucumbir a ella por la mañana. Planifícate de acuerdo con eso. Y aprovecha para picar algo sano en tus puntos bajos personales: esos momentos del día en los que sueles estar más cansado. De ese modo cargarás energía para cuando tengas que recurrir a tu fuerza de voluntad.

Para terminar, hay una estrategia que nos ayuda a casi todos en cualquier circunstancia, tanto si trata de introducir un cambio como de deshacerse de él: el apoyo social. Pide a tu familia y a tus amigos que te ayuden a la hora de perseguir tu nuevo objetivo. Diles que eso te servirá de estímulo. Convierte a tus cómplices (aquellos que te ayudarían a hacer lo que no quieres hacer) en influencias positivas o... ¡evítalos! También puedes buscarte un compañero con objetivos parecidos que te acompañe en el trayecto. Elissa saldría a correr con menos frecuencia si no tuviese un amigo que cuenta con ella para hacerlo.

Para ayudarte a pensar en maneras de introducir pequeños cambios en el día a día, hemos creado el apartado

«Tu día renovado», que encontrarás en la página siguiente. Consiste en una tabla horaria donde se especifica qué hábitos rutinarios pueden poner en peligro a tus telómeros. También te sugerimos alternativas sustitutorias sanas para los telómeros.

Tu día renovado

Cada día representa una oportunidad de frenar, mantener o acelerar el envejecimiento de nuestras células. Para conservar el equilibrio o incluso impedir una aceleración innecesaria del envejecimiento biológico, come bien, duerme lo suficiente para una buena recuperación, permanece activo y mantén o incrementa tu forma física, y además de ejercer un trabajo que te realice, ayuda a los demás y conserva buenas relaciones sociales.

También puedes hacer todo lo contrario: consumir comida basura, dormir poco y ser sedentario o perder tu buena forma física. Si ya le añades un elevado grado de estrés a la mezcla de un cuerpo vulnerable, les darás a tus células un día más de desgaste. Puede que hasta pierdas unos cuantos pares de bases de longitud telomérica. Lo cierto es que ignoramos hasta qué punto reaccionan los telómeros a nivel diario, pero sí sabemos que las conductas crónicas acaban teniendo serias repercusiones con el tiempo. Todos podemos esforzarnos por disfrutar de más días de renovación que de desgaste. Empieza por hacer pequeños cambios. A lo largo de todo este libro hemos propuesto sugerencias para introducir cambios saludables para los telómeros y además hemos creado un ejemplo de cómo puedes incorporar algunos de esos hábitos a tu día a día. Rodea con un círculo los que te apetezca probar.

También hemos incluido un horario en blanco para que personalices tu día renovado con los cambios saludables para los telómeros que quieres introducir. Puedes copiarlo o imprimirlo desde nuestra web, y ponerlo en la puerta del frigorífico o en el espejo para que te sirva de recordatorio de acciones sencillas que fomentarán tu renovación celular saludable. Rellénalo con los diversos hábitos que te gustaría añadirle a tu rutina diaria. ¿Qué quieres decirte cuando te levantes por la mañana? ¿Te gustaría dedicar unos cuantos minutos de la mañana a alguna actividad que te renueve la mente y el cuerpo? Piensa en aquellos momentos de transición que se producen a lo largo del día en los que puedes emprender más actividad física, dirigir tu consciencia al momento presente para propiciar la tolerancia al estrés, conectar con otras personas y añadir a tu dieta algún alimento saludable para tus telómeros.

Recuerda que el trayecto que lleva a un cambio duradero se recorre paso a paso.

TU DÍA RENOVADO

Hora	Hábito que acorta los telómeros	Hábito saludable para los telómeros
Al levantarte	Tener sensación anticipada de estrés o amenaza. Repasar mentalmente la lista de cosas pendientes. Consultar el teléfono de inmediato.	**Reevalúa tu respuesta ante el estrés** (pág. 176). Levántate con alegría. «¡Estoy vivo!». Márcate un propósito para el día. Anticípate a cualquier acontecimiento positivo.
A primera hora de la mañana	Lamentarte de no tener tiempo para hacer ejercicio.	Haz **ejercicio cardiovascular o de intervalos** (pág. 265). O haz un *chi kung* vigorizante (pág. 226).
En el desayuno	Tomar un bocadillo de salchichas.	Toma copos de avena con fruta; batido de frutas con yogur y frutos secos; tortilla de verduras.

Hora	Hábito que acorta los telómeros	Hábito saludable para los telómeros
Al ir al trabajo	Tener prisas, pensamientos hostiles y tal vez algo de enfado provocado por el tráfico.	Pon en práctica el **descanso de respiración de tres minutos** (pág. 215).
Al llegar al trabajo	Intentar ponerte al día con el trabajo atrasado nada más llegar. Anticiparte, preocuparte por la jornada de trabajo.	Date un margen de diez minutos para habituarte y acomodarte antes de empezar a trabajar. Lidia con las situaciones a medida que van surgiendo.
Durante la jornada laboral	Tener pensamientos autocríticos. Hacer a la vez tareas diversas para lidiar con la sobrecarga de trabajo.	Sé consciente de tus pensamientos. Tómate un **respiro para la autocompasión** (pág. 179) o **controla a tu ayudante ansioso** (pág. 180). Céntrate en las tareas una por una. (¿Eres capaz de desconectar el correo electrónico y el teléfono durante una hora?).
A la hora de comer	Comer comida rápida, fiambre o embutido. Comer deprisa.	Disfruta de una comida a base de alimentos frescos y naturales. Practica la **alimentación consciente** (pág. 311). Relaciónate con alguien. Come o pasea con un compañero; llama o escribe a alguien con quien mantengas una relación de apoyo mutuo.
Por la tarde	Ceder a las ansias de tomar bebidas azucaradas, bollería o dulces.	**Domina tus ansias** (pág. 309). **Come algo que sea bueno para los telómeros** (pág. 337). **Haz estiramientos.**
Al volver a casa	Rumiar. Tener pensamientos erráticos negativos.	**Distánciate mentalmente** (pág. 145). Pon en práctica el **descanso de respiración de tres minutos** (pág. 215).
En la cena	Cenar alimentos procesados. Mirar pantallas.	Cena sano (consulta nuestra web para sacar ideas). Regálales a los demás el centro de tu atención consciente.

Hora	Hábito que acorta los telómeros	Hábito saludable para los telómeros
Por la noche	Llevar a cabo las tareas vespertinas de la casa sin descansar. Sufrir un zumbido en la cabeza causado por los efectos de un día de ajetreo máximo.	Haz **ejercicio** o prueba alguna **técnica de reducción del estrés** (pág. 221). Pregúntate: «¿He cumplido mis propósitos para hoy?». Repasa tu día; intenta desarrollar una **respuesta de desafío ante el estrés** (pág. 130). Saborea las cosas que te hacen feliz. Emprende un **ritual relajante para dormir** (pág. 289).

Hora	Hábito que acorta los telómeros	Hábito saludable para los telómeros
Al levantarte		
A primera hora de la mañana		
En el desayuno		
Al ir al trabajo		
Al llegar al trabajo		
Durante la jornada laboral		
A la hora de comer		
Por la tarde		
Al volver a casa		
En la cena		
Por la noche		

La solución de los telómeros

CUARTA PARTE

De fuera a dentro: el mundo social da forma a tus telómeros

Capítulo 11

Lugares y rostros que ayudan a nuestros telómeros

Al igual que los pensamientos que albergamos y la comida que ingerimos, otros factores ajenos a nuestro cuerpo —nuestras relaciones sociales y el barrio en el que residimos— también afectan a los telómeros. Aquellas comunidades cuyos miembros no confían los unos en los otros y temen a la violencia resultan dañinas para la salud telomérica. Pero aquellos vecindarios donde uno se siente seguro y que están bien cuidados —con árboles frondosos y zonas verdes— se asocian con tener telómeros más largos, independientemente del nivel de ingresos y de educación de sus residentes.

Cuando Elissa era estudiante universitaria en Yale, solía quedarse trabajando de manera habitual hasta bien tarde. Para cuando salía de la Facultad de Psicología para regresar a casa ya había caído la noche. Elissa tenía que pasar al lado de una iglesia donde habían asesinado a alguien hacía unos años y, pese a que la zona normalmente estaba tranquila cuando pasaba por allí, alrededor de las once de la noche, el corazón le latía a toda prisa. Luego torcía por su calle, donde los alquileres eran bastante asequibles para la economía de una estudiante. Era una calle larga, conocida por algún que otro atraco. Al caminar, Elissa escuchaba con atención por si oía pasos que la siguieran. Notaba que el corazón le palpitaba con más potencia. Es probable que le subiera la tensión y que su organismo recurriese a la glucosa almacenada en el hígado, que le proporcionaría la energía necesaria en caso de tener que echar a correr. Cada noche, el cuerpo y la mente de Elissa se predisponían al peligro. Aquella experiencia duraba solo diez minutos. Imagina lo estresante que debe de ser cuando tanto el riesgo como la duración son mucho mayores y, encima, no te puedes permitir mudarte a otro sitio.

El lugar donde vivimos afecta a nuestra salud. Los barrios conforman nuestro sentido de la seguridad y del estado de alerta, que a su vez afectan al grado de estrés psicológico, al estado emocional y a la longitud de nuestros telómeros. Además de la violencia y la falta de seguridad, hay otro aspecto vital que convierte a nuestro vecindario en una potente influencia sobre nuestra salud, y es el grado de «cohesión social», lo que aglutina, lo que vincula a las personas que viven en una determinada zona. ¿Se ayudan mutuamente tus vecinos? ¿Confían los unos en los otros? ¿Se llevan bien y comparten valores? En caso de necesidad, ¿podrías confiar en alguno de tus vecinos?

La cohesión social no es necesariamente fruto del nivel adquisitivo ni de la clase social. Tenemos amigos que viven en un precioso barrio residencial vallado, donde las casas están rodeadas de hectáreas de césped. Se perciben indicios positivos de cohesión social, como pícnics en la festividad del Cuatro de Julio, fiestas y bailes. Pero también hay desconfianza y disputas internas, y no está exento de delincuencia. Es un barrio lleno de médicos y abogados, pero si vives allí es posible que te despierte de madrugada el estruendo de un helicóptero de la policía que sobrevuela tu casa en busca de algún sospechoso de robo a mano armada que ha saltado la verja. Cuando sacas la basura, puede que se te acerque algún vecino que está molesto con tus planes para reformar la casa. Si consultas el email, quizá encuentres a tus vecinos enzarzados en una pelea por correo electrónico acerca de si contratar o no a una empresa de seguridad privada y quién lo va a pagar. Puede que ni conozcas a la persona que vive en la casa de al lado. También hay barrios pobres pero cuyos habitantes se conocen bien y tienen un fuerte sentido de comunidad y de confianza. Si bien es cierto que los ingresos afectan, la salud de un vecindario va mucho más allá del nivel adquisitivo.

Quienes viven en barrios con poca cohesión social y con miedo a la delincuencia presentan un envejecimiento celular más acentuado en comparación con los residentes de los vecindarios con mayor confianza y seguridad.[1] En un estudio realizado en Detroit, Michigan, se asoció el hecho de sentirse estancado en determinado barrio —querer mudarse pero no disponer del dinero o la oportunidad de hacerlo— con presentar telómeros más cortos.[2] Y en otro llevado a cabo en Países Bajos (conocido como estudio NESDA), el 93 por ciento de los encuestados calificó su barrio de generalmente bueno (o mejor). Pese a que aquellos barrios constituían buenos entornos, determinadas calificaciones más concretas sobre calidad de vida en el vecindario —que incluían el grado de vandalismo y la percepción de seguridad— se asociaron con la longitud telomérica.

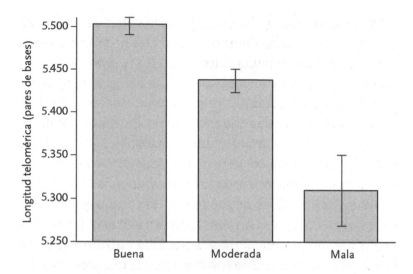

Figura 25: Telómeros y calidad del barrio. En el estudio NESDA, los residentes en barrios de mayor calidad presentaban telómeros considerablemente más largos que los habitantes de entornos de calidad moderada o mala.[3] Eso ocurría también teniendo en cuenta factores de edad, de género, demográficos, comunitarios, clínicos y de modo de vida.

Tal vez las personas que habitan en barrios de menor calidad sufren más depresión. ¿Es posible que eso te ocurriese a ti? Tiene su lógica que quienes residen en barrios con poca cohesión social se sientan psicológicamente peor. Y sabemos que las personas deprimidas tienen los telómeros más cortos. Los investigadores del estudio NESDA estudiaron esta cuestión y descubrieron que el estrés emocional de vivir en un barrio poco seguro tiene repercusiones, independientemente de lo deprimidos o ansiosos que estén sus habitantes.[4]

¿Cómo incide en nuestras células y nuestros telómeros la baja cohesión social? Una respuesta está relacionada con la vigilancia, esa sensación de tener que estar siempre en estado de alerta para mantenernos seguros. Un equipo de científicos alemanes llevó a cabo un fasci-

La solución de los telómeros

nante estudio sobre ese estado de vigilancia en el que se comparó a gente del entorno rural con habitantes de la ciudad. Se invitó a integrantes de ambos grupos a que rellenasen uno de esos enervantes test de matemáticas diseñados para provocar una reacción ante el estrés. Los voluntarios tenían que hacer complejos cálculos mentales mientras los investigadores los puntuaban al instante. A los participantes se los conectó a una máquina de resonancia magnética que permitió que los investigadores observasen su actividad cerebral, de modo que estos podían comunicarse con ellos a través de unos auriculares y decirles cosas como «¿Puede ir más rápido?» o «¡Error! Por favor, vuelva a empezar». Cuando los voluntarios urbanitas hicieron la prueba, mostraron mayor respuesta de amenaza en el complejo amigdalino, una minúscula estructura cerebral que alberga nuestras reacciones de temor, que los voluntarios residentes en el campo.[5] ¿A qué se debe esa diferencia entre ambos grupos? La vida en la ciudad tiende a ser menos estable, más peligrosa. La gente suele estar más alerta en las ciudades; su cuerpo y su mente están siempre preparados para organizar una reacción al estrés intensa y potente. Esta ultrapredisposición es de naturaleza adaptativa, pero no es sana; y puede que esa sea en parte la razón por la que quienes residen en ambientes sociales amenazadores presentan telómeros más cortos. (Es interesante, además de motivo de alivio para los habitantes de la ciudad, que el ruido y las multitudes de la vida urbana no estén asociados con tener telómeros más cortos).[6]

Puede ser que determinados barrios nos acorten los telómeros porque son lugares en los que resulta más difícil mantener buenos hábitos de salud. Por ejemplo, la gente tiende a dormir menos cuando vive en vecindarios bulliciosos y poco seguros, con baja cohesión social.[7]

Cuando no dormimos adecuadamente, nuestros telómeros se resienten.

Liz, que también vivió una temporada en New Haven, sufrió de primera mano otro factor de la vida en un barrio que puede inhibir los hábitos saludables. Antes de mudarse a New Haven, había estado estudiando en Cambridge, Inglaterra. Cambridge, debido a su llana orografía, es un paraíso para la bici y Liz iba pedaleando a todas partes. Cuando llegó a New Haven para empezar su investigación en Yale después del doctorado, notó que su geografía era también ideal para el ciclismo. Una de las primeras preguntas que hizo a sus nuevos compañeros del laboratorio fue: «¿Dónde puedo conseguir una bici para ir y venir de casa al trabajo?».

Se hizo un breve silencio. Alguien dijo a Liz: «Bueno, a lo mejor no es buena idea lo de volver a casa en bici por la noche. Es fácil que te la roben».

Ella respondió que cuando le pasó aquello una vez en Cambridge, se limitó a comprarse otra bici barata de segunda mano para sustituir a la robada. Se hizo otro silencio, y luego alguien le explicó amablemente a Liz que cuando su colega había dicho «robar», se refería a «robar la bici con la persona montada encima», así que en New Haven Liz no se movió en bici.

Es posible que otros residentes de barriadas de poca confianza y elevado índice de criminalidad saquen parecidas conclusiones. A la mayoría ya nos cuesta lo nuestro encontrar tiempo para hacer ejercicio o resistirnos a la tentación de no levantarnos del sofá... así que a los habitantes de barrios poco seguros, determinados tipos de ejercicio puede que les parezcan demasiado peligrosos y que ni se les pasen por la cabeza. La seguridad es solo una barrera más. Otra es la falta de parques y de instalaciones donde hacer ejercicio. Los entornos social y «constructivo» de los barrios pobres son escollos para la práctica del ejercicio. Y sin ejercicio los telómeros se acortan.

¿ATESTADO DE BASURA O CUBIERTO DE VERDOR?

San Francisco es una de las grandes ciudades del mundo. Sus habitantes viven a tiro de piedra de museos, restaurantes y teatros, y pueden disfrutar de hermosas vistas de la bahía y de las laderas de sus montes. Pero, como ocurre en muchas ciudades, hay zonas de San Francisco que están bastante sucias. Tienen un problema con la basura. Eso no es bueno para sus residentes, sobre todo para los más pequeños. Los niños que viven en un barrio que físicamente está desastrado, con edificios abandonados y basura por las calles, presentan telómeros más cortos. La presencia de desperdicios o cristales rotos justo a la entrada de su casa es un factor pronóstico especialmente certero de problemas teloméricos.[8]

¿Has estado alguna vez en Hong Kong? Se da un contraste muy acusado entre el bullicio, las brillantes luces de neón y el caos del populoso Kowloon, el centro de la ciudad, y las verdes colinas de los Nuevos Territorios, que se prolongan justo alrededor de la ciudad. Allí, los residentes disfrutan de árboles, parques y ríos. En un estudio de 2009 se examinó a 900 hombres de edad avanzada, de los cuales unos vivían en Kowloon y otros en los frondosos Nuevos Territorios. ¿Adivinas quiénes tenían los telómeros más cortos? Los que vivían en la ciudad. (El estudio tuvo en cuenta la clase social y los hábitos de salud). Aunque puede que otros factores interviniesen en esa asociación, este estudio sugiere que las zonas verdes desempeñan un papel importante en la salud telomérica.[9]

Cuando estamos en medio de la espesura de un bosque y respiramos el aire limpio y fresco, no cuesta imaginar que los telómeros pueden beneficiarse de la exposición a la naturaleza. Esa posibilidad nos interesaba porque viene apoyada por lo que ya sabemos sobre la naturaleza y un fenómeno que se denomina recuperación psicológica. Estar en contacto con la naturaleza proporciona un cambio radical de contexto. Puede inspirarnos por su belleza y su tranquilidad. Nos aparta de todos esos pensamientos pequeños sobre problemas pequeños. También nos puede aliviar de todos esos estímulos y ruidos urbanos que nos provocan constantes movimientos, parpadeos, lamentos, encogimiento de hombros y estremecimientos, y que hacen que nuestro organismo esté siempre excitado. El cerebro se toma un respiro de tener que registrar decenas de sensaciones simultáneas, cualquiera de las cuales podría ser una señal de peligro. La exposición a zonas verdes se asocia con un menor grado de estrés y una regulación más saludable de la secreción diaria de cortisol.[10] En Inglaterra, las personas económicamente desfavorecidas presentan una mortalidad temprana de casi el doble (93 por ciento) que la de las personas más acomodadas del país, salvo cuando viven en barrios rodeados de zonas verdes. En ese caso, su mortalidad relativa baja de tal modo que solo tienen un 43 por ciento de posibilidades de morir a edad temprana por cualquier causa.[11] La naturaleza reduce a la mitad su riesgo comparativo. Sigue siendo una triste estadística sobre la pobreza, pero nos induce a pensar que la relación entre telómeros y zonas verdes merece ser estudiada más a fondo.

¿PODEMOS COMPRAR TELÓMEROS MÁS LARGOS CON DINERO?

No hay que ser rico para tener unos telómeros más largos, pero disponer del dinero suficiente para cubrir las necesidades básicas ayuda. En un estudio de alrededor de doscientos niños afroamericanos de Nueva Orleans, en Luisiana, se observó que la pobreza estaba asociada con tener telómeros más cortos.[12] Una vez que las necesidades básicas están cubiertas, disponer de más dinero no parece que sea de más ayuda: no existen relaciones contrastadas entre los diferentes niveles de ingresos y la longitud telomérica. Pero en lo que respecta a la educación sí parece existir una relación entre dosis y efecto: cuanta mayor educación, más largos son los telómeros.[13] El nivel educativo es uno de los factores pronóstico más consistentes de la aparición temprana de enfermedades, por lo que estos resultados no son demasiado sorprendentes.[14]

En un estudio llevado a cabo en el Reino Unido, la profesión demostró ser más relevante que otros indicadores del estatus social: los trabajos de oficina (por contraposición a los trabajos de índole manual) se asociaron con una mayor longitud telomérica; y eso se dio incluso en el caso de hermanos gemelos que crecieron juntos pero que de adultos gozaban de un estatus profesional distinto.[15]

PRODUCTOS QUÍMICOS TÓXICOS PARA LOS TELÓMEROS

Monóxido de carbono: es inodoro, insípido e incoloro. En lo más hondo del subsuelo, en las minas de carbón, se puede acumular sin ser detectado, sobre todo después de que se haya producido una explosión o un incendio. En concentraciones suficientemente elevadas, puede provocar que los mineros se asfixien. Así que, a principios del siglo xx, los mineros empezaron a llevar consigo a la mina canarios enjaulados. Los mineros los consideraban sus amigos y cantaban con los pájaros mientras trabajaban. Si había monóxido de carbono en la mina, los canarios se mostraban inquietos y se balanceaban, se enroscaban o se caían de sus posaderos. Los mineros sabían entonces que la mina estaba contaminada y salían de allí o se colocaban sus mecanismos de respiración.[16]

Los telómeros son como los canarios de nuestras células. Como aquellos pájaros enjaulados, los telómeros están cautivos en el interior de nuestro cuerpo. Son vulnerables a su entorno químico y su longitud es un indicador de lo expuestos a las toxinas que hemos estado durante nuestra vida. Las sustancias químicas son como la basura de nuestro barrio: forman parte de nuestro entorno físico. Y algunas son venenos silenciosos.

Empecemos por los plaguicidas. Hasta ahora se han asociado siete plaguicidas con telómeros sensiblemente más cortos en los trabajadores agrícolas que los usan en sus cultivos: alacloro, metolacloro, trifluralina, ácido 2,4-diclorofenoxiacético (también conocido como 2,4-D), permetrina, toxafeno y DDT.[17] En un estudio se observó que cuanto mayor fuese la exposición acumulada a los plaguicidas, más cortos eran los telómeros. No se logró determinar qué tipo de plaguicida concreto resultaba peor o mejor que los demás para los telómeros, ya que el estudio analizó un conglomerado de los siete arriba señalados. Los plaguicidas causan estrés oxidativo, que cuando se acumula, acorta los telómeros. Este estudio está respaldado por otro descubrimiento: se ha observado que los trabajadores agrícolas expuestos a una mezcla de plaguicidas al trabajar en los campos de tabaco presentan telómeros más cortos.[18]

Por suerte, algunos de estos productos químicos se han prohibido en determinadas partes del mundo. Por ejemplo, existe una prohibición a nivel mundial del uso agrario del DDT (aunque se sigue empleando en la India). Pero, una vez liberados en el medio ambiente, estos productos químicos no desaparecen sin más. Permanecen mucho tiempo en la cadena trófica («bioacumulación»), por lo que es imposible que vivamos sin entrar jamás en contacto con estos productos químicos. Probablemente tenemos pequeñas cantidades de numerosos productos químicos tóxicos en todas nuestras células. Acaban también estando presentes en la leche materna, aunque los beneficios de la alimentación con leche materna superan con mucho a los perjuicios de la posible exposición a sustancias químicas. Por desgracia, muchos compuestos de esa lista tóxica (alacloro, metolacloro, 2,4-D, permetrina) se siguen usando en la agricultura y la jardinería, y se fabrican todavía en grandes cantidades.

Otro compuesto químico, el cadmio, es un metal pesado que ejerce efectos perjudiciales para la salud. El cadmio se encuentra principalmente en el humo del tabaco, aunque todos contenemos concentraciones bajas pero potencialmente dañinas en el cuerpo debido a nuestro contacto con factores ambientales como el polvo doméstico, la tierra, la quema de combustibles fósiles como el carbón y el petróleo y la incineración de desechos municipales. Fumar se ha asociado con la presencia de telómeros más cortos; algo que no sorprende, dados los demás efectos perniciosos del tabaco.[19] Parte de esa relación se debe al cadmio.[20] Los fumadores tienen una concentración de cadmio en sangre que duplica la de los no fumadores.[21] En algunos países y sectores se sigue exponiendo al cadmio a los trabajadores de las fábricas. En una localidad china dedicada al reciclaje de desechos electrónicos y conocida por su elevada contaminación por cadmio, se relacionó una elevada concentración de cadmio en la sangre con la presencia de telómeros más cortos en la placenta.[22] En un estudio estadounidense de gran envergadura sobre adultos, se concluyó que aquellos que habían sufrido mayor exposición al cadmio acumulaban hasta once años adicionales de envejecimiento celular.[23]

El plomo es otro metal pesado al que hay que estar atentos. Se encuentra en algunas fábricas, en algunas casas antiguas y en países en desarrollo que todavía no regulan la pintura a base de plomo y siguen utilizando gasolina con plomo, y es otro potencial responsable del acortamiento telomérico. Aunque en el estudio llevado a cabo en la planta de reciclaje de material electrónico no se halló relación entre la concentración de plomo y la longitud telomérica, en otro con trabajadores de fábricas chinas de baterías que estaban expuestos al plomo se descubrieron algunas relaciones sorprendentes.[24] En ese estudio de ciento cuarenta y cuatro trabajadores, casi el 60 por ciento presentaban concentraciones de plomo lo suficientemente elevadas para cumplir con la definición de intoxicación crónica por plomo, además de presentar una longitud telomérica en los inmunocitos bastante menor que la de aquellos que tenían una concentración de plomo calificada de menor o normal. La única diferencia entre los grupos estudiados era que el grupo que presentaba intoxicación había trabajado más tiempo en la fábrica. Afortunadamente, una vez detectada la intoxicación por plomo, a las víctimas se las hospitalizó y se las trató con terapia de quelación. Durante el tratamiento se analizó la orina para evaluar cuánto plomo se eliminaba, una medición que se denomina «carga corporal total» de plomo. La carga corporal o carga tóxica es indicadora de la exposición a largo plazo al plomo. Cuanto mayor es la carga corporal de plomo, más cortos son los telómeros. La correlación era de 0,70, que es sumamente elevada (la correlación más alta que puede darse es de 1).

Al ser tan acusada las relaciones habituales de longitud telomérica con la edad, el sexo, el tabaquismo y la obesidad no eran detectables en quienes habían estado expuestos al plomo. La exposición al plomo anulaba aquellos otros factores.[25]

Si bien los riesgos laborales graves son los que tienen mayores efectos, resulta alarmante que en el entorno doméstico también existan riesgos genotóxicos. En las casas más antiguas puede haber todavía pintura con plomo, que puede ser peligrosa en caso de que se desconche. En muchas ciudades aún se usan cañerías de plomo, un metal que puede llegar hasta nuestra casa a través del agua del grifo. Recordemos la trágica y bochornosa crisis de Flint, en Michigan, donde el agua corriente es tan corrosiva que se filtró el plomo de las cañerías, el agua se contaminó en exceso y lo mismo ocurrió con la sangre de los residentes. Esta tragedia se llegó a transmitir públicamente y nos llegó a través de las pantallas, pero ese mismo problema está ocurriendo de manera silenciosa en muchas otras ciudades que todavía tienen canalizaciones antiguas. Es especialmente preocupante que los niños sean más sensibles al plomo que los adultos. En un estudio se concluyó que los niños de 8 años expuestos al plomo presentaban telómeros más cortos que los de otros niños no expuestos.[26]

Otra categoría de compuestos químicos, **los hidrocarburos aromáticos policíclicos** (PAH, por sus siglas en inglés), circulan por el aire, lo que los hace especialmente difíciles de evitar. Los PAH son subproductos de la combustión y pueden inhalarse en los humos del tabaco, del carbón y del alquitrán de hulla, de los hornos de gas, de los incendios, de la quema de desechos tóxicos, del asfalto y de la contaminación del tráfico. También podemos quedar expuestos a los PAH si consumimos alimentos cultivados en terrenos afectados o asados en barbacoa. Cuidado. En diversos estudios se ha asociado la alta exposición a los PAH con una menor longitud telomérica.[27] Tras una investigación sobre los PAH, se emitió una advertencia dirigida a las mujeres embarazadas: cuanto más cerca vivía una mujer de una vía con tráfico importante y cuantos menos árboles y vegetación había en su barrio (que pueden reducir los niveles de contaminación), más cortos eran los telómeros de su placenta, por término medio.[28]

COMPUESTOS QUÍMICOS, CÁNCER Y TELÓMEROS MÁS LARGOS

Algunos compuestos químicos se asocian con tener telómeros más largos. Esto puede sonar bien, pero recordemos que, en determinados casos, tener unos telómeros muy largos está relacionado con el crecimiento celular descontrolado, es decir, con el cáncer. Por lo tanto, cuando sustancias químicas genotóxicas penetran en nuestro cuerpo, hay más probabilidades de que se produzcan mutaciones y se generen células cancerosas; y si los telómeros de esas células son largos, más fácil es que estas puedan dividirse y multiplicarse para dar lugar a tumores cancerosos. Ese es uno de los motivos por los que tanto nos preocupa el uso y la comercialización generalizados de suplementos y otros productos que afirman alargar nuestros telómeros.

Nos inquieta que la exposición a productos químicos y los suplementos activadores de la telomerasa puedan dañar las células, o incrementar la concentración de telomerasa y alterar los telómeros de una manera tan drástica o inadecuada que nuestro cuerpo no sea capaz de asimilar esos cambios. Pero si ponemos en práctica hábitos naturalmente saludables como el control del estrés, el ejercicio físico, una buena nutrición y un sueño adecuado, la eficacia de la telomerasa va incrementándose de manera lenta pero constante con el tiempo. Este proceso natural protege y conserva nuestros telómeros. En algunos casos, esos cambios de hábitos de vida pueden hasta ayudarnos a que los telómeros se alarguen un poco, pero sin que ello pueda desencadenar el crecimiento celular descontrolado. No se ha demostrado que los factores de un modo de vida saludable que se asocian con tener los telómeros más largos hayan supuesto un incremento del riesgo de presentar cáncer. Los cambios de hábitos de vida influyen en los telómeros a través de mecanismos distintos y más seguros que los de la exposición a productos químicos o suplementos.

¿Qué compuestos químicos pueden alargar los telómeros en exceso y de manera poco natural? La exposición a **dioxinas y furanos** (subproductos tóxicos que se emiten en diversos procesos industriales y que se suelen encontrar en productos de origen animal), **arsénico** (frecuente en el agua potable y en algunos alimentos), **partículas en suspensión en la atmósfera**, **benceno** (presente en el humo del tabaco y también en la gasolina y otros derivados del petróleo) y **policlorobifenilos** (o PCB, una serie de compuestos prohibidos que todavía se encuentran en algunos productos de origen animal con alto contenido en grasas) se asocia con una mayor longitud telomérica.[29] Lo que resulta interesante es que algunos de esos compuestos químicos también se han vinculado con mayor riesgo de aparición de cáncer. A algunos se los ha asociado con mayores índices de cáncer en animales; otros se han estudiado en laboratorio, donde se han introducido en dosis elevadas en el interior de células y han dado lugar a cambios moleculares que propician la aparición del cáncer. Es probable que los compuestos químicos puedan, por una parte, crear campo abonado para el desarrollo de mutaciones y células cancerosas y, por otra, generar mayor concentración de telomerasa o generar telómeros más largos, lo que incrementa las posibilidades de que las células cancerosas se multipliquen. Por tanto, podemos conjeturar que los telómeros son solo uno de los vínculos de la relación entre sustancias químicas y cáncer.

Para ver todo esto con cierta perspectiva, el informe Cancer Progress Report de 2014 de la American Association for Cancer Research nos informa de que el 33 por ciento de la contribución relativa al riesgo general de presentar cáncer deriva únicamente del consumo de tabaco, y que alrededor del 10 por ciento es atribuible a la exposición laboral y medioambiental a contaminantes.[30] Pero ese porcentaje bajo corresponde a Estados Unidos y se ignora hasta qué punto asciende en otros países y regiones del mundo en los que se controlan menos la exposición en el trabajo y la contaminación ambiental. Por otra parte, un incremento del riesgo del 10 por ciento puede parecer poco, pero dado que se producen más de 1,6 millones de casos de cáncer cada año solo en Estados Unidos, ese 10 por ciento se traduce en 160.000 nuevos casos de cáncer anuales. Pensemos un momento en esto: cada año, 160.000 personas más y sus familias ven alterada su vida de manera irrevocable por un diagnóstico de cáncer. Y eso es solo en Estados Unidos. La Organización Mundial de la Salud calcula que se diagnostican 14,2 millones de nuevos casos de cáncer en el mundo cada año, así que podríamos calcular que 1,4 millones de nuevos casos de cáncer anuales derivan de la contaminación medioambiental.[31]

TOXINAS PARA LOS TELÓMEROS

Compuestos químicos relacionados con telómeros más cortos	Compuestos químicos relacionados con telómeros más largos *(Telómeros largos en estas condiciones indican un posible riesgo de crecimiento celular incontrolado y algunas formas de cáncer)*
Metales pesados, como cadmio y plomo	Dioxinas y furanos Arsénico Partículas en suspensión Benceno PCB
Plaguicidas agrícolas y productos de jardinería: alacloro metolacloro trifluralina ácido 2,4-diclorofenoxiacético (también conocido como 2,4-D) permetrina Prácticamente no se fabrican pero siguen presentes en el medio ambiente: toxafeno DDT	
Hidrocarburos aromáticos policíclicos (PAH)	

PROTÉGETE

¿Qué podemos hacer? Es necesario investigar más para comprender la relación entre estos compuestos químicos y el daño celular, pero entretanto lo más razonable es adoptar todas las precauciones posibles. Nosotras siempre hemos tenido preferencia por los productos naturales, pero solo cuando nos resulta práctico comprarlos. Después de darnos cuenta de que tantos limpiadores domésticos y productos cosméticos contienen sustancias químicas genotóxicas y perjudiciales para los telómeros, ahora nos esforzamos por buscar solo productos naturales.

También podemos cambiar nuestra manera de comer y de beber. El arsénico se encuentra de forma natural en pozos y aguas subterráneas, así que podemos pedir que nos analicen el agua o colocar un filtro. Hasta es posible que las botellas de plástico sin bisfenol A (BFA) no estén exentas de contener algún otro compuesto químico tóxico. Los sustitutos del BFA puede que sean igualmente poco seguros; lo que ocurre es que no se han estudiado con el mismo detenimiento (además, no tardaremos en tener más plástico que peces en los mares si no reducimos nuestro consumo de botellas este material). Conviene no meter plásticos en el microondas, incluso aquellos que supuestamente son aptos para ello. Es verdad que los plásticos aptos para microondas no se deforman cuando los calientas, pero no hay garantías de que no vayas a consumir una dosis de plástico que ha penetrado en tu comida.

¿Cómo podemos reducir nuestra exposición al humo del tráfico y otras formas de contaminación? Evita vivir cerca de vías con tráfico denso, si es posible. No fumes (otra buena razón para dejarlo) y evita ser fumador pasivo. La vegetación —árboles, zonas verdes e incluso tener plantas en casa— puede contribuir a reducir los niveles de contaminación atmosférica dentro del hogar y en la ciudad, incluidos los compuestos orgánicos volátiles. No existen indicios directos de que vivir rodeados de más plantas garantice tener los telómeros más largos, pero sí hay correlaciones que sugieren que aumentar la exposición a la vegetación puede ser un factor de protección. Intenta caminar por parques, plantar árboles y fomentar las zonas verdes urbanas.

Encontrarás más maneras de protegerte en el laboratorio de renovación de la página 383.

Hace mucho tiempo, cuando la mayor parte de la humanidad vivía en tribus, cada grupo delegaba en unos cuantos de sus miembros para que hiciesen guardia por la noche. Los que quedaban de guardia estaban atentos a posibles incendios, enemigos y depredadores, mientras los demás dormían apaciblemente, sabedores de hallarse protegidos. En aquellos peligrosos tiempos, pertenecer a un grupo era una manera de garantizarse la seguridad. Si uno no podía confiar en los que estaban de guardia por la noche, no podría dormir el tiempo necesario: la versión de nuestros ancestros de un capital social insuficiente y de la falta de confianza.

Saltemos en el tiempo hasta la vida actual. Cuando te acuestas en la cama por la noche, seguramente no te preocupas demasiado de que se te vaya a abalanzar encima una pantera ni de que unos guerreros enemigos acechen detrás de las cortinas. Sin embargo, el cerebro humano no ha cambiado demasiado desde aquellos tiempos tribales. Seguimos estando programados para necesitar tener a alguien cerca que «nos guarde las espaldas». Sentirnos conectados con otras personas es una de las necesidades humanas básicas. Las relaciones sociales siguen siendo uno de los modos más eficaces de atenuar las señales de peligro y su ausencia, en cambio, las amplifica. Por eso nos gusta tanto pertenecer a algún grupo cohesionado. Nos gusta estar conectados con los demás, dar y recibir consejos, pedir prestadas o prestar cosas, trabajar juntos o compartir lágrimas y sentirnos comprendidos. Las personas cuyas relaciones se prestan a este tipo de apoyo mutuo suelen gozar de mejor salud, mientras que aquellas que se hallan socialmente aisladas son más reactivas ante el estrés y más depresivas, y tienen más probabilidades de morir antes.[32]

En las investigaciones con animales, hasta las ratas, que son animales sociales, sufren cuando se las enjaula en soledad. Apenas nos imaginábamos lo estresante que puede ser el aislamiento para este animal social. Ahora sabemos que cuando se enjaula solas a las ratas, estas no reciben las señales de seguridad derivadas de estar en la cercanía de otras y se sienten más estresadas. Presentan tres veces más tumores mamarios que las ratas que viven en grupo.[33] Los telómeros de las ratas no se han medido, pero en un experimento parecido se descubrió que los loros enjaulados solos presentan un acortamiento telomérico más acelerado que cuando se los enjaula en pareja.[34]

Dejando aparte su decepción ciclista, Liz por lo general fue feliz en su posdoctorado de Yale. Pero cuando llegó el momento de pensar en encontrar trabajo, empezó a preocuparse. Se despertaba en plena noche con sudores fríos y ansiedad, preguntándose cómo demonios podrían contratarla algún día. Uno de los escollos que tuvo que superar Liz fue preparar un seminario sobre trabajo, una charla que tenía que dar cuando optaba a puestos académicos. Se sentía insegura y se pasó de exagerada. Desesperada por convencer a un mundo escéptico de la validez de sus conclusiones científicas, Liz vertió en su texto hasta el más nimio de los datos. Cuando practicó la charla delante de sus colegas, su reacción fue... tibia, por decir algo. La charla era tan densa que resultaba ininteligible. Liz volvió a su despacho compartido y se sumió en un llanto desesperado. El jefe del laboratorio, Joe Gall, se acercó y le dijo unas palabras amables de ánimo. Eso la ayudó. Luego apareció Diane Juricek (ahora apellidada Lavett). Diane era una profesora asociada visitante que trabajaba en el laboratorio de al lado de Liz y compartían reuniones de trabajo y mesa a la hora de comer. Diane se ofreció para ayudar a Liz a trabajar en su charla con el fin de eliminar las cantidades excesivas de descripción de datos y darle forma para lograr mayor coherencia en su conjunto. Luego la ayudó a ensayar la charla en el gran y anticuado auditorio que había cerca del edificio donde trabajaban. Aquella tremenda generosidad por parte de una compañera más joven y menos experimentada —Diane ni siquiera conocía demasiado bien a Liz— le causó una enorme impresión. Se dio cuenta de lo que podía significar formar parte de una comunidad científica académica.

Por entonces, Liz se limitó a estar agradecida con Diane por su ayuda. No sabía que sus células estaban respondiendo de manera parecida a aquel apoyo. Los buenos amigos son como la gente en la que confías para que haga la guardia nocturna: cuando los tienes cerca, tus telómeros están más protegidos.[35] Las células segregan menos proteínas C-reactivas (PCR), unas señales proinflamatorias que se consideran un factor de riesgo cuando aparecen en grandes concentraciones.[36]

¿Hay alguien en tu vida a quien consideres cercano pero que a la vez te cause desasosiego? Alrededor de la mitad de todas las relaciones combinan cualidades positivas con interacciones menos útiles, en lo que el investigador Bert Uchino denomina «relaciones mixtas». Por desgracia, tener abundancia de este tipo de relaciones está relacionado con presentar telómeros más cortos.[37] (Las mujeres que tienen relaciones mixtas presentan telómeros más cortos, y tanto en hombres como en mujeres los telómeros son más cortos cuando la relación mixta es con un progenitor). Eso no deja de tener sentido. Estas relaciones mixtas se caracterizan por amistades que no siempre saben cómo darte su apoyo. Resulta estresante cuando un amigo malinterpreta tus problemas o no te ofrece el tipo de apoyo que te parece que necesitas (por ejemplo, cuando un amigo decide que lo que te hace falta es que te suelten un extenso sermón cuando lo que de verdad necesitas es un hombro sobre el que llorar).

Hay matrimonios de todos los sabores y colores; y cuanto mayor es la calidad de un matrimonio, mayores son también los beneficios para la salud, aunque esos son lo que estadísticamente consideramos efectos de poco calado.[38] Si pones en una situación difícil a alguien que vive en un matrimonio satisfactorio, lo más probable es que presente patrones de reactividad al estrés más resilientes.[39] La gente felizmente casada también presenta menos riesgo de mortalidad precoz. La calidad matrimonial no se ha analizado todavía en relación con la longitud telomérica, pero sabemos que las personas casadas o que viven en pareja tienen los telómeros más largos[40] (este fue un sorprendente descubrimiento de un estudio genético de 20.000 personas, y esa relación era más patente en las parejas de mayor edad).[41]

La intimidad sexual en la pareja puede ser importante también para los telómeros. En uno de nuestros estudios más recientes, les preguntamos a parejas casadas si habían mantenido relaciones íntimas durante la semana anterior. Los que contestaron que sí tendían a tener los telómeros más largos. Este dato fue válido tanto para hombres como para mujeres. Ese efecto no se podía justificar por la calidad de la relación ni por otros factores concernientes a la salud. La actividad sexual disminuye menos en las parejas de mayor edad de lo que nos hacen creer los estereotipos. Alrededor de la mitad de los casados de entre 30 y 40 años y el 35 por ciento de los de 60 a 70 mantienen actividad sexual entre una vez a la semana y varias veces al mes. Muchas parejas siguen siendo sexualmente activas hasta bien entrados los 80 años.[42]

Las parejas que viven una relación insatisfactoria, por otra parte, sufren mayor grado de «permeabilidad», es decir, se contagian mutuamente el estrés y el mal humor. Si el cortisol de uno de los cónyuges se eleva tras haber tenido una discusión, lo mismo ocurre con el cortisol del otro cónyuge.[43] Si uno se levanta por la mañana con una fuerte reacción al estrés, es muy probable que el otro lo haga también.[44] Los dos funcionan con un grado elevado de tensión, sin que quede nadie en la relación que pueda pisar el freno de esa tensión, sin nadie que diga: «Venga, vamos. Ya veo que estás alterado/a. Vamos a tomarnos un respiro y a hablar de ello, antes de que las cosas se salgan de madre». No cuesta imaginar por qué estas relaciones acaban agotando y aburriendo. Las reacciones psicológicas que vamos teniendo a cada momento están más sincronizadas con las de nuestra pareja de lo que creemos. Por ejemplo, en un estudio en el que se examinó a parejas mientras mantenían discusiones tanto positivas como estresantes en el laboratorio, la variabilidad de la frecuencia cardiaca de uno seguía el patrón del otro, aunque con una breve demora.[45] Sospechamos que la próxima generación de investigaciones sobre las relaciones de pareja desvelará muchas otras formas de conexión psicológica entre nosotros y las personas a quienes queremos.

DISCRIMINACIÓN RACIAL Y TELÓMEROS

Un domingo por la mañana, Richard, de 13 años, decidió asistir a misa a la iglesia a la que iba un amigo, que estaba en un pueblo situado a pocos kilómetros de la localidad del Medio Oeste donde vivía. «Me imagino que, para empezar, no había demasiados negros en la iglesia —afirma Richard, que es negro—; y supongo que los dos íbamos vestidos de manera distinta». Richard se sentó tranquilamente con su amigo en la iglesia a la espera de que comenzase la misa.

Richard, que era hijo de un predicador, se había criado en las iglesias; siempre las había considerado sitios donde se sentía bienvenido, aceptado y seguro. Entonces se les acercó una mujer que organizaba uno de los programas de la iglesia.

«¿Qué estáis haciendo aquí, chavales?», les preguntó en tono inquisitorio. Ellos le explicaron que pretendían asistir a la misa dominical. «Creo que os habéis equivocado de sitio», les dijo, y los invitó a marcharse.

«Me sentí muy incómodo —recuerda hoy Richard sobre aquel incidente—. Casi llegó a convencerme de que yo no pintaba nada allí. Acabamos marchándonos de la iglesia y nos quedamos sin oír misa. Casi no podía creerme lo que había pasado, pero luego mi padre le escribió un correo al predicador y este le confirmó que la información era correcta. Aquella mujer había dicho aquellas cosas. Me parece inhumano que la gente pueda llegar hasta esos extremos para echarme de una iglesia».

La discriminación es una forma grave de estrés social. Los actos discriminatorios de cualquier clase, ya vayan dirigidos contra la orientación sexual, el género, el grupo étnico o la edad, son siempre tóxicos. Aquí nos centramos en la discriminación racial porque esta ha sido el objetivo de las investigaciones relacionadas con los telómeros. Ser negro en Estados Unidos, en particular ser un hombre negro, supone ser más vulnerable a experimentar encontronazos como el que sufrió Richard, quien afirma: «Cuando hablo de racismo, la gente cree que me refiero a cosas extremas. Pero pueden ser pequeñas, como cuando una madre agarra a su niño de la mano si ve pasar a su lado un adolescente afroamericano. Eso duele».

Por desgracia, el racismo en su forma más extrema también es frecuente. Los hombres afroamericanos son más susceptibles de que los acusen de algún delito y de que los agreda la policía. Ahora, gracias a las cámaras de los salpicaderos de los coches y a los teléfonos móviles con cámara, vemos muchas veces esas dolorosas escenas en la pantalla del televisor. Los agentes de policía son como cualquier otro ser humano: emiten juicios automáticos sobre las personas que pertenecen a grupos sociales visiblemente distintos. Cuando conoces a alguien nuevo, tu cerebro tarda milisegundos en evaluar si dicha persona es «igual» o «diferente». ¿Esa persona se parece a mí? ¿Me resultan él o ella de algún modo familiares? Cuando las respuestas son afirmativas, instintivamente juzgamos a dicha persona como alguien más cordial, más amigable y más digna de confianza. Cuando esa persona nos parece distinta a nosotros, nuestro cerebro la considera potencialmente hostil y peligrosa.[46]

Como hemos dicho, se trata de una reacción instantánea e inconsciente. El color de la piel puede que sea un motivo por el que se desencadenan juicios automáticos, pero no es una excusa para actuar basándose en esos juicios. Todos tenemos que esforzarnos para contrarrestar esos prejuicios innatos. Tim Parrish, que se crio en una comunidad cerrada y racista de Luisiana en las décadas de 1960 y 1970, es ahora un adulto de más de 50 años. Tim, que es blanco, admite que a veces le vienen prejuicios racistas a la mente, aunque no quiera y aunque ya no crea que sean ciertos. Pero, como explicó el propio Parrish en un artículo de opinión publicado en el *Daily News* de Nueva York, «sobre aquello que nos han inculcado que debemos creer no tenemos pleno poder de decisión. Lo que sí podemos decidir es estar siempre vigilantes, deconstruir las suposiciones que hacemos, combatir los impulsos que nos han conducido a pensar que somos en cierto modo la víctima generalizada y que tenemos el color de piel más civilizado».[47] En una situación de estrés relativamente bajo, hacer este esfuerzo mental contra el prejuicio puede ser más fácil que en situaciones más breves de mayor tensión. Es uno de los motivos por los que «conducir siendo negro» significa que tienes más probabilidades de que te pare la policía. Si eres un hombre negro en Estados Unidos y tu comportamiento parece peligroso o difícil de interpretar, tienes más probabilidades de que te disparen. El marido de Elissa, Jack Glaser, profesor de políticas públicas en la Universidad de California en Berkeley, trabaja formando a agentes de policía para reducir sus prejuicios raciales. Se dedica a ayudar a adaptar los procedimientos policiales para que no estén tan fuertemente influidos por los juicios automáticos que pueden derivar en discriminación racial. Aunque tanto él como sus colegas académicos la califican de labor política, nosotras lo vemos como un modo de reducir el estrés a nivel social... y que quizá sea relevante para los telómeros.

El grado de sufrimiento que experimenta la gente cuando es objeto de discriminación es muy profundo. Los afroamericanos tienden a contraer más enfermedades crónicas propias del envejecimiento. Por ejemplo, presentan mayor índice de accidentes cerebrovasculares que otros grupos étnicos de Estados Unidos. Los malos hábitos de salud, la pobreza y la falta de acceso a una buena atención sanitaria pueden explicar algunas de estas estadísticas, pero también las justifica toda una vida de sufrir mayor exposición al estrés. En un estudio realizado con adultos, los afroamericanos que sufren mayor discriminación a diario presentaban telómeros más cortos, y esta relación no se observaba en los blancos (quienes, para empezar, sufren menos discriminación).[48] Pero esta no es, seguramente, una relación sencilla y directa; puede que dependa de actitudes de las que ni nosotros mismos somos conscientes.

David Chae, de la Universidad de Maryland, realizó un fascinante estudio centrado en hombres negros, jóvenes y de bajos ingresos que vivían en San Francisco. Quería saber qué les pasa a los telómeros cuando la gente interioriza los habituales prejuicios sociales, es decir, cuando llegan a creerse a nivel inconsciente las opiniones negativas que la sociedad tiene de ellos. La discriminación por sí sola ejerció muy escaso efecto. Los hombres que habían sufrido discriminación y que, además, habían interiorizado las actitudes culturales despectivas hacia los negros presentaban telómeros más cortos.[49] El prejuicio interiorizado contra los negros se puso a prueba mediante una tarea realizada en un ordenador en la que se midieron los tiempos de reacción para observar la velocidad con la que se emparejaba el término «negro» con otras palabras negativas. Puedes poner a prueba tus prejuicios en esta web: https://implicit.harvard.edu/implicit/user/agg/blindspot/indexrk.htm. Pero no te recrimines el hecho de tener prejuicios automáticos: la mayoría los tenemos. Sospechamos que, en los años venideros, irán apareciendo cada vez más datos sobre la discriminación y los telómeros.

Saber cómo afectan los rostros y los lugares a nuestra salud telomérica puede resultar tranquilizador o, por el contrario, inquietante. Todo depende de cuál sea nuestra situación: dónde vivimos, la calidad de nuestras relaciones y hasta qué punto tenemos interiorizada la discriminación (discriminación hacia cualquier aspecto de uno mismo: la raza, el género, la orientación sexual, la edad, la discapacidad). Pero todos podemos adoptar medidas para reducir nuestra exposición a factores de índole tóxica, mejorar la salud de nuestro entorno y nuestro barrio, ser más conscientes de nuestros prejuicios hacia otros colectivos y crear relaciones sociales positivas. En el laboratorio de renovación que figura al final de este capítulo te enseñamos unas cuantas maneras de empezar a hacerlo.

- Todos nos interrelacionamos de modos que no somos capaces de percibir, y los telómeros ponen al descubierto esas relaciones.
- Nos afecta el estrés tóxico de la discriminación.
- Nos afectan los productos químicos tóxicos.
- Nos afectan, de un modo más sutil, cómo nos sentimos en nuestro barrio, la abundancia de vegetación y de árboles de nuestro entorno y el estado emocional y fisiológico de quienes nos rodean.
- Cuando sabemos de qué manera nos afecta nuestro entorno, podemos empezar a crear un ambiente saludable y propicio en nuestra casa y en nuestro barrio.

Laboratorio de renovación

Ya hemos descrito unas cuantas precauciones básicas contra los plásticos y la contaminación que pueden acortarnos —o alargarnos peligrosamente— los telómeros. Aquí tienes otras opciones más avanzadas:

- **Come menos grasas animales y productos lácteos.** Las partes grasas de la carne es donde se concentran determinados compuestos bioacumulables. Lo mismo ocurre con los pescados de gran tamaño y longevos, salvo que en este caso existe un equilibrio que podemos tener en cuenta: los pescados grasos como el salmón y el atún también contienen omega-3, que son buenos para los telómeros; de modo que conviene comerlos con moderación.
- **Piensa en el aire cuando subas el fuego al cocinar la carne.** Si haces la carne en una parrilla o en la cocina de gas, hazlo con buena ventilación. Intenta evitar exponer la carne directamente a las llamas y trata de no comerte las partes más quemadas, por muy sabrosas que estén. Este es un consejo válido para cualquier otra comida.
- **Evita los pesticidas en la fruta y la verdura.** Consume alimentos sin pesticidas siempre que puedas;

383

por lo menos lava bien la fruta y la verdura antes de comerla. Compra carne, fruta y verdura orgánicas, o cultívalas tú. Plantéate plantar lechugas, tomates, albahaca y otras hierbas en maceteros en el balcón. Puedes encontrar alternativas seguras contra las plagas de bichos aquí: http://www.pesticide.org/pests_and_alternatives.

- **Usa productos de limpieza que contengan ingredientes naturales.** Muchos de ellos puedes elaborarlos en casa. A nosotras nos gustan las «recetas» de limpieza de http://chemical-free-living.com/chemical-free-cleaning.html.

- **Busca productos de aseo personal que sean seguros.** Lee con atención las etiquetas de los productos de aseo personal como el jabón, el champú o el maquillaje. También puedes consultar http://www.ewg.org/skindeep para identificar qué compuestos químicos contienen. Ante la duda, compra productos que sean orgánicos o naturales.

- **Pinta tu casa con pintura no tóxica.** Evita las pinturas que contengan cadmio, plomo o benceno.

- **Pásate al verde.** Compra más plantas para tu casa: dos plantas por cada 10 metros cuadrados es lo ideal para que filtren el aire que respiras. Buenas opciones son los filodendros, los helechos, los espatifilos y las hiedras.

- **Fomenta la vegetación urbana** contribuyendo con dinero o con tu trabajo. Las zonas verdes aportan muchos beneficios a la mente y al cuerpo, además de propiciar unas comunidades más sanas. **Una idea novedosa que se puede plantear en megaurbes densamente pobladas, donde no se pueden plantar suficientes árboles para librar el aire de toxinas**, es presionar a los gobiernos municipales para que instalen vallas publicitarias purificadoras del aire. Esos paneles hacen la labor de 1.200 árboles y limpian un total de 100.000 metros cúbicos de aire, eliminando contaminantes como partículas de polvo y metales.[50]

- **Mantente al día de los productos tóxicos descargándote la aplicación «Detox Me», de Silent Spring:** http://www.silentspring.org/.

FOMENTA LA SALUD DE TU BARRIO: TODOS LOS PEQUEÑOS CAMBIOS SUMAN

Para mejorar un rincón de tu barrio, sigue el ejemplo de nuestros vecinos de San Francisco y coloca unos cuantos bancos y mesas en alguna acera de cemento, junto con algo de vegetación. Esos «miniparques» atraen a los vecinos y propician la socialización y el ocio relajado. También puedes plantearte alguna de estas otras opciones:

- **Añade arte.** Un mural o hasta un bonito cartel pueden infundir esperanza, confianza, fe y positividad a cualquier zona gris y apagada. Los residentes de una barriada de Seattle pintaron los escaparates tapiados de las tiendas con escenas de los negocios que esperaban atraer: una heladería, una escuela de danza, una librería, etcétera. Las pinturas contribuyeron a que los emprendedores viesen el potencial que tenía el barrio. Instalaron allí sus pequeñas empresas, revitalizaron la zona y aportaron crecimiento económico a la comunidad.[51]
- **Pásate al verde**, sobre todo si eres urbanita. Más zonas verdes en un barrio se asocian con menor concentración de cortisol y menos índice de depre-

sión y ansiedad.[52] Convierte un solar vacío en un huerto vecinal sostenible, o planta árboles y flores para crear una pequeña zona ajardinada. «Reverdecer» un solar en desuso se ha asociado con el descenso de la criminalidad con armas de fuego y del vandalismo, y con el aumento de la sensación general de seguridad de los residentes.[53]

- **Dale a tu barrio un punto de calidez.** El capital social es un recurso de valor incalculable que pronostica siempre mejor salud. Lo definen el grado de implicación de la comunidad y las actividades positivas que se llevan a cabo en el barrio, y uno de sus ingredientes más importantes es la confianza. Cuando cocines o hagas algo al horno, prepara un poco más y déjale un plato a tu vecino en la puerta. Comparte verduras o flores de tu huerta o jardín. Ayuda a los demás eliminando la nieve de su entrada, llevando en coche a algún vecino anciano o planteando un servicio de vigilancia vecinal. Déjales una nota de bienvenida a los recién llegados al barrio u organiza una fiesta con los vecinos. También puedes sumarte a la tendencia de abrir una pequeña biblioteca poniendo delante de tu casa una estantería de madera con libros para compartir (consulta https://LittleFreeLibrary.org).

- **La sonrisa importa.** Saluda a la gente cuando vayas por la calle. Al ser animales, somos exquisitamente sensibles a las señales sociales, así que percibimos cualquier indicio de aceptación y, sobre todo, de rechazo. Todos los días interactuamos con conocidos y desconocidos, y podemos sentirnos diferentes y separados de ellos o conectar con ellos con algún pequeño gesto que ejerza efectos positivos. Si pasamos junto a los demás con la mirada

La solución de los telómeros

perdida, sin mirarlos directamente a los ojos, lo más normal es que se sientan más desconectados de quienes los rodean. Si les regalamos una sonrisa y los miramos a los ojos, se sentirán más conectados.[54] Además, cuando se sonríe a la gente, esta es más proclive a ayudar a cualquier otro en los momentos siguientes.[55]

Refuerza tus relaciones más cercanas

También están esas personas con las que nos levantamos casi cada día por la mañana: nuestra familia y los compañeros del trabajo. La calidad de estas relaciones es importante para nuestra salud. Es fácil ser neutro y no valorar a quienes vemos todo el tiempo. Investiga cómo es valorar de verdad y de manera significativa a las personas más cercanas:

- Muestra agradecimiento y reconocimiento. Di «Gracias por lavar los platos» o «Gracias por apoyarme en la reunión».
- Trata de estar presente. Eso significa no estar mirando una pantalla o limitarte a estar en la misma habitación. Presta a los demás tu atención plena y sincera. Ese es un regalo que puedes hacerle a cualquiera y no cuesta ni un céntimo.
- Abraza y toca con más frecuencia a las personas a quienes quieres. El contacto físico hace que se libere oxitocina.

Capítulo 12

Embarazo: el envejecimiento celular empieza en el útero

Cuando Liz descubrió que estaba embarazada, sintió de inmediato un instinto protector hacia el diminuto feto que llevaba en su interior. Nada más recibir los resultados del análisis, dejó de fumar. Por suerte, siempre había fumado poco, a lo sumo unos cigarrillos al día. Ciertamente la transición se le hizo fácil, sobre todo dada su preocupación por el bienestar del bebé. Liz nunca ha vuelto a fumar. También empezó a interesarse por lo que comía. Tras escuchar al obstetra y a su equipo, Liz empezó a prestar atención a los nutrientes de los alimentos (como el pescado, el pollo y las verduras de hoja verde). También tomó los suplementos micronutrientes de hierro y vitaminas que le recomendaron.

Ahora, después de muchos años, tenemos más información sobre cómo afectan la nutrición y el estado de salud de la madre al feto que se está gestando. También sabemos cada vez más lo que les ocurre a los telómeros del niño cuando todavía está en el útero. Por aquel entonces, Liz no se imaginaba que sus decisiones ayudarían a proteger los telómeros de su hijo. O, lo que es todavía más significativo, que las decisiones que tomó —y lo que le había sucedido años antes de que naciese su bebé— afectarían incluso al punto de partida de los telómeros de su hijo.

Los telómeros no dejan de formarse durante la edad adulta. Nuestras decisiones pueden hacer que tengamos los telómeros más sanos o acelerar su acortamiento. Pero mucho antes de que alcancemos la edad suficiente para tomar decisiones sobre qué comer o cuánto ejercicio hacer, y antes de que el estrés crónico empiece a amenazar a los pares de bases de nuestro ADN, damos nuestros primeros pasos en la vida con determinada configuración telomérica inicial. Algunos llegamos a este mundo con telómeros más cortos. Otros tenemos la suerte de empezar con unos más largos.

Como cabe imaginar, la genética influye en la longitud telomérica, pero la historia no acaba ahí. Estamos aprendiendo cosas asombrosas sobre cómo pueden los padres configurar los telómeros de sus hijos, antes incluso de que estos hayan nacido. Y eso es importante: la longitud telomérica al nacer y durante la primera infancia es un factor pronóstico crucial de lo que nos quedará cuando lleguemos a hacernos adultos.[1] Los nutrientes que consume una embarazada y el grado de estrés que experimenta pueden influir en la longitud telomérica de su bebé. Hasta es posible que la historia vital de los padres llegue a afectar a la longitud telomérica de la siguiente generación. En pocas palabras: el envejecimiento empieza en el útero.

Chloe, que ahora tiene 19 años, se quedó embarazada hace dos. Sin demasiado apoyo ni comprensión por parte de sus padres, se marchó de casa y se mudó a vivir con una amiga. Para poder pagar su parte del alquiler, dejó el instituto y empezó a trabajar en una tienda cobrando un salario mínimo. Pese a sus difíciles circunstancias, Chloe estaba decidida a brindarle a su hijo un buen inicio en la vida. Durante el embarazo hizo todo lo que pudo por obtener buena asistencia prenatal. Se tomó las vitaminas que le recetaron, aunque dice que le causaban mareos. Cuando nació su niño, Chloe se comprometió a que siempre se sintiera amado.

Chloe está decidida a darle a su hijo lo que ella nunca tuvo —mejor salud y mayor satisfacción— y a criarlo para que forme parte activa de la nueva generación. Pero hay indicios aplastantes de que el bajo nivel educativo de Chloe podría haber determinado indirectamente cómo iban a ser los telómeros de su bebé... cuando este todavía estaba en el útero. Los recién nacidos cuyas madres no acabaron la educación secundaria presentan telómeros más cortos en la sangre del cordón umbilical que los de aquellos cuyas madres sí terminaron la secundaria, lo que significa que ya parten con unos telómeros más cortos el primer día de su vida.[2] Los niños de más edad cuyos padres tienen menor nivel educativo también presentan telómeros más cortos.[3] Estos descubrimientos se basan en estudios en los que se tuvieron en cuenta otros factores que podrían haber influido en los resultados, como, en el caso del estudio de los bebés, si estos habían presentado bajo peso al nacer.

Detengámonos un momento en esta cuestión, porque lo que implica, si lo confirman posteriores estudios, es revolucionario. ¿De qué manera puede afectar el grado de educación de un progenitor a los telómeros de su futuro bebé?

La respuesta es que los telómeros son transgeneracionales. Los padres, claro está, transmiten unos genes que afectan a la longitud telomérica. Pero el mensaje profundo es que los padres tienen una segunda manera de transmitir la longitud telomérica, que se denomina «transmisión directa». Debido a la transmisión directa, los telómeros de ambos progenitores —sea cual sea la longitud de estos en el óvulo y el espermatozoide en el momento de la concepción— se traspasan al futuro bebé (en una suerte de epigenética).

Esta transmisión directa de la longitud telomérica se descubrió cuando los científicos investigaban sobre los síndromes teloméricos. Estos síndromes, como recordaremos, son trastornos genéticos que ocasionan envejecimiento hiperacelerado. Quienes los sufren presentan unos telómeros extraordinariamente cortos. Los aquejados por síndromes teloméricos —recordemos a Robin, en un capítulo anterior— muchas veces ven que su cabello encanece cuando todavía son adolescentes, que sus huesos pueden volverse frágiles, los pulmones pueden dejar de funcionarles bien o presentan determinados tipos de cánceres. En resumidas cuentas, se adentran de un modo temprano y trágico en el periodo de vida enferma. Los síndromes teloméricos son hereditarios y los causan los padres al transmitir a sus hijos un solo gen con una mutación relacionada con los telómeros.

Pero había algo misterioso. Algunos niños de estas familias tienen la suerte de no heredar el gen defectuoso que causa el síndrome telomérico. Lo lógico sería pensar que estos niños evitarían el envejecimiento celular prematuro, ¿no es cierto? Sin embargo, algunos de estos niños mostraban también indicios leves o moderados de envejecimiento prematuro; no tan acusados como los que podrían esperarse de un síndrome telomérico avanzado, pero más evidentes de lo normal, como un encanecimiento del cabello muy temprano. Los investigadores decidieron medir los telómeros de esos niños y descubrieron que eran inusitadamente cortos. Los niños habían evitado el gen que causa el síndrome telomérico hereditario, pero aun así nacieron con unos telómeros cortos que luego siguieron siéndolo. Aquellos niños habían heredado los telómeros cortos de sus padres, aunque no por haberles transmitido un gen defectuoso. Pese a que los niños crecían con unos genes cuyo mantenimiento telomérico era normal, como partían de unos telómeros tan cortos, estos no lograban regenerarse a la velocidad suficiente para mantener el ritmo y alcanzar una longitud normal.[4]

¿Cómo es posible que ocurra esto? ¿Cómo pueden recibir los niños telómeros cortos de sus padres si no es a través de los genes? La respuesta, cuando la sabemos, nos parece obvia de inmediato. Resulta que los padres pueden transmitir de manera directa su longitud telomérica al niño en el útero. Así es como ocurre: el niño empieza siendo un óvulo de la madre, fertilizado por el espermatozoide del padre. Ese cigoto contiene cromosomas y estos contienen material genético que traspasan al bebé. Pero el material de los cromosomas del óvulo fecundado también presenta telómeros en sus extremos. Dado que el bebé se gesta a partir del cigoto, este recibe directamente esos telómeros, sea cual sea la longitud que tengan en ese momento. **Si los telómeros de la madre son cortos en todo su cuerpo (incluidos los del óvulo) cuando ella aporta su óvulo, los telómeros del bebé también serán cortos. Serán cortos desde el momento en que el bebé empiece a gestarse.** Así es como reciben telómeros cortos los niños que carecen del gen defectuoso. Y esto sugiere que si la madre se ha visto expuesta a factores vitales que han acortado sus telómeros, podrá pasárselos directamente a su bebé. Por otra parte, una madre que haya sido capaz de mantener robustos sus telómeros podrá transmitir unos telómeros estables y sanos a su futuro bebé.

¿Y con qué contribuye el padre? Al fertilizarse el óvulo, los cromosomas aportados por el padre a través del espermatozoide se unen a los de la madre. El espermatozoide, como el óvulo, también contiene sus telómeros, que se transmiten al embrión. Las investigaciones llevadas a cabo hasta la fecha sugieren que un padre puede transmitir de manera directa unos telómeros cortos, aunque con menor alcance que una madre con telómeros cortos. En un reciente estudio de 490 recién nacidos y sus padres se observó que los telómeros de la sangre del cordón umbilical de los bebés estaban más relacionados con la longitud telomérica de la madre que con la del padre, aunque se concluyó que ambas influyen.[5]

Hasta ahora muy pocas investigaciones se han centrado en la transmisión directa de la longitud telomérica en humanos. Implican medir tanto la genética de los telómeros como los propios telómeros, con el fin de poder separar los efectos de la genética de los de las experiencias vitales. Todos los estudios realizados se han centrado en familias con síndromes teloméricos.[6] Pero nosotras, y otros investigadores, sospechamos que esto se produce también en la población normal.[7] Como estamos a punto de ver, los conocimientos científicos sobre la transmisión directa indican que la pobreza y las situaciones de desfavorecimiento pueden ejercer efectos que repercuten a lo largo de generaciones.

¿Sufrieron tus padres un estrés extremo y prolongado antes de que nacieras? ¿Eran pobres o vivían en un barrio conflictivo? Ya has visto que la manera de vivir de tus padres antes de que te concibieran probablemente afectó a sus telómeros. Y puede que también haya afectado a los tuyos. Si los telómeros de tus padres se vieron acortados por el estrés crónico o la pobreza, por vivir en un vecindario peligroso, por la exposición a productos químicos o por otros factores, es probable que te hayan pasado sus telómeros acortados por transmisión directa en el útero. Y existe la posibilidad de que tú, a tu vez, les pases esos telómeros acortados a tus hijos.

La transmisión directa tiene una trascendencia tremenda para todos aquellos que nos preocupamos por las generaciones futuras. Suscita una idea polémica. Desde nuestro punto de vista, los datos observados en las familias con síndrome telomérico sugieren que puede ocurrir que los efectos de una situación social desfavorecida se acumulen a lo largo de las generaciones. Ya se observa ese patrón en algunos grandes estudios epidemiológicos: el desfavorecimiento social se asocia con pobreza, mala salud... y telómeros más cortos. Los padres cuyos telómeros se ven acortados por ese desfavorecimiento pueden transmitir directamente esos telómeros más cortos a sus hijos en el útero. Esos niños nacerán con cierta desventaja (una desventaja de pares de bases), con unos telómeros acortados por las circunstancias vitales de sus progenitores. Ahora imaginemos que estos niños al crecer se ven expuestos también a la pobreza y el estrés. Sus telómeros, ya previamente acortados, se erosionarán todavía más. Es una suerte de espiral descendente: cada generación transmite de manera directa sus telómeros cada vez más cortos a la siguiente. Y cada bebé que nace acumula una desventaja mayor, con células que son cada vez más vulnerables al envejecimiento prematuro que hacen que llegue antes al periodo de vida enferma. Las familias con síndromes teloméricos se ajustan a este patrón: con cada sucesiva generación, la existencia de unos telómeros progresivamente más cortos ocasiona un impacto cada vez más temprano y acusado de las enfermedades que en la generación anterior.

Desde los primeros instantes de vida, los telómeros pueden ser una unidad de medida de las desigualdades sociales y de salud. Ayudan a explicar la desigualdad existente entre distintos territorios de Estados Unidos, por ejemplo. Quienes residen en determinadas zonas de mayor nivel adquisitivo presentan una esperanza de vida de hasta diez años superior a la de quienes habitan en áreas más empobrecidas. Esta disparidad se ha justificado muchas veces por conductas violentas o por la exposición a la violencia. Pero es posible que la propia biología de los bebés nacidos

Figura 26: ¿Envejecer nada más nacer? «Mamá, ¿qué pasó con lo de competir en igualdad de condiciones?». Los bebés nacen con telómeros cortos en función de los genes de su madre, pero también dependiendo de la salud biológica, el grado de estrés y, probablemente, el nivel educativo de su madre.

La solución de los telómeros

en esos vecindarios sea distinta. Por trágico que parezca, las dificultades relacionadas con la salud de determinado barrio pueden acumularse de una generación a otra. Pero la biología no es el destino y son muchas las cosas que podemos hacer para el buen mantenimiento de los telómeros a lo largo de nuestra vida.

NUTRICIÓN DURANTE EL EMBARAZO: ALIMENTAR A LOS TELÓMEROS DEL BEBÉ

«Ahora tienes que comer por dos». Las mujeres embarazadas se pasan el tiempo oyendo este consejo. Y es cierto: un bebé gestante obtiene sus calorías y su nutrición de los alimentos que ingiere la madre (y no es cierto que la madre tenga que comer el doble). Ahora bien, parece que lo que come una embarazada puede afectar a los telómeros de su bebé. Demos un repaso a los nutrientes que se han relacionado con la longitud telomérica en el útero.

Proteínas

La investigación con animales sugiere que una privación moderada de proteínas durante el embarazo origina un acortamiento telomérico acelerado en diversos tejidos de las crías, incluido el aparato reproductor y derivar en una mortalidad más temprana.[8] Cuando se alimenta a una rata preñada con una dieta baja en proteínas, sus crías presentan telómeros más cortos en los ovarios. También muestran más estrés oxidativo y mayor cantidad de copias de ADN mitocondrial, lo que sugiere que las células sufren un estrés elevado y que, para combatirlo, están produciendo más mitocondrias a toda velocidad.[9]

Los daños pueden llegar incluso a la tercera generación. Cuando los investigadores examinaron a las ratas nietas, descubrieron que sus ovarios habían sufrido un envejecimiento acelerado de los tejidos. Presentaban más estrés
oxidativo, más cantidad de copias mitocondriales y telómeros más cortos en los ovarios. Las nietas sufrieron envejecimiento celular prematuro, fruto de una dieta baja en proteínas administrada dos generaciones antes.[10]

Coenzima Q

Hay numerosos indicios en modelos humanos y animales
de que la desnutrición materna durante el embarazo deriva
en un riesgo incrementado de la aparición de cardiopatías en
los descendientes. Si una embarazada no come lo suficiente o no se nutre adecuadamente, su hijo puede nacer con
bajo peso. Muchas veces se produce un efecto de rebote
en el que el bebé con peso insuficiente emprende un ritmo
acelerado que acaba derivando en comer en exceso o en
obesidad. Los bebés con bajo peso al nacer corren mayor
riesgo de sufrir enfermedades cardiovasculares al hacerse
mayores, y el riesgo es todavía mayor en los bebés que
experimentan este efecto de rebote posnatal de aumento
de peso acelerado.

Como ya hemos señalado, esta circunstancia relaciona
la desnutrición materna con las cardiopatías; y uno de los
eslabones de esa cadena puede ser el acortamiento telomérico. Las crías de rata nacidas de madres que no han consu-
mido suficientes proteínas tienden a nacer con bajo peso,
como sus equivalentes humanos. Y, al igual que los bebés
humanos, muchas veces experimentan un posterior efecto
de rebote de aumento de peso. Susan Ozanne, de la Universidad de Cambridge, ha descubierto que estas crías de rata

presentan telómeros más cortos en las células de diversos órganos, incluida la arteria aorta. También tienen menores concentraciones de una enzima conocida como CoQ (o ubiquinona). La CoQ es un antioxidante natural que se encuentra sobre todo en nuestras mitocondrias y que desempeña un papel importante en la producción de energía. El déficit de CoQ se ha asociado con un envejecimiento más rápido del aparato cardiovascular. Pero cuando se suplementó la dieta de las crías de rata con CoQ, los efectos adversos de la privación de proteínas desaparecieron, incluidos los efectos en los telómeros.[11] Ozanne y sus colegas concluyeron que «una pronta intervención con CoQ en individuos en riesgo puede constituir un medio rentable y seguro de reducir la carga mundial de morbilidad [por cardiopatías]».

Naturalmente hay un gran salto desde las ratas a los humanos. Lo que es bueno para unas puede no serlo para los otros. En el caso de las ratas tampoco sabemos si los beneficios se limitan a las crías a cuyas madres se les restringieron las proteínas. La CoQ debería figurar en la lista de nutrientes susceptibles de mayor estudio sobre sus posibles efectos positivos en los telómeros. Si esos beneficios existen, podrían aprovecharse para los bebés de madres que han sufrido desnutrición durante el embarazo, y hasta para adultos que están en riesgo de sufrir cardiopatías. Cabe advertir que no existen estudios, hasta donde nosotras sabemos, que hayan analizado la CoQ durante el embarazo, ni que hayan evaluado su seguridad, por lo que no podemos recomendarlo.

Folato

El folato, una vitamina B, es otro nutriente que resulta crucial durante el embarazo. Probablemente ya sepas que el folato reduce el riesgo de padecer espina bífida, un defecto congénito, pero también previene de daños en el ADN al proteger unas regiones del cromosoma conocidas como centrómero (que se halla justo en el medio del cromosoma) y subtelómero (la zona del cromosoma adyacente al telómero). Cuando la concentración de folato es demasiado baja, el ADN está hipometilado (pierde sus marcas epigenéticas) y los telómeros se acortan en exceso o, en determinados casos, se prolongan de manera anómala.[12] La baja concentración de folato también ocasiona que un compuesto químico inestable, el uracilo, se incorpore al ADN, y quizá también al propio telómero, lo que tal vez cause su posible prolongación.

Los bebés de madres con deficiencia de folato durante el embarazo presentan telómeros más cortos, lo que sugiere que el folato resulta vital para un mantenimiento telomérico óptimo.[13] Y en algunos estudios se han asociado las variantes genéticas que dificultan al cuerpo el uso del folato con presentar telómeros más cortos.[14]

El Departamento de Salud y Servicios Humanos de Estados Unidos recomienda que las mujeres embarazadas tomen entre 400 y 800 microgramos diarios de folato.[15] Tampoco hay que presuponer que una ingesta mayor de folato nos sentará mejor. Por lo menos en un estudio se sugiere que una madre que se exceda en la toma de suplemento de folato puede reducir la longitud telomérica de su bebé.[16] Insistimos una vez más en lo que repetimos en este libro: ¡la moderación y el equilibrio son esenciales!

La solución de los telómeros

El estrés psicológico de una madre puede afectar a la longitud telomérica de su bebé gestante. Nuestros colegas Pathik Wadhwa y Sonja Entringer, de la Universidad de California en Irvine, nos preguntaron si queríamos colaborar en un estudio sobre estrés prenatal y telómeros. Estuvimos encantadas de sumarnos al proyecto y estudiar los inicios de la vida. Se trató de un estudio pequeño, pero demostró que cuando las madres sufren estrés intenso y ansiedad durante el embarazo, sus bebés tienden a presentar telómeros más cortos en la sangre del cordón umbilical.[17] Los telómeros de un bebé pueden verse afectados por el estrés prenatal. En un estudio reciente se ahondó en este descubrimiento al examinar experiencias vitales estresantes. Los investigadores sumaron todos los acontecimientos estresantes que les acaecieron a las madres durante el año previo a dar a luz. Las madres con más cantidad de experiencias vitales estresantes tuvieron bebés con unos telómeros más cortos al nacer, concretamente, 1.760 pares de bases más cortos.[18]

Sonja y Pathik querían saber cuánto tiempo podía durar el efecto del estrés prenatal en el bebé. Reclutaron a un grupo de hombres y mujeres adultos y les preguntaron si sus madres habían vivido algún acontecimiento extremadamente estresante mientras estuvieron embarazadas (los voluntarios entrevistaron a sus madres sobre si habían pasado por experiencias trascendentes, como la muerte de un ser querido o un divorcio). Ya de adultos, los voluntarios expuestos a estrés prenatal presentaban diversas diferencias, aun después de tener en cuenta factores que podrían haber influido en su actual estado de salud. Tenían mayor resistencia a la insulina. Eran más propensos al sobrepeso o a la obesidad. Cuando se los sometió a una prueba de inducción de estrés en el laboratorio, segregaron más cortisol. Cuando se les estimularon los inmunocitos, reaccionaron con mayores concentraciones de citocinas proinflamatorias.[19] Y, por último, tenían los telómeros más cortos.[20] El estrés psicológico intenso durante el embarazo parece que tiene repercusiones en la siguiente generación y que afecta durante décadas a la trayectoria de longitud telomérica del hijo.

Aquí nos estamos refiriendo a un estrés potente. Casi todas las embarazadas experimentan un grado de estrés que va de suave a moderado, no necesariamente por estar embarazadas, sino por ser humanas. Por lo que sabemos, no hay motivos para pensar que ese grado más leve de estrés sea perjudicial para los telómeros del bebé.

El actor principal que se ha examinado en el estrés durante el embarazo es el cortisol. Esta hormona se segrega en las glándulas suprarrenales de la madre y puede pasar a través de la placenta para afectar al feto.[21] En las aves, el cortisol de una madre gestante se abre camino hasta el huevo para afectar a la cría. Inyectar cortisol en el huevo o causarle estrés a la madre puede derivar en que los pollos presenten telómeros más cortos. Estos estudios sugieren la posibilidad de que el estrés de una madre humana pueda transmitirse a su bebé en forma de telómeros más cortos. Insistimos en que aquello que les ocurre a las aves puede no sucederles a las personas, pero sabemos lo suficiente sobre el estrés crónico y los telómeros para afirmar que las mujeres embarazadas deben protegerse de los factores de estrés más intensos de la vida. Entre estos se incluyen cualquier tipo de maltrato emocional o físico, la violencia, la guerra, la exposición a productos químicos, la inestabilidad alimentaria y la pobreza extrema. Lo mínimo que podemos hacer es apoyar los esfuerzos a nivel local por proporcionar servicios que mitiguen, desde los primeros días del embarazo, la exposición de las gestantes a la violencia y a factores que amenacen su supervivencia.

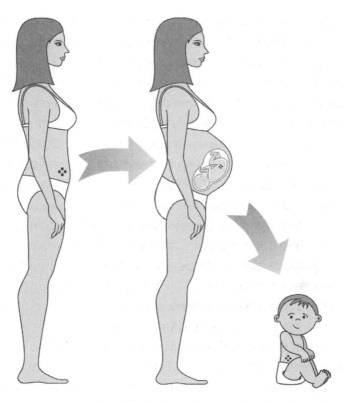

Figura 27: Transmisión de telómeros. Hay por lo menos tres vías de transmisión de telómeros desde un progenitor hasta su nieto. Cuando una madre tiene telómeros cortos en sus óvulos, estos pueden transmitirse directamente al bebé (esto se conoce como transmisión de estirpe germinal). Entonces, todos los telómeros del bebé serán más cortos, incluidos los de sus células germinales (espermatozoides u óvulos). Durante el desarrollo del feto, el estrés materno o la mala salud pueden ocasionar pérdida de telómeros en el bebé, debida a la exposición al cortisol y a otros factores bioquímicos. Tras el nacimiento, las experiencias vitales del niño pueden acortar sus telómeros. Estos telómeros más cortos en la estirpe germinal pueden transmitirse luego a su futura descendencia. Mark Haussman y Britt Heidinger han identificado dichas vías de transmisión en animales y en humanos.[22]

Ha quedado más que claro que los progenitores, sobre todo las madres, influyen en la salud telomérica de sus bebés. Y, como veremos a continuación, la salud telomérica se ve fuertemente determinada también por la manera que tenemos de criar a nuestros niños y adolescentes.

Si bien la salud de las generaciones venideras es importante para toda la sociedad, en realidad no es algo a lo que se le suela prestar demasiada atención. Nuestra inversión en los más pequeños y vulnerables de nuestros conciudadanos se puede considerar también ahora una inversión en pares de bases teloméricos, una inversión en nuestro futuro colectivo de buena salud y periodos de vida sana más duraderos.

APUNTES PARA LOS TELÓMEROS

- Parte de la transmisión de la longitud telomérica escapa a nuestro control. Ahí se incluyen la genética y la transmisión directa desde los óvulos y los espermatozoides. La transmisión telomérica a los hijos puede darse cuando un padre tiene telómeros muy cortos, independientemente de la genética. Es una posibilidad real que, a través de esta transmisión telomérica directa, pudiéramos estar transmitiendo desigualdades sin ser conscientes de ello.
- Parte de lo que transmitimos sí que lo controlamos. El estrés intenso sufrido por una madre durante el embarazo, el que fume y el que consuma determinados nutrientes, como el folato, están relacionados con la longitud telomérica de su bebé.
- La transmisión del desfavorecimiento social extremo a través de los telómeros puede bloquearse mediante políticas de protección de la salud de las madres en edad fértil, y sobre todo de las embarazadas, contra factores de estrés tóxico e inestabilidad alimentaria.

Laboratorio de renovación

La pediatra Julia Getzelman, de San Francisco, recomienda que las embarazadas «piensen en verde» respecto a su útero, además de aplicarlo a su entorno y a su casa. Si estás embarazada, repasa las ideas que proponemos en el laboratorio de renovación del capítulo anterior (página 383). Aquí tienes unas cuantas propuestas para lograr un embarazo más ecológico:

- Evita el **estrés negativo**, como las relaciones tóxicas en las que sabes que habrá conflictos, plazos poco realistas y otras situaciones en las que no dormirás lo suficiente o no podrás comer bien durante días. La vida es como es cuando estás embarazada, acontecimientos difíciles incluidos, pero intenta controlar lo que puedas y prioriza aquellas relaciones que aporten apoyo mutuo.
- Incrementa el **tiempo dedicado al bienestar**. Asiste a clases o ve vídeos de yoga prenatal. Busca maneras de socializar con otras mujeres embarazadas. Disfruta de salir a dar paseos, preferiblemente por zonas verdes.
- Aliméntate de un «arcoíris» compuesto por diversidad de alimentos de colores intensos. Incrementa

el consumo de **nutrientes protectores que ayuden a que tu futuro bebé esté sano**: asegúrate un aporte dietético adecuado de proteínas, vitamina D_3 y B, incluidos el folato y la B_{12}, pescado o algún suplemento de ácidos grasos omega-3 de buena calidad y probióticos.

- **Evita los plaguicidas y los compuestos químicos en la comida alimentándote a base de productos orgánicos.** Reduce tu consumo de pescado de gran tamaño y de piscifactoría, que a menudo contiene gran concentración de metales pesados y otros productos químicos industriales. Limita la sacarina y otros edulcorantes artificiales, ya que estos pueden atravesar la placenta (los edulcorantes más actuales también pueden hacerlo; y no descartamos descubrimientos cada vez más alarmantes al respecto). Los alimentos enlatados contienen BFA (bisfenol A), un conocido alterador endocrino. Cíñete a lo que proporciona la naturaleza y consume alimentos integrales y frescos. Evita los alimentos envasados y sus múltiples y muy cuestionables aditivos.

- **Evita toda exposición a productos químicos en el hogar.** Limpia la mayoría de las superficies con frecuencia con una mezcla de agua y vinagre y consulta en esta web qué productos de limpieza y cosméticos son más seguros: http://www.ewg.org/consumer-guides. Además, otras fuentes importantes de toxinas pueden ser las cortinas de baño de PVC, los perfumes y otros artículos con fragancias añadidas, como las velas aromáticas.

Capítulo 13

La infancia es determinante para la vida: cómo afectan a los telómeros los primeros años de vida

La exposición durante la infancia al estrés, la violencia y la mala nutrición afecta a los telómeros. Pero hay determinados factores que parecen proteger a los niños, tan vulnerables, de los daños, como una crianza atenta y un «estrés bueno» moderado.

En el año 2000, el psicólogo y neurocientífico Charles Nelson, de Harvard, accedió a uno de los infames orfanatos rumanos, legado de las brutales políticas del régimen de Nicolae Ceaucescu. La institución acogía a cerca de 400 niños, todos ellos segregados por edades además de por tipo de discapacidad. Había una planta para niños con hidrocefalia sin tratar, un trastorno en el que el cráneo se dilata para albergar el exceso de fluido, y con espina bífida, un defecto de la médula espinal y de los huesos de la columna. Había una sala de enfermedades infecciosas que alojaba a niños con VIH y a otros con una sífilis tan avanzada que les había llegado al cerebro. Aquel mismo día, Nelson entró en una sala llena de niños supuestamente sanos de entre 2 y 3 años. Uno de aquellos niños —a todos les habían cortado el pelo de manera parecida, por lo que costaba identificarlos por género— estaba de pie en medio de la sala, con los pantalones empapados y sollozando. Nelson le preguntó a una de las cuidadoras por qué lloraba la criatura.

«Su madre lo ha dejado aquí abandonado esta mañana —le respondió—. Lleva llorando todo el día».

Con tal cantidad de niños a su cargo, el personal no tenía tiempo para consolarlos ni tranquilizarlos. Dejar solos a niños recién abandonados era un modo que tenía el personal de atajar con rapidez comportamientos no deseados como los llantos. A los bebés y los niños pequeños los dejaban en la cuna durante días enteros, sin nada que hacer salvo mirar el techo. Cuando pasaba algún desconocido por allí, los niños alargaban los brazos a través de los barrotes de la cuna, suplicando que los cogiesen en brazos. Pese a que aquellos niños recibían una alimentación y un techo adecuados, carecían de afecto y de toda estimulación. Cuando Nelson y su equipo instalaron un laboratorio en el orfanato con el fin de estudiar los efectos que ocasionaba la desatención durante la primera infancia en el cerebro en desarrollo, tuvieron que instaurar una norma de comportamiento propia para evitar agravar la aflicción que sufrían los niños residentes: no llorar delante de ellos.

Lo que Nelson y su colega la doctora Stacy Drury aprendieron de sus estudios en el orfanato resulta desolador pero a la vez esperanzador. La desatención en la primera infancia acorta los telómeros, pero se puede intervenir para ayudar a los niños desatendidos o traumatizados, si se los coge a una edad temprana. Aunque, por lo general, las condiciones de los orfanatos de Rumanía han mejorado, sigue habiendo allí alrededor de 70.000 huérfanos y son pocas las adopciones internacionales para rescatarlos.[1] Los niños acogidos por la asistencia institucional constituyen una crisis mundial persistente. Las guerras, además de enfermedades como el VIH o el ébola, arrebatan a las criaturas de los brazos de sus padres y en la actualidad han dejado a aproximadamente ocho millones de niños a cargo de orfanatos en todo el mundo. No podemos hacer oídos sordos a este asunto.[2]

Se trata de una cuestión que tal vez tenga también relevancia en nuestros hogares. Los conocimientos acerca de los telómeros pueden guiar nuestros actos como padres, iluminar un sendero para que criemos a nuestros hijos de un modo que resulte saludable para sus telómeros. En el caso de adultos que han sufrido traumas en la infancia, comprender los duraderos efectos a nivel celular que tiene el pasado puede brindarnos una motivación adicional para tratar ahora, en el momento presente, a nuestros telómeros con cuidado y atención.

LOS TELÓMEROS RASTREAN LAS CICATRICES DE LA INFANCIA

¿Alguno de tus padres bebía en exceso durante tu niñez? ¿Había alguien deprimido en tu familia? ¿Tenías miedo a menudo de que tus padres te humillasen o incluso de que te hiciesen daño?

En un estudio que supuso un perturbador retrato de la infancia en Estados Unidos, se pidió a 17.000 personas que respondiesen a una lista de diez preguntas de este estilo. Cerca de la mitad de los encuestados habían sufrido alguna circunstancia adversa de ese tipo durante la infancia, y el 25 por ciento había sufrido dos o más de ellas. El 6 por ciento había experimentado por lo menos cuatro. El consumo de drogas en la familia era la más habitual, seguida por los abusos sexuales y las enfermedades mentales. Las circunstancias adversas en la infancia se dan en todos los niveles adquisitivos y educativos. Y, lo que es peor, cuantas más de esas circunstancias marcaba una persona de la lista, sobre todo cuando había sufrido cuatro o más, más propensa era dicha persona a padecer problemas de salud en la edad adulta: obesidad, asma, cardiopatía, depresión y otras.[3] Los que habían experimentado cuatro de esas situaciones adversas o más tenían doce veces más probabilidades de cometer intento de suicidio.

Se denomina «inclusión biológica» a los efectos de la adversidad infantil que se alojan en el cuerpo. Cuando se miden los telómeros en adultos sanos que estuvieron expuestos a circunstancias adversas en la infancia, se suele observar una relación de dosis y efecto. Cuantas más circunstancias adversas experimentó entonces una persona, más cortos son sus telómeros al llegar a adulto.[4] Los telómeros más cortos son solo una de las maneras que tiene la adversidad en la niñez de instalarse en nuestras células.

Esos telómeros cortos podrían tener efectos demoledores en un niño. Si observamos el aparato cardiovascular de un grupo de niños pequeños con telómeros cortos al cabo de unos años, veremos que es más probable que presenten paredes arteriales más gruesas. Esos son los niños de los que estamos hablando aquí; y, para ellos, tener los telómeros cortos podría significar un mayor riesgo de padecer precozmente enfermedades cardiovasculares.[5]

Esa afectación podría manifestarse a una edad muy temprana, aunque es posible detenerla y hasta anularla si se rescata a los niños de la adversidad a tiempo. Charles

Nelson y su equipo compararon a los niños que vivían en los orfanatos rumanos con otros que habían salido de allí para vivir con mejor calidad asistencial en hogares de acogida. Cuanto más tiempo habían pasado los niños en el orfanato, más cortos eran sus telómeros.[6] Muchos de los huérfanos mostraban bajos niveles de actividad cerebral en los electroencefalogramas. «En lugar de una bombilla de 100 vatios —explicó Nelson—, era como si fuesen una de 40 vatios».[7] Su cerebro era sensiblemente menor, y su CI promedio, de 74, lo que los situaba en la frontera del retraso mental. La mayoría de los niños internados sufrían retraso en el habla y, en algunos casos, trastornos del lenguaje. Presentaban retraso también del crecimiento, tenían la cabeza más pequeña y una conducta de apego anómala, lo que afecta a la capacidad de mantener relaciones duraderas. Pero, según afirma Nelson, «los niños en acogida mostraban una recuperación asombrosa». En los niños que habían pasado a vivir en hogares de acogida se observaban notables mejorías, aunque no habían alcanzado el nivel de los niños que nunca habían estado internados en un orfanato; por ejemplo, pese a que su CI seguía siendo más bajo que el de los niños que nunca habían estado internados, era diez puntos o más superior al de los que vivían en el orfanato.[8] Al parecer, existe un periodo crítico en el desarrollo del cerebro: «Los niños pasados a hogares de acogida antes de los 2 años de edad presentaban mejoras en muchos aspectos que eran superiores a las de los niños salidos del orfanato con más de 2 años», afirma Nelson.[9] Drury, Nelson y su equipo han mantenido un seguimiento de esos niños con el paso de los años y, aun ahora, los adolescentes que vivieron de pequeños en el orfanato presentan un ritmo acelerado de acortamiento telomérico.

¿Y qué ocurre con los telómeros de los niños que se ven expuestos a situaciones que, aun violentas, no son tan brutales? Los científicos Idan Shalev, Avshalom Caspi y Terri Moffitt, de la Universidad de Duke, tomaron muestras bucales a niños británicos de 5 años (con el fin de examinar los telómeros de las células yugales, ubicadas en las mejillas). Cinco años después, cuando los niños tenían 10, volvieron a tomarles idénticas muestras. Los investigadores les preguntaron a las madres de los niños si, durante aquellos cinco años, sus hijos habían sufrido acoso escolar o maltrato en casa o si habían sido testigos de violencia doméstica entre sus padres. Los niños expuestos a mayor violencia presentaron el acortamiento telomérico más acentuado al cabo de esos cinco años.[10] Tal vez en los niños sea duradero ese efecto o puede que cambie si mejoran sus circunstancias vitales. Eso esperamos. Pero los estudios con adultos en los que se les pide que recuerden si sufrieron adversidades en la niñez también muestran que quienes las padecieron presentan telómeros más cortos, lo que evidencia que podrían acarrearlas durante toda la vida.[11] En una amplia investigación con adultos en Países Bajos se observó que haber sufrido varios sucesos traumáticos en la niñez era uno de los pocos factores pronóstico para presentar un mayor índice de acortamiento llegada la edad adulta.[12] Además, los traumas infantiles, y en concreto los malos tratos, se han asociado con presentar mayor grado de inflamación y una corteza prefrontal más reducida.[13]

Esa impronta que dejan los traumas infantiles puede alterar nuestra manera de pensar, de sentir y de obrar. Las personas que tuvieron que afrontar circunstancias adversas en la infancia no muestran la misma flexibilidad en sus reacciones ante las diversas experiencias de la vida. Pasan más días malos que la media y estos les parecen más estresantes que a los demás. Cuando les ocurre algo bueno, también experimentan mayor alegría.[14] Este patrón no es por sí mismo malo para la salud, pero sí provoca una experiencia emocional más intensa y dinámica. No obstante, esa intensidad les dificulta la transición entre una emoción y otra. Quienes han vivido una infancia traumática tienden a mostrar dificultades a la hora de relacionarse. Son más propensos a caer en conductas adictivas y a comer compulsivamente.[15] No se les da demasiado bien cuidar de sí mismos. Estas repercusiones psicológicas de los malos tratos a veces siguen determinando y modificando su salud física y mental durante toda la vida. De ese modo, las adversidades en la infancia pueden ser la simiente que dé lugar a un mayor índice de acortamiento telomérico, a menos que se logren neutralizar estos patrones de conducta resultantes.

ENCUESTA SOBRE EXPERIENCIAS ADVERSAS EN LA INFANCIA

Esta es una versión del cuestionario ACES (*Adverse Childhood Experiences*, experiencias adversas en la infancia), que se usa para calcular la cantidad de experiencias adversas sufridas en la infancia. Rellénalo para evaluar tu grado de exposición a los traumas en la infancia.[16]

Durante tu niñez (hasta los 18 años):

1. ¿Alguno de tus padres u otro adulto de la casa te dijo palabras malsonantes, te insultó o te humilló a menudo o muy a menudo, o actuó de modo que temiste que pudiera causarte daños físicos?

   No _____ Si es que sí, escribe un 1 _____

2. ¿Alguno de tus padres u otro adulto de la casa te empujó, te agarró con fuerza, te abofeteó o te arrojó algo a menu-

do o muy a menudo, o te pegó con tanta fuerza que te quedaron lesiones o marcas?

No _____ Si es que sí, escribe un 1 _____

3. ¿Algún adulto o alguien que fuese al menos cinco años mayor te tocó o te acarició, o hizo que tú lo tocaras de un modo sexual, o intentó mantener relaciones sexuales de carácter oral, anal o vaginal contigo?

No _____ Si es que sí, escribe un 1 _____

4. ¿Tuviste la sensación frecuente o muy frecuente de que nadie de tu familia te quería o te consideraba importante o especial, o que tus familiares no se cuidaban, no se sentían cercanos o no se apoyaban mutuamente?

No _____ Si es que sí, escribe un 1 _____

5. ¿Tuviste la sensación frecuente o muy frecuente de que no comías lo suficiente, de que tenías que llevar ropa sucia y de que no tenías a nadie que te protegiera, o de que tus padres estaban demasiado bebidos o drogados para cuidarte o llevarte al médico cuando lo necesitabas?

No _____ Si es que sí, escribe un 1 _____

6. ¿Perdiste a alguno de tus padres biológicos a raíz de un divorcio, por abandono o por otros motivos?

No _____ Si es que sí, escribe un 1 _____

7. ¿Tu madre o madrastra sufría empujones, agarrones o bofetadas a menudo o muy a menudo? ¿A veces, con frecuencia o muy a menudo recibía patadas, mordiscos, puñetazos, golpes con objetos contundentes empuñados o arrojados? ¿Alguna vez fue golpeada de manera reiterada durante al menos varios minutos o amenazada con un arma de fuego o un cuchillo?

No _____ Si es que sí, escribe un 1 _____

8. ¿Vivías con alguien que fuese un bebedor conflictivo o alcohólico o que consumiese drogas?

No _____ Si es que sí, escribe un 1 _____

9. ¿Algún miembro del núcleo familiar era depresivo, sufría algún trastorno mental o alguna vez intentó suicidarse?

No _____ Si es que sí, escribe un 1 _____

10. ¿Algún miembro del núcleo familiar estuvo en la cárcel?

No _____ Si es que sí, escribe un 1 _____

Puntuación total _____

Normalmente, haber sufrido una de estas experiencias no suele estar relacionado con la salud, mientras que haber experimentado tres o cuatro podría estarlo. Si has sufrido varias experiencias adversas en la niñez y percibes que han dejado una huella indeleble en tu «mentalidad» o tus hábitos de vida, no te asustes. Tu infancia no tiene por qué determinar tu futuro. Si, por ejemplo, te pusiste a comer compulsivamente como estrategia para afrontarlo, de adulto puedes quitarte ese hábito. Implica comprender por qué se generó ese patrón y que esa no tiene que ser la solución que te ayude a afrontarlo para seguir adelante. Pero antes de que puedas librarte de ese comportamiento, es importante encontrar otra estrategia de afrontamiento que te funcione y poner en práctica métodos más saludables para tolerar los sentimientos dolorosos en adelante. Existen muchas maneras de mitigar los efectos residuales del trauma infantil. Si te siguen molestando los pensamientos sobre penurias del pasado, puede ayudarte acudir a un profesional de la salud mental. Recuerda: no eres impotente ni estás solo. Unos profesionales atentos te ayudarán a anular parte de los daños que antes no lograbas atajar tú solo. Y recuerda también que, aun así, tienes cosas a tu favor. Por ejemplo, haber sufrido adversidades graves suele asociarse con sentir más solidaridad y empatía por los demás.[17]

¡No me pises la pata! Los efectos de una maternidad monstruosa

Doctor Frankenstein, hágase a un lado. Los investigadores de hoy saben cómo convertir a unas ratas absolutamente normales en monstruos maternos. En el laboratorio son capaces de «elaborar» una madre rata que maltrata a sus crías. Este es un asunto difícil de procesar para los amantes de los animales, pero a cualquiera que quiera comprender el componente fisiológico de la adversidad en la infancia le valdrá la pena leerlo.

Una de las circunstancias más estresantes que puede sufrir una madre rata lactante es la falta de un lecho adecuado. Las ratas no necesitan colchones lujosos para estar cómodas, pero las madres ratas de laboratorio aprovechan cosas como pañuelos desechables y tiras de papel para construir un nido acogedor donde procrear. Otra causa de elevado estrés para las ratas es tener que mudarse a un sitio nuevo sin suficiente tiempo para habituarse. Al privar a las ratas de materiales para construir el lecho y trasladarlas de repente a otra jaula, los científicos logran crear unos animales sumamente estresados. Pensemos en lo estresante que resultaría regresar a casa del hospital con un bebé recién nacido y que nos reciba el casero con: «¡Bueno, ya estáis aquí! Antes de que sueltes al niño en ninguna parte, deja que te explique que os hemos trasladado a una casa nueva. Además hemos tirado toda vuestra ropa y los muebles a la basura. ¡Adiós!». Ya podemos hacernos una idea de cómo se sentían las ratas de laboratorio.

Aquellas madres ratas maltrataban a sus crías. Las dejaban caer. Las pisaban. Dedicaban menos tiempo a amamantarlas, a lamerlas y a acicalarlas, actividades maternales que calman a las crías y que sustentan cambios a largo plazo a la hora de apaciguar sus reacciones neurológicas ante el estrés. Las pobres crías chillaban mucho para manifestar su estrés. Este entorno neonatal tan abusivo perfiló sombríamente el desarrollo neurológico de las crías. Comparadas con las ratas criadas por madres atentas, aquellas crías presentaban telómeros más largos en una parte del cerebro conocida como complejo amigdalino, que rige la reacción ante las alarmas.[18] Por lo visto, ese reflejo de alarma se había activado con tal frecuencia que los telómeros de dicha zona se habían robustecido, lo que no es exactamente indicio de una crianza feliz.

Tener estrechamente conectados el cuerpo amigdalino y la corteza prefrontal, que es capaz de atenuar esa reacción, resulta crucial para una buena regulación emocional. Por desgracia, las crías de rata maltratadas presentaban telómeros más cortos en una parte de la corteza prefrontal. Ya sabemos que el estrés intenso ocasiona que se ramifiquen y se alarguen los nervios del complejo amigdalino y que se conecten con neuronas de otras partes del cerebro. Lo contrario suele ocurrir con las neuronas de la corteza prefrontal, por lo que la conexión entre ambas zonas se va debilitando y las ratas ya no son capaces de desactivar con tanta facilidad la reacción al estrés.[19]

FALTA DE CUIDADOS MATERNALES

La desatención por parte de los padres es otra circunstancia capaz de dañar los telómeros. Steve Suomi, de los National Institutes of Health de Bethesda, en Maryland, lleva cuarenta años estudiando la crianza de los macacos Rhesus. Ha descubierto que cuando se los cría desde que nacen en una guardería, sin su madre pero socializando con otros congéneres, presentan diversos problemas. Son menos juguetones, más impulsivos y agresivos, y menos reactivos ante el estrés (y presentan menor concentración de serotonina en el cerebro).[20] Se propuso examinar si además presentaban más erosión telomérica. Recientemente sus colegas y él han tenido ocasión de estudiar esa posibilidad en un grupo de macacos. Escogieron a algunos de ellos al azar para que los criasen sus madres y a otros para que fuesen criados en una guardería durante sus primeros siete meses de vida. Cuando, cuatro años más tarde, les midieron los telómeros, los monos criados por su madre los tenían excepcionalmente más largos, de unos 2.000 pares de bases más, que los macacos criados en guardería.[21] Si bien parte de la longitud telomérica más reducida que observamos en los niños desfavorecidos puede existir desde que nacieron, en este caso las crías de macaco se escogieron al azar al nacer, por lo que la diferencia proviene solo de sus vivencias en la infancia. Por suerte, otras experiencias correctoras experimentadas a lo largo de la vida, como recibir cuidados y atención por parte de un abuelo, pueden invalidar parte de los problemas de los monos criados sin padres.

CRIAR A LOS HIJOS PARA QUE TENGAN TELÓMEROS MÁS SANOS Y REGULEN MEJOR LAS EMOCIONES

Es deprimente leer sobre los malos tratos a las crías de rata o sobre los monos criados sin madre. Pero el asunto tiene un lado positivo: las ratas criadas por madres atentas tenían los telómeros más largos. Y lo mismo ocurrió con los macacos. Naturalmente, una crianza atenta es esencial también para los bebés y los niños humanos. La crianza atenta puede ayudar a que los niños desarrollen una buena regulación emocional, es decir, que sean capaces de experimentar sentimientos negativos sin que estos los dominen.[22] Si lo piensas un momento, seguro que se te ocurren ejemplos de adultos que conoces a quienes les cuesta controlar sus emociones. Son individuos que saltan a la mínima provocación. ¿Te suenan esos enfados al volante?

Tal vez conozcas a personas que se hallan en el otro extremo, a quienes les aterrorizan tanto sus emociones que antes prefieren poner fin a una relación que resolver su desacuerdo con alguien. Se retraen ante cualquier situación que les remueva y les provoque sentimientos complicados, en el trabajo, con las amistades y hasta con el mundo que queda más allá de la puerta de su casa. La mayoría esperamos que nuestros hijos aprendan maneras más eficaces de lidiar con las cosas.

Podemos enseñarles. Desde los primeros momentos de vida, los niños aprenden a controlar sus emociones a través de la atención por parte de sus padres o cuidadores. El niño llora; al mostrar su preocupación, el padre o madre actúa como una especie de copiloto que guía al niño hacia la comprensión de sus emociones. Al apaciguar al bebé y atender a sus necesidades, el progenitor le enseña que se puede cuidar de los sentimientos y confiar en los demás. El niño aprende que las situaciones inquietantes acaban pasando.

Por suerte para todos aquellos que a veces nos ponemos furiosos cuando conducimos o nos removemos bajo las sábanas cuando nos asaltan determinadas emociones, los padres no tienen por qué controlar a la perfección sus emociones para poder ayudar a sus hijos. En las reconfortantes palabras de D. W. Winnicott, gran pediatra e investigador inglés, solo tienen que ser «suficientemente buenos». Deben ser atentos, cariñosos y estables, dotados de buena salud psicológica, pero en absoluto tienen que ser perfectos. Los niños que se han criado en hogares asistenciales y orfanatos, sin embargo, no obtienen nada que se parezca a una atención paternal suficientemente buena; no obtienen la atención que necesitan para desarrollar una expresión y un control emocionales normales. Tienden a exhibir una expresión emocional mermada, un efecto que puede durarles toda la vida.

El delicioso acto de tener un bebé acurrucado en los brazos, de ofrecerle calor, cariño y atención, ejerce en el niño efectos maravillosos. Los científicos creen que los niños bien atendidos aprenden a usar su corteza prefrontal —la sede cerebral del buen juicio— como freno para el complejo amigdalino y su reacción ante el miedo. Su concentración de cortisol está mejor regulada. Si pones a esos niños en una atracción de feria giratoria y luminosa o les dices que tienen que hacer un examen importante, sentirán una saludable dosis de emoción o de preocupación. Para eso son las hormonas del estrés, para infundirnos energía. Cuando la atracción se detiene o cuando dejan el lápiz sobre el pupitre, el cortisol empieza a batirse en retirada. No están todo el tiempo nadando en un mar de hormonas del estrés.

Los niños bien atendidos también experimentan los efectos de la oxitocina, la hormona que se segrega cuando uno se siente cercano a otro. La oxitocina es una hormona mitigadora del estrés: reduce nuestra presión sanguínea y nos provoca una ruborizante sensación de bienestar[23] (las mujeres que dan el pecho a sus hijos suelen experimentar el subidón de la oxitocina de manera intensa y palpable). Pero, por desgracia, el efecto reductor del estrés que supone tener cerca a los padres parece que se desvanece cuando los niños llegan a la adolescencia.[24]

UN POCO DE ADVERSIDAD PUEDE SERVIR DE PROTECCIÓN

La adversidad en la infancia no suele tener un lado positivo, solo sufrimiento y mayor riesgo que padecer depresión y ansiedad en etapas posteriores de la vida. Y de tener unos telómeros más cortos, además. No obstante, una adversidad moderada en la niñez puede resultar saludable. Los adultos que declaran haber sufrido unas cuantas —pero pocas— experiencias negativas de pequeños muestran respuestas cardiovasculares más saludables ante el estrés. Su corazón bombea más sangre y los prepara para afrontar la situación. En resumidas cuentas: experimentan una potente respuesta de desafío. Se sienten excitados y revigorizados, así que tal vez sus experiencias previas les han dado confianza en su capacidad para superar obstáculos. Quienes no han sufrido situaciones adversas lo llevan peor. Se sienten más amenazados y muestran más vasoconstricción en las arterias periféricas (mientras que quienes han experimentado adversidades más graves presentan una reactividad excesiva ante la amenaza).[25] Tampoco pretendemos prescribir una dosis de adversidad para todos los niños, solo señalamos lo que sucede habitualmente. *Si se produce en cantidad moderada y si el niño cuenta con el apoyo suficiente para superarla*, la adversidad puede comportar beneficios. La clave está en enseñar a los niños a lidiar con el estrés (en lugar de protegerlos de toda decepción). Como dijo Helen Keller: «El carácter no se puede forjar en la facilidad y la tranquilidad. Solo a través de experiencias de dificultad y sufrimiento se puede fortalecer el alma, aclarar la visión, inspirar la ambición y lograr el éxito».

En el caso de niños que han vivido sus primeros tiempos de vida en circunstancias dramáticas, hay determinadas técnicas de crianza que pueden ayudar a curar parte del daño sufrido por los telómeros a causa de ese maltrato. Mary Dozier, de la Universidad de Delaware, ha estudiado a niños expuestos a adversidades. Algunos residieron en viviendas inadecuadas, a otros los descuidaron, o presenciaron o sufrieron violencia doméstica, otros tenían padres que consumían drogas o que se pegaban. Dozier y sus colegas descubrieron que aquellos niños tenían telómeros más cortos, salvo cuando sus padres interactuaban con ellos de un modo muy sensible y atento.[26] Para que te hagas una idea de cómo es este tipo de crianza por parte de los padres, aquí tienes una breve evaluación:

1. Tu bebé, que ya camina, se da un golpe en la cabeza con la mesa del salón y te mira como si fuese a echarse a llorar en cualquier momento. ¿Qué le dices?

- «Ay, cariño, ¿estás bien? ¿Quieres que te dé un abrazo?».
- «No pasa nada. Venga, arriba».
- «No tendrías que acercarte tanto a esa mesa. Quita de ahí».
- No dices nada, confiando en que se fije en otra cosa y se le pase.

2. Tu hija vuelve del colegio y te dice que su mejor amiga ya no quiere ser amiga suya. Le dices:

- «Lo siento, cariño. ¿Quieres que hablemos de ello?».
- «No te preocupes. Ya verás como luego tendrás montones de amigos».

- «¿Qué le habrás hecho para que ya no quiera ser amiga tuya?».
- «¿Por qué no coges la bici y sales a dar una vuelta?».

Todas estas respuestas pueden parecernos razonables, y quizá lo sean en determinadas circunstancias. Pero solo hay una respuesta correcta para un niño que ha pasado por algún trauma, y en ambos casos se trata de la primera respuesta. En circunstancias normales, a veces puede ser adecuado ayudar a un niño a que aprenda a frotarse un chichón y seguir adelante, por ejemplo. Pero los niños que han pasado por adversidades son distintos. Puede costarles más regular sus emociones. Siguen necesitando que sus padres sean su copiloto emocional, que los reconforte saber que el progenitor se ha dado cuenta de sus problemas y que pueden contar con él o ella para que los ayuden a calmarse. Es posible que necesiten esa reafirmación una vez y otra, y otra más. Lleva su tiempo, pero al final los niños aprenden a reaccionar ante los problemas de una manera más adaptativa. Y, ya de mayores, será más probable que acudan a sus padres con aquellos problemas que les preocupan.

Dozier ha concebido un programa llamado Attachment and Biobehavioral Catch-Up (una intervención en apego que se conoce por sus siglas en inglés: ABC), con el fin de enseñar este tipo de respuesta de sensibilidad exquisita a los padres de niños en situación de riesgo. Uno de los grupos consistía en padres y madres estadounidenses que habían adoptado internacionalmente a un niño. No se trataba de personas carentes de capacidades de crianza. Eran cariñosos y estaban comprometidos. Pero los niños que habían adoptado tenían estadísticamente muchas más probabilidades de haber vivido en hogares asistenciales, de haber llevado un mal control de las emociones y de haber sufrido daños teloméricos... todo el paquete de problemas que conlleva la adversidad en la infancia. Durante el programa, a los padres se los forma para que «se dejen guiar por el niño». Por ejemplo, cuando un niño empieza a jugar a un juego consistente en dar porrazos con la cuchara, un padre podría estar tentado de decirle: «Las cucharas son para remover el puré» o «Vamos a contar cuántas veces le das golpetazos al plato». Pero estas respuestas reflejan el punto de vista del padre, no el del niño. Según el programa de Dozier, se anima al padre a sumarse al juego, o a comentar lo que hace el niño: «¡Estás marcando un ritmo con la cuchara y el plato!». Estas interacciones suavizadas con el padre ayudan a los niños en situación de riesgo a aprender a controlar sus emociones.

Se trata de una intervención sencilla, pero los resultados son impresionantes. Dozier también enseñó el programa ABC a un grupo de padres que habían sido denunciados a los servicios de protección al menor por supuesta desatención de sus hijos. Antes del curso, la concentración de cortisol de los niños provocaba esa reacción arisca y tosca que caracteriza a la desmotivación por sobrecarga. Después de que los padres hubiesen asistido al breve curso, los niños presentaron una reacción del cortisol mucho más normal. Su cortisol se incrementaba por la mañana (una señal buena y saludable de que estaban listos para afrontar el nuevo día) y se iba reduciendo a lo largo del día. Y no se trató de un efecto temporal: les duró años.[27]

TELÓMEROS Y NIÑOS SENSIBLES AL ESTRÉS

¿Fue Rose una bebé difícil? Sus padres sonríen al oír la pregunta. «Rose tuvo cólicos durante tres años», dicen, riéndose con su exageración y también del fondo de verdad que esta encierra. Los cólicos, que hacen que los bebés lloren sin cesar durante más de tres horas al día, tres días por semana, suelen empezar a las dos semanas de vida y normalmente llegan a su apogeo alrededor de la sexta semana. Vale, Rose tenía cólicos. Como recién nacida, tomaba el pecho, daba una breve cabezada, pasaba unos cinco minutos de sosiego y tranquilidad... y luego empezaba a llorar otra vez. Pese a su nombre, Rose no era ninguna tímida florecilla. Sus padres, desesperados por calmar a su llorosa bebé, la llevaban a pasear por el barrio, con el resultado de que les abordaban señoras mayores para exclamar: «¡A ese bebé le pasa algo! ¡Los bebés sanos no lloran de ese modo!».

No pasaba nada malo. Rose estaba limpia, bien alimentada, abrigada y cuidada. Pero era muy muy sensible. Le costaba poco ponerse a llorar y mucho callarse y dormirse, de ahí que sus padres bromeen sobre que los cólicos le duraron años. Cualquier ruido, como los que emitía el motor del frigorífico, la molestaba. Cuando la cogía en brazos un desconocido, Rose chillaba y trataba de desprenderse de su abrazo. Cuando creció, no quería ponerse ropa con etiquetas: le picaban demasiado. Cuando por fin la familia acordó hacerse una sesión fotográfica profesional, Rose no hizo sino apartar los ojos de los potentes focos. Y cualquier alteración de su rutina diaria la trastornaba.

¿Era Rose tan sensible debido a cómo la habían criado sus padres? ¿Se habían mostrado demasiado indulgentes ante sus exigencias? ¿Deberían haberle enseñado una lección insistiéndole, por ejemplo, en que se pusiera cualquier prenda de ropa que escogiesen para ella, picase o no? Podemos empezar a responder a estas preguntas hablando sobre el temperamento. El temperamento, la serie de rasgos de la personalidad con los que nacemos, es como los cimientos más profundos de un edificio. Puede proporcionar un apoyo estable o hacer que nos inclinemos u oscilemos de determinada manera, sobre todo cuando se produce un «terremoto». Podemos reconocer cuál es nuestro temperamento y aprender a lidiar con él, pero en realidad no podemos cambiar nuestros cimientos. El temperamento nos viene determinado biológicamente.

Uno de los rasgos del temperamento es la sensibilidad al estrés. Los niños sensibles al estrés son más «permeables», lo que significa que, para bien o para mal, su entorno no se limita a rebotar en ellos, sino que penetra en su interior. Esos niños reaccionan de manera más acusada a la luz, el ruido y las irritaciones físicas. Los alteran las transiciones, como volver al colegio después del fin de semana (el «efecto lunes»), o las situaciones nuevas, como quedarse a dormir en casa de sus abuelos. Muestran una respuesta más potente y amplificada a los cambios en su entorno, incluso a aquellas pequeñas alteraciones que otros niños ni perciben. Algunos de estos niños pueden reaccionar actuando de manera airada o agresiva, otros pueden interiorizar sus sentimientos y dar la impresión de ser huraños o silenciosos. Los telómeros suelen ser más cortos en los niños que interiorizan sus emociones.[28] Pero cuando los niños presentan trastornos de acusada exteriorización o mal comportamiento, como el de déficit de atención con hiperactividad, y un trastorno negativista desafiante, sus telómeros son también más cortos.[29]

El pediatra del desarrollo Tom Boyce ha seguido a un grupo de preescolares en su transición al primer año de colegio, una etapa que puede resultarles ardua a los niños sensibles al estrés. Sus colegas y él los enchufaron a sensores para medir sus reacciones psicológicas ante situaciones inofensivas pero moderadamente estresantes, como ver un vídeo de terror, verterles unas gotas de zumo de limón en la lengua y (por supuesto) ejecutar una de esas

La solución de los telómeros

tareas de memorización. La mayoría de los niños mostraron algunas muestras de estrés. Pero unos cuantos exhibieron unas reacciones extremas ante el estrés, tanto a nivel hormonal como del sistema nervioso autónomo. Fue como si su cuerpo y su mente creyesen que se había desatado un incendio en la sala. Cuanto más acentuada era su respuesta al estrés, más cortos tendían a ser sus telómeros.[30]

¿Es tu hijo una orquídea?

Todo esto puede sonar bastante trágico. Podría parecer que a las personas que han nacido con una elevada sensibilidad al estrés les ha tocado mala suerte en el sorteo o, en este caso, que les ha tocado el telómero corto. Pero, en realidad, Boyce y otros han observado que determinados entornos fomentan el buen desarrollo de las personas sensibles al estrés, a veces hasta más que el de sus congéneres menos sensibles.

En muchos de sus estudios, Boyce ha observado que los niños que son especialmente sensibles al estrés no llevan bien lo de estar en aulas grandes, abarrotadas y caóticas o en entornos familiares estridentes; pero cuando se hallan en el aula o en familia arropados por adultos afectuosos y atentos, por término medio les va mejor que a otros niños. Contraen menos catarros y gripes, presentan menos síntomas de depresión y ansiedad, y hasta se hacen daño con menos frecuencia que otros niños.[31]

Boyce llama «orquídeas» a estos niños sensibles al estrés. Sin una atención y unos cuidados exquisitos, la orquídea no florece. Sin embargo, si la colocas en un invernadero, en condiciones óptimas, le brotan flores de asombrosa belleza. Alrededor del 20 por ciento de los niños tiene un temperamento parecido a una orquídea. Insistimos una vez más en que no es algo que hayan creado los padres: esas semillas de orquídea se han plantado mucho antes de que nazca el niño.

Una manera de comprender esas «semillas» es analizar la firma genética de los niños orquídea. Los niños (y los adultos) con más variaciones en los genes de los neurotransmisores que regulan el estado de ánimo, como la dopamina y la serotonina, suelen ser más sensibles al estrés. Son orquídeas. Aquellos más sensibles al estrés, en función de la genética, suelen beneficiarse de las intervenciones de apoyo y progresan bien.[32] Con el fin de probar si esta firma genética afecta a cómo responden los telómeros del niño a la adversidad, se realizó un estudio preliminar con 40 niños. La mitad procedían de hogares estables; la otra mitad, de entornos sociales problemáticos caracterizados por pobreza, padres poco presentes y estructuras familiares en continuo cambio. Los niños expuestos a ambientes problemáticos presentaban telómeros más cortos, pero sobre todo cuando tenían los genes que causan mayor sensibilidad al estrés. Ese es el lado negativo evidente de ser permeable al entorno: una situación conflictiva te causará daños más profundos. Pero luego los niños desvelaron el otro lado, la belleza de la permeabilidad: cuando pasaron a vivir en entornos estables, sus telómeros mejoraron. Eran más largos y estaban más sanos que los telómeros de los niños que carecían de las variaciones genéticas. Este estudio inicial sugiere que ser sensible y permeable puede constituir una ventaja cuando se está en un ambiente propicio.[33]

Esta es una historia fascinante de la investigación sobre la personalidad, además de uno de los temas más candentes del ámbito de estudio del estrés. La sensibilidad no es un rasgo positivo ni negativo, sino solo una de las cartas que nos han repartido. Lo mejor es que seamos capaces de identificar con claridad esa carta para saber cómo hemos de jugar nuestra mano. Los niños orquídea se benefician del afecto, de una corrección moderada y de una rutina coherente. Necesitan ayuda y paciencia cuando emprenden transiciones hacia nuevas situaciones. Como seres sumamente reactivos al estrés, los niños orquídea pueden beneficiarse de aprender a usar la respuesta de desafío; además se les pueden enseñar técnicas como las del pensamiento consciente o la respiración de atención plena, que les ayudarán a poner algo de tranquilizadora distancia entre ellos (sus pensamientos) y sus reacciones activas ante el estrés.

CRIAR A ADOLESCENTES EN PRO DE UNA BUENA SALUD TELOMÉRICA

Padre/madre: Mira lo que me he encontrado hoy debajo de ese caos que es la mesa de tu cuarto. ¿Me equivoco o eso es una nota del colegio para que hagas un trabajo de Historia?

Adolescente: Ni idea.

Padre/madre: Aquí pone que es para mañana. ¿Lo has empezado?

Adolescente: Ni idea.

Padre/madre: ¡No me contestes así! Vamos a probar otra vez: ¿tienes o no tienes que entregar mañana un trabajo en clase de Historia?

Adolescente: No tengo por qué aguantar esto. Lo que pasa es que tienes celos porque cuando tenías mi edad nunca te divertías. ¡No sabías pasarlo bien!

Padre/madre: Te acabas de ganar un castigo. Este viernes te quedas sin salir.

Adolescente [gritando]: ¡Déjame en paz!

Padre/madre [gritando también]: ¡Y todo el sábado!

Hasta ahora hemos hablado de niños, sobre todo de los más pequeños. Pero ¿qué pasa con los adolescentes? Los conflictos entre padres y adolescentes, como el que reflejamos arriba, en el que surge un problema (como el de los deberes del colegio), se discute al respecto y se deja sin resolver, son muy habituales. Estos conflictos de final abierto dejan al adolescente cargado de ira, y los psicólogos saben lo que genera la ira en ese caldero de reacciones psicológicas que se conoce como sopa de estrés. La ira calienta esa sopa hasta que llega al punto de ebullición y también puede ejercer el efecto de acortar los telómeros, aunque por suerte es posible invalidar dicho efecto mediante un cambio del modo de crianza de los padres.

Gene Brody, investigador sobre estudios familiares en la Universidad de Georgia, nos ilustra sobre el papel del apoyo de los padres durante los años de la adolescencia y cómo apuntalarlo. Brody siguió a un grupo de adolescentes afroamericanos del desfavorecido sur rural de Estados Unidos. Se trata de una región en la que los jóvenes abandonan el instituto para toparse con el hecho de que apenas hay trabajo ni empleos satisfactorios, y que cuentan con pocos recursos para ayudarlos en la transición a la vida adulta. El consumo excesivo de alcohol, concretamente, es muy elevado. Brody reclutó a un grupo de esos adolescentes para su programa Adults in the Making (adultos en ciernes), consistente en proporcionar a los jóvenes apoyo y asesoramiento laboral. Los instructores les brindan además estrategias para gestionar el racismo. Los padres de los adolescentes también participan en el programa: se les enseña a decirles a sus hijos en términos claros y contundentes que se alejen de las drogas y el alcohol, por ejemplo. Consiste en seis clases en las que los padres y los chavales aprenden nuevas capacidades por grupos separados y al final las ponen en práctica juntos. La mitad del grupo de adolescentes no asistió a las clases. Cinco años después, Brody midió sus telómeros. Para empezar, tener unos padres que brindan poco apoyo —muchas discusiones y poco apoyo emocional— se asoció con presentar menor longitud telomérica y mayor consumo de drogas pasados esos cinco años. No obstante, entre ese grupo vulnerable, los adolescentes que habían contado con la intervención de apoyo presentaban telómeros más largos que los adolescentes que no habían asistido al programa. Este efecto se explica en parte porque los adolescentes habían sentido menos ira.[34]

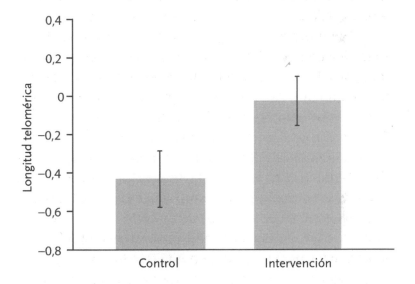

Figura 28: Clases de resiliencia familiar y telómeros. Entre los adolescentes cuyos padres les prestaban muy poco apoyo, los que participaron en el grupo de intervención de apoyo del programa presentaron telómeros sensiblemente más largos al cabo de cinco años (tras haber tenido en cuenta factores como el estatus social, circunstancias estresantes, consumo de tabaco y alcohol e índice de masa corporal).[35]

El estudio de Brody se centró en adolescentes de un entorno muy concreto y de determinado nivel adquisitivo.

Pero sus observaciones constituyen materia de reflexión para todos nosotros. No importa dónde viva o lo rico o pobre que sea: todo niño experimenta grandes cambios en su cerebro y su cuerpo durante la adolescencia. Es natural que los adolescentes transiten por caminos escabrosos durante un tiempo, sobre todo porque el cerebro adolescente tiene una manera distinta de experimentar el riesgo. Tienden a reaccionar a la amenaza con entusiasmo; se sienten bien cuando corren riesgos.[36] A los adultos, más avezados en la vida, esos mismos comportamientos, por supuesto, les resultan aterradores. Suscitan las preocupaciones de los padres, las rumiaciones en mitad de la noche y los miedos que estallan en forma de discusiones entre padres y adolescente. Probablemente es inevitable que se produzcan unos cuantos conflictos. Pero cuando estos son continuos o la tensión se vuelve tan tóxica que contamina el aire del hogar familiar, los adolescentes pueden sentir ira y rebeldía o volverse depresivos y ansiosos, si son de los que tienden a reprimir sus sentimientos. En el laboratorio de renovación que figura al final de este capítulo ofrecemos unas cuantas sugerencias para estar en sintonía con los adolescentes cuando estos se hallan en modo difícil e hiperreactivo.

Hemos hablado de cómo ayudar a sanar el daño telomérico causado por la adversidad en los niños. Una intervención temprana, un apoyo suficiente y un reajuste emocional pueden servir de amortiguadores en el caso de los niños en situación de riesgo. Pero es probable que hayas sufrido en tus propias carnes un estrés prolongado e intenso durante la primera fase de tu vida. Si creciste en un barrio peligroso o en un hogar conflictivo, o si a tu familia se le hacía cuesta arriba conseguir dinero para llegar a fin de mes, es probable que tus telómeros hayan experimentado daños. Sírvete de estos conocimientos como motivación

La solución de los telómeros

para cuidar ahora de tus telómeros. Identifica viejos hábitos, como el de recurrir a comer para consolarte. Ahora que eres una persona adulta dispones de más control sobre lo que te ocurre y sabes cómo proteger los pares de bases teloméricos que te quedan. Tal vez te interese aprovechar las técnicas que ayudan a mitigar la reacción al estrés. Si reaccionas mejor ante el estrés, protegerás tus telómeros... y obtendrás una ventaja adicional: gozarás de más fuerza y más tranquilidad ante los niños (y otros seres queridos) que hay en tu vida.

APUNTES PARA LOS TELÓMEROS

- Los traumas graves en la infancia se asocian con tener los telómeros más cortos. El trauma puede repercutir también en la edad adulta, en forma de conductas poco saludables y dificultades para relacionarse, que a su vez seguirán acortando los telómeros. Si has sufrido alguna adversidad grave en la niñez, ahora puedes adoptar medidas para mitigar sus efectos en tu bienestar y en tus telómeros.
- Pese a que la adversidad grave en la infancia es perjudicial, un estrés moderado en la niñez puede resultar en realidad saludable, siempre y cuando el niño disponga de apoyo suficiente durante esos momentos de estrés.
- Los padres pueden fomentar la buena salud telomérica de sus niños pequeños brindándoles una crianza afectuosa y atenta. Esta capacidad de reacción es de especial importancia en el caso de niños que han experimentado ya algún trauma o que han nacido con el temperamento sensible propio de los niños «orquídea».

Laboratorio de renovación

Armas de distracción masiva

El programa ABC enseña a los padres a evitar comportamientos poco atentos, incluido uno del que somos culpables casi todos: la distracción. Sean cuales sean las circunstancias o el temperamento del niño, si te mantienes enganchado a una pantalla no estarás conectando con él. Y distraerse es más fácil de lo que podría parecer. Cuando hay un móvil en alguna mesa cercana, la gente entabla conversaciones más superficiales y su atención está más dividida.[37] Las conversaciones digitales limitan la oportunidad de disfrutar de una empatía y una conexión plenas. No es de extrañar que el escritor Pico Iyer se refiera a los smartphones como «armas de distracción masiva».

Este laboratorio de renovación te invita a interactuar con los niños en tu vida sin la interferencia de las pantallas. *Prueba a dedicar veinte minutos a hablar con un niño, a jugar a algo o sencillamente a disfrutar de su presencia sin tener cerca un móvil o una tableta. Limita también el tiempo que dedica el niño a las pantallas. Hazlo con toda la intención: a veces, el mero hecho de nombrar lo que pretendes hacer le confiere mayor poder y lo hace más eficaz. Aunque puede que el niño se resista a pasar esos ratos sin mediación de pantallas, también es posible que, secretamente, lo agradezca. Opta por dedicar determina-*

dos momentos decisivos a esa interacción sin pantallas, como las comidas, los trayectos de ida y vuelta al colegio y la primera media hora en casa al regresar de alguna parte (cuando la atención del niño debería centrarse en reconectar con la familia). Si haces de esos momentos sin pantallas una regla clara, te ahorrarás tener que emprender complicadas negociaciones a diario. Puedes consultar más consejos sobre cómo «ser más inteligente que las pantallas inteligentes» y sobre cómo limitar el uso que de ellas hace el niño en la guía gratuita que el Prevention Research Center de Harvard pone a disposición de los padres: http://www.hsph.harvard.edu/prc/2015/01/07/outsmarting-the-smart-screens/. Tu familia y tú podéis participar también en la Screen-Free Week (semana sin pantallas), una campaña que organiza cada primavera la organización Campaign for a Commercial Free Childhood (http://www.screenfree.org/).

CÓMO SINTONIZAR CON TU HIJO

Los niños vulnerables necesitan mucha sensibilidad y capacidad de adaptación por parte de los padres. Puedes paliar parte de su frustración sintonizando con sus sentimientos. Las tareas escolares, por ejemplo, son un factor de estrés habitual. Los niños se alteran por las propias tareas y, además, pueden irritarse con sus padres cuando estos intentan ayudarlos. Daniel Siegel, autor de *El cerebro del niño* y coautor de *Tormenta cerebral*, sugiere métodos para sintonizar, sobre todo en los casos en que los niños surcan oleadas de emociones intensas. Explica que los padres no pueden ayudar al niño a gestionar sus tareas (o cualquier otra actividad estresante) hasta que reconozcan los sentimientos del niño y empaticen con ellos.

Así que la próxima vez que veas que tu hijo se estresa, intenta decirle algo que le dé a entender que reconoces sus sentimientos, como «Se te nota frustrado». También puedes ayudar a tu hijo a identificar cuáles son sus sentimientos, puesto que etiquetar esos sentimientos e hilvanar la historia de lo ocurrido hace que se desintensifiquen las emociones. Siegel denomina a esta estrategia «ponle nombre para dominarlo». Puedes decirle cosas como: «Vaya, esa situación tiene pinta de haber sido dura. ¿Qué te pareció? ¿Cómo te sientes?». Si quieres llegar al pensamiento racional del niño, tienes que afrontar primero su parte emocional con empatía.[38] Siegel llama a esto «conectar y dirigir».

No SOBREACTÚES CON TU ADOLESCENTE REACTIVO

No dejes que el cerebro sensible y ávido de emociones de tu adolescente te arrastre a una espiral de conflicto. Si tu hijo adolescente te habla a gritos, tienes otras opciones aparte de la automática, la de reaccionar. Una discusión no se calienta si no participas en ella. A veces funciona decir que necesitas tiempo muerto para ti, una pequeña dosis de espacio y tiempo en otro lugar. Dada la brevedad de la vida media de las emociones, lo más probable es que tanto las de tu hijo como las tuyas se atenúen y podáis reanudar una conversación en la que a ambos os funcionen los dos hemisferios del cerebro.

En el fragor del momento, recuérdate que aunque los adolescentes puedan parecer adultos por fuera, siguen siendo niños por dentro. Necesitan que seas claro y constante, no que te enmarañes en sus dramas. Recuérdate que tú eres allí la persona dotada de un cerebro adulto, y que tienes la facultad de permanecer en calma y de evitar que la discusión suba de tono. Además sé curioso en los momentos de calma. En lugar de decirle a tu adolescente lo que tiene que hacer, pregúntale cosas.

SÉ UN MODELO DE APEGO Y CARIÑO

Mantener una relación de cariño con tu pareja no solo es algo de gran valor, sino una buena herramienta para criar mejor a los hijos. En un estudio se examinaron las reacciones de los niños a las interacciones diarias de sus padres durante tres meses. El estudio analizó en qué medida repercutían en los niños las interacciones de los padres o cuánto las imitaban. Cuando los padres se mostraban cariño mutuamente y los niños mostraban más afecto positivo, estos tendían a tener los telómeros más largos. Y a la inversa: cuando los padres tenían conflictos y el niño reaccionaba con emociones negativas, tendía a tener los telómeros más cortos.[39] Así que conviene recordar que las emociones son permeables, sobre todo en el caso de los niños sensibles. Plantéate aportar más cariño a tu entorno familiar y mostrar más afecto. Puede que te cueste hacerlo cuando las emociones negativas están desbocadas, pero al mostrar cariño hacia tu pareja, propiciarás también el bienestar de tu hijo (y tal vez el de sus telómeros).

Conclusión

Entrelazados: nuestro legado celular

El ser humano es parte de un todo, que nosotros llamamos «universo», una parte limitada en el tiempo y el espacio. Se experimenta a sí mismo, sus pensamientos y sentimientos como algo distinto del resto... como una suerte de ilusión óptica de su consciencia. Esta ilusión es para nosotros como una prisión que nos limita a nuestros deseos personales y al afecto que profesamos a las pocas personas más cercanas. Nuestra tarea debe ser la de liberarnos de esta cárcel ampliando nuestro círculo de compasión para abarcar a todas las criaturas vivas y al conjunto de la naturaleza en toda su belleza. Nadie es capaz de conseguirlo del todo, pero intentar tal logro es en sí parte de la liberación y base para la seguridad interior.

Albert Einstein, citado en el *New York Times*,
29 de marzo de 1972

Una larga vida de buena salud y bienestar es lo que esperamos que tengas. El modo de vida, la salud mental y el entorno contribuyen de manera significativa a la salud física;

eso no es nuevo. Lo que sí es nuevo es que los telómeros se ven afectados por esos factores y, por ello, su contribución se puede cuantificar de un modo claro y potente. El hecho de que observemos efectos transgeneracionales de estas influencias convierte en más urgente si cabe el mensaje de los telómeros. Nuestros genes son como el hardware informático: no podemos cambiarlos. Nuestro epigenoma, del que forman parte los telómeros, es como el software, que exige programación. Nosotros somos los programadores del epigenoma. En cierta medida, controlamos las señales químicas que orquestan los cambios. Nuestros telómeros reaccionan, escuchan y se ajustan a las actuales circunstancias del mundo. Juntos podemos mejorar el código de programación.

Las páginas anteriores están llenas de las mejores sugerencias que podemos ofrecer, recopiladas a partir de centenares de estudios, sobre cómo proteger nuestros preciosos telómeros. Ya hemos visto que los telómeros se ven afectados por nuestra mente y cómo los configuran nuestros hábitos de actividad física, la calidad y la duración de nuestro sueño y los alimentos que comemos. Los telómeros también se ven afectados por el mundo que está más allá de la mente y el cuerpo: porque nuestro barrio y nuestras relaciones propician un sentimiento de seguridad que puede configurar nuestra salud telomérica.

A diferencia de los seres humanos, los telómeros no juzgan. Son objetivos e imparciales. Su reacción al entorno es cuantificable en función de sus pares de bases. Esto los convierte en un índice ideal para medir los efectos que ejerce el entorno interior y exterior en nuestra salud. Si escuchamos lo que tienen que decirnos, los telómeros nos proporcionan información sobre cómo evitar el envejecimiento celular prematuro y cómo fomentar nuestro periodo de vida sana. Pero resulta que la historia del periodo de vida sana es también la historia de lo hermosos que pueden ser la vida y el mundo. Lo que es bueno para nuestros telómeros es también bueno para nuestros hijos y para cualquier persona.

LOS TELÓMEROS DAN LA VOZ DE ALARMA

Los telómeros nos enseñan que, ya desde los primeros días de vida, el estrés intenso y la adversidad repercuten hasta bien entrada la edad adulta y condenan a nuestras generaciones más jóvenes a una vida marcada por más posibilidades de sufrir enfermedades crónicas tempranas. En concreto, hemos aprendido que la exposición durante la niñez a factores de estrés, como la violencia, los traumas, los malos tratos y el desfavorecimiento socioeconómico, está vinculada a presentar telómeros cortos en la edad adulta. Los daños empiezan incluso cuando el niño aún no ha nacido: el elevado estrés materno puede transmitirse al feto en forma de telómeros más cortos.

Esta huella temprana que deja el estrés en los telómeros es una sirena de alarma. Instamos a los legisladores a que agreguen una nueva expresión, la de **reducción del estrés social**, al vocabulario de la sanidad pública. No nos referimos aquí a hacer ejercicio o a asistir a clases de yoga, aunque ello resulte útil para mucha gente. Hablamos de amplias políticas sociales que persigan el objetivo de amortiguar los omnipresentes factores de estrés socioambientales y económicos que tantas personas tienen que soportar.

Los peores factores de estrés —la exposición a violencia, traumas, malos tratos y trastornos mentales— vienen determinados por un elemento sorprendente: el grado de desigualdad económica de la zona. Por ejemplo, aquellos países donde la brecha entre sus ciudadanos más ricos y más pobres es más acusada presentan peor salud y mayor violencia. Como muestra la figura 29, esos países también exhiben los índices más elevados de depresión, ansiedad y esquizofrenia.[1]

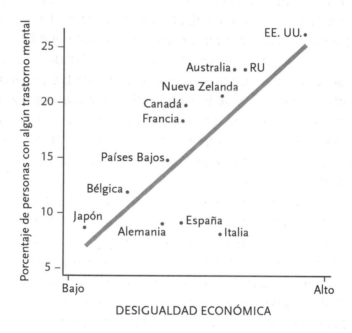

Figura 29: Desigualdad económica y salud mental. De un gran número de investigaciones se desprende que la desigualdad económica en regiones y países está asociada con peores comportamientos (menos confianza, más violencia, consumo de drogas) y peor salud para todos, tanto física como mental. Kate Pickett y Richard Wilkinson han reunido esa gran cantidad de datos de las investigaciones[2] y nos resumen aquí su relación con la salud mental. Según este gráfico, Japón presenta la menor desigualdad y el índice más bajo de trastornos mentales, mientras que Estados Unidos cuenta con los índices más altos en ambos casos.

La solución de los telómeros

Una cantidad considerable de estudios avalan esta relación. Y no son solo los pobres quienes sufren debido a esa brecha. En estas sociedades estratificadas, todo el mundo corre mayor riesgo de tener una salud física y mental mermada; y cuanto más desigual es la sociedad, menor es el bienestar de los niños. Este efecto se hace evidente entre los estados más ricos y más pobres de Estados Unidos. La brecha de desigualdad se ha ensanchado de tal manera que, en Estados Unidos, el 3 por ciento superior del reparto posee el 50 por ciento de la riqueza[3] (no es de extrañar que, de los países ricos, Estados Unidos sea el que presenta la mayor brecha). Y resulta revelador que Suecia, que evidencia la menor brecha de desigualdad de todos los países, presente también el mayor grado de bienestar, incluido el bienestar infantil. Pero se trata también de uno de los países con un aumento de la desigualdad y una disminución del bienestar infantil más acelerados (debido a la reducción del efecto redistributivo del sistema fiscal y de prestaciones sueco).[4]

Somos de la opinión de que la brecha económica determina la diferencia entre la probabilidad de tener unos telómeros sanos, largos y estables en la vejez, o de tenerlos mermados y cortos en unas células envejecidas y senescentes. Esta brecha refleja un exceso de estrés social, de estrés competitivo, además del grado de enfermedad de la sociedad que deriva en un periodo de vida enferma prematuro y prolongado, tanto para ricos como para pobres. Un elemento esencial de la reducción del estrés social es lograr reducir esa brecha. La comprensión de cómo estamos interrelacionados es el combustible que alimentará esa tarea.

Estamos conectados unos con otros y con todos los seres vivos a todos los niveles, desde el macro hasta el micro, desde la sociedad hasta las células. La separación que todos percibimos, como si anduviésemos cada uno solos por nuestro camino, no es sino una ilusión. La realidad es que todos compartimos mucho más de lo que jamás llegaremos a comprender, tanto en lo que respecta a la mente como al cuerpo. Estamos profunda y fenomenalmente interrelacionados unos con otros y con la naturaleza.

En el interior de nuestro cuerpo y de nuestras células estamos relacionados con otros organismos vivos. Nuestro cuerpo está compuesto por células eucariotas. Se cree que, hace alrededor de mil quinientos millones de años, antes de que evolucionasen los humanos, la célula eucariota autónoma absorbió organismos bacterianos que vivían también de manera autónoma en forma de células. Las mitocondrias que albergan hoy nuestras células son el legado de aquellas bacterias y de su independencia. Somos criaturas simbióticas.

Dentro del cuerpo acarreamos también una parte compartida del mundo exterior. Aproximadamente un kilo del peso de un ser humano lo componen otros seres: los microbios, que viven en forma de comunidades complejas en nuestro intestino y en la piel. Lejos de ser nuestros enemigos acérrimos, nos mantienen equilibrados. Sin estas colonias de microbios, nuestro sistema inmunitario se debilitaría y quedaría reducido: envían señales a nuestro cerebro y pueden hacer que nos deprimamos cuando están desequilibrados. Y eso ocurre también a la inversa: cuando estamos deprimidos o estresados, eso afecta a nuestra microbiota y a su estado de equilibrio y perjudica a nuestras mitocondrias.[5]

Los seres humanos están cada vez más interconectados unos con otros: desde la tecnología a los mercados financieros, pasando por los medios de comunicación y los grupos de las redes sociales. Nos hallamos siempre inmersos en una cultura social, y nuestros pensamientos y sentimientos los determina nuestro entorno social y físico.[6] Nuestra percepción de lo apoyados y conectados que estamos resulta decisiva para nuestra salud. Eso ha sido siempre así, pero ahora las relaciones se están volviendo más amplias y más cercanas. Dentro de poco la banda ancha abarcará el mundo entero, lo que permitirá que cualquier persona del planeta esté conectada a través de internet de un modo sumamente asequible. Un día cualquiera del año pasado, una de cada siete personas del mundo se conectó a Facebook.[7] Esta creciente interconexión abre la puerta a tener cada vez más oportunidades para que nos reunamos alrededor de las cuestiones que más importancia revisten para nosotros.

También compartimos un mismo entorno físico. La contaminación en un extremo del mundo puede trasladarse al otro por medio del viento o flotando en las aguas. Juntos estamos calentando el planeta y eso nos afecta a todos. Es otro indicador de lo conectados que estamos, un recordatorio urgente de lo relevantes que son nuestras conductas diarias.

Por último, estamos conectados entre generaciones. Ahora sabemos que los telómeros se transmiten de una generación a otra. Los desfavorecidos transmiten de manera inconsciente ese desfavorecimiento, y lo hacen a través de problemas económicos y sociales, pero también probablemente a través de unos telómeros más cortos y por otras vías epigenéticas. Así pues, los telómeros son nuestro mensaje a la sociedad del futuro. Y, lo que es peor, los niños están expuestos al estrés tóxico a un nivel epidémico, lo que les provoca que tengan unos telómeros más cortos y que sufran envejecimiento celular prematuro. Como nos recordó John F. Kennedy: «Los niños son el mensaje viviente que mandamos a una época que no veremos». No queremos que ese mensaje incluya las enfermedades crónicas prematuras. Por eso es tan importante que cultivemos nuestro sentido humanitario innato. Tenemos que reescribir ese mensaje.

Los mensajes vivientes

Los conocimientos científicos sobre los telómeros se han convertido en una voz de alarma. Nos dicen que los factores sociales de estrés, sobre todo cuando afectan a los niños, conllevarán costes exponencialmente más elevados en el futuro, unos costes de índole personal, física, social y económica. Podemos responder a ese toque de atención, en primer lugar, cuidándonos bien a nosotros mismos.

La voz de alarma no se queda ahí. Ahora que ya sabes cómo proteger a tus telómeros, queremos plantearte un desafío en términos cordiales. ¿Qué piensas hacer con esas muchas décadas desbordantes de buena salud? Un periodo de vida sana prolongado posibilita vivir una vida más vital y energética, y esa vitalidad puede propagarse y permitirnos dedicar parte de nuestro tiempo a crear las condiciones para que otra gente disfrute de buena salud y bienestar.

No podemos eliminar el estrés ni la adversidad, claro está, pero hay otros modos de atenuar en parte la presión extrema que sufren las poblaciones más vulnerables. Te hemos hablado de determinados aspectos dolorosos de la vida de algunas personas, pero eso no deja de ser un solo aspecto de su vida. Robin Huiras, la mujer que tenía un trastorno telomérico congénito y que ha ayudado a reclutar a algunas de las mentes más expertas en la ciencia de los telómeros para que redacten el primer manual clínico sobre el tratamiento de los trastornos teloméricos, está ayudando a mitigar el sufrimiento. Peter, el investigador médico que se rebela contra su propensión mental a comer en exceso, viaja por el mundo en misiones médicas para ayudar a gente que carece de asistencia sanitaria y ha dado a su vida el propósito de contribuir. Tim Parrish, el hombre que se crio en una comunidad racista en Luisiana, escribe y da charlas sobre ese doloroso tema y sacrifica su propia comodidad para ayudarnos a afrontar de manera más eficaz nuestros prejuicios.

¿Cuál es tu legado celular? Todos y cada uno de nosotros disponemos de una oportunidad limitada para dejar un legado. Del mismo modo que nuestro cuerpo es una comunidad de células diferenciadas pero mutuamente dependientes, vivimos en un mundo de personas interdependientes. Nos demos cuenta o no, todos dejamos huella en el mundo. Son vitales los cambios a gran escala, como poner en práctica políticas de reducción del estrés social. Pero también son importantes los pequeños cambios. Nuestro modo de interactuar con otras personas determina sus sentimientos y su sentido de la confianza. *Cada día, todos tenemos la posibilidad de influir de manera positiva en la vida de otra persona.*

La historia de los telómeros puede inspirarnos en nuestra determinación de mejorar la salud colectiva. Ayudar a cambiar nuestras comunidades y el entorno que compartimos nos brinda ese sentido crucial de misión y propósito que, por sí solo, puede mejorar nuestro mantenimiento telomérico.

Los cimientos de una nueva comprensión de la salud en nuestra sociedad no están en el «yo», sino en el «nosotros». Redefinir un envejecimiento con buena salud no consiste solo en aceptar las canas y centrarnos en la salud interior; tiene que ver también con nuestras relaciones con los demás y con construir comunidades seguras y confiadas. Los conocimientos científicos sobre los telómeros nos brindan pruebas a nivel molecular de la importancia de la salud social para nuestro bienestar individual. Ahora que disponemos de una manera de medir y registrar las intervenciones que podemos emprender para mejorar esa salud, pongámonos manos a la obra.

MANIFIESTO TELOMÉRICO

Tu salud telomérica se refleja en el bienestar de tu mente, tu cuerpo y tu comunidad. Estos son los elementos de mantenimiento telomérico que nos parecen más relevantes para un mundo más sano:

Cuida de tus telómeros

- Evalúa cuáles son las fuentes de estrés intenso y persistente. ¿Qué puedes cambiar?
- Transforma la percepción de la amenaza en desafío.
- Vuélvete más compasivo contigo mismo y más empático con los demás.
- Emprende alguna actividad reparadora.
- *Practica el pensamiento consciente y la atención plena. La consciencia abre la puerta al bienestar.*

Mantén tus telómeros

- Sé una persona activa.
- Imponte un ritual para dormir con el fin de conseguir un sueño más reparador y prolongado.
- Come de manera consciente para reducir los excesos y combatir las ansias.
- Opta por alimentos saludables para los telómeros: productos naturales e integrales, omega-3, evita el beicon.

Conecta tus telómeros

- Reserva espacio para conectar: desconéctate de cualquier pantalla durante parte del día.
- Cultiva unas cuantas relaciones sólidas y estrechas.

- Brinda a los niños una atención de calidad y una dosis suficiente de «estrés bueno».
- Cultiva tu capital social en tu barrio. Ayuda a desconocidos.
- Opta por lo verde. Pasa tiempo en contacto con la naturaleza.
- *Una atención consciente hacia otras personas hace que florezcan las relaciones. La atención es un regalo que tú puedes aportar.*

Fomenta la salud telomérica en tu comunidad y en el mundo

- Incrementa la atención y los cuidados prenatales.
- Protege a los niños de la violencia y de otros traumas que perjudican a los telómeros.
- Reduce la desigualdad.
- Elimina toxinas de tu entorno y a nivel mundial.
- Fomenta las políticas de alimentación sana para que todo el mundo tenga acceso a alimentos frescos, sanos y asequibles.

La futura salud de nuestra sociedad la estamos determinando justo ahora y podemos medir hasta cierto punto cómo será ese futuro por medio de los pares de bases teloméricos.

Agradecimientos

No podríamos haber escrito este libro sin haber recurrido a las décadas de duro trabajo de muchos científicos, y a ellos les agradecemos su contribución a nuestra actual comprensión de los telómeros, del envejecimiento y del comportamiento humano, aunque nos resultaría del todo imposible citar aquí todas las relevantes aportaciones de nuestros muchos colegas. Damos las gracias a los incontables colaboradores científicos y estudiantes con quienes hemos trabajado durante las pasadas décadas: nuestra gratitud hacia todos vosotros es infinita. Nuestra investigación no podría haber existido sin vuestra ayuda. Las dos nos sentimos especialmente en deuda con la doctora Jue Lin, que ha trabajado infatigablemente y con enorme talento durante más de diez años en todos nuestros estudios sobre los telómeros humanos. Jue ha llevado a cabo miles de mediciones meticulosas de la longitud telomérica y de la telomerasa para esos estudios y ha constituido un ejemplo en el ámbito de la investigación de transferencia, donde ha trabajado a todos los niveles, desde la mesa del laboratorio a la comunidad.

Queremos manifestarles nuestra gratitud a las siguientes personas por sus diversas y relevantes aportaciones a esta obra, ya fuese mediante conversaciones esclarecedoras, puntos de vista diversos sobre el libro o como fuente de inspiración o de apoyo para nuestro trabajo. Cualquier error que pueda figurar en el contenido, no obstante, debe achacársenos únicamente a nosotras. Nuestro más profundo agradecimiento para: Nancy Adler, Mary Armanios, Ozlum Ayduk, Albert Bandura, James Baraz, Roger Barnett, Susan Bauer-Wu, Peter y Allison Baumann, Petra Boukamp, Gene Brody, Kelly Brownell, Judy Campisi, Laura Carstensen, Steve Cole, Mark Coleman, David Creswell, Alexandra Croswell, Susan Czaikowski, James Doty, Mary Dozier, Rita Effros, Sharon Epel, Michael Fenech, Howard Friedman, Susan Folkman, Julia Getzelman, Roshi Joan Halifax, Rick Hecht, Jeannette Ickovics, Michael Irwin, Roger Janke, Oliver John, Jon Kabat-Zinn, Will y Teresa Kabat-Zinn, Noa Kageyama, Erik Kahn, Alan Kazdin, Lynn Kutler, Barbara Laraia, Cindy Leung, Becca Levy, Andrea Lieberstein, Robert Lustig, Frank Mars, Pamela Mars, Ashley Mason, Thea Mauro, Wendy Mendes, Bruce McEwen, Synthia Mellon, Rachel Morello-Frosch, Judy Moskowitz, Belinda Needham, Kristin Neff, Charles Nelson, Lisbeth Nielsen, Jason Ong, Dean Ornish, Bernard y Barbro Osher, Alexsis de Raadt St. James, Judith Rodin, Brenda Penninx, Ruben Perczek, Kate Pickett, Stephen Porges, Aric Prather, Eli Puterman, Robert Sapolsky, Cliff Saron, Michael Scheier, Zindel Segal, Daichi Shimbo, Dan Siegel, Felipe Sierra, el finado Richard Suzman, Shanon Squires, Matthew State, Janet Tomiyama, Bert Uchino, Pathik Wadhwa, Mike Weiner, Christian Werner, Darrah Westrup, Mary Whooley, Jay Williams, Redford Williams, Janet Wojcicki, Owen Wolkowitz, Phil Zimbardo y Ami Zota. Millones de gracias al personal del laboratorio de Aging, Metabolism, and Emotions (AME), en especial a Alison Hartman, Amanda Gilbert y Michael Coccia, por su apoyo en diversas cuestiones relacionadas con este libro. Damos las gracias a Coleen

Patterson, de Coleen Patterson Design, por sus inspiradas ilustraciones y por la increíble transferencia de las imágenes que teníamos en la cabeza a las páginas de este libro.

Queremos agradecerle a Thea Singer su bella manera de abordar el tema de la conexión entre telómeros y estrés en su libro *Stress Less* (Hudson Street Press, 2010). También damos las gracias a nuestro grupo de dedicados y atentos lectores del libro, que nos regalaron sus tardes de los domingos y unas aportaciones impagables: Michael Acree, Diane Ashcroft, Elizabeth Brancato, Miles Braun, Amanda Burrowes, Cheryl Church, Larry Cowan, Joanne Delmonico, Tru Dunham, Ndifreke Ekaette, Emele Faifua, Jeff Fellows, Ann Harvie, Kim Jackson, Kristina Jones, Carole Katz, Jacob Kuyser, Visa Lakshi, Larissa Lodzinski, Alisa Mallari, Chloe Martin, Heather McCausland, Marla Morgan, Debbie Mueller, Michelle Nanton, Erica «Blissa» Nizzoli, Sharon Nolan, Lance Odland, Beth Peterson, Pamela Porter, Fernanda Raiti, Karin Sharma, Cori Smithen, Sister Rosemarie Stevens, Jennifer Taggart, Roslyn Thomas, Julie Uhernik y Michael Worden. Gracias a Andrew Mumm, de Idea Architects, por su magia y su paciencia a la hora de ayudarnos a superar escollos geográficos y técnicos.

También queremos dar las gracias a todos los que generosamente hablaron con nosotras sobre sus experiencias personales, algunos de forma anónima y otros cuyos nombres aparecen a continuación. No hemos podido incluir todas y cada una de las maravillosas historias que nos contaron, pero el espíritu de todas esas historias nos ha inspirado y conmovido a lo largo de todo el proceso de redacción de este libro. Estamos en deuda con Cory Brundage, Robin Huiras, Sean Johnston, Lisa Louis, Siobhan Mark, Leigh Anne Naas, Chris Nagel, Siobhan O'Brien, Tim Parrish, Abby McQueeney Penamonte, Rene Hicks Schleicher, Maria Lang Slocum, Rod E. Smith y Thulani Smith.

Hacemos partícipe de nuestro inmenso agradecimiento a Leigh Ann Hirschman, de Hirschman Literary Services, escritora y colaboradora nuestra. Su redacción y la profundidad de su experiencia editorial han contribuido a la legibilidad de este libro. Ha sido un placer trabajar con ella: se ha sumado a nuestra inmersión en el mundo de la investigación científica sobre los telómeros, siempre paciente con nuestra constante aportación de nuevos estudios aparecidos en las publicaciones científicas a medida que escribíamos, y ha sido una voz equilibrada y un referente cada vez que creímos que nunca lograríamos salir de los embrollos de tanta información.

También le estamos agradecidas a nuestra editora, Karen Murgolo, de Grand Central Publishing, por la fe que puso en esta obra y por su experiencia, su tiempo y su atención en cada decisión que tuvimos que tomar a lo largo de todo el proceso. Nos sentimos sumamente afortunadas por habernos beneficiado de su sabiduría y su paciencia.

Va también nuestro agradecimiento para Doug Abrams, de Idea Architects. Doug fue el primero que advirtió sobre la necesidad de un libro cuando nosotras todavía no lo veíamos. Le agradecemos su dedicación y su maravillosa y sabia colaboración como editor durante el proceso. Y por haber logrado que lo que pudo haber sido perjudicial para nuestros pares de bases teloméricos se convirtiese en un proceso agradable y en el fundamento de una amistad duradera.

Para terminar, les estamos muy agradecidas a nuestras familias (la más cercana y la ampliada) por su atento apoyo y por el entusiasmo mostrado durante las muchas fases del proceso de escritura, y por las muchas más fases que sentaron las bases científicas de todo ello.

También estamos agradecidas por la oportunidad que se nos ha brindado de compartir este trabajo con vosotros, los lectores, y esperamos sinceramente que esta obra sirva para mejorar vuestro bienestar y vuestro periodo de vida sana.

Información sobre pruebas comerciales de telómeros

Si te apetece evaluar tu salud telomérica, puedes cumplimentar la autoevaluación de la página 231. También puedes hacerte un test de una empresa comercial para determinar tu longitud telomérica. Pero ¿vale la pena hacerlo? No nos hace falta que nos hagan una biopsia de los pulmones para tomar la sabia decisión de dejar de fumar. Muchos de nosotros seguramente emprenderíamos las mismas actividades reparadoras en nuestra vida que proponemos aquí, con independencia de si nos hemos hecho un test de telómeros o no.

Nos preguntábamos cómo reaccionaría la gente al conocer los resultados de los test de telómeros. Si, por ejemplo, una persona se entera de que tiene los telómeros cortos, ¿le resultaría deprimente saberlo? Así que lo probamos con voluntarios y les hicimos saber cuáles eran sus resultados. La mayoría iban de neutros a positivos, y ninguno era demasiado negativo. Pero quienes los tenían cortos expresaron cierta preocupación durante los meses siguientes. Hacerse una prueba de telómeros es una decisión personal. Solo uno mismo puede decidir si le beneficiará conocer su longitud telomérica. Imagínate que descubres que tus telómeros son cortos: ¿te resultará eso más motivador que perturbador? Saber que tus telómeros son cortos es como ver encendido el piloto de «comprobar motor» en el cuadro de mandos del coche; normalmente es solo un indicador de que conviene echarle un vistazo con atención a la salud y a los hábitos propios y redoblar esfuerzos.

Muchas veces nos han preguntado si nos hemos hecho medir los telómeros.

Liz sí lo ha hecho, por pura curiosidad. Sus resultados fueron reconfortantemente positivos, aunque siempre tiene en cuenta que la longitud telomérica es un indicador estadístico de la salud, no un factor pronóstico absoluto sobre el futuro.

Elissa no se ha medido todavía los telómeros. En realidad, no le gustaría saber si sus telómeros son cortos. Elissa intenta emprender prácticas vitales buenas para los telómeros siempre que puede, teniendo en cuenta el ajetreo vital que lleva. Más valiosas que una simple prueba serán las trayectorias de la longitud telomérica a lo largo del tiempo. Nos dan datos únicos, que no puede proporcionarnos ningún otro indicador, sobre el potencial de una célula para multiplicarse. Sin embargo, son solo otro indicador más. Lo más probable es que se desarrollen algoritmos que incorporen diversos biomarcadores y variables sobre el estado de salud que resulten más beneficiosos para nuestro uso personal. Cuando las mediciones aporten mayor valor predictivo para los individuos y sea más fácil hacerlas de manera repetida, tal vez a Elissa le interese hacerse pruebas al respecto.

En el momento de redactar estas líneas, solo unas cuantas empresas comerciales ofrecen pruebas de telómeros.

Carecemos de todo conocimiento —y de todo control— sobre la precisión y la fiabilidad de las mediciones de longitud telomérica que llevan a cabo esas entidades comerciales. Debido a que dichas empresas cambian con rapidez, ofrecemos sus datos en la web de nuestro libro. Cuando estábamos escribiendo esto, el precio de esas pruebas oscilaba entre los 100 y los 500 dólares.

Una advertencia: la medición de telómeros es una actividad no regulada, por lo que no hay ningún organismo gubernamental que compruebe si las empresas con fines lucrativos emplean métodos y valores dotados de rigor ni si lo que nos dicen sobre los riesgos que corremos es preciso. Puede resultar interesante conocer los resultados de un test de telómeros, pero debemos advertir de que los telómeros no predicen el futuro. Insistimos: es como fumar; fumar no te garantiza que vayas a sufrir una enfermedad pulmonar, y no fumar tampoco te garantiza que no la vayas a sufrir. Pero las estadísticas sobre el tabaco son las que son, y el mensaje es claro: cuanto más fumes, mayores son tus probabilidades de sufrir enfisema, cáncer y otros problemas graves de salud. Hay muchas razones convincentes para dejarlo o, mejor aún, para no empezar a fumar. Del mismo modo, los innumerables estudios que relacionan la longitud telomérica y la salud humana nos han proporcionado los datos que necesitamos con el fin de establecer unas directrices para mantener sanos a nuestros telómeros (y, por consiguiente, a nosotros mismos). Puede que te interese conocer cuál es tu longitud telomérica, pero no necesitas esa información para evitar el envejecimiento celular prematuro.

Notas

NOTA DE LAS AUTORAS: POR QUÉ HEMOS ESCRITO ESTE LIBRO

[1] «Oldest Person Ever», Guinness World Records, http://www.guinness worldrecords.com/world-records/oldest-person, consultado el 3 de marzo de 2016.

[2] Whitney, C. R., «Jeanne Calment, World's Elder, Dies at 122», *New York Times*, 5 de agosto de 1997, http://www.nytimes.com/1997/08/05/world/jeanne-calment-world-s-elder-dies-at-122.html, consultado el 3 de marzo de 2016.

[3] Blackburn, E., E. Epel y J. Lin, «Human Telomere Biology: A Contributory and Interactive Factor in Aging, Disease Risks, and Protection», *Science* 350, n.° 6265 (4 de diciembre de 2015): 1193-1198.

INTRODUCCIÓN. HISTORIA DE DOS TELÓMEROS

[1] Bray, G. A. «From Farm to Fat Cell: Why Aren't We All Fat?», *Metabolism* 64, n.° 3 (marzo de 2015): 349-353, doi:10.1016/j.metabol.2014.09.012, epub del 12 de octubre de 2014, PMID: 25554523, p. 350.

[2] Christensen, K., G. Doblhammer, R. Rau y J. W. Vaupel, «Ageing Populations: The Challenges Ahead», *Lancet* 374, n.° 9696 (3 de octubre de 2009): 1196-1208, doi:10.1016/S0140-6736(09)61460-4.

[3] Reino Unido, Oficina Nacional de Estadísticas, «One Third of Babies Born in 2013 Are Expected to Live to 100», 11 de diciembre de 2013, The National Archive, http://www.ons.gov.uk/ons/rel/lifetables/histo-

ric-and-projected-data-from-the-period-and-cohort-life-tables/2012-based/sty-babies-living-to-100.html, consultado el 30 de noviembre de 2015.

[4] Bateson, M., «Cumulative Stress in Research Animals: Telomere Attrition as a Biomarker in a Welfare Context?», *BioEssays* 38, n.° 2 (febrero de 2016): 201-212, doi:10.1002/bies.201500127.

[5] Epel, E., E. Puterman, J. Lin, E. Blackburn, A. Lazaro y W. Mendes, «Wandering Minds and Aging Cells», *Clinical Psychological Science* 1, n.° 1 (enero de 2013): 75-83, doi:10.1177/2167702612460234.

[6] Carlson, L. E., *et al.,* «Mindfulness-Based Cancer Recovery and Supportive-Expressive Therapy Maintain Telomere Length Relative to Controls in Distressed Breast Cancer Survivors», *Cancer* 121, n.° 3 (1 de febrero de 2015): 476-484, doi:10.1002/cncr.29063.

CAPÍTULO 1.

POR QUÉ LAS CÉLULAS PREMATURAMENTE ENVEJECIDAS

HACEN QUE PAREZCAS, TE SIENTAS Y ACTÚES COMO UN VIEJO

[1] Epel, E. S. y G. J. Lithgow, «Stress Biology and Aging Mechanisms: Toward Understanding the Deep Connection Between Adaptation to Stress and Longevity», *Journals of Gerontology, Series A: Biological Sciences and Medical Sciences* 69, supl. 1 (junio de 2014): S10-16, doi:10.1093/gerona/glu055.

[2] Baker, D. J., *et al.,* «Clearance of p16Ink4a-positive Senescent Cells Delays Ageing-Associated Disorders», *Nature* 479, n.° 7372 (2 de noviembre de 2011): 232-236, doi:10.1038/nature10600.

[3] Krunic, D., *et al.,* «Tissue Context-Activated Telomerase in Human Epidermis Correlates with Little Age-Dependent Telomere Loss», *Biochimica et Biophysica Acta* 1792, n.° 4 (abril de 2009): 297-308, doi:10.1016/j.bbadis.2009.02.005.

[4] Rinnerthaler, M., M. K. Streubel, J. Bischof y K. Richter, «Skin Aging, Gene Expression and Calcium», *Experimental Gerontology* 68 (agosto de 2015): 59-65, doi:10.1016/j.exger.2014.09.015.

[5] Dekker, P., *et al.,* «Stress-Induced Responses of Human Skin Fibroblasts in Vitro Reflect Human Longevity», *Aging Cell* 8, n.° 5 (septiembre de 2009): 595-603, doi:10.1111/j.1474-9726.2009.00506.x; y Dekker, P., *et al.,* «Relation between Maximum Replicative Capacity and Oxidative Stress-Induced Responses in Human Skin Fibroblasts in Vitro», *Journals of Gerontology, Series A: Biological Sciences and Medical Sciences* 66, n.° 1 (enero de 2011): 45-50, doi:10.1093/gerona/glq159.

[6] Gilchrest, B. A., M. S. Eller y M. Yaar, «Telomere-Mediated Effects on Melanogenesis and Skin Aging», *Journal of Investigative Dermatology Symposium Proceedings* 14, n.° 1 (agosto de 2009): 25-31, doi:10.1038/jidsymp.2009.9.

[7] Kassem, M. y P. J. Marie, «Senescence-Associated Intrinsic Mechanisms of Osteoblast Dysfunctions», *Aging Cell* 10, n.° 2 (abril de 2011): 191-197, doi:10.1111/j.1474-9726.2011.00669.x.

[8] Brennan, T. A., *et al.,* «Mouse Models of Telomere Dysfunction Phenocopy Skeletal Changes Found in Human Age-Related Osteoporosis», *Disease Models and Mechanisms* 7, n.° 5 (mayo de 2014): 583-592, doi:10.1242 /dmm.014928.

[9] Inomata, K., *et al.,* «Genotoxic Stress Abrogates Renewal of Melanocyte Stem Cells by Triggering Their Differentiation», *Cell* 137, n.° 6 (12 de junio de 2009): 1088-1099, doi:10.1016/j.cell.2009.03.037.

[10] Jaskelioff, M., *et al.,* «Telomerase Reactivation Reverses Tissue Degeneration in Aged Telomerase-Deficient Mice», *Nature* 469, n.° 7328 (6 de enero de 2011): 102-106, doi:10.1038/nature09603.

[11] Panhard, S., I. Lozano y G. Loussouam, «Greying of the Human Hair: A Worldwide Survey, Revisiting the "50" Rule of Thumb», *British Journal of Dermatology* 167, n.° 4 (octubre de 2012): 865-873, doi:10.1111/j.1365-2133.2012.11095.x.

[12] Christensen, K., *et al.,* «Perceived Age as Clinically Useful Biomarker of Ageing: Cohort Study», *BMJ* 339 (diciembre de 2009): b5262.

[13] Noordam, R., *et al.,* «Cortisol Serum Levels in Familial Longevity and Perceived Age: The Leiden Longevity Study», *Psychoneuroendocrinology* 37, n.° 10 (octubre de 2012): 1669-1675; Noordam, R., *et al.,* «High Serum Glucose Levels Are Associated with a Higher Perceived Age», *Age* (Dordrecht, Países Bajos) 35, n.° 1 (febrero de 2013): 189-195, doi:10.1007/s11357-011-9339-9; y Kido, M., *et al.,* «Perceived Age of Facial Features Is a Significant Diagnosis Criterion for Age-Related Carotid Atherosclerosis in Japanese Subjects: J-SHIPP Study», *Geriatrics and Gerontology International* 12, n.° 4 (octubre de 2012): 733-740, doi:10.1111/j.1447-0594.2011.00824.x.

[14] Codd, V., *et al.,* «Identification of Seven Loci Affecting Mean Telomere Length and Their Association with Disease», *Nature Genetics* 45, n.° 4 (abril de 2013): 422-427, doi:10.1038/ng.2528.

[15] Haycock, P. C., *et al.,* «Leucocyte Telomere Length and Risk of Cardiovascular Disease: Systematic Review and Meta-analysis», *BMJ* 349 (8 de julio de 2014): g4227, doi:10.1136/bmj.g4227.

[16] Yaffe, K., *et al.,* «Telomere Length and Cognitive Function in Community-Dwelling Elders: Findings from the Health ABC Study», *Neurobiology of Aging* 32, n.° 11 (noviembre de 2011): 2055-2060, doi:10.1016/j.neurobiolaging.2009.12.006.

[17] Cohen-Manheim, I., et al., «Increased Attrition of Leukocyte Telomere Length in Young Adults Is Associated with Poorer Cognitive Function in Midlife», European Journal of Epidemiology 31, n.° 2 (febrero de 2016), doi:10.1007/s10654-015-0051-4.

[18] King, K. S., et al., «Effect of Leukocyte Telomere Length on Total and Regional Brain Volumes in a Large Population-Based Cohort», JAMA Neurology 71, n.° 10 (octubre de 2014): 1247-1254, doi:10.1001/jamaneurol.2014.1926.

[19] Honig, L. S., et al., «Shorter Telomeres Are Associated with Mortality in Those with APOE Epsilon4 and Dementia», Annals of Neurology 60, n.° 2 (agosto de 2006): 181-187, doi:10.1002/ana.20894.

[20] Zhan, Y., et al., «Telomere Length Shortening and Alzheimer Disease— A Mendelian Randomization Study», JAMA Neurology 72, n.° 10 (octubre de 2015): 1202-1203, doi:10.1001/jamaneurol.2015.1513.

[21] Si se desea, se puede participar en los estudios sobre envejecimiento cerebral sin necesidad de tener que someterse a un escáner de cerebro, ni siquiera de tener que ir en persona. El doctor Mike Weiner, notable investigador de la UCSF que dirige el mayor estudio de cohortes sobre la enfermedad de Alzheimer de todo el mundo, creó el registro online Brain Health Registry. Inscribiéndonos en el Brain Health Registry podemos responder una serie de cuestionarios y llevar a cabo pruebas cognitivas online. Se puede encontrar en: http://www.brainhealthregistry.org/

[22] Ward, R. A., «How Old Am I? Perceived Age in Middle and Later Life», International Journal of Aging and Human Development 71, n.° 3 (2010): 167-184.

[23] Ibíd.

[24] Levy, B., «Stereotype Embodiment: A Psychosocial Approach to Aging», Current Directions in Psychological Science 18, vol. 6 (1 de diciembre de 2009): 332-336.

[25] Levy, B. R., et al., «Association Between Positive Age Stereotypes and Recovery from Disability in Older Persons», JAMA 308, n.° 19 (21 de noviembre de 2012): 1972-1973, doi:10.1001/jama.2012.14541; Levy, B. R., A. B. Zonderman, M. D. Slade y L. Ferrucci, «Age Stereotypes Held Earlier in Life Predict Cardiovascular Events in Later Life», Psychological Science 20, n.° 3 (marzo de 2009): 296-298, doi:10.1111/j.1467-9280.2009.02298.x.

[26] Haslam, C., et al., «"When the Age Is In, the Wit Is Out": Age-Related Self-Categorization and Deficit Expectations Reduce Performance on Clinical Tests Used in Dementia Assessment», Psychology and Aging 27, n.° 3 (abril de 2012): 778-784, doi:10.1037/a0027754.

[27] Levy, B. R., S. V. Kasl y T. M. Gill, «Image of Aging Scale», Perceptual and Motor Skills 99, n.° 1 (agosto de 2004): 208-210.

[28] Ersner-Hershfield, H., J. A. Mikels, S. J. Sullivan y L. L. Carstensen, «Poignancy: Mixed Emotional Experience in the Face of Meaningful Endings»,

Journal of Personality and Social Psychology 94, n.° 1 (enero de 2008): 158-167.

[29] Hershfield, H. E., S. Scheibe, T. L. Sims y L. L. Carstensen, «When Feeling Bad Can Be Good: Mixed Emotions Benefit Physical Health Across Adulthood», *Social Psychological and Personality Science* 4, n.° 1 (enero de 2013): 54-61.

[30] Levy, B. R., J. M. Hausdorff, R. Hencke y J. Y. Wei, «Reducing Cardiovascular Stress with Positive Self-Stereotypes of Aging», *Journals of Gerontology, Series B: Psychological Sciences and Social Sciences* 55, n.° 4 (julio de 2000): 205-213.

[31] Levy, B. R., M. D. Slade, S. R. Kunkel y S. V. Kasl, «Longevity Increased by Positive Self-Perceptions of Aging», *Journal of Personal and Social Psychology* 83, n.° 2 (agosto de 2002): 261-270.

CAPÍTULO 2. EL PODER DE UNOS TELÓMEROS LARGOS

[1] Lapham, K., *et al.,* «Automated Assay of Telomere Length Measurement and Informatics for 100,000 Subjects in the Genetic Epidemiology Research on Adult Health and Aging (GERA) Cohort», *Genetics* 200, n.° 4 (agosto de 2015):1061-1072, doi:10.1534/genetics.115.178624.

[2] Rode, L., B. G. Nordestgaard y S. E. Bojesen, «Peripheral Blood Leukocyte Telomere Length and Mortality Among 64,637 Individuals from the General Population», *Journal of the National Cancer Institute* 107, n.° 6 (mayo de 2015): djv074, doi:10.1093/jnci/djv074.

[3] Ibíd.

[4] Lapham, *et al.,* «Automated Assay of Telomere Length Measurement and Informatics for 100,000 Subjects in the Genetic Epidemiology Research on Adult Health and Aging (GERA) Cohort» (véase la nota 1 de este apartado).

[5] Willeit, P., *et al.,* «Leucocyte Telomere Length and Risk of Type 2 Diabetes Mellitus: New Prospective Cohort Study and Literature-Based Meta-analysis», *PLOS ONE* 9, n.° 11 (2014): e112483, doi:10.1371/journal.pone.0112483; D'Mello, M. J., *et al.,* «Association Between Shortened Leukocyte Telomere Length and Cardiometabolic Outcomes: Systematic Review and Meta-analysis», *Circulation: Cardiovascular Genetics* 8, n.° 1 (febrero de 2015): 82-90, doi:10.1161/CIRCGENET ICS.113.000485; Haycock, P. C., *et al.,* «Leukocyte Telomere Length and Risk of Cardiovascular Disease: Systematic Review and Meta-Analysis», *BMJ* 349 (2014): g4227, doi:10.1136/bmj.g4227; Zhang, C., *et al.,* «The Association Between Telomere Length and Cancer Prognosis: Evidence from a Meta-Analysis», *PLOS ONE* 10, n.° 7 (2015): e0133174, doi:10.1371/journal.pone.0133174; y Adnot, S., *et al.,* «Telomere Dysfunction and Cell Senescence in Chro-

nic Lung Diseases: Therapeutic Potential», *Pharmacology & Therapeutics* 153 (septiembre de 2015): 125-134, doi:10.1016/j.pharmthera.2015.06.007.

[6] Njajou, O. T., *et al.*, «Association Between Telomere Length, Specific Causes of Death, and Years of Healthy Life in Health, Aging, and Body Composition, a Population-Based Cohort Study», *Journals of Gerontology, Series A: Biological Sciences and Medical Sciences* 64, n.° 8 (agosto de 2009): 860-864, doi:10.1093/gerona/glp061.

CAPÍTULO 3. LA TELOMERASA, LA ENZIMA QUE REGENERA
LOS TELÓMEROS

[1] Vulliamy, T., A. Marrone, F. Goldman, A. Dearlove, M. Bessler, P. J. Mason e I. Dokal, «The RNA Component of Telomerase Is Mutated in Autosomal Dominant Dyskeratosis Congenita», *Nature* 413, n.° 6854 (27 de septiembre de 2001): 432-435, doi:10.1038/35096585.

[2] Epel, Elissa S., Elizabeth H. Blackburn, Jue Lin, Firdaus S. Dhabhar, Nancy E. Adler, Jason D. Morrow y Richard M. Cawthon, «Accelerated Telomere Shortening in Response to Life Stress», *Proceedings of the National Academy of Sciences of the United States of America* 101, n.° 49 (7 de diciembre de 2004): 17312-17315, doi:10.1073/pnas.0407162101.

CAPÍTULO 4. DESCIFRAMOS CÓMO LLEGA EL ESTRÉS A TUS CÉLULAS

[1] Evercare, de la aseguradora United Healthcare, y la ONG National Alliance for Caregiving, «Evercare Survey of the Economic Downtown and Its Impact on Family Caregiving» (marzo de 2009), 1.

[2] Epel, E. S., *et al.*, «Cell Aging in Relation to Stress Arousal and Cardiovascular Disease Risk Factors», *Psychoneuroendocrinology* 31, n.° 3 (abril de 2006): 277-287, doi:10.1016/j.psyneuen.2005.08.011.

[3] Gotlib, I. H., *et al.*, «Telomere Length and Cortisol Reactivity in Children of Depressed Mothers», *Molecular Psychiatry* 20, n.° 5 (mayo de 2015): 615-620, doi:10.1038/mp.2014.119.

[4] Oliveira, B. S., *et al.*, «Systematic Review of the Association between Chronic Social Stress and Telomere Length: A Life Course Perspective», *Ageing Research Reviews* 26 (marzo de 2016): 37-52, doi:10.1016/j.arr.2015.12.006; y Price, L. H., *et al.*, «Telomeres and Early-Life Stress: An Overview», *Biological Psychiatry* 73, n.° 1 (enero de 2013): 15-23, doi:10.1016/j.biopsych.2012.06.025.

[5] Mathur, M. B., et al., «Perceived Stress and Telomere Length: A Systematic Review, Meta-analysis, and Methodologic Considerations for Advancing the Field», Brain, Behavior, and Immunity 54 (mayo de 2016): 158-169, doi:10.1016/j.bbi.2016.02.002.

[6] O'Donovan, A. J., et al., «Stress Appraisals and Cellular Aging: A Key Role for Anticipatory Threat in the Relationship Between Psychological Stress and Telomere Length», Brain, Behavior, and Immunity 26, n.° 4 (mayo de 2012): 573-579, doi:10.1016/j.bbi.2012.01.007.

[7] Ibíd.

[8] Jefferson, A. L., et al., «Cardiac Index Is Associated with Brain Aging: The Framingham Heart Study», Circulation 122, n.° 7 (17 de agosto de 2010): 690-697, doi:10.1161/CIRCULATIONAHA.109.905091; y Jefferson, A. L., et al., «Low Cardiac Index Is Associated with Incident Dementia and Alzheimer Disease: The Framingham Heart Study», Circulation 131, n.° 15 (14 de abril de 2015): 1333-1339, doi:10.1161/CIRCULATIONAHA.114.012438.

[9] Sarkar, M., D. Fletcher y D. J. Brown, «What doesn't kill me...: Adversity-Related Experiences Are Vital in the Development of Superior Olympic Performance», Journal of Science in Medicine and Sport 18, n.° 4 (julio de 2015): 475-479, doi:10.1016/j.jsams.2014.06.010.

[10] Epel, E., et al., «Can Meditation Slow Rate of Cellular Aging? Cognitive Stress, Mindfulness, and Telomeres», Annals of the New York Academy of Sciences 1172 (agosto de 2009): 34-53, doi:10.1111/j.1749-6632.2009.04414.x.

[11] McLaughlin, K. A., M. A. Sheridan, S. Alves y W. B. Mendes, «Child Maltreatment and Autonomic Nervous System Reactivity: Identifying Dysregulated Stress Reactivity Patterns by Using the Biopsychosocial Model of Challenge and Threat», Psychosomatic Medicine 76, n.° 7 (septiembre de 2014): 538-546, doi:10.1097/PSY.0000000000000098.

[12] O'Donovan, et al., «Stress Appraisals and Cellular Aging: A Key Role for Anticipatory Threat in the Relationship Between Psychological Stress and Telomere Length» (véase la nota 6 de este apartado).

[13] Barrett, L., How Emotions Are Made (Nueva York, Houghton Mifflin Harcourt, en producción).

[14] Ibíd.

[15] Jamieson, J. P., W. B. Mendes, E. Blackstock y T. Schmader, «Turning the Knots in Your Stomach into Bows: Reappraising Arousal Improves Performance on the GRE», Journal of Experimental Social Psychology 46, n.° 1 (enero de 2010): 208-212.

[16] Beltzer, M. L., M. K. Nock, B. J. Peters y J. P. Jamieson, «Rethinking Butterflies: The Affective, Physiological, and Performance Effects of Reappraising Arousal During Social Evaluation», Emotion 14, n.° 4 (agosto de 2014): 761-768, doi:10.1037/a0036326.

[17] Waugh, C. E., S. Panage, W. B. Mendes y I. H. Gotlib, «Cardiovascular and Affective Recovery from Anticipatory Threat», *Biological Psychology* 84, n.° 2 (mayo de 2010): 169-175, doi:10.1016/j.biopsycho.2010.01.010; y Lutz, A., *et al.,* «Altered Anterior Insula Activation During Anticipation and Experience of Painful Stimuli in Expert Meditators», *NeuroImage* 64 (1 de enero de 2013): 538-546, doi:10.1016/j.neuroimage.2012.09.030.

[18] Herborn, K. A., *et al.,* «Stress Exposure in Early Post-Natal Life Reduces Telomere Length: An Experimental Demonstration in a Long-Lived Seabird», *Proceedings of the Royal Society B: Biological Sciences* 281, n.° 1782 (19 de marzo de 2014): 2013-3151, doi:10.1098/rspb.2013.3151.

[19] Aydinonat, D., *et al.,* «Social Isolation Shortens Telomeres in African Grey Parrots (*Psittacus erithacus erithacus*)», *PLOS ONE* 9, n.° 4 (2014): e93839, doi:10.1371/journal.pone.0093839.

[20] Gouin, J. P., L. Hantsoo y J. K. Kiecolt-Glaser, «Immune Dysregulation and Chronic Stress Among Older Adults: A Review», *Neuroimmunomodulation* 15, n.° 4-6 (2008): 251-259, doi:10.1159/000156468.

[21] Cao, W., *et al.,* «Premature Aging of T-Cells Is Associated with Faster HIV-1 Disease Progression», *Journal of Acquired Immune Deficiency Syndromes* (1999) 50, n.° 2 (1 de febrero de 2009): 137-147, doi:10.1097/QAI.0b013e3181926c28.

[22] Cohen, S., *et al.,* «Association Between Telomere Length and Experimentally Induced Upper Respiratory Viral Infection in Healthy Adults», *JAMA* 309, n.° 7 (20 de febrero de 2013): 699-705, doi:10.1001/jama.2013.613.

[23] Choi, J., S. R. Fauce y R. B. Effros, «Reduced Telomerase Activity in Human T Lymphocytes Exposed to Cortisol», *Brain, Behavior, and Immunity* 22, n.° 4 (mayo de 2008): 600-605, doi:10.1016/j.bbi.2007.12.004.

[24] Cohen, G. L. y D. K. Sherman, «The Psychology of Change: Self-Affirmation and Social Psychological Intervention», *Annual Review of Psychology* 65 (2014): 333-371, doi:10.1146/annurev-psych-010213-115137.

[25] Miyake, A., *et al.,* «Reducing the Gender Achievement Gap in College Science: A Classroom Study of Values Affirmation», *Science* 330, n.° 6008 (26 de noviembre de 2010): 1234-1237, doi:10.1126/science.1195996.

[26] Dutcher, J. M., *et al.,* «Self-Affirmation Activates the Ventral Striatum: A Possible Reward-Related Mechanism for Self-Affirmation», *Psychological Science* 27, n.° 4 (abril de 2016): 455-466, doi:10.1177/0956797615625989.

[27] Kross, E., *et al.,* «Self-Talk as a Regulatory Mechanism: How You Do It Matters», *Journal of Personality and Social Psychology* 106, n.° 2 (febrero de 2014): 304-324, doi:10.1037/a0035173; y Bruehlman-Senecal, E. y O. Ayduk, «This Too Shall Pass: Temporal Distance and the Regulation of Emotional Distress», *Journal of Personality and Social Psychology* 108, n.° 2 (febrero de 2015): 356-375, doi:10.1037/a0038324.

[28] Lebois, L. A. M., *et al.,* «A Shift in Perspective: Decentering Through Mindful Attention to Imagined Stressful Events», *Neuropsychologia* 75 (agosto de 2015): 505-524, doi:10.1016/j.neuropsychologia.2015.05.030.

[29] Kross, E., *et al.,* «"Asking Why" from a Distance: Its Cognitive and Emotional Consequences for People with Major Depressive Disorder», *Journal of Abnormal Psychology* 121, n.° 3 (agosto de 2012): 559-569, doi:10.1037/a0028808.

Capítulo 5.
Atención a tus telómeros: pensamientos negativos,
pensamientos resilientes

[1] Meyer Friedman y Ray H. Roseman, *Type A Behavior and Your Heart* (Nueva York, Knopf, 1974).

[2] Chida, Y. y A. Steptoe, «The Association of Anger and Hostility with Future Coronary Heart Disease: A Meta-analytic Review of Prospective Evidence», *Journal of the American College of Cardiology* 53, n.° 11 (17 de marzo de 2009): 936-946, doi:10.1016/j.jacc.2008.11.044.

[3] Miller, T. Q., *et al.,* «A Meta-analytic Review of Research on Hostility and Physical Health», *Psychological Bulletin* 119, n.° 2 (marzo de 1996): 322-348.

[4] Brydon, L., *et al.,* «Hostility and Cellular Aging in Men from the Whitehall II Cohort», *Biological Psychiatry* 71, n.° 9 (mayo de 2012): 767-773, doi:10.1016/j.biopsych.2011.08.020.

[5] Zalli, A., *et al.,* «Shorter Telomeres with High Telomerase Activity Are Associated with Raised Allostatic Load and Impoverished Psychosocial Resources», *Proceedings of the National Academy of Sciences of the United States of America* 111, n.° 12 (25 de marzo de 2014): 4519-4524, doi:10.1073/pnas.1322145111.

[6] Low, C. A., R. C. Thurston y K. A. Matthews, «Psychosocial Factors in the Development of Heart Disease in Women: Current Research and Future Directions», *Psychosomatic Medicine* 72, n.° 9 (noviembre de 2010): 842-854, doi:10.1097/PSY.0b013e3181f6934f.

[7] O'Donovan, A., *et al.,* «Pessimism Correlates with Leukocyte Telomere Shortness and Elevated Interleukin-6 in Post-menopausal Women», *Brain, Behavior, and Immunity* 23, n.° 4 (mayo de 2009): 446-449, doi:10.1016/j.bbi.2008.11.006.

[8] Ikeda, A., *et al.,* «Pessimistic Orientation in Relation to Telomere Length in Older Men: The VA Normative Aging Study», *Psychoneuroendocrinology* 42 (abril de 2014): 68-76, doi:10.1016/j.psyneuen.2014.01.001; y Schutte, N. S., K. A. Suresh y J. R. McFarlane, «The Relationship Between Optimism and Longer Telomeres», 2016, en revisión.

[9] Killingsworth, M. A. y D. T. Gilbert, «A Wandering Mind Is an Unhappy Mind», *Science* 330, n.° 6006 (12 de noviembre de 2010): 932, doi:10.1126/science.1192439.

[10] Epel, E. S., *et al.,* «Wandering Minds and Aging Cells», *Clinical Psychological Science* 1, n.° 1 (enero de 2013): 75-83.

[11] Kabat-Zinn, J., *Wherever You Go, There You Are: Mindfulness Meditation in Everyday Life* (Nueva York, Hyperion, 1995), 15.

[12] Engert, V., J. Smallwood y T. Singer, «Mind Your Thoughts: Associations Between Self-Generated Thoughts and Stress-Induced and Baseline Levels of Cortisol and Alpha-Amylase», *Biological Psychology* 103 (diciembre de 2014): 283-291, doi:10.1016/j.biopsycho.2014.10.004.

[13] Nolen-Hoeksema, S., «The Role of Rumination in Depressive Disorders and Mixed Anxiety/Depressive Symptoms», *Journal of Abnormal Psychology* 109, n.° 3 (agosto de 2000): 504-511.

[14] Lea Winerman, «Suppressing the "White Bears"», *Monitor on Psychology* 42, n.° 9 (octubre de 2011): 44.

[15] Alda, M., *et al.,* «Zen Meditation, Length of Telomeres, and the Role of Experiential Avoidance and Compassion», *Mindfulness* 7, n.° 3 (junio de 2016): 651-659.

[16] Querstret, D. y M. Cropley, «Assessing Treatments Used to Reduce Rumination and/or Worry: A Systematic Review», *Clinical Psychology Review* 33, n.° 8 (diciembre de 2013): 996-1009, doi:10.1016/j.cpr.2013.08.004.

[17] Wallace, B. Alan, *The Attention Revolution: Unlocking the Power of the Focused Mind* (Boston, Wisdom, 2006).

[18] Saron, Clifford, «Training the Mind: The Shamatha Project», en *The Healing Power of Meditation: Leading Experts on Buddhism, Psychology, and Medicine Explore the Health Benefits of Contemplative Practice*, ed. Andy Fraser (Boston, Shambhala, 2013), 45-65.

[19] Sahdra, B. K., *et al.,* «Enhanced Response Inhibition During Intensive Meditation Training Predicts Improvements in Self-Reported Adaptive Socioemotional Functioning», *Emotion* 11, n.° 2 (abril de 2011): 299-312, doi:10.1037/a0022764.

[20] Schaefer, S. M., *et al.,* «Purpose in Life Predicts Better Emotional Recovery from Negative Stimuli», *PLOS ONE* 8, n.° 11 (2013): e80329, doi:10.1371/journal.pone.0080329.

[21] Kim, E. S., *et al.,* «Purpose in Life and Reduced Incidence of Stroke in Older Adults: The Health and Retirement Study», *Journal of Psychosomatic Research* 74, n.° 5 (mayo de 2013): 427-432, doi:10.1016/j.jpsychores.2013.01.013.

[22] Boylan, J. M. y C. D. Ryff, «Psychological Wellbeing and Metabolic Syndrome: Findings from the Midlife in the United States National Sample»,

Psychosomatic Medicine 77, n.° 5 (junio de 2015): 548-558, doi:10.1097/PSY.0000000000000192.

[23] Kim, E. S., V. J. Strecher y C. D. Ryff, «Purpose in Life and Use of Preventive Health Care Services», *Proceedings of the National Academy of Sciences of the United States of America* 111, n.° 46 (18 de noviembre de 2014): 16331-16336, doi:10.1073/pnas.1414826111.

[24] Jacobs, T. L., *et al.*, «Intensive Meditation Training, Immune Cell Telomerase Activity, and Psychological Mediators», *Psychoneuroendocrinology* 36, n.° 5 (junio de 2011): 664-681, doi:10.1016/j.psyneuen.2010.09.010.

[25] Varma, V. R., *et al.*, «Experience Corps Baltimore: Exploring the Stressors and Rewards of High-Intensity Civic Engagement», *Gerontologist* 55, n.° 6 (diciembre de 2015): 1038-1049, doi:10.1093/geront/gnu011.

[26] Gruenewald, T. L., *et al.*, «The Baltimore Experience Corps Trial: Enhancing Generativity via Intergenerational Activity Engagement in Later Life», *Journals of Gerontology, Series B: Psychological Sciences and Social Sciences* (25 de febrero de 2015), doi:10.1093/geronb/gbv005.

[27] Carlson, M. C., *et al.*, «Impact of the Baltimore Experience Corps Trial on Cortical and Hippocampal Volumes», *Alzheimer's & Dementia: The Journal of the Alzheimer's Association* 11, n.° 11 (noviembre de 2015): 1340-1348, doi:10.1016/j.jalz.2014.12.005.

[28] Sadahiro, R., *et al.*, «Relationship Between Leukocyte Telomere Length and Personality Traits in Healthy Subjects», *European Psychiatry: The Journal of the Association of European Psychiatrists* 30, n.° 2 (febrero de 2015): 291-295, doi:10.1016/j.eurpsy.2014.03.003.

[29] Edmonds, G. W., H. C. Côté y S. E. Hampson, «Childhood Conscientiousness and Leukocyte Telomere Length 40 Years Later in Adult Women—Preliminary Findings of a Prospective Association», *PLOS ONE* 10, n.° 7 (2015): e0134077, doi:10.1371/journal.pone.0134077.

[30] Friedman, H. S. y M. L. Kern, «Personality, Wellbeing, and Health», *Annual Review of Psychology* 65 (2014): 719-742.

[31] Costa, D. de S., *et al.*, «Telomere Length Is Highly Inherited and Associated with Hyperactivity-Impulsivity in Children with Attention Deficit/Hyperactivity Disorder», *Frontiers in Molecular Neuroscience* 8 (2015): 28, doi:10.3389/fnmol.2015.00028; y Yim, O. S., *et al.*, «Delay Discounting, Genetic Sensitivity, and Leukocyte Telomere Length», *Proceedings of the National Academy of Sciences of the United States of America* 113, n.° 10 (8 de marzo de 2016): 2780-2785, doi:10.1073/pnas.1514351113.

[32] Martin, L. R., H. S. Friedman y J. E. Schwartz, «Personality and Mortality Risk Across the Life Span: The Importance of Conscientiousness as a Biopsychosocial Attribute», *Health Psychology* 26, n.° 4 (julio de 2007): 428-436; y Costa, P. T., Jr., *et al.*, «Personality Facets and All-Cause Mortality Among Medicare Patients Aged 66 to 102 Years: A Follow-On Study of Weiss and Costa (2005)», *Psychosomatic Medicine* 76, n.° 5 (junio de 2014): 370-378, doi:10.1097/PSY.0000000000000070.

[33] Shanahan, M. J., *et al.,* «Conscientiousness, Health, and Aging: The Life Course of Personality Model», *Developmental Psychology* 50, n.° 5 (mayo de 2014): 1407-1425, doi:10.1037/a0031130.

[34] Raes, F., E. Pommier, K. D. Neff y D. Van Gucht, «Construction and Factorial Validation of a Short Form of the Self-Compassion Scale», *Clinical Psychology & Psychotherapy* 18, n.° 3 (mayo-junio de 2011): 250-255, doi:10.1002/cpp.702.

[35] Breines, J. G., *et al.,* «Self-Compassionate Young Adults Show Lower Salivary Alpha-Amylase Responses to Repeated Psychosocial Stress», *Self Identity* 14, n.° 4 (1 de octubre de 2015): 390-402.

[36] Finlay-Jones, A. L., C. S. Rees y R. T. Kane, «Self-Compassion, Emotion Regulation and Stress Among Australian Psychologists: Testing an Emotion Regulation Model of Self-Compassion Using Structural Equation Modeling», *PLOS ONE* 10, n.° 7 (2015): e0133481, doi:10.1371/journal.pone.0133481.

[37] Alda, *et al.,* «Zen Meditation, Length of Telomeres, and the Role of Experiential Avoidance and Compassion» (véase la nota 15 de este apartado).

[38] Hoge, E. A., *et al.,* «Loving-Kindness Meditation Practice Associated with Longer Telomeres in Women», *Brain, Behavior, and Immunity* 32 (agosto de 2013): 159-163, doi:10.1016/j.bbi.2013.04.005.

[39] Smeets, E., K. Neff, H. Alberts y M. Peters, «Meeting Suffering with Kindness: Effects of a Brief Self-Compassion Intervention for Female College Students», *Journal of Clinical Psychology* 70, n.° 9 (septiembre de 2014): 794-807, doi:10.1002/jclp.22076; y Neff, K. D. y C. K. Germer, «A Pilot Study and Randomized Controlled Trial of the Mindful Self-Compassion Program», *Journal Of Clinical Psychology* 69, n.° 1 (enero de 2013): 28-44, doi:10.1002/jclp.21923.

[40] Este ejercicio se ha adaptado a partir de la web de la doctora Neff: http://self-compassion.org/exercise-2-self-compassion-break/. Más información sobre cómo fomentar la compasión hacia uno mismo en K. Neff, *Self-Compassion: The Proven Power of Being Kind to Yourself* (Nueva York, HarperCollins, 2011).

[41] Valenzuela, M. y P. Sachdev, «Can cognitive exercise prevent the onset of dementia? Systematic review of randomized clinical trials with longitudinal follow-up», *Am J Geriatr Psychiatry*, 2009. 17(3): 179-187.

EVALUACIÓN:

¿CÓMO INFLUYE TU PERSONALIDAD EN TUS REACCIONES ANTE EL ESTRÉS?

[1] Scheier, M. F., C. S. Carver y M. W. Bridges, «Distinguishing Optimism from Neuroticism (and Trait Anxiety, Self-Mastery, and Self-Esteem):

A Reevaluation of the Life Orientation Test», *Journal of Personality and Social Psychology* 67, n.° 6 (diciembre de 1994): 1063-1078.

[2] Marshall, Grant N., *et al.*, «Distinguishing Optimism from Pessimism: Relations to Fundamental Dimensions of Mood and Personality», *Journal of Personality and Social Psychology* 62.6 (1992): 1067.

[3] O'Donovan, *et al.*, «Pessimism Correlates with Leukocyte Telomere Shortness and Elevated Interleukin-6 in Post-Menopausal Women» (véase la nota 7 en apartado anterior); e Ikeda *et al.*, «Pessimistic Orientation in Relation to Telomere Length in Older Men: The VA Normative Aging Study» (véase la nota 8 en apartado anterior).

[4] Glaesmer, H., *et al.*, «Psychometric Properties and Population-Based Norms of the Life Orientation Test Revised (LOT-R)», *British Journal of Health Psychology* 17, n.° 2 (mayo de 2012): 432-445, doi:10.1111/j.2044-8287.2011.02046.x.

[5] Eckhardt, C. B. Norlander y J. Deffenbacher, «The Assessment of Anger and Hostility: A Critical Review», *Aggression and Violent Behavior* 9, n.° 1 (enero de 2004): 17-43, doi:10.1016/S1359-1789(02)00116-7.

[6] Brydon, *et al.*, «Hostility and Cellular Aging in Men from the Whitehall II Cohort» (véase la nota 4 en apartado anterior).

[7] Trapnell, P. D. y J. D. Campbell, «Private Self-Consciousness and the Five-Factor Model of Personality: Distinguishing Rumination from Reflection», *Journal of Personality and Social Psychology* 76, n.° 2 (febrero de 1999): 284-304.

[8] Ibíd. y Trapnell, P. D., «Rumination-Reflection Questionnaire (RRQ) Shortforms», datos no publicados, University of British Columbia (1997).

[9] Ibíd.

[10] John, O. P., E. M. Donahue y R. L. Kentle, *The Big Five Inventory — Versions 4a and 54* (Berkeley, Universidad of California en Berkeley, Institute of Personality and Social Research, 1991). Damos las gracias al doctor Oliver John, de la UC Berkeley, por autorizarnos a utilizar esta escala. John, O. P. y S. Srivastava, «The Big-Five Trait Taxonomy: History, Measurement, and Theoretical Perspectives», en *Handbook of Personality: Theory and Research*, ed. L. A. Pervin y O. P. John, 2.ª ed. (Nueva York, Guilford Press, 1999): 102-138.

[11] Sadahiro, R., *et al.*, «Relationship Between Leukocyte Telomere Length and Personality Traits in Healthy Subjects», *European Psychiatry* 30, n.° 2 (febrero de 2015): 291-295, doi:10.1016/j.eurpsy.2014.03.003, pmid: 24768472.

[12] Srivastava, S., *et al.*, «Development of Personality in Early and Middle Adulthood: Set Like Plaster or Persistent Change?», *Journal of Personality and Social Psychology* 84, n.° 5 (mayo de 2003): 1041-1053, doi:10.1037/0022-3514.84.5.1041.

[13] Ryff, C. D. y C. L. Keyes, «The Structure of Psychological Wellbeing Revisited», *Journal of Personality and Social Psychology* 69, n.° 4 (octubre de 1995): 719-727.

[14] Scheier, M. F., *et al.,* «The Life Engagement Test: Assessing Purpose in Life», *Journal of Behavioral Medicine* 29, n.° 3 (junio de 2006): 291-298, doi:10.1007/s10865-005-9044-1.

[15] Pearson, E. L., *et al.,* «Normative Data and Longitudinal Invariance of the Life Engagement Test (LET) in a Community Sample of Older Adults», *Quality of Life Research* 22, n.° 2 (marzo de 2013): 327-331, doi:10.1007/s11136-012-0146-2.

Capítulo 6.

Cuando todo se vuelve gris: depresión y ansiedad

[1] Whiteford, H. A., *et al.,* «Global Burden of Disease Attributable to Mental and Substance Use Disorders: Findings from the Global Burden of Disease Study 2010», *Lancet* 382, n.° 9904 (9 de noviembre de 2013): 1575-1586, doi:10.1016/S0140-6736(13)61611-6.

[2] Verhoeven, J. E., *et al.,* «Anxiety Disorders and Accelerated Cellular Ageing», *British Journal of Psychiatry* 206, n.° 5 (mayo de 2015): 371-378.

[3] Cai, N., *et al.,* «Molecular Signatures of Major Depression», *Current Biology* 25, n.° 9 (4 de mayo de 2015): 1146-1156, doi:10.1016/j.cub.2015.03.008.

[4] Verhoeven, J. E., *et al.,* «Major Depressive Disorder and Accelerated Cellular Aging: Results from a Large Psychiatric Cohort Study», *Molecular Psychiatry* 19, n.° 8 (agosto de 2014): 895-901, doi:10.1038/mp.2013.151.

[5] Mamdani, F., *et al.,* «Variable Telomere Length Across Post-Mortem Human Brain Regions and Specific Reduction in the Hippocampus of Major Depressive Disorder», *Translational Psychiatry* 5 (15 de septiembre de 2015): e636, doi:10.1038/tp.2015.134.

[6] Zhou, Q. G., *et al.,* «Hippocampal Telomerase Is Involved in the Modulation of Depressive Behaviors», *Journal of Neuroscience* 31, n.° 34 (24 de agosto de 2011): 12258-12269, doi:10.1523/JNEUROSCI.0805-11.2011.

[7] Wolkowitz, O. M., *et al.,* «PBMC Telomerase Activity, but Not Leukocyte Telomere Length, Correlates with Hippocampal Volume in Major Depression», *Psychiatry Research* 232, n.° 1 (abril de 30, 2015): 58-64, doi:10.1016/j.pscychresns.2015.01.007.

[8] Darrow, S. M., *et al.,* «The Association between Psychiatric Disorders and Telomere Length: A Meta-analysis Involving 14,827 Persons», *Psychosomatic Medicine* 78, n.° 7 (septiembre de 2016): 776-787, doi:10.1097/PSY.0000000000000356.

[9] Cai, *et al.,* «Molecular Signatures of Major Depression» (véase la nota 3 de este apartado).

[10] Verhoeven, J. E., *et al.,* «The Association of Early and Recent Psychosocial Life Stress with Leukocyte Telomere Length», *Psychosomatic Medicine* 77, n.° 8 (octubre de 2015): 882-891, doi:10.1097/PSY.0000000000000226.

[11] Verhoeven, J. E., *et al.,* «Major Depressive Disorder and Accelerated Cellular Aging: Results from a Large Psychiatric Cohort Study», *Molecular Psychiatry* 19, n.° 8 (agosto de 2014): 895-901, doi:10.1038/mp.2013.151.

[12] Ibíd.

[13] Cai, *et al.,* «Molecular Signatures of Major Depression» (véase la nota 3 de este apartado).

[14] Eisendrath, S. J., *et al.,* «A Preliminary Study: Efficacy of Mindfulness-Based Cognitive Therapy Versus Sertraline as First-Line Treatments for Major Depressive Disorder», *Mindfulness* 6, n.° 3 (1 de junio de 2015): 475-482, doi:10.1007/s12671-014-0280-8; y Kuyken, W., *et al.,* «The Effectiveness and Cost-Effectiveness of Mindfulness-Based Cognitive Therapy Compared with Maintenance Antidepressant Treatment in the Prevention of Depressive Relapse/Recurrence: Results of a Randomised Controlled Trial (the PREVENT Study)», *Health Technology Assessment* 19, n.° 73 (septiembre de 2015): 1-124, doi:10.3310/hta19730.

[15] Teasdale, J. D., *et al.,* «Prevention of Relapse/Recurrence in Major Depression by Mindfulness-Based Cognitive Therapy», *Journal of Consulting and Clinical Psychology* 68, n.° 4 (agosto de 2000): 615-623.

[16] Teasdale, J., M. Williams y Z. Segal, *The Mindful Way Workbook: An 8-Week Program to Free Yourself from Depression and Emotional Distress* (Nueva York, Guilford Press, 2014).

[17] Wolfson, W. y Epel, E. (2006), «Stress, Post-traumatic Growth, and Leukocyte Aging», ponencia en el congreso American Psychosomatic Society 64th Annual Meeting, Denver, Colorado, Abstract 1476.

[18] Segal, Z., J. M. G. Williams y J. Teasdale, *Mindfulness-Based Cognitive Therapy for Depression*, 2.ª ed. (Nueva York, Guilford Press, 2013), 74-75 (el descanso de respiración de tres minutos forma parte del programa MBCT; aquí presentamos una versión modificada).

[19] Bai, Z., *et al.,* «Investigating the Effect of Transcendental Meditation on Blood Pressure: A Systematic Review and Meta-analysis», *Journal of Human Hypertension* 29, n.° 11 (noviembre de 2015): 653-662, doi:10.1038/jhh.2015.6; y Cernes, R. y R. Zimlichman, «RESPeRATE: The Role of Paced Breathing in Hypertension Treatment», *Journal of the American Society of Hypertension* 9, n.° 1 (enero de 2015): 38-47, doi:10.1016/j.jash.2014.10.002.

CONSEJOS EXPERTOS PARA LA RENOVACIÓN:
TÉCNICAS DE REDUCCIÓN DEL ESTRÉS QUE HAN DEMOSTRADO
PROPICIAR EL BUEN MANTENIMIENTO DE LOS TELÓMEROS

[1] Morgan, N., M. R. Irwin, M. Chung y C. Wang, «The Effects of Mind-Body Therapies on the Immune System: Meta-analysis», *PLOS ONE* 9, n.° 7 (2014): e100903, doi:10.1371/journal.pone.0100903.

[2] Conklin, Q., *et al.*, «Telomere Lengthening After Three Weeks of an Intensive Insight Meditation Retreat», *Psychoneuroendocrinology* 61 (noviembre de 2015): 26-27, doi:10.1016/j.psyneuen.2015.07.462.

[3] Epel, E., *et al.*, «Meditation and Vacation Effects Impact Disease-Associated Molecular Phenotypes», *Translational Psychiatry* (agosto de 2016): 6, e880, doi:10.1038/tp.2016.164.

[4] Kabat-Zinn, J., *Full Catastrophe Living: Using the Wisdom of Your Body and Mind to Face Stress, Pain, and Illness*, ed. rev. (Nueva York, Bantam Books, 2013).

[5] Lengacher, C. A., *et al.*, «Influence of Mindfulness-Based Stress Reduction (MBSR) on Telomerase Activity in Women with Breast Cancer (BC)», *Biological Research for Nursing* 16, n.° 4 (octubre de 2014): 438-447, doi:10.1177/1099800413519495.

[6] Carlson, L. E., *et al.*, «Mindfulness-Based Cancer Recovery and Supportive-Expressive Therapy Maintain Telomere Length Relative to Controls in Distressed Breast Cancer Survivors», *Cancer* 121, n.° 3 (1 de febrero de 2015): 476-484, doi:10.1002/cncr.29063.

[7] Black, D. S., *et al.*, «Yogic Meditation Reverses NF-kB- and IRF-Related Transcriptome Dynamics in Leukocytes of Family Dementia Caregivers in a Randomized Controlled Trial», *Psychoneuroendocrinology* 38, n.° 3 (marzo de 2013): 348-355, doi:10.1016/j.psyneuen.2012.06.011.

[8] Lavretsky, H., *et al.*, «A Pilot Study of Yogic Meditation for Family Dementia Caregivers with Depressive Symptoms: Effects on Mental Health, Cognition, and Telomerase Activity», *International Journal of Geriatric Psychiatry* 28, n.° 1 (enero de 2013): 57-65, doi:10.1002/gps.3790.

[9] Desveaux, L., A. Lee, R. Goldstein y D. Brooks, «Yoga in the Management of Chronic Disease: A Systematic Review and Meta-analysis», *Medical Care* 53, n.° 7 (julio de 2015): 653-661, doi:10.1097/ MLR.0000000000000372.

[10] Hartley, L., *et al.*, «Yoga for the Primary Prevention of Cardiovascular Disease», *Cochrane Database of Systematic Reviews* 5 (13 de mayo de 2014): CD010072, doi:10.1002/14651858.CD010072.pub2.

[11] Lu, Y. H., B. Rosner, G. Chang y L. M. Fishman, «Twelve-Minute Daily Yoga Regimen Reverses Osteoporotic Bone Loss», *Topics in Geriatric Rehabilitation* 32, n.° 2 (abril de 2016): 81-87.

[12] Liu, X., *et al.,* «A Systematic Review and Meta-analysis of the Effects of Qigong and Tai Chi for Depressive Symptoms», *Complementary Therapies in Medicine* 23, n.° 4 (agosto de 2015): 516-534, doi:10.1016/j. ctim.2015.05.001.

[13] Freire, M. D. y C. Alves, «Therapeutic Chinese Exercises (Qigong) in the Treatment of Type 2 Diabetes Mellitus: A Systematic Review», *Diabetes & Metabolic Syndrome: Clinical Research & Reviews* 7, n.° 1 (marzo de 2013): 56-59, doi:10.1016/j.dsx.2013.02.009.

[14] Ho, R. T. H., *et al.,* «A Randomized Controlled Trial of Qigong Exercise on Fatigue Symptoms, Functioning, and Telomerase Activity in Persons with Chronic Fatigue or Chronic Fatigue Syndrome», *Annals of Behavioral Medicine* 44, n.° 2 (octubre de 2012): 160-170, doi:10.1007/s12160-012-9381-6.

[15] Ornish D., *et al.,* «Effect of Comprehensive Lifestyle Changes on Telomerase Activity and Telomere Length in Men with Biopsy-Proven Low-Risk Prostate Cancer: 5-Year Follow-Up of a Descriptive Pilot Study», *Lancet Oncology* 14, n.° 11 (octubre de 2013): 1112-1120, doi:10.1016/S1470-2045(13)70366-8.

EVALUACIÓN:

¿CUÁL ES TU TRAYECTORIA TELOMÉRICA?

FACTORES DE PROTECCIÓN Y DE RIESGO

[1] Ahola, K., *et al.,* «Work-Related Exhaustion and Telomere Length: A Population-Based Study», *PLOS ONE* 7, n.° 7 (2012): e40186, doi:10.1371/journal.pone.0040186.

[2] Damjanovic, A. K., *et al.,* «Accelerated Telomere Erosion Is Associated with a Declining Immune Function of Caregivers of Alzheimer's Disease Patients», *Journal of Immunology* 179, n.° 6 (15 de septiembre de 2007): 4249-4254.

[3] Geronimus, A. T., *et al.,* «Race-Ethnicity, Poverty, Urban Stressors, and Telomere Length in a Detroit Community-Based Sample», *Journal of Health and Social Behavior* 56, n.° 2 (junio de 2015): 199-224, doi:10.1177/0022146515582100.

[4] Darrow, S. M., *et al.,* «The Association between Psychiatric Disorders and Telomere Length: A Meta-analysis Involving 14,827 Persons», *Psychosomatic Medicine* 78, n.° 7 (septiembre de 2016): 776-787, doi:10.1097/PSY.0000000000000356; y Lindqvist *et al.,* «Psychiatric Disorders and Leukocyte Telomere Length: Underlying Mechanisms Linking Mental Illness with Cellular Aging», *Neuroscience & Biobehavioral Reviews* 55 (agosto de 2015): 333-364, doi:10.1016/j.neubiorev.2015.05.007.

[5] Mitchell, P. H., *et al.*, «A Short Social Support Measure for Patients Recovering from Myocardial Infarction: The ENRICHD Social Support Inventory», *Journal of Cardiopulmonary Rehabilitation* 23, n.° 6 (noviembre-diciembre de 2003): 398-403.

[6] Zalli, A., *et al.*, «Shorter Telomeres with High Telomerase Activity Are Associated with Raised Allostatic Load and Impoverished Psychosocial Resources», *Proceedings of the National Academy of Sciences of the United States of America* 111, n.° 12 (25 de marzo de 2014): 4519-4524, doi:10.1073 /pnas.1322145111; y Carroll, J. E., A. V. Diez Roux, A. L. Fitzpatrick y T. Seeman, «Low Social Support Is Associated with Shorter Leukocyte Telomere Length in Late Life: Multi-Ethnic Study of Atherosclerosis», *Psychosomatic Medicine* 75, n.° 2 (febrero de 2013): 171-177, doi:10.1097/PSY.0b013e31828233bf.

[7] Carroll, *et al.*, «Low Social Support Is Associated with Shorter Leukocyte Telomere Length in Late Life: Multi-ethnic Study of Atherosclerosis» (véase la nota 6 de este apartado).

[8] Kiernan, M., *et al.*, «The Stanford Leisure-Time Activity Categorical Item (L-Cat): A Single Categorical Item Sensitive to Physical Activity Changes in Overweight/Obese Women», *International Journal of Obesity* (2005) 37, n.° 12 (diciembre de 2013): 1597-1602, doi:10.1038/ijo.2013.36.

[9] Puterman, E., *et al.*, «The Power of Exercise: Buffering the Effect of Chronic Stress on Telomere Length», *PLOS ONE* 5, n.° 5 (2010): e10837, doi:10.1371/journal.pone.0010837; y Puterman, E., *et al.*, «Determinants of Telomere Attrition over One Year in Healthy Older Women: Stress and Health Behaviors Matter», *Molecular Psychiatry* 20, n.° 4 (abril de 2015): 529-535, doi:10.1038/mp.2014.70.

[10] Werner, C., A. Hecksteden, J. Zundler, M. Boehm, T. Meyer y U. Laufs, «Differential Effects of Aerobic Endurance, Interval and Strength Endurance Training on Telomerase Activity and Senescence Marker Expression in Circulating Mononuclear Cells», *European Heart Journal* 36 (2015) (Abstract Supplement): P2370. Texto original en desarrollo.

[11] Buysse D. J., *et al.*, «The Pittsburgh Sleep Quality Index: A New Instrument for Psychiatric Practice and Research», *Psychiatry Research* 28, n.° 2 (mayo de 1989): 193-213.

[12] Prather, A. A., *et al.*, «Tired Telomeres: Poor Global Sleep Quality, Perceived Stress, and Telomere Length in Immune Cell Subsets in Obese Men and Women», *Brain, Behavior, and Immunity* 47 (julio de 2015): 155-162, doi:10.1016/j.bbi.2014.12.011.

[13] Farzaneh-Far, R., *et al.*, «Association of Marine Omega-3 Fatty Acid Levels with Telomeric Aging in Patients with Coronary Heart Disease», *JAMA* 303, n.° 3 (20 de enero de 2010): 250-257, doi:10.1001/jama.2009.2008.

[14] Lee, J. Y., *et al.,* «Association Between Dietary Patterns in the Remote Past and Telomere Length», *European Journal of Clinical Nutrition* 69, n.° 9 (septiembre de 2015): 1048-1052, doi:10.1038/ejcn.2015.58.

[15] Kiecolt-Glaser, J. K., *et al.,* «Omega-3 Fatty Acids, Oxidative Stress, and Leukocyte Telomere Length: A Randomized Controlled Trial», *Brain, Behavior, and Immunity* 28 (febrero de 2013): 16-24, doi:10.1016/j. bbi.2012.09.004.

[16] Lee, «Association between Dietary Patterns in the Remote Past and Telomere Length» (véase la nota 14 en este apartado); Leung, C. W., *et al.,* «Soda and Cell Aging: Associations Between Sugar-Sweetened Beverage Consumption and Leukocyte Telomere Length in Healthy Adults from the National Health and Nutrition Examination Surveys», *American Journal of Public Health* 104, n.° 12 (diciembre de 2014): 2425-2431, doi:10.2105/AJPH.2014.302151; y Leung, C., *et al.,* «Sugary Beverage and Food Consumption and Leukocyte Telomere Length Maintenance in Pregnant Women», *European Journal of Clinical Nutrition* (junio de 2016): doi:10.1038/ejcn.2016.v93.

[17] Nettleton, J. A., *et al.,* «Dietary Patterns, Food Groups, and Telomere Length in the Multi-ethnic Study of Atherosclerosis (MESA)», *American Journal of Clinical Nutrition* 88, n.° 5 (noviembre de 2008): 1405-1412.

[18] Valdes, A. M., *et al.,* «Obesity, Cigarette Smoking, and Telomere Length in Women», *Lancet* 366, n.° 9486 (20-26 de agosto de 2005): 662-664; y McGrath, M., *et al.,* «Telomere Length, Cigarette Smoking, and Bladder Cancer Risk in Men and Women», *Cancer Epidemiology, Biomarkers, and Prevention* 16, n.° 4 (abril de 2007): 815-819.

[19] Kahl, V. F., *et al.,* «Telomere Measurement in Individuals Occupationally Exposed to Pesticide Mixtures in Tobacco Fields», *Environmental and Molecular Mutagenesis* 57, n.° 1 (enero de 2016): 74-84, doi:10.1002/ em.21984.

[20] Pavanello, S., *et al.,* «Shorter Telomere Length in Peripheral Blood Lymphocytes of Workers Exposed to Polycyclic Aromatic Hydrocarbons», *Carcinogenesis* 31, n.° 2 (febrero de 2010): 216-221, doi:10.1093/carcin /bgp278.

[21] Hou, L., *et al.,* «Air Pollution Exposure and Telomere Length in Highly Exposed Subjects in Beijing, China: A Repeated-Measure Study», *Environment International* 48 (1 de noviembre de 2012): 71-77, doi:10.1016 /j. envint.2012.06.020; y Hoxha, M., *et al.,* «Association between Leukocyte Telomere Shortening and Exposure to Traffic Pollution: A Cross-Sectional Study on Traffic Officers and Indoor Office Workers», *Environmental Health* 8 (21 de septiembre de 2009): 41, doi:10.1186/1476- 069X-8-41.

[22] Wu, Y., *et al.,* «High Lead Exposure Is Associated with Telomere Length Shortening in Chinese Battery Manufacturing Plant Workers», *Occupational and Environmental Medicine* 69, n.° 8 (agosto de 2012): 557-563, doi:10.1136/oemed-2011-100478.

[23] Pavanello *et al.,* «Shorter Telomere Length in Peripheral Blood Lymphocytes of Workers Exposed to Polycyclic Aromatic Hydrocarbons» (véase la nota 20 en este apartado); y Bin, P., *et al.,* «Association Between Telomere Length and Occupational Polycyclic Aromatic Hydrocarbons Exposure», *Zhonghua Yu Fang Yi Xue Za Zhi* 44, n.° 6 (junio de 2010): 535-538 (el artículo está en chino).

Capítulo 7.
Entrena a tus telómeros: ¿cuánto ejercicio es suficiente?

[1] Najarro, K., *et al.,* «Telomere Length as an Indicator of the Robustness of B- and T-Cell Response to Influenza in Older Adults», *Journal of Infectious Diseases* 212, n.° 8 (15 de octubre de 2015): 1261-1269, doi:10.1093 /infdis/jiv202.

[2] Simpson, R. J., *et al.,* «Exercise and the Aging Immune System», *Ageing Research Reviews* 11, n.° 3 (julio de 2012): 404-420, doi:10.1016/j. arr.2012.03.003.

[3] Cherkas, L. F., *et al.,* «The Association between Physical Activity in Leisure Time and Leukocyte Telomere Length», *Archives of Internal Medicine* 168, n.° 2 (28 de enero de 2008): 154-158, doi:10.1001/archinternmed.2007.39.

[4] Loprinzi, P. D., «Leisure-Time Screen-Based Sedentary Behavior and Leukocyte Telomere Length: Implications for a New Leisure-Time Screen-Based Sedentary Behavior Mechanism», *Mayo Clinic Proceedings* 90, n.° 6 (junio de 2015): 786-790, doi:10.1016/j.mayocp.2015.02.018; y Sjögren, P., *et al.,* «Stand Up for Health—Avoiding Sedentary Behaviour Might Lengthen Your Telomeres: Secondary Outcomes from a Physical Activity RCT in Older People», *British Journal of Sports Medicine* 48, n.° 19 (octubre de 2014): 1407-1409, doi:10.1136/bjsports-2013-093342.

[5] Werner, C., *et al.,* «Differential Effects of Aerobic Endurance, Interval and Strength Endurance Training on Telomerase Activity and Senescence Marker Expression in Circulating Mononuclear Cells», *European Heart Journal* 36 (anexo resumen) (agosto de 2015): P2370, http://eurheartj. oxfordjournals.org/content/ehj/36/suppl_1/163.full.pdf.

[6] Loprinzi, P. D., J. P. Loenneke y E. H. Blackburn, «Movement-Based Behaviors and Leukocyte Telomere Length among US Adults», *Medicine and Science in Sports and Exercise* 47, n.° 11 (noviembre de 2015): 2347-2352, doi:10.1249/MSS.0000000000000695.

[7] Chilton, W. L., *et al.,* «Acute Exercise Leads to Regulation of Telomere-Associated Genes and MicroRNA Expression in Immune Cells», *PLOS ONE* 9, n.° 4 (2014): e92088, doi:10.1371/journal.pone.0092088.

[8] Denham, J., *et al.*, «Increased Expression of Telomere-Regulating Genes in Endurance Athletes with Long Leukocyte Telomeres», *Journal of Applied Physiology* (1985) 120, n.° 2 (15 de enero de 2016): 148-158, doi:10.1152/japplphysiol.00587.2015.

[9] Rana, K. S., *et al.*, «Plasma Irisin Levels Predict Telomere Length in Healthy Adults», *Age* 36, n.° 2 (abril de 2014): 995-1001, doi:10.1007/s11357-014-9620-9.

[10] Mooren, F. C. y K. Krüger, «Exercise, Autophagy, and Apoptosis», *Progress in Molecular Biology and Translational Science* 135 (2015): 407-422, doi:10.1016/bs.pmbts.2015.07.023.

[11] Hood, D. A., *et al.*, «Exercise and the Regulation of Mitochondrial Turnover», *Progress in Molecular Biology and Translational Science* 135 (2015): 99-127, doi:10.1016/bs.pmbts.2015.07.007.

[12] Loprinzi, P. D., «Cardiorespiratory Capacity and Leukocyte Telomere Length Among Adults in the United States», *American Journal of Epidemiology* 182, n.° 3 (1 de agosto de 2015): 198-201, doi:10.1093/aje/kwv056.

[13] Krauss, J., *et al.*, «Physical Fitness and Telomere Length in Patients with Coronary Heart Disease: Findings from the Heart and Soul Study», *PLOS ONE* 6, n.° 11 (2011): e26983, doi:10.1371/journal.pone .0026983.

[14] Denham, J., *et al.*, «Longer Leukocyte Telomeres Are Associated with Ultra-Endurance Exercise Independent of Cardiovascular Risk Factors», *PLOS ONE* 8, n.° 7 (2013): e69377, doi:10.1371/journal.pone .0069377.

[15] Denham, *et al.*, «Increased Expression of Telomere-Regulating Genes in Endurance Athletes with Long Leukocyte Telomeres» (véase la nota 8 de este apartado).

[16] Laine, M. K., *et al.*, «Effect of Intensive Exercise in Early Adult Life on Telomere Length in Later Life in Men», *Journal of Sports Science and Medicine* 14, n.° 2 (junio de 2015): 239-245.

[17] Werner, C., *et al.*, «Physical Exercise Prevents Cellular Senescence in Circulating Leukocytes and in the Vessel Wall», *Circulation* 120, n.° 24 (15 de diciembre de 2009): 2438-2447, doi:10.1161/CIRCULATIONA-HA.109.861005.

[18] Saßenroth, D., *et al.*, «Sports and Exercise at Different Ages and Leukocyte Telomere Length in Later Life—Data from the Berlin Aging Study II (BASE-II)», *PLOS ONE* 10, n.° 12 (2015): e0142131, doi:10.1371/journal.pone.0142131.

[19] Collins, M., *et al.*, «Athletes with Exercise-Associated Fatigue Have Abnormally Short Muscle DNA Telomeres», *Medicine and Science in Sports and Exercise* 35, n.° 9 (septiembre de 2003): 1524-1528.

[20] Wichers, M., *et al.*, «A Time-Lagged Momentary Assessment Study on Daily Life Physical Activity and Affect», *Health Psychology* 31, n.° 2 (marzo de 2012): 135-144, doi:10.1037/a0025688.

[21] Von Haaren, B., *et al.,* «Does a 20-Week Aerobic Exercise Training Programme Increase Our Capabilities to Buffer Real-Life Stressors? A Randomized, Controlled Trial Using Ambulatory Assessment», *European Journal of Applied Physiology* 116, n.° 2 (febrero de 2016): 383-394, doi:10.1007/s00421-015-3284-8.

[22] Puterman, E., *et al.,* «The Power of Exercise: Buffering the Effect of Chronic Stress on Telomere Length», *PLOS ONE* 5, n.° 5 (2010): e10837, doi:10.1371/journal.pone.0010837.

[23] Puterman, E., *et al.,* «Multisystem Resiliency Moderates the Major Depression-Telomere Length Association: Findings from the Heart and Soul Study», *Brain, Behavior, and Immunity* 33 (octubre de 2013): 65-73, doi:10.1016/j.bbi.2013.05.008.

[24] Werner *et al.,* «Differential Effects of Aerobic Endurance, Interval and Strength Endurance Training on Telomerase Activity and Senescence Marker Expression in Circulating Mononuclear Cells» (véase la nota 5 de este apartado).

[25] Masuki, S., *et al.,* «The Factors Affecting Adherence to a Long-Term Interval Walking Training Program in Middle-Aged and Older People», *Journal of Applied Physiology* (1985) 118, n.° 5 (1 de marzo de 2015): 595-603, doi:10.1152/japplphysiol.00819.2014.

[26] Loprinzi, «Leisure-Time Screen-Based Sedentary Behavior and Leukocyte Telomere Length» (véase la nota 4 de este apartado).

CAPÍTULO 8.
TELÓMEROS CANSADOS: DEL AGOTAMIENTO A LA REGENERACIÓN

[1] «Lack of Sleep Is Affecting Americans, Finds the National Sleep Foundation», National Sleep Foundation, https://sleepfoundation.org/mediacenter/press-release/lack-sleep-affecting-americans-finds-the-national-sleep-foundation, consultado el 29 de septiembre de 2015.

[2] Carroll, J. E., *et al.,* «Insomnia and Telomere Length in Older Adults», *Sleep* 39, n.° 3 (1 de marzo de 2016): 559-564, doi:10.5665/sleep.5526.

[3] Micic, G., *et al.,* «The Etiology of Delayed Sleep Phase Disorder», *Sleep Medicine Reviews* 27 (junio de 2016): 29-38, doi:10.1016/j.smrv.2015.06.004.

[4] Sachdeva, U. M. y C. B. Thompson, «Diurnal Rhythms of Autophagy: Implications for Cell Biology and Human Disease», *Autophagy* 4, n.° 5 (julio de 2008): 581-589.

[5] Gonnissen, H. K. J., T. Hulshof y M. S. Westerterp-Plantenga, «Chronobiology, Endocrinology, and Energy-and-Food-Reward Homeostasis», *Obesity Reviews* 14, n.° 5 (mayo de 2013): 405-416, doi:10.1111/obr.12019.

[6] Van der Helm, E. y M. P. Walker, «Sleep and Emotional Memory Processing», *Journal of Clinical Sleep Medicine* 6, n.° 1 (marzo de 2011): 31-43.

[7] Meerlo, P., A. Sgoifo y D. Suchecki, «Restricted and Disrupted Sleep: Effects on Autonomic Function, Neuroendocrine Stress Systems and Stress Responsivity», *Sleep Medicine Reviews* 12, n.° 3 (junio de 2008): 197-210, doi:10.1016/j.smrv.2007.07.007.

[8] Walker, M. P., «Sleep, Memory, and Emotion», *Progress in Brain Research* 185 (2010): 49-68, doi:10.1016/B978-0-444-53702-7.00004-X.

[9] Lee, K. A., *et al.*, «Telomere Length Is Associated with Sleep Duration but Not Sleep Quality in Adults with Human Immunodeficiency Virus», *Sleep* 37, n.° 1 (1 de enero de 2014): 157-166, doi:10.5665/sleep.3328; y Cribbet, M. R., *et al.*, «Cellular Aging and Restorative Processes: Subjective Sleep Quality and Duration Moderate the Association between Age and Telomere Length in a Sample of Middle-Aged and Older Adults», *Sleep* 37, n.° 1 (1 de enero de 2014): 65-70, doi:10.5665/sleep.3308.

[10] Jackowska, M., *et al.*, «Short Sleep Duration Is Associated with Shorter Telomere Length in Healthy Men: Findings from the Whitehall II Cohort Study», *PLOS ONE* 7, n.° 10 (2012): e47292, doi:10.1371/journal.pone.0047292.

[11] Cribbet *et al.*, «Cellular Aging and Restorative Processes» (véase la nota 9 de este apartado).

[12] Ibíd.

[13] Prather, A. A., *et al.*, «Tired Telomeres: Poor Global Sleep Quality, Perceived Stress, and Telomere Length in Immune Cell Subsets in Obese Men and Women», *Brain, Behavior, and Immunity* 47 (julio de 2015): 155-162, doi:10.1016/j.bbi.2014.12.011.

[14] Chen, W. D., *et al.*, «The Circadian Rhythm Controls Telomeres and Telomerase Activity», *Biochemical and Biophysical Research Communications* 451, n.° 3 (29 de agosto de 2014): 408-414, doi:10.1016/j.bbrc.2014.07.138.

[15] Ong, J. y D. Sholtes, «A Mindfulness-Based Approach to the Treatment of Insomnia», *Journal of Clinical Psychology* 66, n.° 11 (noviembre de 2010): 1175-1184, doi:10.1002/jclp.20736.

[16] Ong, J. C., *et al.*, «A Randomized Controlled Trial of Mindfulness Meditation for Chronic Insomnia», *Sleep* 37, n.° 9 (1 de septiembre de 2014): 1553-1563B, doi:10.5665/sleep.4010.

[17] Chang, A. M., D. Aeschbach, J. F. Duffy y C. A. Czeisler, «Evening Use of Light-Emitting eReaders Negatively Affects Sleep, Circadian Timing, and Next-Morning Alertness», *Proceedings of the National Academy of Sciences of the United States of America* 112, n.° 4 (enero de 2015): 1232-1237, doi:10.1073/pnas.1418490112.

[18] Dang-Vu, T. T., *et al.,* «Spontaneous Brain Rhythms Predict Sleep Stability in the Face of Noise», *Current Biology* 20, n.° 15 (10 de agosto de 2010): R626-627, doi:10.1016/j.cub.2010.06.032.

[19] Griefhan, B., P. Bröde, A. Marks y M. Basner, «Autonomic Arousals Related to Traffic Noise During Sleep», *Sleep* 31, n.° 4 (abril de 2008): 569-577.

[20] Savolainen, K., *et al.,* «The History of Sleep Apnea Is Associated with Shorter Leukocyte Telomere Length: The Helsinki Birth Cohort Study», *Sleep Medicine* 15, n.° 2 (febrero de 2014): 209-212, doi:10.1016/j.sleep.2013.11.779.

[21] Salihu, H. M., *et al.,* «Association Between Maternal Symptoms of Sleep Disordered Breathing and Fetal Telomere Length», *Sleep* 38, n.° 4 (1 de abril de 2015): 559-566, doi:10.5665/sleep.4570.

[22] Shin, C., C. H. Yun, D. W. Yoon y I. Baik, «Association Between Snoring and Leukocyte Telomere Length», *Sleep* 39, n.° 4 (1 de abril de 2016): 767-772, doi:10.5665/sleep.5624.

CAPÍTULO 9.

EL PESO DE LOS TELÓMEROS: UN METABOLISMO SANO

[1] Mundstock, E., *et al.,* «Effect of Obesity on Telomere Length: Systematic Review and Meta-analysis», *Obesity* (Silver Spring) 23, n.° 11 (noviembre de 2015): 2165-2174, doi:10.1002/oby.21183.

[2] Bosello, O., M. P. Donataccio y M. Cuzzolaro, «Obesity or Obesities? Controversies on the Association Between Body Mass Index and Premature Mortality», *Eating and Weight Disorders* 21, n.° 2 (junio de 2016): 165-174, doi:10.1007/s40519-016-0278-4.

[3] Farzaneh-Far, R., *et al.,* «Telomere Length Trajectory and Its Determinants in Persons with Coronary Artery Disease: Longitudinal Findings from the Heart and Soul Study», *PLOS ONE* 5, n.° 1 (enero de 2010): e8612, doi:10.1371/journal.pone.0008612.

[4] «IDF Diabetes Atlas, Sixth Edition», *International Diabetes Federation*, http://www.idf.org/atlasmap/atlasmap?indicator=i1&date=2014, consultado el 16 de septiembre de 2015.

[5] Farzaneh-Far *et al.,* «Telomere Length Trajectory and Its Determinants in Persons with Coronary Artery Disease» (véase la nota 3 de este apartado).

[6] Verhulst, S., *et al.,* «A Short Leucocyte Telomere Length Is Associated with Development of Insulin Resistance», *Diabetologia* 59, n.° 6 (junio de 2016): 1258-1265, doi:10.1007/s00125-016-3915-6.

[7] Zhao, J., et al., «Short Leukocyte Telomere Length Predicts Risk of Diabetes in American Indians: The Strong Heart Family Study», *Diabetes* 63, n.° 1 (enero de 2014): 354-362, doi:10.2337/db13-0744.

[8] Willeit, P., et al., «Leucocyte Telomere Length and Risk of Type 2 Diabetes Mellitus: New Prospective Cohort Study and Literature-Based Meta-analysis», *PLOS ONE* 9, n.° 11 (2014): e112483, doi:10.1371/journal.pone.0112483.

[9] Guo, N., et al., «Short Telomeres Compromise ß-Cell Signaling and Survival», *PLOS ONE* 6, n.° 3 (2011): e17858, doi:10.1371/journal.pone.0017858.

[10] Formichi, C., et al., «Weight Loss Associated with Bariatric Surgery Does Not Restore Short Telomere Length of Severe Obese Patients after 1 Year», *Obesity Surgery* 24, n.° 12 (diciembre de 2014): 2089-2093, doi:10.1007/s11695-014-1300-4.

[11] Gardner, J. P., et al., «Rise in Insulin Resistance is Associated with Escalated Telomere Attrition», *Circulation* 111, n.° 17 (3 de mayo de 2005): 2171-2177.

[12] Fothergill, Erin, Juen Guo, Lilian Howard, Jennifer C. Kerns, Nicolas D. Knuth, Robert Brychta, Kong Y. Chen, et al., «Persistent Metabolic Adaptation Six Years after The Biggest Loser Competition», *Obesity* (Silver Spring, Md.) (2 de mayo de 2016), doi:10.1002/oby.21538.

[13] Kim, S., et al., «Obesity and Weight Gain in Adulthood and Telomere Length», *Cancer Epidemiology, Biomarkers & Prevention* 18, n.° 3 (marzo de 2009): 816-820, doi:10.1158/1055-9965.EPI-08-0935.

[14] Cottone, P., et al., «CRF System Recruitment Mediates Dark Side of Compulsive Eating», *Proceedings of the National Academy of Sciences of the United States of America* 106, n.° 47 (noviembre de 2009): 20016-20020, doi:0.1073/pnas.0908789106.

[15] Tomiyama, A. J., et al., «Low Calorie Dieting Increases Cortisol», *Psychosomatic Medicine* 72, n.° 4 (mayo de 2010): 357-364, doi:10.1097 / PSY.0b013e3181d9523c.

[16] Kiefer, A., J. Lin, E. Blackburn y E. Epel, «Dietary Restraint and Telomere Length in Pre- and Post-Menopausal Women», *Psychosomatic Medicine* 70, n.° 8 (octubre de 2008): 845-849, doi:10.1097/PSY.0b013e318187d05e.

[17] Hu, F. B., «Resolved: There Is Sufficient Scientific Evidence That Decreasing Sugar-Sweetened Beverage Consumption Will Reduce the Prevalence of Obesity and Obesity-Related Diseases», *Obesity Reviews* 14, n.° 8 (agosto de 2013): 606-619, doi:10.1111/obr.12040; y Yang, Q., et al., «Added Sugar Intake and Cardiovascular Diseases Mortality Among U.S. Adults», *JAMA Internal Medicine* 174, n.° 4 (abril de 2014): 516-524, doi:10.1001/jamainternmed.2013.13563.

[18] Schulte, E. M., N. M. Avena y A. N. Gearhardt, «Which Foods May Be Addictive? The Roles of Processing, Fat Content, and Glycemic Load», *PLOS ONE* 10, n.º 2 (18 de febrero de 2015): e0117959, doi:10.1371/journal.pone.0117959.

[19] Lustig, R. H., *et al.,* «Isocaloric Fructose Restriction and Metabolic Improvement in Children with Obesity and Metabolic Syndrome», *Obesity* 2 (24 de febrero de 2016): 453-460, doi:10.1002/oby.21371, epub October 26, 2015.

[20] Incollingo Belsky, A. C., E. S. Epel y A. J. Tomiyama, «Clues to Maintaining Calorie Restriction? Psychosocial Profiles of Successful Long-Term Restrictors», *Appetite* 79 (agosto de 2014): 106-112, doi:10.1016/j.appet.2014.04.006.

[21] Wang, C., *et al.,* «Adult-Onset, Short-Term Dietary Restriction Reduces Cell Senescence in Mice», *Aging* 2, n.º 9 (septiembre de 2010): 555-566.

[22] Daubenmier, J., *et al.,* «Changes in Stress, Eating, and Metabolic Factors Are Related to Changes in Telomerase Activity in a Randomized Mindfulness Intervention Pilot Study», *Psychoneuroendocrinology* 37, n.º 7 (julio de 2012): 917-928, doi:10.1016/j.psyneuen.2011.10.008.

[23] Mason, A. E., *et al.,* «Effects of a Mindfulness-Based Intervention on Mindful Eating, Sweets Consumption, and Fasting Glucose Levels in Obese Adults: Data from the SHINE Randomized Controlled Trial», *Journal of Behavioral Medicine* 39, n.º 2 (abril de 2016): 201-213, doi:10.1007/s10865-015-9692-8.

[24] Kristeller, J., with A. Bowman, *The Joy of Half a Cookie: Using Mindfulness to Lose Weight and End the Struggle with Food* (Nueva York, Perigee, 2015). Véase también www.mindfuleatingtraining.com y www.mb-eat.com.

CAPÍTULO 10.

ALIMENTACIÓN Y TELÓMEROS: COMER PARA DISFRUTAR

DE UNA SALUD CELULAR ÓPTIMA

[1] Jurk, D., *et al.,* «Chronic Inflammation Induces Telomere Dysfunction and Accelerates Ageing in Mice», *Nature Communications* 2 (24 de junio de 2104): 4172, doi:10.1038/ncomms5172.

[2] «What You Eat Can Fuel or Cool Inflammation, A Key Driver of Heart Disease, Diabetes, and Other Chronic Conditions», Harvard Medical School, Harvard Health Publications, http://www.health.harvard.edu/family_health_guide/what-you-eat-can-fuel-or-cool-inflammation-a-key-driver-of-heart-disease-diabetes-and-other-chronic-conditions, consultado el 27 de noviembre de 2015.

[3] Weischer, M., S. E. Bojesen y B. G. Nordestgaard, «Telomere Shortening Unrelated to Smoking, Body Weight, Physical Activity, and Alcohol Intake: 4,576 General Population Individuals with Repeat Measurements 10 Years Apart», *PLOS Genetics* 10, n.° 3 (13 de marzo de 2014): e1004191, doi:10.1371/journal.pgen.1004191; y Pavanello, S., *et al.*, «Shortened Telomeres in Individuals with Abuse in Alcohol Consumption», *International Journal of Cancer* 129, n.° 4 (15 de agosto de 2011): 983-992, doi:10.1002/ijc.25999.

[4] Cassidy, A., *et al.*, «Higher Dietary Anthocyanin and Flavonol Intakes Are Associated with Anti-inflammatory Effects in a Population of U.S. Adults», *American Journal of Clinical Nutrition* 102, n.° 1 (julio de 2015): 172-181, doi:10.3945/ajcn.115.108555.

[5] Farzaneh-Far, R., *et al.*, «Association of Marine Omega-3 Fatty Acid Levels with Telomeric Aging in Patients with Coronary Heart Disease», *JAMA 303*, n.° 3 (enero de 20, 2010): 250-257, doi:10.1001/jama.2009.2008.

[6] Goglin, S., *et al.*, «Leukocyte Telomere Shortening and Mortality in Patients with Stable Coronary Heart Disease from the Heart and Soul Study», *PLOS ONE* (2016), en producción.

[7] Farzaneh-Far, *et al.*, «Association of Marine Omega-3 Fatty Acid Levels with Telomeric Aging in Patients with Coronary Heart Disease» (véase la nota 5 de este apartado).

[8] Kiecolt-Glaser, J. K., *et al.*, «Omega-3 Fatty Acids, Oxidative Stress, and Leukocyte Telomere Length: A Randomized Controlled Trial», *Brain, Behavior, and Immunity* 28 (febrero de 2013): 16-24, doi:10.1016/j.bbi.2012.09.004.

[9] Glei, D. A., *et al.*, «Shorter Ends, Faster End? Leukocyte Telomere Length and Mortality Among Older Taiwanese», *Journals of Gerontology, Series A: Biological Sciences and Medical Sciences* 70, n.° 12 (diciembre de 2015): 1490-1498, doi:10.1093/gerona/glu191.

[10] Debreceni, B. y L. Debreceni, «The Role of Homocysteine-Lowering B-Vitamins in the Primary Prevention of Cardiovascular Disease», *Cardiovascular Therapeutics* 32, n.° 3 (junio de 2014): 130-138, doi:10.1111/1755-5922.12064.

[11] Kawanishi, S. y S. Oikawa, «Mechanism of Telomere Shortening by Oxidative Stress», *Annals of the New York Academy of Sciences* 1019 (junio de 2004): 278-284.

[12] Haendeler, J., *et al.*, «Hydrogen Peroxide Triggers Nuclear Export of Telomerase Reverse Transcriptase via Src Kinase Familiy-Dependent Phosphorylation of Tyrosine 707», *Molecular and Cellular Biology* 23, n.° 13 (julio de 2003): 4598-4610.

[13] Adelfalk, C., *et al.*, «Accelerated Telomere Shortening in Fanconi Anemia Fibroblasts—a Longitudinal Study», *FEBS Letters* 506, n.° 1 (28 de septiembre de 2001): 22-26.

[14] Xu, Q., *et al.,* «Multivitamin Use and Telomere Length in Women», *American Journal of Clinical Nutrition* 89, n.° 6 (junio de 2009): 1857-1863, doi:10.3945/ajcn.2008.26986, epub del 11 de marzo de 2009.

[15] Paul, L., *et al.,* «High Plasma Folate Is Negatively Associated with Leukocyte Telomere Length in Framingham Offspring Cohort», *European Journal of Nutrition* 54, n.° 2 (marzo de 2015): 235-241, doi:10.1007/s00394-014-0704-1.

[16] Wojcicki, J., *et al.,* «Early Exclusive Breastfeeding Is Associated with Longer Telomeres in Latino Preschool Children», *American Journal of Clinical Nutrition* (20 de julio de 2016), doi:10.3945/ajcn.115.115428.

[17] Leung, C. W., *et al.,* «Soda and Cell Aging: Associations between Sugar-Sweetened Beverage Consumption and Leukocyte Telomere Length in Healthy Adults from the National Health and Nutrition Examination Surveys», *American Journal of Public Health* 104, n.° 12 (diciembre de 2014): 2425-2431, doi:10.2105/AJPH.2014.302151.

[18] Wojcicki, *et al.,* «Early Exclusive Breastfeeding Is Associated with Longer Telomeres in Latino Preschool Children» (véase la nota 16 de este apartado).

[19] «Peppermint Mocha», Starbucks, http://www.starbucks.com/menu/drinks/espresso/peppermint-mocha#size=179560&milk=63&whip=125, consultado el 29 de septiembre de 2015.

[20] Pilz, S. M. Grübler, M. Gaksch, V. Schwetz, C. Trummer, B. Ó. Hartaigh, N. Verheyen, A. Tomaschitz y W. März, «Vitamin D and Mortality», *Anticancer Research* 36, n.° 3 (marzo de 2016): 1379-1387.

[21] Zhu, H., *et al.,* «Increased Telomerase Activity and Vitamin D Supplementation in Overweight African Americans», *International Journal of Obesity* (junio de 2012): 805-09, doi:10.1038/ijo.2011.197.

[22] Boccardi, V., *et al.,* «Mediterranean Diet, Telomere Maintenance and Health Status Among Elderly», *PLOS ONE* 8, n.° 4 (30 de abril de 2013): e62781, doi:10.1371/journal.pone.0062781.

[23] Lee, J. Y., *et al.,* «Association Between Dietary Patterns in the Remote Past and Telomere Length», *European Journal of Clinical Nutrition* 69, n.° 9 (septiembre de 2015): 1048-1052, doi:10.1038/ejcn.2015.58.

[24] Ibíd.

[25] «IARC Monographs Evaluate Consumption of Red Meat and Processed Meat», Organización Mundial de la Salud, Agencia Internacional para la Investigación del Cáncer, nota de prensa, 26 de octubre de 2015, https://www.iarc.fr/en/media-centre/pr/2015/pdfs/pr240_E.pdf.

[26] Nettleton, J. A., *et al.,* «Dietary Patterns, Food Groups, and Telomere Length in the Multi-Ethnic Study of Atherosclerosis (MESA)», *American Journal of Clinical Nutrition* 88, n.° 5 (noviembre de 2008): 1405-1412.

[27] Cardin, R., *et al.*, «Effects of Coffee Consumption in Chronic Hepatitis C: A Randomized Controlled Trial», *Digestive and Liver Disease* 45, n.º 6 (junio de 2013): 499-504, doi:10.1016/j.dld.2012.10.021.

[28] Liu, J. J., M. Crous-Bou, E. Giovannucci y I. De Vivo, «Coffee Consumption Is Positively Associated with Longer Leukocyte Telomere Length» en el Nurses' Health Study. *Journal of Nutrition* 146, n.º 7 (julio de 2016): 1373-1378, doi:10.3945/jn.116.230490, epub del 8 de junio de 2016.

[29] Lee, J. Y., *et al.*, «Association Between Dietary Patterns in the Remote Past and Telomere Length» (véase la nota 23 en este apartado); y Nettleton *et al.*, «Dietary Patterns, Food Groups, and Telomere Length in the Multi-Ethnic Study of Atherosclerosis (MESA)» (véase la nota 26 en este apartado).

[30] García-Calzón, S., *et al.*, «Telomere Length as a Biomarker for Adiposity Changes after a Multidisciplinary Intervention in Overweight/Obese Adolescents: The EVASYON Study», *PLOS ONE* 9, n.º 2 (24 de febrero de 2014): e89828, doi:10.1371/journal.pone.0089828.

[31] Lee, *et al.*, «Association Between Dietary Patterns in the Remote Past and Telomere Length» (véase la nota 23 de este apartado).

[32] Leung, *et al.*, «Soda and Cell Aging» (véase la nota 17 de este apartado).

[33] Tiainen, A. M., *et al.*, «Leukocyte Telomere Length and Its Relation to Food and Nutrient Intake in an Elderly Population», *European Journal of Clinical Nutrition* 66, n.º 12 (diciembre de 2012):1290-1294, doi:10.1038/ejcn.2012.143.

34. Cassidy, A., *et al.*, «Associations Between Diet, Lifestyle Factors, and Telomere Length in Women», *American Journal of Clinical Nutrition* 91, n.º 5 (mayo de 2010): 1273-1280, doi:10.3945/ajcn.2009.28947.

[35] Pavanello, *et al.*, «Shortened Telomeres in Individuals with Abuse in Alcohol Consumption» (véase la nota 3 de este apartado).

[36] Cassidy, *et al.*, «Associations Between Diet, Lifestyle Factors, and Telomere Length in Women» (véase la nota 34 de este apartado).

[37] Tiainen, *et al.*, «Leukocyte Telomere Length and Its Relation to Food and Nutrient Intake in an Elderly Population» (véase la nota 33 de este apartado).

[38] Lee, *et al.*, «Association Between Dietary Patterns in the Remote Past and Telomere Length» (véase la nota 23 de este apartado).

[39] Ibíd.

[40] Ibíd.

[41] Farzaneh-Far, *et al.*, «Association of Marine Omega-3 Fatty Acid Levels With Telomeric Aging in Patients with Coronary Heart Disease» (véase la nota 5 de este apartado).

[42] García-Calzón, *et al.*, «Telomere Length as a Biomarker for Adiposity Changes after a Multidisciplinary Intervention in Overweight/Obese Adolescents: The EVASYON Study» (véase la nota 30 de este apartado).

[43] Liu et al., «Coffee Consumption Is Positively Associated with Longer Leukocyte Telomere Length» en el Nurses' Health Study (véase la nota 28 de este apartado).

[44] Paul, L., «Diet, Nutrition and Telomere Length», *Journal of Nutritional Biochemistry* 22, n.° 10 (octubre de 2011): 895-901, doi:10.1016/j.jnutbio.2010.12.001.

[45] Richards, J. B., et al., «Higher Serum Vitamin D Concentrations Are Associated with Longer Leukocyte Telomere Length in Women», *American Journal of Clinical Nutrition* 86, n.° 5 (noviembre de 2007): 1420-1425.

[46] Xu, et al., «Multivitamin Use and Telomere Length in Women» (véase la nota 14 en este apartado).

[47] Paul, et al., «High Plasma Folate Is Negatively Associated with Leukocyte Telomere Length in Framingham Offspring Cohort» (en este estudio se observó también la correlación del consumo de vitaminas con la presencia de telómeros más cortos) (véase la nota 15 de este apartado).

[48] O'Neill, J., T. O. Daniel y L. H. Epstein, «Episodic Future Thinking Reduces Eating in a Food Court», *Eating Behaviors* 20 (enero de 2016): 9-13, doi:10.1016/j.eatbeh.2015.10.002.

CONSEJOS EXPERTOS PARA LA RENOVACIÓN:

SUGERENCIAS CON BASE CIENTÍFICA PARA EMPRENDER

CAMBIOS DURADEROS

[1] Vasilaki, E. I., S. G. Hosier y W. M. Cox, «The Efficacy of Motivational Interviewing as a Brief Intervention for Excessive Drinking: A Meta-analytic Review», *Alcohol and Alcoholism* 41, n.° 3 (mayo de 2006): 328-335, doi:10.1093/alcalc/agl016; y Lindson-Hawley, N., T. P. Thompson y R. Begh, «Motivational Interviewing for Smoking Cessation», *Cochrane Database of Systematic Reviews* 3 (2 de marzo de 2015): CD006936, doi:10.1002/14651858.CD006936.pub3.

[2] Sheldon, K. M., A. Gunz, C. P. Nichols y Y. Ferguson, «Extrinsic Value Orientation and Affective Forecasting: Overestimating the Rewards, Underestimating the Costs», *Journal of Personality* 78, n.° 1 (febrero de 2010): 149-178, doi:10.1111/j.1467-6494.2009.00612.x; Kasser, T. y R. M. Ryan, «Further Examining the American Dream: Differential Correlates of Intrinsic and Extrinsic Goals», *Personality and Social Psychology Bulletin* 22, n.° 3 (marzo de 1996): 280-287, doi:10.1177/0146167296223006; y Ng, J. Y., et al., «Self-Determination Theory Applied to Health Contexts: A Meta-analysis», *Perspectives on Psychological Science: A Journal of the Association for Psychological Science* 7, n.° 4 (julio de 2012): 325-340, doi:10.1177/1745691612447309.

³ Ogedegbe, G. O., *et al.,* «A Randomized Controlled Trial of Positive-Affect Intervention and Medication Adherence in Hypertensive African Americans», *Archives of Internal Medicine* 172, n.° 4 (27 de febrero de 2012): 322-326, doi:10.1001/archinternmed.2011.1307.

⁴ Bandura, A., «Self-Efficacy: Toward a Unifying Theory of Behavioral Change», *Psychological Review* 84, n.° 2 (marzo de 1977): 191-215.

⁵ B. J. Fogg ilustra esta sugerencia de emprender minúsculos cambios asociados con actos desencadenantes diarios en: «Forget Big Change, Start with a Tiny Habit: BJ Fogg at TEDxFremont», YouTube, https://www.youtube.com/watch?v=AdKUJxjn-R8.

⁶ Baumeister, R. F., «Self-Regulation, Ego Depletion, and Inhibition», *Neuropsychologia* 65 (diciembre de 2014): 313-319, doi:10.1016/j.neuropsychologia.2014.08.012.

Capítulo 11.

Lugares y rostros que ayudan a nuestros telómeros

¹ Needham, B. L., *et al.,* «Neighborhood Characteristics and Leukocyte Telomere Length: The Multi-ethnic Study of Atherosclerosis», *Health & Place* 28 (julio de 2014): 167-172, doi:10.1016/j.healthplace.2014.04.009.

² Geronimus, A. T., *et al.,* «Race-Ethnicity, Poverty, Urban Stressors, and Telomere Length in a Detroit Community-Based Sample», *Journal of Health and Social Behavior* 56, n.° 2 (junio de 2015): 199-224, doi:10.1177/0022146515582100.

³ Park, M., *et al.,* «Where You Live May Make You Old: The Association Between Perceived Poor Neighborhood Quality and Leukocyte Telomere Length», *PLOS ONE* 10, n.° 6 (17 de junio de 2015): e0128460, doi:10.1371/journal.pone.0128460.

⁴ Ibíd.

⁵ Lederbogen, F., *et al.,* «City Living and Urban Upbringing Affect Neural Social Stress Processing in Humans», *Nature* 474, n.° 7352 (22 de junio de 2011): 498-501, doi:10.1038/nature10190.

⁶ Park, *et al.,* «Where You Live May Make You Old» (véase la nota 3 de este apartado).

⁷ DeSantis, A. S., *et al.,* «Associations of Neighborhood Characteristics with Sleep Timing and Quality: The Multi-ethnic Study of Atherosclerosis», *Sleep* 36, n.° 10 (1 de octubre de 2013): 1543-1551, doi:10.5665/sleep.3054.

⁸ Theall, K. P., *et al.,* «Neighborhood Disorder and Telomeres: Connecting Children's Exposure to Community Level Stress and Cellular Response»,

Social Science & Medicine (1982) 85 (mayo de 2013): 50-58, doi:10.1016/j. socscimed.2013.02.030.

[9] Woo, J., *et al.,* «Green Space, Psychological Restoration, and Telomere Length», *Lancet* 373, n.° 9660 (24 de enero de 2009): 299-300, doi:10.1016/S0140-6736(09)60094-5.

[10] Roe, J. J., *et al.,* «Green Space and Stress: Evidence from Cortisol Measures in Deprived Urban Communities», *International Journal of Environmental Research and Public Health* 10, n.° 9 (septiembre de 2013): 4086-4103, doi:10.3390/ijerph10094086.

[11] Mitchell, R. y F. Popham, «Effect of Exposure to Natural Environment on Health Inequalities: An Observational Population Study», *Lancet* 372, n.° 9650 (8 de noviembre de 2008): 1655-1660, doi:10.1016/S0140-6736(08)61689-X.

[12] Theall, *et al.,* «Neighborhood Disorder and Telomeres» (véase la nota 8 de este apartado).

[13] Robertson, T., *et al.,* «Is Socioeconomic Status Associated with Biological Aging as Measured by Telomere Length?», *Epidemiologic Reviews* 35 (2013): 98-111, doi:10.1093/epirev/mxs001.

[14] Adler, N. E., *et al.,* «Socioeconomic Status and Health: The Challenge of the Gradient», *American Psychologist* 49, n.° 1 (enero de 1994): 15-24.

[15] Cherkas, L. F., *et al.,* «The Effects of Social Status on Biological Aging as Measured by White-Blood-Cell Telomere Length», *Aging Cell* 5, n.° 5 (octubre de 2006): 361-365, doi:10.1111/j.1474-9726.2006.00222.x.

[16] «Canary Used for Testing for Carbon Monoxide», Center for Construction Research and Training, Electronic Library of Construction Occupational Safety & Health, http://elcosh.org/video/3801/a000096/canary-used-for-testing-for-carbon-monoxide.html.

[17] Hou, L., *et al.,* «Lifetime Pesticide Use and Telomere Shortening Among Male Pesticide Applicators in the Agricultural Health Study», *Environmental Health Perspectives* 121, n.° 8 (agosto de 2013): 919-924, doi:10.1289/ehp.1206432.

[18] Kahl, V. F., *et al.,* «Telomere Measurement in Individuals Occupationally Exposed to Pesticide Mixtures in Tobacco Fields», *Environmental and Molecular Mutagenesis* 57, n.° 1 (enero de 2016), doi:10.1002/em.21984.

[19] Ibíd.

[20] Zota A. R., *et al.,* «Associations of Cadmium and Lead Exposure with Leukocyte Telomere Length: Findings from National Health and Nutrition Examination Survey, 1999-2002», *American Journal of Epidemiology* 181, n.° 2 (15 de enero de 2015): 127-136, doi:10.1093/aje/kwu293.

[21] «Toxicological Profile for Cadmium», U.S. Department of Health and Human Services, Public Health Service, Agency for Toxic Substances and Disease Registry (Atlanta, Ga., septiembre de 2012), http://www.atsdr.cdc.gov/toxprofiles/tp5.pdf.

[22] Lin, S., *et al.,* «Short Placental Telomere Was Associated with Cadmium Pollution in an Electronic Waste Recycling Town in China», *PLOS ONE* 8, n.° 4 (2013): e60815, doi:10.1371/journal.pone.0060815.

[23] Zota, *et al.,* «Associations of Cadmium and Lead Exposure with Leukocyte Telomere Length» (véase la nota 20 de este apartado).

[24] Wu, Y., *et al.,* «High Lead Exposure Is Associated with Telomere Length Shortening in Chinese Battery Manufacturing Plant Workers», *Occupational and Environmental Medicine* 69, n.° 8 (agosto de 2012): 557-563, doi:10.1136/oemed-2011-100478.

[25] Ibíd.

[26] Pawlas, N., *et al.,* «Telomere Length in Children Environmentally Exposed to Low-to-Moderate Levels of Lead», *Toxicology and Applied Pharmacology* 287, n.° 2 (1 de septiembre de 2015): 111-118, doi:10.1016/j.taap.2015.05.005.

[27] Hoxha, M., *et al.,* «Association Between Leukocyte Telomere Shortening and Exposure to Traffic Pollution: A Cross-Sectional Study on Traffic Officers and Indoor Office Workers», *Environmental Health* 8 (2009): 41, doi:10.1186/1476-069X-8-41; Zhang, X., S. Lin, W. E. Funk y L. Hou, «Environmental and Occupational Exposure to Chemicals and Telomere Length in Human Studies», *Postgraduate Medical Journal* 89, n.° 1058 (diciembre de 2013): 722-728, doi:10.1136/postgradmedj-2012-101350rep; y Mitro, S. D., L. S. Birnbaum, B. L. Needham y A. R. Zota, «Cross-Sectional Associations Between Exposure to Persistent Organic Pollutants and Leukocyte Telomere Length Among U.S. Adults in NHANES, 2001-2002», *Environmental Health Perspectives* 124, n.° 5 (mayo de 2016): 651-658, doi:10.1289/ehp.1510187.

[28] Bijnens, E., *et al.,* «Lower Placental Telomere Length May Be Attributed to Maternal Residental Traffic Exposure; A Twin Study», *Environment International* 79 (junio de 2015): 1-7, doi:0.1016/j.envint.2015.02.008.

[29] Ferrario, D., *et al.,* «Arsenic Induces Telomerase Expression and Maintains Telomere Length in Human Cord Blood Cells», *Toxicology* 260, n.°s 1-3 (16 de junio de 2009): 132-141, doi:10.1016/j.tox.2009.03.019; Hou, L., *et al.,* «Air Pollution Exposure and Telomere Length in Highly Exposed Subjects in Beijing, China: A Repeated-Measure Study», *Environment International* 48 (1 de noviembre de 2012): 71-77, doi:10.1016/j.envint.2012.06.020; Zhang, *et al.,* «Environmental and Occupational Exposure to Chemicals and Telomere Length in Human Studies»; Bassig, B. A., *et al.,* «Alterations in Leukocyte Telomere Length in Workers Occupationally Exposed to Benzene», *Environmental and Molecular Mutagenesis* 55, n.° 8 (2014): 673-678, doi:10.1002/em.21880; y Li, H., K. Engström, M. Vahter y K. Broberg, «Arsenic Exposure Through Drinking Water Is Associated with Longer Telomeres in Peripheral Blood», *Chemical Research in Toxicology* 25, n.° 11 (19 de noviembre de 2012): 2333-2339, doi:10.1021/tx300222t.

[30] American Association for Cancer Research, *AACR Cancer Progress Report 2014: Transforming Lives Through Cancer Research*, 2014, http://cancerprogressreport. org/2014/Documents/AACR_CPR_2014.pdf, consultado el 21 de octubre de 2015.

[31] «Cancer Fact Sheet N.° 297», Organización Mundial de la Salud, actualizado en febrero de 2015: http://www.who.int/mediacentre/factsheets/fs297/en/, consultado el 21 de octubre de 2015.

[32] House, J. S., K. R. Landis y D. Umberson, «Social Relationships and Health», *Science* 241, n.° 4865 (29 de julio de 1988): 540-545; Berkman, L. F. y S. L. Syme, «Social Networks, Host Resistance, and Mortality: A Nine-Year Follow-up Study of Alameda County Residents», *American Journal of Epidemiology* 109, n.° 2 (febrero de 1979): 186-204; y Holt-Lunstad, J., T. B. Smith, M. B. Baker, T. Harris y D. Stephenson, «Loneliness and Social Isolation as Risk Factors for Mortality: A Meta-analytic Review», *Perspectives on Psychological Science: A Journal of the Association for Psychological Science* 10, n.° 2 (marzo de 2015): 227-237, doi:10.1177/1745691614568352.

[33] Hermes, G. L., *et al.*, «Social Isolation Dysregulates Endocrine and Behavioral Stress While Increasing Malignant Burden of Spontaneous Mammary Tumors», *Proceedings of the National Academy of Sciences of the United States of America* 106, n.° 52 (29 de diciembre de 2009): 22393-22398, doi:10.1073/pnas.0910753106.

[34] Aydinonat, D., *et al.*, «Social Isolation Shortens Telomeres in African Grey Parrots (*Psittacus erithacus erithacus*)», *PLOS ONE* 9, n.° 4 (2014): e93839, doi:10.1371/journal.pone.0093839.

[35] Carroll, J. E., A. V. Diez Roux, A. L. Fitzpatrick y T. Seeman, «Low Social Support Is Associated with Shorter Leukocyte Telomere Length in Late Life: Multi-ethnic Study of Atherosclerosis», *Psychosomatic Medicine* 75, n.° 2 (febrero de 2013): 171-177, doi:10.1097/PSY.0b013e31828233bf.

[36] Uchino, B. N., *et al.*, «The Strength of Family Ties: Perceptions of Network Relationship Quality and Levels of C-Reactive Proteins in the North Texas Heart Study», *Annals of Behavioral Medicine* 49, n.° 5 (octubre de 2015): 776-781, doi:10.1007/s12160-015-9699-y.

[37] Uchino, B. N., *et al.*, «Social Relationships and Health: Is Feeling Positive, Negative, or Both (Ambivalent) About Your Social Ties Related to Telomeres?», *Health Psychology* 31, n.° 6 (noviembre de 2012): 789-796, doi:10.1037/a0026836.

[38] Robles, T. F., R. B. Slatcher, J. M. Trombello y M. M. McGinn, «Marital Quality and Health: A Meta-analytic Review», *Psychological Bulletin* 140, n.° 1 (enero de 2014): 140-187, doi:10.1037/a0031859.

[39] Ibíd.

[40] Mainous, A. G., *et al.*, «Leukocyte Telomere Length and Marital Status among Middle-Aged Adults», *Age and Ageing* 40, n.° 1 (enero de 2011): 73-78, doi:10.1093/ageing/afq118; y Yen, Y. y F. Lung, «Older Adults with

Higher Income or Marriage Have Longer Telomeres», *Age and Ageing* 42, n.° 2 (marzo de 2013): 234-239, doi:10.1093/ageing/afs122.

[41] Broer, L., V. Codd, D. R. Nyholt, *et al.,* «Meta-Analysis of Telomere Length in 19,713 Subjects Reveals High Heritability, Stronger Maternal Inheritance and a Paternal Age Effect», *European Journal of Human Genetics: EJHG* 21, n.° 10 (octubre de 2013): 1163-1168, doi:10.1038/ejhg.2012.303.

[42] Herbenick, D., *et al.,* «Sexual Behavior in the United States: Results from a National Probability Sample of Men and Women Ages 14-94», *Journal of Sexual Medicine* 7, Suppl. 5 (7 de octubre de 2010): 255-265, doi:10.1111/j.1743-6109.2010.02012.x.

[43] Saxbe, D. E., *et al.,* «Cortisol Covariation within Parents of Young Children: Moderation by Relationship Aggression», *Psychoneuroendocrinology* 62 (diciembre de 2015): 121-128, doi:10.1016/j.psyneuen.2015.08.006.

[44] Liu, S., M. J. Rovine, L. C. Klein y D. M. Almeida, «Synchrony of Diurnal Cortisol Pattern in Couples», *Journal of Family Psychology* 27, n.° 4 (agosto de 2013): 579-588, doi:10.1037/a0033735.

[45] Helm, J. L., D. A. Sbarra y E. Ferrer, «Coregulation of Respiratory Sinus Arrhythmia in Adult Romantic Partners», *Emotion* 14, n.° 3 (junio de 2014): 522-531, doi:10.1037/a0035960.

[46] Hack, T., S. A. Goodwin y S. T. Fiske, «Warmth Trumps Competence in Evaluations of Both Ingroup and Outgroup», *International Journal of Science, Commerce and Humanities* 1, n.° 6 (septiembre de 2013): 99-105.

[47] Parrish, T., «How Hate Took Hold of Me», *Daily News*, 21 de junio de 2015, http://www.nydailynews.com/opinion/tim-parrish-hate-hold-article-1.2264643, consultado el 23 de octubre de 2015.

[48] Lui, S. Y. y Kawachi, I. «Discrimination and Telomere Length Among Older Adults in the US: Does the Association Vary by Race and Type of Discrimination?», en revisión, Public Health Reports.

[49] Chae, D. H., *et al.,* «Discrimination, Racial Bias, and Telomere Length in African American Men», *American Journal of Preventive Medicine* 46, n.° 2 (febrero de 2014): 103-111, doi:10.1016/j.amepre.2013.10.020.

[50] Peckham, M., «This Billboard Sucks Pollution from the Sky and Returns Purified Air», *Time*, 1 de mayo de 2014, http://time.com/84013/this-billboard-sucks-pollution-from-the-sky-and-returns-purified-air/, consultado el 24 de noviembre de 2015.

[51] Diers, J., *Neighbor Power: Building Community the Seattle Way* (Seattle, University of Washington Press, 2004).

[52] Beyer, K. M. M., *et al.,* «Exposure to Neighborhood Green Space and Mental Health: Evidence from the Survey of the Health of Wisconsin», *International Journal of Environmental Research and Public Health* 11, n.° 3 (marzo de 2014): 3453-3472, doi:10.3390/ijerph110303453; y Roe, *et al.,* «Green Space and Stress» (véase la nota 10 en este apartado).

[53] Branas, C. C., *et al.,* «A Difference-in-Differences Analysis of Health, Safety, and Greening Vacant Urban Space», *American Journal of Epidemiology* 174, n.° 11 (1 de diciembre de 2011): 1296-1306, doi:10.1093/aje/kwr273.

[54] Wesselmann, E. D., F. D. Cardoso, S. Slater y K. D. Williams, «To Be Looked At as Though Air: Civil Attention Matters», *Psychological Science* 23, n.° 2 (febrero de 2012): 166-168, doi:10.1177/0956797611427921.

[55] Guéguen, N. y M-A De Gail, «The Effect of Smiling on Helping Behavior: Smiling and Good Samaritan Behavior», *Communication Reports* 16, n.° 2 (2003): 133-140, doi: 10.1080/08934210309384496.

CAPÍTULO 12.
EMBARAZO: EL ENVEJECIMIENTO CELULAR EMPIEZA EN EL ÚTERO

[1] Hjelmborg, J. B., *et al.,* «The Heritability of Leucocyte Telomere Length Dynamics», *Journal of Medical Genetics* 52, n.° 5 (mayo de 2015): 297-302, doi:10.1136/jmedgenet-2014-102736.

[2] Wojcicki, J. M., *et al.,* «Cord Blood Telomere Length in Latino Infants: Relation with Maternal Education and Infant Sex», *Journal of Perinatology: Official Journal of the California Perinatal Association* 36, n.° 3 (marzo de 2016): 235-241, doi:10.1038/jp.2015.178.

[3] Needham, B. L., *et al.,* «Socioeconomic Status and Cell Aging in Children», *Social Science and Medicine* (1982) 74, n.° 12 (junio de 2012): 1948-1951, doi:10.1016/j.socscimed.2012.02.019.

[4] Collopy, L. C., *et al.,* «Triallelic and Epigenetic-like Inheritance in Human Disorders of Telomerase», *Blood* 126, n.° 2 (9 de julio de 2015): 176-184, doi:10.1182/blood-2015-03-633388.

[5] Factor-Litvak, P., *et al.,* «Leukocyte Telomere Length in Newborns: Implications for the Role of Telomeres in Human Disease», *Pediatrics* 137, n.° 4 (abril de 2016): e20153927, doi:10.1542/peds.2015-3927.

[6] De Meyer, T., *et al.,* «A Non-Genetic, Epigenetic-like Mechanism of Telomere Length Inheritance?», *European Journal of Human Genetics* 22, n.° 1 (enero de 2014): 10-11, doi:10.1038/ejhg.2013.255.

[7] Collopy, *et al.,* «Triallelic and Epigenetic-like Inheritance in Human Disorders of Telomerase» (véase la nota 4 de este apartado).

[8] Tarry-Adkins, J. L., *et al.,* «Maternal Diet Influences DNA Damage, Aortic Telomere Length, Oxidative Stress, and Antioxidant Defense Capacity in Rats», *FASEB Journal: Official Publication of the Federation of American Societies for Experimental Biology* 22, n.° 6 (junio de 2008): 2037-2044, doi:10.1096/fj.07-099523.

[9] Aiken, C. E., J. L. Tarry-Adkins y S. E. Ozanne, «Suboptimal Nutrition in Utero Causes DNA Damage and Accelerated Aging of the Female Reproductive Tract», *FASEB Journal: Official Publication of the Federation of American Societies for Experimental Biology* 27, n.° 10 (octubre de 2013): 3959-3965, doi:10.1096/fj.13-234484.

[10] Aiken, C. E., J. L. Tarry-Adkins y S. E. Ozanne, «Transgenerational Developmental Programming of Ovarian Reserve», *Scientific Reports* 5 (2015): 16175, doi:10.1038/srep16175.

[11] Tarry-Adkins, J. L., *et al.,* «Nutritional Programming of Coenzyme Q: Potential for Prevention and Intervention?», *FASEB Journal: Official Publication of the Federation of American Societies for Experimental Biology* 28, n.° 12 (diciembre de 2014): 5398-53405, doi:10.1096/fj.14-259473.

[12] Bull, C., H. Christensen y M. Fenech, «Cortisol Is Not Associated with Telomere Shortening or Chromosomal Instability in Human Lymphocytes Cultured Under Low and High Folate Conditions», *PLOS ONE* 10, n.° 3 (6 de marzo de 2015): e0119367, doi:10.1371/journal.pone.0119367; y Bull, C., *et al.,* «Folate Deficiency Induces Dysfunctional Long and Short Telomeres; Both States Are Associated with Hypomethylation and DNA Damage in Human WIL2-NS Cells», *Cancer Prevention Research* (Philadelphia, Pa.) 7, n.° 1 (enero de 2014): 128-138, doi:10.1158/1940-6207. CAPR-13-0264.

[13] Entringer, S., *et al.,* «Maternal Folate Concentration in Early Pregnancy and Newborn Telomere Length», *Annals of Nutrition and Metabolism* 66, n.° 4 (2015): 202-208, doi:10.1159/000381925.

[14] Cerne, J. Z., *et al.,* «Functional Variants in CYP1B1, KRAS and MTHFR Genes Are Associated with Shorter Telomere Length in Postmenopausal Women», *Mechanisms of Ageing and Development* 149 (julio de 2015): 1-7, doi:10.1016/j.mad.2015.05.003.

[15] «Folic Acid Fact Sheet», Womenshealth.gov, http://womenshealth.gov/publications/our-publications/fact-sheet/folic-acid.html, consultado el 27 de noviembre de 2015.

[16] Paul, L., *et al.,* «High Plasma Folate Is Negatively Associated with Leukocyte Telomere Length in Framingham Offspring Cohort», *European Journal of Nutrition* 54, n.° 2 (marzo de 2015): 235-241, doi:10.1007/s00394-014-0704-1.

[17] Entringer, S., *et al.,* «Maternal Psychosocial Stress During Pregnancy Is Associated with Newborn Leukocyte Telomere Length», *American Journal of Obstetrics and Gynecology* 208, n.° 2 (febrero de 2013): 134.e1-7, doi:10.1016/j.ajog.2012.11.033.

[18] Marchetto, N. M., *et al.,* «Prenatal Stress and Newborn Telomere Length», *American Journal of Obstetrics and Gynecology* (30 de enero de 2016), doi:10.1016/j.ajog.2016.01.177.

[19] Entringer, S., *et al.,* «Influence of Prenatal Psychosocial Stress on Cytokine Production in Adult Women», *Developmental Psychobiology* 50, n.° 6 (septiembre de 2008): 579-587, doi:10.1002/dev.20316.

[20] Entringer, S., *et al.,* «Stress Exposure in Intrauterine Life Is Associated with Shorter Telomere Length in Young Adulthood», *Proceedings of the National Academy of Sciences of the United States of America* 108, n.° 33 (16 de agosto de 2011): E513-18, doi:10.1073/pnas.1107759108.

[21] Haussman, M. y B. Heidinger, «Telomere Dynamics May Link Stress Exposure and Ageing across Generations», *Biology Letters* 11, n.° 11 (noviembre de 2015), doi:10.1098/rsbl.2015.0396.

[22] Ibíd.

Capítulo 13.
La infancia es determinante para la vida: cómo afectan a los telómeros los primeros años de vida

[1] Sullivan, M. C., «For Romania's Orphans, Adoption Is Still a Rarity», *National Public Radio*, 19 de agosto de 2012, http://www.npr.org/2012/08/19/158924764/for-romanias-orphans-adoption-is-still-a-rarity.

[2] Ahern, L., «Orphanages Are No Place for Children», *Washington Post*, 9 de agosto de 2013, https://www.washingtonpost.com/opinions/orpha nages-are-no-place-for-children/2013/08/09/6d502fb0-fadd-11e2-a369-d1954abcb7e3_story.html, consultado el 14 de octubre de 2015.

[3] Felitti, V. J., *et al.,* «Relationship of Childhood Abuse and Household Dysfunction to Many of the Leading Causes of Death in Adults: The Adverse Childhood Experiences (ACE) Study», *American Journal of Preventive Medicine* 14, n.° 4 (mayo de 1998): 245-258.

[4] Chen, S. H., *et al.,* «Adverse Childhood Experiences and Leukocyte Telomere Maintenance in Depressed and Healthy Adults», *Journal of Affective Disorders* 169 (diciembre de 2014): 86-90, doi:10.1016/j.jad.2014.07.035.

[5] Skilton, M. R., *et al.,* «Telomere Length in Early Childhood: Early Life Risk Factors and Association with Carotid Intima-Media Thickness in Later Childhood», *European Journal of Preventive Cardiology* 23, n.° 10 (julio de 2016), 1086-1092, doi:10.1177/2047487315607075.

[6] Drury, S. S., *et al.,* «Telomere Length and Early Severe Social Deprivation: Linking Early Adversity and Cellular Aging», *Molecular Psychiatry* 17, n.° 7 (julio de 2012): 719-727, doi:10.1038/mp.2011.53.

[7] Hamilton, J., «Orphans' Lonely Beginnings Reveal How Parents Shape a Child's Brain», *National Public Radio*, 24 de febrero de 2014, http://www.npr.org/sections/health-shots/2014/02/20/280237833/orphans-lonely-beginnings-reveal-how-parents-shape-a-childs-brain, consultado el 15 de octubre de 2015.

[8] Powell, A., «Breathtakingly Awful», *Harvard Gazette*, 5 de octubre de 2010, http://news.harvard.edu/gazette/story/2010/10/breathtakingly-awful/, consultado el 26 de octubre de 2015.

[9] Entrevista de las autoras con Charles Nelson, 18 de septiembre de 2015.

[10] Shalev, I., *et al.*, «Exposure to Violence During Childhood Is Associated with Telomere Erosion from 5 to 10 Years of Age: A Longitudinal Study», *Molecular Psychiatry* 18, n.º 5 (mayo de 2013): 576-581, doi:10.1038/mp.2012.32.

[11] Price, L. H., *et al.*, «Telomeres and Early-Life Stress: An Overview», *Biological Psychiatry* 73, n.º 1 (1 de enero de 2013): 15-23, doi:10.1016/j.biopsych.2012.06.025.

[12] Révész, D., Y. Milaneschi, E. M. Terpstra y B. W. J. H. Penninx, «Baseline Biopsychosocial Determinants of Telomere Length and 6-Year Attrition Rate», *Psychoneuroendocrinology* 67 (mayo de 2016): 153-162, doi:10.1016/j.psyneuen.2016.02.007.

[13] Danese, A. y B. S. McEwen, «Adverse Childhood Experiences, Allostasis, Allostatic Load, and Age-Related Disease», *Physiology & Behavior* 106, n.º 1 (12 de abril de 2012): 29-39, doi:10.1016/j.physbeh.2011.08.019.

[14] Infurna, F. J., C. T. Rivers, J. Reich y A. J. Zautra, «Childhood Trauma and Personal Mastery: Their Influence on Emotional Reactivity to Everyday Events in a Community Sample of Middle-Aged Adults», *PLOS ONE* 10, n.º 4 (2015): e0121840, doi:10.1371/journal.pone.0121840.

[15] Schrepf, A., K. Markon y S. K. Lutgendorf, «From Childhood Trauma to Elevated C-Reactive Protein in Adulthood: The Role of Anxiety and Emotional Eating», *Psychosomatic Medicine* 76, n.º 5 (junio de 2014): 327-336, doi:10.1097/PSY.0000000000000072.

[16] Felitti, V. J., *et al.*, «Relationship of Childhood Abuse and Household Dysfunction to Many of the Leading Causes of Death in Adults. The Adverse Childhood Experiences (ACE) Study», *American Journal of Preventive Medicine* 14, n.º 4 (mayo de 1998): 245-258, doi.org/10.1016/S0749-3797(98)00017-8.

[17] Lim, D. y D. DeSteno, «Suffering and Compassion: The Links Among Adverse Life Experiences, Empathy, Compassion, and Prosocial Behavior», *Emotion* 16, n.º 2 (marzo de 2016): 175-182, doi:10.1037/emo0000144.

[18] Asok, A., *et al.*, «Infant-Caregiver Experiences Alter Telomere Length in the Brain», *PLOS ONE* 9, n.º 7 (2014): e101437, doi:10.1371/journal.pone.0101437.

[19] McEwen, B. S., C. N. Nasca y J. D. Gray, «Stress Effects on Neuronal Structure: Hippocampus, Amygdala, and Prefrontal Cortex», *Neuropsychopharmacology: Official Publication of the American College of Neuropsychopharmacology* 41, n.° 1 (enero de 2016): 3-23, doi:10.1038/npp.2015.171; y Arnsten, A. F. T., «Stress Signalling Pathways That Impair Prefrontal Cortex Structure and Function», *Nature Reviews Neuroscience* 10, n.° 6 (junio de 2009): 410-422, doi:10.1038/nrn2648.

[20] Suomi, S., «Attachment in Rhesus Monkeys», en *Handbook of Attachment: Theory, Research, and Clinical Applications*, ed. J. Cassidy y P. R. Shaver, 3.ª ed. (Nueva York, Guilford Press, 2016).

[21] Schneper, L., Jeanne Brooks-Gunn, Daniel Notterman y Stephen, Suomi, «Early Life Experiences and Telomere Length in Adult Rhesus Monkeys: An Exploratory Study», *Psychosomatic Medicine*, en producción.

[22] Gunnar, M. R., *et al.,* «Parental Buffering of Fear and Stress Neurobiology: Reviewing Parallels Across Rodent, Monkey, and Human Models», *Social Neuroscience* 10, n.° 5 (2015): 474-478, doi:10.1080/17470919.2015.1070198.

[23] Hostinar, C. E., R. M. Sullivan y M. R. Gunnar, «Psychobiological Mechanisms Underlying the Social Buffering of the Hypothalamic-Pituitary-Adrenocortical Axis: A Review of Animal Models and Human Studies Across Development», *Psychological Bulletin* 140, n.° 1 (enero de 2014): 256-282, doi:10.1037/a0032671.

[24] Doom, J. R., C. E. Hostinar, A. A. VanZomeren-Dohm y M. R. Gunnar, «The Roles of Puberty and Age in Explaining the Diminished Effectiveness of Parental Buffering of HPA Reactivity and Recovery in Adolescence», *Psychoneuroendocrinology* 59 (septiembre de 2015): 102-111, doi:10.1016/j.psyneuen.2015.04.024.

[25] Seery, M. D., *et al.,* «An Upside to Adversity?: Moderate Cumulative Lifetime Adversity Is Associated with Resilient Responses in the Face of Controlled Stressors», *Psychological Science* 24, n.° 7 (1 de julio de 2013): 1181-1189, doi:10.1177/0956797612469210.

[26] Asok, A., *et al.,* «Parental Responsiveness Moderates the Association Between Early-Life Stress and Reduced Telomere Length», *Development and Psychopathology* 25, n.° 3 (agosto de 2013): 577-585, doi:10.1017/S0954579413000011.

[27] Bernard, K., C. E. Hostinar y M. Dozier, «Intervention Effects on Diurnal Cortisol Rhythms of Child Protective Services-Referred Infants in Early Childhood: Preschool Follow-Up Results of a Randomized Clinical Trial», *JAMA Pediatrics* 169, n.° 2 (febrero de 2015): 112-119, doi:10.1001/jamapediatrics.2014.2369.

[28] Kroenke, C. H., *et al.,* «Autonomic and Adrenocortical Reactivity and Buccal Cell Telomere Length in Kindergarten Children», *Psychosomatic Medicine* 73, n.° 7 (septiembre de 2011): 533-540, doi:10.1097/PSY.0b013e318229acfc.

[29] Wojcicki, J. M., *et al.*, «Telomere Length Is Associated with Oppositional Defiant Behavior and Maternal Clinical Depression in Latino Preschool Children», *Translational Psychiatry* 5 (junio de 2015): e581, doi:10.1038/tp.2015.71; y Costa, D. S., *et al.*, «Telomere Length Is Highly Inherited and Associated with Hyperactivity-Impulsivity in Children with Attention Deficit/Hyperactivity Disorder», *Frontiers in Molecular Neuroscience* 8 (julio de 2015): 28, doi:10.3389/fnmol.2015.00028.

[30] Kroenke, *et al.*, «Autonomic and Adrenocortical Reactivity and Buccal Cell Telomere Length in Kindergarten Children» (véase la nota 27 de este apartado).

[31] Boyce, W. T. y B. J. Ellis, «Biological Sensitivity to Context: I. An Evolutionary-Developmental Theory of the Origins and Functions of Stress Reactivity», *Development and Psychopathology* 17, n.° 2 (primavera de 2005): 271-301.

[32] Van Ijzendoorn, M. H. y M. J. Bakermans-Kranenburg, «Genetic Differential Susceptibility on Trial: Meta-analytic Support from Randomized Controlled Experiments», *Development and Psychopathology* 27, n.° 1 (febrero de 2015): 151-162, doi:10.1017/S0954579414001369.

[33] Colter, M., *et al.*, «Social Disadvantage, Genetic Sensitivity, and Children's Telomere Length», *Proceedings of the National Academy of Sciences of the United States of America* 111, n.° 16 (22 de abril de 2014): 5944-5949, doi:10.1073/pnas.1404293111.

[34] Brody, G. H., T. Yu, S. R. H. Beach y R. A. Philibert, «Prevention Effects Ameliorate the Prospective Association Between Nonsupportive Parenting and Diminished Telomere Length», *Prevention Science: The Official Journal of the Society for Prevention Research* 16, n.° 2 (febrero de 2015): 171-180, doi:10.1007/s11121-014-0474-2; Beach, S. R. H., *et al.*, «Nonsupportive Parenting Affects Telomere Length in Young Adulthood Among African Americans: Mediation through Substance Use», *Journal of Family Psychology: JFP: Journal of the Division of Family Psychology of the American Psychological Association (Division 43)* 28, n.° 6 (diciembre de 2014): 967-72, doi:10.1037/fam0000039; y Brody, G. H., *et al.*, «The Adults in the Making Program: Long-Term Protective Stabilizing Effects on Alcohol Use and Substance Use Problems for Rural African American Emerging Adults», *Journal of Consulting and Clinical Psychology* 80, n.° 1 (febrero de 2012): 17-28, doi:10.1037/a0026592.

[35] Brody, *et al.*, «Prevention Effects Ameliorate the Prospective Association Between Nonsupportive Parenting and Diminished Telomere Length»; y Beach, *et al.*, «Nonsupportive Parenting Affects Telomere Length in Young Adulthood among African Americans: Mediation through Substance Use» (véase la nota 33 de este apartado).

[36] Spielberg, J. M., T. M. Olino, E. E. Forbes y R. E. Dahl, «Exciting Fear in Adolescence: Does Pubertal Development Alter Threat Processing?», *Developmental Cognitive Neuroscience* 8 (abril de 2014): 86-95, doi:10.1016/j.dcn.2014.01.004; y Peper, J. S. y R. E. Dahl, «Surging

Hormones: Brain-Behavior Interactions During Puberty», *Current Directions in Psychological Science* 22, n.° 2 (abril de 2013): 134-139, doi:10.1177/0963721412473755.

[37] Turkle, S., *Reclaiming Conversation: The Power of Talk in a Digital Age* (Nueva York, Penguin Press, 2015).

[38] Siegel, D. y T. P. Bryson, *The Whole-Brain Child: 12 Revolutionary Strategies to Nurture Your Child's Developing Mind* (Nueva York, Delacorte Press, 2011).

[39] Robles, T. F., *et al.,* «Emotions and Family Interactions in Childhood: Associations with Leukocyte Telomere Length Emotions, Family Interactions, and Telomere Length», *Psychoneuroendocrinology* 63 (enero de 2016): 343-350, doi:10.1016/j.psyneuen.2015.10.018.

CONCLUSIÓN.

ENTRELAZADOS: NUESTRO LEGADO CELULAR

[1] Pickett, K. E. y R. G. Wilkinson, «Inequality: An Underacknowledged Source of Mental Illness and Distress», *British Journal of Psychiatry: The Journal of Mental Science* 197, n.° 6 (diciembre de 2010): 426-428, doi:10.1192/bjp.bp.109.072066.

[2] Ibíd.; y Wilkerson, R. G. y K. Pickett, *The Spirit Level: Why More Equal Societies Almost Always Do Better* (Londres, Allen Lane, 2009).

[3] Stone, C., D. Trisi, A. Sherman y B. Debot, «A Guide to Statistics on Historical Trends in Income Inequality», Center on Budget and Policy Priorities, actualizado el 26 de octubre de 2015, http://www.cbpp.org/research/poverty-and-inequality/a-guide-to-statistics-on-historical-trends-inincome-inequality.

[4] Pickett, K. E. y R. G. Wilkinson, «The Ethical and Policy Implications of Research on Income Inequality and Child Wellbeing», *Pediatrics* 135, Suppl. 2 (marzo de 2015): S39-47, doi:10.1542/peds.2014-3549E.

[5] Mayer, E. A., *et al.,* «Gut Microbes and the Brain: Paradigm Shift in Neuroscience», *Journal of Neuroscience: The Official Journal of the Society for Neuroscience* 34, n.° 46 (12 de noviembre de 2014): 15490-15496, doi:10.1523/JNEUROSCI.3299-14.2014; Picard, M., R. P. Juster y B. S. McEwen, «Mitochondrial Allostatic Load Puts the 'Gluc' Back in Glucocorticoids», *Nature Reviews Endocrinology* 10, n.° 5 (mayo de 2014): 303-310, doi:10.1038/nrendo.2014.22; y Picard, M., *et al.,* «Chronic Stress and Mitochondria Function in Humans», en revisión.

[6] Varela, F. J., E. Thompson y E. Rosch, *The Embodied Mind* (Cambridge, MA, MIT Press, 1991).

[7] «Zuckerberg: One in Seven People on the Planet Used Facebook on Monday», *Guardian*, 28 de agosto de 2015, http://www.theguardian.com/technology/2015/aug/27/facebook-1bn-users-day-mark-zuckerberg, consultado el 26 de octubre de 2015; y «Number of Monthly Active Facebook Users Worldwide as of 1st Quarter 2016 (in Millions)», Statista, http://www.statista.com/statistics/264810/number-of-monthly-active-facebook-users-worldwide/.

Permisos

Queremos dar las gracias a los muchos autores y organismos que nos han concedido autorización para reproducir aquí sus escalas y figuras.

Por las figuras:

Blackburn, Elizabeth H., Elissa S. Epel y Jue Lin, «Human Telomere Biology: A Contributory and Interactive Factor in Aging, Disease Risks, and Protection», *Science* (Nueva York, N.Y.) 350, n.° 6265 (4 de diciembre de 2015): 1193-1198. **Reproducido con la autorización de AAAS.**

Epel, Elissa S., Elizabeth H. Blackburn, Jue Lin, Firdaus S. Dhabhar, Nancy E. Adler, Jason D. Morrow y Richard M. Cawthon, «Accelerated Telomere Shortening in Response to Life Stress», *Proceedings of the National Academy of Sciences of the United States of America* 101, n.° 49 (7 de diciembre de 2004): 17312-17315. **Autorización concedida por la National Academy of Sciences, USA, copyright (2004) de National Academy of Sciences, USA.**

Cribbet, M. R., M. Carlisle, R. M. Cawthon, B. N. Uchino, P. G. Williams, T. W. Smith y K. C. Light, «Cellular Aging and Restorative Processes: Subjective Sleep Quality and Duration Moderate the Association between Age and Telo-

mere Length in a Sample of Middle-Aged and Older Adults»,
SLEEP 37, n.° 1: 65-70. **Reproducido con la autorización
de la American Academy of Sleep Medicine; autorizado
a través de Copyright Clearance Center, Inc.**

Carroll J. E., S. Esquivel, A. Goldberg, T. E. Seeman,
R. B. Effros, J. Dock, R. Olmstead, E. C. Breen y M. R. Irwin,
«Insomnia and Telomere Length in Older Adults», *SLEEP*
39, n.° 3 (2016): 559-564. **Reproducido con la autorización
de la American Academy of Sleep Medicine; autorizado
a través de Copyright Clearance Center, Inc.**

Farzaneh-Far R., J. Lin, E. S. Epel, W. S. Harris, E. H.
Blackburn y M. A. Whooley, «Association of Marine Omega-3
Fatty Acid Levels with Telomeric Aging in Patients with Co-
ronary Heart Disease», *JAMA* 303, n.° 3 (2010): 250-257.
**Autorización concedida por la American Medical Asso-
ciation.**

Park, M., J. E. Verhoeven, P. Cuijpers, C. F. Reynolds III
y B. W. J. H. Penninx, «Where You Live May Make You Old:
The Association between Perceived Poor Neighborhood
Quality and Leukocyte Telomere Length», *PLOS ONE* 10,
n.° 6 (2015), e0128460, http://doi.org/10.1371/journal.
pone.0128460. **Autorización de Park *et al.* a través de
Creative Commons Attribution License, copyright © 2015
Park *et al.***

Brody, G. H., T. Yu, S. R. H. Beach y R. A. Philibert,
«Prevention Effects Ameliorate the Prospective Association
between Nonsupportive Parenting and Diminished Telomere Length», *Prevention Science: The Official Journal of the
Society for Prevention Research* 16, n.° 2 (febrero de 2015):
171-180. **Con la autorización de Springer.**

Pickett, Kate E. y Richard G. Wilkinson, «Inequality:
An Underacknowledged Source of Mental Illness and Distress», *The British Journal of Psychiatry: The Journal of Mental Science* 197, n.° 6 (diciembre de 2010): 426-428. **Auto-**

rización concedida por el Royal College of Psychiatrists. Copyright, the Royal College of Psychiatrists.

Por las escalas:

Kiernan, M., D. E. Schoffman, K. Lee, S. D. Brown, J. M. Fair, M. G. Perri y W. L. Haskell, «The Stanford Leisure-Time Activity Categorical Item (L-Cat): A Single Categorical Item Sensitive to Physical Activity Changes in Overweight/Obese Women», *International Journal of Obesity* 37 (2013): 1597-1602. **Autorización concedida por Nature Publishing Group y la doctora Michaela Kiernan, Stanford University School of Medicine. Copyright 2013. Reproducido con permiso de Macmillan Publishers Ltd.**

ENRICHD Investigators, «Enhancing Recovery in Coronary Heart Disease (ENRICHD): Baseline Characteristics», *The American Journal of Cardiology* 88, n.° 3 (1 de agosto de 2001): 316-322. **Autorización concedida por Elsevier Science and Technology Journals y por la doctora Pamela Mitchell, de la Universidad de Washington. Autorizado a través de Copyright Clearance Center, Inc. Reproducido con permiso de Elsevier Science and Technology Journals.**

Buysse, Daniel J., Charles F. Reynolds III, Timothy H. Monk, Susan R. Berman y David J. Kupfer, «The Pittsburgh Sleep Quality Index: A New Instrument for Psychiatric Practice and Research», *Psychiatry Research* 28, n.° 2 (mayo de 1989): 193-213. **Copyright © 1989 y 2010, University of Pittsburgh. Todos los derechos reservados. Autorización concedida por el doctor Daniel Buysse y la Universidad de Pittsburgh.**

Scheier, M. F. y C. S. Carver, «Optimism, Coping, and Health: Assessment and Implications of Generalized Outcome Expectancies», *Health Psychology* 4, n.° 3 (1985): 219-247. **Autorización concedida por el doctor Michael Scheier, Carnegie Mellon University, y la American Psychological Association.**

Trapnell, P. D., J. D. Campbell, «Private Self-Consciousness and the Five-Factor Model of Personality: Distinguishing Rumination from Reflection», *Journal of Personality and Social Psychology* 76 (1999): 284-330. **Autorización concedida por el doctor Paul Trapnell, Universidad de of Winnipeg, y la American Psychological Association.**

John, O. P., E. M. Donahue y R. L. Kentle, Conscientiousness: «The Big Five Inventory. Versions 4a and 54», Berkeley, Universidad de California en Berkeley, Institute of Personality and Social Research, 1991. **Autorización concedida por el doctor Oliver John, Universidad de California en Berkeley.**

Scheier, M. F., C. Wrosch, A. Baum, S. Cohen, L. M. Martire, K. A. Matthews, R. Schulz y B. Zdaniuk, «The Life Engagement Test: Assessing Purpose in Life», *Journal of Behavioral Medicine* 29 (2006): 291-298. **Con autorización de Springer. Autorización concedida por Springer Publishing y el doctor Michael Scheier, Carnegie Mellon University.**

La escala Adverse Childhood Experiences Scale (ACES) se ha reproducido con permiso del doctor Vincent Felitti, MD, Co-PI, Adverse Childhood Experiences Study, Universidad de California en San Diego.

Índice alfabético

Los números de página en cursiva hacen referencia a ilustraciones, tablas y gráficos intercalados en el texto.

pesimismo, 153-154
enfermedades relacionadas
con el envejecimiento
Envejecimiento y
enfermedad, *31*
deterioro cognitivo,
demencia y enfermedad de
Alzheimer, 62-65
inflamación, 56-60, 139-
140, 221-223, 299-301,
317-323
dolor articular, 22
degeneración macular, 48
osteoporosis, 53
sistema inmunitario
debilitado, 22, 136-138,
251-252
enfermedades
cardiovasculares, 21, 59,
319
enfermedades pulmonares,
22, 56
cáncer, 22, 58, 96-100
diabetes, 22, 58, 298-
301
artritis, 22, 59
ENRICHD Social Support
Inventory (ESSI), 236
entorno
contaminación, exposición
a productos químicos y a
toxinas, 363-372
efecto del entorno físico,
355-371

embarazo y
desfavorecimiento social,
395-397
nivel educativo, 363
Toxinas para los telómeros,
317
y envejecimiento, 24-25,
35-37
Entringer, Sonja, 401
envejecimiento. *Véase también*
enfermedades relacionadas
con el envejecimiento;
estrés
densidad ósea
(osteoblastos) y pérdida de
masa ósea (osteoclastos),
53
diferencias fundamentales,
19-24
edad percibida, 65
envejecer con salud, 70-72
envejecimiento celular
prematuro, 25, 31, 35-36,
43-72, 74, 76, 95, 101, 392,
398, 440, 446, 457
Envejecimiento y
enfermedad, *31*
fotoenvejecimiento de la
piel, 52
periodo de vida sana y
periodo de vida enferma,
19-24, *21*, 68-72
y células senescentes,
28-30, 48-49, 56-60, *58*

y complejidad emocional, 67-68

y estrés, 24

y naturaleza o genética, 23-26, 33-34

y nutrición o entorno, 24-26

y piel (epidermis, dermis, fibroblastos), 51-52

y telómeros, 25-27, *26*, 44-45

enzimas

CoQ (ubiquinona), 399

telomerasa, 28-31, 45, 89-91

Epel, Elissa, psicóloga de la salud, 27, 100-102, 113-114, 153, 157, 212, 227, 293, 312, 347, 355-356, 456

Epstein, Len, 340

escala de la autocompasión de Kristin Neff, 174-176

estética (apariencia externa) y correlación con la salud, 54-55

y envejecimiento prematuro, 43-45, 51-52, 56-72

estrés. *Véase también* respuesta de desafío; respuesta de amenaza

azúcar, *305*, 309-311, 326-328

correlación con los telómeros en aves, *135*

CRH (hormona liberadora de corticotropina), 304

durante el embarazo, 401-404

efecto del ejercicio físico en el estrés oxidativo, 245-263

El estrés positivo (estrés de desafío) da energía, *128*

el sistema inmunitario y los telómeros, 135-141

en la infancia, 407-433

estrés oxidativo, 323-326

estrés psicológico (trauma, ansiedad, depresión), 27, 119-120, 159-162, 204-213, 258-259, 407-427

evaluación de estilo de respuesta al estrés, 109-113

lista de exposición a estrés intenso, 233

Longitud de los telómeros y estrés crónico, *103*

reacción al estrés y efecto en la conducta, la fisiología y la salud, 25, 109-113, 119-123

reactividad, 109-113

Respuesta de amenaza frente a respuesta de desafío, *127*

respuesta de amenaza, 123-125, 129-130

respuesta de desafío, 126-129, 130-135

técnicas de reducción del estrés que han demostrado propiciar el buen mantenimiento de los telómeros, 221-228
tolerancia, 109-113, 149-178, 260-262
y correlación con telómeros acortados y baja concentración de telomerasa, 100-104, 113-147
y cuidadores, 101-104, 114-115, 138-139
y efecto de la cohesión social, 355-382
y envejecimiento celular prematuro, 25, 31, 35-36, 43-72, 74, 76, 95, 101, 392, 398
y *mindfulness* para controlarlo, 134, 154-157, 162-184
estudio danés con gemelos, 299
estudio Health ABC, 86
estudio Whitehall de funcionarios públicos británicos, 195, 275
Evaluaciones
¿Cómo influye tu personalidad en tus reacciones ante el estrés?, 185-197

¿Cuál es tu trayectoria telomérica? Factores de protección y de riesgo, 231-244
Descubre cuál es tu estilo de respuesta al estrés, 109-112
Experience Corps, 171-173, 183

F
fenómeno de multimorbilidad, 22
fenotipo secretor asociado a la senescencia (SASP), 57-58
Folkman, Susan, 101

G
Gall, Joe, 374
genes, 81, *99*
  APOE-epsilon4, 63-64
  OBFC1, 64
  TERT, 64, 254
genética
  ¿Envejecer nada más nacer?, *396*
  embarazo y transmisión directa de telómeros acortados, 391-394
  y envejecimiento, 23-26, 32-34
gerontología, 22, *68*, 171-173
Gilbert, Daniel, 155

Glaser, Jack, 380 Glaser,
Janice Kiecolt, 321
Greider, Carol, 91

H
Hall, Kevin, 302
Harvard, Universidad de, 90,
155, 160, 407
Prevention Research
Center, 436
Hayflick, Leonard, 28-29
Hellhammer, Dirk, 122
homocisteína, 323
hormesis, 119
Huiras, Robin, 73, 86, 95, 44

I
infancia
ACES (*Adverse Childhood
Experiences*), 413-415
crianza de adolescentes y
salud telomérica, 429-433
crianza de niños
vulnerables, 422-429
efecto de una crianza
adecuada y salud
emocional, 416-421
efecto del estrés, 407-409
efecto del trauma, 409-
413
inclusión biológica del
trauma, 409-413
inflamación, 56-60, 139-140,
221-223, 299-301

enemigos celulares y dieta,
317-323
y ejercicio físico, 245-263
inmunosenescencia, 251-254
insomnio, 269-287
apnea del sueño, 286
luz azul e inhibición de la
melatonina, 283-284
Telómeros e insomnio,
271
insulina (hormona), 298-301,
326-329
Inventario Multifásico de
Personalidad de Minnesota
(MMPI),
Cuestionario de hostilidad
Cook-Medley, 195
Irwin, Michael, 225
Iyer, Pico, 435

J
Jacobs, Tonya, 171
Jahnke, Roger, 227
John, Oliver, 196

K
Kabat-Zinn, Jon, 156, 224
Kaiser Permanente Research
Program on Genes,
Environment and Health,
estudio, 82-83
Keller, Helen, 421
Killingsworth, Matthew, 155
Kirschbaum, Clemens, 122

La solución de los telómeros

S
Saarland University Medical Center, 252
salud física
sistema de reacción al estrés y alerta psicológica, 117-121
y envejecimiento prematuro, 43-45, 54-66
salud mental, 199-213. *Véase también* depresión; *mindfulness;* pensamiento negativo;
Saron, Clifford, 168, 170, 222
Scheier, Michael, 194, 197
Segal, Zindel, 210, 215
Seinfeld (serie de televisión), 163
servicios de protección al menor, 424
Shalev, Idan, 412
Shampay, Janice, 90
Siegel, Daniel, 436-437
Simpson, Richard, 251
sistema inmunitario
estrés y telómeros, 135-141
propósito en la vida y funcionamiento mejorado del sistema inmunitario, 169-171, 176-177
sistema inmunitario debilitado y envejecimiento, 22, 136-139, 251-254

sueño y linfocitos CD8, 276-278
Spotify (aplicación), 289
Srivastava, Sanjay, 196
Stanford Leisure-Time Activity Categorical Item (L-CAT), 237
Stanford, Universidad de, 67
Starbucks, 328
sueño, 268-288
apnea del sueño, 286
estiramientos antes de acostarse, 290-291, *291*
página para colorear para adultos (transición para el sueño), 283, *292*
sistema inmunitario y linfocitos CD8, 276-278
sueño REM (*rapid eye movement*), 273-274
Telómeros e insomnio, *271*
Telómeros y horas de sueño, *276*
SUNY (Universidad Estatal de Nueva York) Buffalo, 340
suplementos nutricionales
Ácidos grasos omega-3 y longitud telomérica con el paso del tiempo, *320*
ácidos grasos omega-3, 241, 315, 319-322, *329*, 333, 337, 383, 406
antioxidantes
vitamina C, 324

La solución de los telómeros

Este libro
se terminó de imprimir
en el mes de abril de 2023